Deepen Your Mind

Deepen Your Mind

推薦語

「書名說明瞭一切，敏捷是無敵的。敏捷是一種價值觀，是一種態度，是有生命力的方法論，是 VUCA 時代所有適應變化的方法之集大成者，其影響力已經超越 IT 領域，可以廣泛用於指導工作和生活的各方面。在書中，王立傑、許舟平和姚冬三位大咖腦洞大開，借著一名 IT 新兵踐行敏捷成長為所向披靡的老將的故事，從最簡單的 Scrum 實作逐步深入，延伸到思考敏捷和 DevOps 的『道』，內容海納百川，字裡行間充滿真知灼見，遠遠超出了傳統敏捷和 DevOps 的範圍，三位作者的功力和誠意可見一斑。此書既可以作為了解與學習敏捷和 DevOps 的工具書，又可以充當解決問題的寶典，特別是『冬哥有話說』這個環節，字字珠璣，句句經典，時有醍醐灌頂的頓悟，相信各個階段的讀者都能夠從中受益。」

—— 方煒，浙江行動雲端運算中心副主任

「用趣味的語言和輕小說風格將敏捷開發和 DevOps 這樣專業的方法論以理論結合實作的方式展示給讀者，非常值得每一個工程師一讀。從最簡單的 Scrum 實作逐步深入，延伸到思考敏捷和 DevOps 的『道』，內容海納百川且不乏實戰經驗、真知灼見。此書可以作為學習了解敏捷和 DevOps 的工具書，也可以是解決問題的參考書。『冬哥有話說』環節很經典，歸納精煉、觀點清晰並有實戰指導意義，適合各個階段的讀者從中領悟受益。」

—— 李曉東，中國民生銀行資訊科技部總架構師、技術管理中心負責人

「這是一本特別的技術書，用小說故事的方式跨度十年，說明敏捷開發、精實創業和 DevOps 的落地實作。我本來以為這樣的故事不容易看，但不知不覺就翻完好幾章，因為故事描述的場景具有現實意義，主人翁說明很清晰，所以很容易讀下去。

三位作者都是技術出身，有豐富的研發管理和諮詢實作經驗，之所以選擇這種形式，覺得坊間太多教科書式的書籍，讀起來比較乾巴巴的，真正在實作中碰到的問題和場景不能獲得有效解答。所以決定用故事方式來串講，更具有可讀性。

這本書適合有一定敏捷實作和管理經驗的讀者，三位作者在書中的章節內容很有實作性，提煉出來的要點原則實用性強，書中的場景和專案素材都來自真實世界的開發專案，這樣完整再現分析專案的實作過程對正在應用敏捷和 DevOps 的同行來說很有參考意義。

美中不足的是缺乏一個更簡練的敏捷 DevOps 啟動手冊，方便初學敏捷的讀者更容易上手。希望新版或作者提供附加電子版來幫助更多人快速從中獲益。

瑕不掩瑜，這是一本難得的研發方法論落地實作的好書，無論你是從頭看到尾，還是從中選擇你關心的部分，都能看到作者多年實作歸納的心得。」

—— 蔣濤，CSDN 創始人＆董事長

「依托機智幽默的語言，巧借輕小說的文風，這本書以理論結合實作方式將敏捷開發和 DevOps 如此專業的方法論娓娓道來，非常值得每個工程師閱讀。」

—— 何剛，前微軟、亞馬遜、京東技術高管

「第一眼翻開書，我就被吸引進去而不忍釋卷。三位作者將精實敏捷到 DevOps 的發展歷程娓娓道來，讓讀者們輕鬆生動地融入故事之中，還能從中學到大量生動的實戰案例！這是一種完全不一樣的體驗，一種深入淺出的學習，一番與業界高手的對話！過去十年，精實敏捷新思維、新實作風起雲湧，跟隨著書中主角快意徐行，既是探索敏捷 DevOps 的旅程，也指引著讀者選對方向，以正確的『姿勢』叩其門而入。我欣賞這樣獨特的角度！為這種新穎的學習方式點讚、鼓掌！」

—— 張澤輝，光環國際董事長

「幾年前在一個偶然的機會認識了『無敵三人組』中的許舟平，一個癡迷敏捷開發和 DevOps 的技術管理者。因為我們都曾經在藍色巨人 IBM 工作過，也因為我們有很多開發和運行維護方面的共同興趣和看法，交流中有很多共鳴，相見恨晚。最近拿到他送我的樣書後，在一個週末靜下來開始細讀，一下子就被書中小說般引人入勝的故事和豐富的內容所吸引，讀得不忍放手，讓我重新嚐到了那種久違的從紙質技術書中系統取得知識的快樂感。字裡行間處處顯露出來的是三位作者對敏捷和 DevOps 的真愛以及他們在這方面的深厚累積，滿滿的都是乾貨。從十年前的敏捷到近幾年的 DevOps，『無敵三人組』把他們自己多年的實戰經驗，用精心設計的場景和美妙的文字無私地分享給了讀者。書中內容遠遠超過了敏捷和 DevOps，還覆蓋了領導力、管理藝術、測試方法論、產品設計、駭客馬拉松、NPS（淨推薦值）等多方面的基礎知識，值得各種軟體開發者和網際網路從業者學習。不管你是一個初入 IT 企業的新兵，還是一個有多年工作經驗的技術管理者，我相信這本書都會讓你受益。」

—— 崔寶秋，小米集團副總裁，集團技術委員會主席

「當冬哥（沿襲『冬哥有話說』的稱呼）讓我寫推薦語，我是既高興又忐忑。立傑和冬哥都是我的老朋友，我們行在試點看板、敏捷 SCRUM 和 DevOps 部分實作過程中，他們都給與了很多幫助，立傑『無敵哥』的形象更是深入民心；與舟平有過一面之緣，這次他們無敵三人組在 DevOps 提出十周年之際，再次出書，想必融入了很多他們一路走來的酸甜苦辣。

這本書其實有幾種讀法，每章都分為小說、重點和冬哥有話說三部分。如果你嫌看一堆技術的詞語太過枯燥，那麼你只需要閱讀每章節的『小說』部分；如果你想快速檢視每章的核心技術內容，你可以參考『重點』部分；如果你想聽聽冬哥的經驗之談和實施建議，你可以參考『冬哥有話說』部分。

細細品讀本書，發現作者們非常用心，將目前敏捷、看板、精實、DevOps 落實過程中經常遇到的問題和錯誤都融入其中。最值得一提的是附錄的參考

資料，基本上把目前最經典的書和網站都囊括其中。希望本書成為中國版的《鳳凰專案》，也有機會讓 Gaming Works 出一款名稱相同沙盤。」

——陳展文，招行總行資訊技術部 DevOps 推廣負責人

「每一次見到著書立說的老師，我都是非常佩服的，佩服其專業精神，佩服其堅持的韌性。尤其是那種有非常豐富的實戰經驗的老師寫的書，我會堅信不疑其品質。本書作者團隊在圈子裡都非常有聲望，具有豐富的實戰經驗，同時又與時俱進，兼容並蓄。

『沒踩過坑，你都不好意思說在做敏捷』、『DevOps 的核心，是精實與敏捷的思維和原則』、『是什麼，不重要；能解決什麼，要解決什麼問題，很重要』……工程實作、方法和架構等是『術』這一層面的內容，文化、價值觀等才是『道』的層面的，兩者要比對，否則會看到速成的假象、會有人集體做假、最後會失敗。感謝作者用小說體、講故事的方式，將敏捷、精實和 DevOps 的原則、方法、誤解及假象等說得那麼透徹，那麼通俗容易。書中包含的內容豐富，詳略得當，重點描述又非常實際詳細，總之，真的是一本很好的學習用書；同時，對於那些在探索敏捷、精實、DevOps 等實作的過程中的讀者，也可以用來對照反思，增強學習。我堅信每一個在堅持探索與改變的讀者都能找到自己在書中的影子，我也確定這本書能幫助大家系統性地、正確地整理概念、反思實作、指導大家探索求變。

我對作者的最高評價是『有良心的作者』。本書的三位作者，恨不得把自己掌握的所有累積，以武俠小說中高人為愛徒打通任督二脈、灌入通體內力的方式，毫無保留地交給讀者。發自內心地感謝這三位有良心的老師。」

——李懷根，廣發銀行研發中心總經理

「本書凝聚了幾位大咖多年的實戰經驗，以小說的形式娓娓道來，由淺入深道出 Devops 概念，落地過程中的種種問題以及文化思維上的轉變，如親臨其境，有熱情改變現狀的 IT 管理人員值得反覆閱讀。」

—— 薛恩峰，中原銀行資訊技術部副總經理

「世界上有兩件最難的事情，一件是把別人的錢裝進自己的口袋，另一件是把自己的思維裝進別人的腦袋。當要傳遞的思維包含數種方法和數十個概念的時候，則變得難上加難。三位作者透過將要傳遞的思維融入到故事中，隨著情節的發展，徐徐展開，讓學習的過程變得更加自然和充滿樂趣，用心良苦。三位作者筆下主人翁阿捷也刻畫了一個積極主動、持續學習，在挑戰中不斷成長的優秀工程師，故事結局皆大歡喜，努力的人運氣不會太差。」

—— 李濤，百度效率雲總經理

推薦序一

為明天而設計，而不是將來

寫書著作，用平鋪直敘的方式容易，還是用小說的形式容易呢？

老實說，平鋪直敘的方式只要理論深受喜愛便行了，讀者會自行去意會，無需太多拐彎陳述。而採用小說的形式就要難得多了，非有一張合理的編年史來記錄主角的成長歷程不可，從頭到尾都馬虎不得，這是一本用小說形式寫成的書，幾位作者文筆流暢，既使是在描述比較艱深的條文時也能說明得讓人閱讀起來淺顯易懂，實屬難能可貴。

記得 DevOps 開始流行之初，台灣的 IT 先行者們四處尋找論述到 DevOps 的叢書，只要書名掛上了 DevOps 就變得搶手，一時洛陽紙貴科技界呈現著一股追星的潮流。那時有一本由 Gene Kim 所主筆的鳳凰計畫 (The Phoenix Project)，就是採用這種小說的形式來描述一個 IT 和 DevOps 業務之間的故事，那是 2013 年 1 月的事了，這本書的評語好壞參半，看過的科技人呈現了二極化的評語，負面評語是這麼說的：

「這本書的前半部鋪陳太長，讓人找不到重點，實在很難看下去，而後半段一直在隱喻的三步工作法卻放在附錄裡而且只有二、三頁，實在不敢恭維，若不是在讀書會裡頭依靠幾位前輩的教誨才得以找到重點。因此，不建議大家閱讀。」

佳評如下：「鳳凰計畫是一本偽裝成小說的商業書籍。當我開始以商業書籍而不是小說的形式評估《鳳凰計畫》時，我開始更加享受它，對所呈現的概念有了更多的瞭解，而不是專注於簡單的散文和高度人為的場景。該「情節」是作者探索和崇尚整個商業意識形態的工具。通過這些概念中的每一個，對主要人物 Bill 進行了指導，以使讀者受益，以瞭解它們各自對業務產生的巨大影響。」

當時這二種評語讓我猶豫著是否該推薦給年輕工程師們閱讀，尤其是科技人那一群急著吸收新知的新新人類，會不會只看了前半段就放棄了呢？但隨著

DevOps 的日漸成熟，事實證明瞭我的疑慮是多餘的，它迅速成為了亞馬遜的暢銷書，而且還在持續的再版中。

當拿到「敏捷無敵之 DevOps 時代」，一本自稱為是輕小説的敏捷專業書籍，無負擔的輕小説好棒！讓人完全沒有了上面的疑慮，在迅速的閱讀完上冊之後一種就是「能讓你輕鬆閱讀的小説」的感受油然而生，可以毫無疑慮的推薦給大家。

另一個一定要推薦給大家的理由是；這本書所涵蓋的寬廣度，由探究需求的黃金圈理論、設計衝刺一直到持續發布的 CI/CD 作業及 Netflix 的搗蛋猴軍團甚至是抽象化評估理論的 CANO 模式都沒有遺漏，可見作者群的努力。尤其是針對每一主題那種迅速的重點導入方式，讓人閱讀起來沒有負擔，沒有一種準備進入長篇大論的沉重氛圍，這是一種屬於敏捷文件才擁有的剛剛好 just enough 的設計模式，正符合 Kent Beck 所謂的「**為明天而設計，而不是將來**」，這種剛剛好模式非常適合心急的讀者群先用快速瀏覽的方式進行一種輕鬆的閱讀，然後在找到有興趣的部分時再去做深入探討，自然能夠收穫豐碩。其中我尤其喜歡「冬哥有話説」的補述方式，建議讀者可以在閱讀到冬哥有話説的地方就把閱讀速度放慢下來，感受一下冬哥要説些什麼，是對這一段陳述的理論補述還是總結，一定會更有收穫的。

敏捷不是一種快速開發的方法，它是一種應變需求快速改變的方法。

閱讀書中人物對各種挑戰的各式應變範式時，讀者仍應該以自身的情境為考量，猶如作者所言：「實踐是死的，人是活的，必須根據具體情況靈活處理；別人總結的實踐需要吸收、消化和提煉，最終形成自己的實踐。」與大家共勉之。

李智樺

Ruddy 老師

推薦序二

彈指十年，功到自然成

為兄弟們的十年修煉做個見證。

2009 年，因一本《敏捷無敵》讓我有幸結識了舟平。接下來的十年，無論是深圳、北京還是舊金山，只要能「碰撞」到同一城市，我們一定是要小酌兩杯問候近況和聊聊夢想的。同樣是 2009 年，比利時的根特市，Patrick Debois 提出了 DevOps 的話題，將敏捷從開發延伸到運行維護，自此掀開了軟體工程的新篇章。後來也因為參與中國 DevOpsDays 社群的活動又認識冬子，很榮幸邀請到冬子加入了華為雲 DevCloud 團隊。

一晃 10 年，敏捷、精實、DevOps 等各種軟體工程理念不斷碰撞並觸發出新的火花。從軟體的全生命週期上看，由開發的敏捷，向前延伸到了商業設計的敏捷，向後延伸到了運行維護的敏捷。從軟體本身屬性提升上看，由品質、效率走向了安全和可信。從實施的組織上看，由個體實作走向了中小團隊進而到大規模組織。從新技術上看，隨著大數據、人工智慧和區塊鏈等技術的引用，必將在數位化營運的敏捷和全流程可信實現新突破。從變革範圍看，從方法實作走向了系統化理論、組織和文化，越來越對應當下軟體發展的特徵和本源，所謂適應變化是永恆的，文化和人是根基。

2019 年，立傑、舟平、姚冬組成的無敵三人組閉關十年後再度出山，將其間修煉的精華創作為一本頂級武功秘笈。幾天前，當姚冬帶著樣書邀請我寫序的時候，讓我受寵若驚。於是，在從深圳經北京轉機飛往莫斯科的 12 個小時裡，我帶著 QC 耳機安安靜靜地讀完了全書，我眼前也不斷浮現過去和哥兒幾個聊敏捷和 DevOps 的那些片段。學習和了解敏捷、精實、DevOps 這些新型軟體工程的過程更像是修煉，其精髓在於悟。

敏捷不同於一些經典軟體工程具有一套方法、流程和範本讓你可以去遵循和套用，它是由一系列實作方法組成，需要你根據實際的場景和問題去選擇和應用，而且在自我實作的過程中不斷歸納和改進。也正因為如此，我更喜歡

閱讀小説型的軟體工程書籍。然而，大部分小説型的軟體工程書籍故事很精彩但缺乏了對理論和實作的提煉，讓讀者讀完之後確有一番感悟卻難以形成知識沉澱。當初喜歡《敏捷無敵》，正是因為每章最後的「敏捷精靈日記」的精闢歸納。而十年後的這本新書讓我更加喜歡，「敏捷精靈日記」進化為「重點歸納」，這説明這些年很多基礎知識已經成為了共識，更系統化的理論體系越發成熟。「冬哥有話説」更是絕妙的新嘗試，針對每章的內容進行深度解讀和知識延伸，既從專家的角度讓讀者了解到理論形成的前因後果，又可以額外學習到很多相關的知識和內容。《敏捷無敵之 DevOps 時代》既是一部軟體工程師讀著不累的小説，也是一本軟體工程的知識寶典。

終於在軟體工程的書裡面可以讀到軟體工程師的故事了，其實他們也是有生活和愛情的。在中國有近千萬的軟體從業人員，大家用智慧和雙手創造了前所未有的數位化和智慧化的新時代。其實，大家如同阿捷一樣追求夢想，也一樣渴望著擁有阿捷和趙敏那樣的愛情。我堅信有這麼一幫富有夢想、熱愛生活的軟體工程師們，一定會重構新一代科技革命改變全球科技創新的版圖。

最後，我希望已經修煉多年的道友和新加入的朋友們都好好讀一下這本書，大家一起思考、交流和成長，一同在中國軟體產業發展的道路上認真刻下你我（她）的名字。

徐峰

華為雲 DevCloud 總經理

推薦序三

青春無悔

2012 年大年初二的清晨，在北京南山滑雪場的纜車上，我接到了一個重要的客戶電話，要求我在假期結束後奔赴中國南方的城市，開始一段 DevOps 的探索之旅。同樣的場景也出現在這本書中，那個時候我並不認識幾位作者，我們甚至可能正生活在地球的兩端，但我們卻經歷著同樣的故事，向著同一個方向努力。

歲月如梭，猶如白駒過隙。彈指一揮間，敏捷和 DevOps 已然成為 IT 圈中的熱詞，DevOps 相關的工作職務也已經位居各種 IT 技術類別職務的榜首。現在，全球活躍著近 50 個自發的 DevOps 社群，僅中國就有近 20 個城市在組織各種形式的 Meetup 活動。而我，2004 年開始接觸 XP，2010 年成為認證 Scrum Master，2012 年開始正式相關的顧問工作，2017 年成為認證的 DevOps Master 講師，可以說，一路經歷了過去 15 年中國軟體工程效率改進的發展歷程。閱讀這本書，再次把我帶回到一個個熟悉的場景，讓我有機會再次回顧自己的成長歷程，再次深入思考敏捷、精實和 DevOps 的本源。

我相信，即使這些方法在 20 年後的今天，大家仍然對它們存在大量的誤解。其中，最多的誤解是，如果我用了這些方法，就能夠解決我的那些問題。但實際上，這種了解從根本上就已經背離了敏捷和 DevOps 的初衷。

其實，無論是敏捷還是 DevOps，都是幫助踐行者根據實際情況找到合適的落實方法，而非可以直接拿來就用的所謂最佳做法。我們在各種技術分享中看到各種類型實作的時候，你都會和自己的背景有一個對映，很多實作聽上去跟你的非常搭配、有效，但這些已經不是敏捷、精實和 DevOps 的核心，你需要學習的不是這個結果，而是要像阿捷與趙敏那樣透過適合自己的過程去找尋這個結果。這就是我常說的一句話：「敏捷和 DevOps 都可以幫助你登上高山，但你登上的絕對不是別人的那座高山，而是專屬於你自己的那座頂峰。」

敏捷和 DevOps 的核心到底是什麼？其實這不是一個專業性問題，而是一個人生觀問題。我們每一個人，從出生時的手無縛雞之力到可以獨立在這個社

會上生存，其實都經歷了同樣的過程。那就是從一個個錯誤中不斷學習、領會、思考和再次踐行的過程。想一想你自己在青春期的時候有多麼反感父母的各種教誨，你總覺得他們是在用上一代人的固定思維在限制你，因此總是要自己去嘗試一下。當自己經歷挫折以後，你會發現父母的有些教誨確實是對的，有些也不一定對，有些可能是對的但並不適合自己。我一直覺得，青春期的叛逆就是老天給予每個人成長的最佳機會，這個階段是我們每個人形成自己人生觀的重要時期，而你對人生的認知其實是透過這樣一個個的經歷、錯誤和挫折以及由此而來的挫敗感和成就感所打磨出來的。可以說，沒有錯誤就沒有經驗，沒有挫折就沒有成長。每個人進入社會以後的生存能力、適應能力和成長能力都是透過一個個微小的錯誤或正確累積出來的。每個人每天都在面對無法預知的未來，你不知道明天的自己會怎樣，即使是循規蹈矩的朝九晚五，也一樣會遇到突如其來的交通管制，毫無預兆的暴雨冰雹，當然也有不經意間發生的美好邂逅。我們的人生之所以如此有魅力，就在於這種不確定性，老天之所以給予我們每個人青春叛逆的機會，就是為了讓我們充分體會這種無常，進而建置出一種從容的人生態度，讓我們足以面對不確定的未來。書中的阿捷經歷了很多非預期的事情，但是，正是這些事情促進了阿捷的成長，阿捷的成長歷程值得大家深思。

從這個角度來看，教育的作用其實不應該僅是教給大家正確的做事，而是創造一個可以讓大家安全犯錯的環境，並啟動每一個人去思考那些適合自我個體的思維方法。但實際情況是，我們在學校的教育更多地教給我們如何不要犯錯，阻止大家犯錯，引導大家都向一個固定的方向去發展，複製其他人的所謂「成功路徑」。這種教育方式的錯位其實是造成大家無法正確了解敏捷和DevOps 的根源，也是為什麼那麼多企業管理者在引用這些方法時都要尋找一個所謂的「標準」的根源。我們接受的教育造就了我們習慣於使用「確定性」思維思考問題，而非使用「不確定性」思維。敏捷 DevOps 的核心和根基其實就是建置在「不確定性」思維之上。

在閱讀本書的過程中，其實我一直在尋找那些失敗，而非太關注成功。本書的魅力在於，它採用了一種真實的帶入方式，讓你經歷過去十幾年中國的 IT 發展路徑：2008 年的奧運會、汶川地震以及後來大數據、人工智慧與 IoT 的崛起，跟隨阿捷和趙敏的角度經歷了這麼多無常的人生，其中不變的卻是敏捷和 DevOps 的精髓。每一節壓軸出場的冬哥倒更像是故事開頭那位敏捷聖賢，將我們從虛擬的故事中抽離出來，回到現實，同時透過分析歸納，幫助讀者更深入地了解故事背後的那些實作。如果作為讀者的你完全可以體悟「冬哥有話說」的那些內容，我相信你已經是一名合格的敏捷踐行者和 DevOps 實作者了。

回想自己過去從事敏捷和 DevOps 顧問諮詢的十幾年時間，我也一樣是從一種尋找固定的「標準」執念，逐漸轉變到接受「不確定性」，不再試圖評估所謂的「成功」，不再說服他人接受自己的所謂「正確」。如果我們能夠自己定義出成功，說明我們其實已經成功了一半。很多時候並不是我們不知道該怎麼做，而是我們根本不知道要去到哪裡。阿捷與趙敏所展現出來的敏捷和 DevOps 思維方式，讓我恍然大悟，無論自己未來要去到哪裡，都將是一個更美好的未來，也一定會遇到更好的自己。如此一來，我們也就可以放下紛擾，從容地做好當下。

希望你也可以。

徐磊

LEANSOFT 首席架構師 /CEO

前言

十年磨一劍，霜刃多曾試。
今日把試君，只為天下事。

十年之期，如白駒過隙。

十年前，我們創作第一部《敏捷無敵》時，敏捷在國內還處於萌芽狀態，實施敏捷的公司基本是一些通訊企業的外商和少數敢於嘗鮮的網際網路開發團隊，關於敏捷的圖書也屈指可數，參考資料乏善可陳。如今，敏捷逐漸成為業界的主流開發模式，越來越多的組織成功實現了敏捷轉型，在研發效率提升和客戶價值發佈等方面成績斐然。敏捷已經從純研發領域，向前延伸到了業務敏捷，向後擴充實現了 DevOps 開發運行維護一體化，更有敏捷市場 (Agile Marketing)、敏捷人力資源（Agile HR）和敏捷家庭教育等分支湧現。同時，各種新穎的優秀實作不斷湧現，頗有百花競放之勢。

十年間，我們三人先後從安捷倫（Agilent）離開，又幾乎共同經歷了 IBM、華為和京東的洗禮，從最初的「藍領程式設計師」，歷經「架構師」、「技術顧問」、「諮詢師」、「敏捷教練」、「佈道師」等多樣化的角色，踐行著敏捷和 DevOps 價值觀，身體力行地運用各種方法論及工具，幫助過金融、網際網路和電信等多個企業客戶。工作之餘，大家總結經驗，相互切磋，持續精進，努力做到知行合一，堅信好的理論需要「事上練」。在歷經一年半的艱苦碰撞和筆耕後，合力完成了這部亦莊亦諧的作品。希望這部小說成為我們中國版的《目標》、《金礦》與《鳳凰專案》。

「良工鍛煉凡幾年，鑄得寶劍名龍泉。」期待正在閱讀此書的你，從此可以仗劍走天涯。

特別感謝清華大學出版社的文開琪老師為本書的出版發行、封面及宣傳文案設計等卓越工作所付出的各種努力，衷心感謝張瑞喜老師為本書付出的前期工作，感謝看好我們並時刻鞭策我們不斷前行的李強先生，感謝附帶流量的技術社群達人成芳女士，還要感謝社群內的趙衛、王英偉、孟菲菲、趙英美和高金梅等夥伴為本書提供的寶貴修訂建議。感謝為我們寫推薦序及推薦語的各位大咖，以及為本書出版做出貢獻的所有朋友及家人們，這裡不再一一列出。再次祝所有人開心每一天。

無敵三人組

目錄

第二篇　DevOps 征途：星辰大海

第一篇
敏捷無敵 Agile 1001+

末日帝國，**Agile** 公司的困境

「向左，還是向右？」掛在岩壁上的阿捷用手摸了摸腰後的傢伙盤算著，「只剩下最後兩個岩楔和一個快掛了，還差 30 公尺才能到頂，應該選哪邊呢？左邊的岩壁雖然看起來更陡一些，但抓點可能會更多一些。右邊的岩壁似乎坡度一般，可是……」。

「鈴鈴鈴……」，一陣手機鈴聲打斷了阿捷的思考。

阿捷在腿上蹭了蹭沾滿鎂粉的手，從腰間包裡小心翼翼地取出手機。

「不能再掉下去了，上回就是在攀岩的時候被一個垃圾電話騷擾而摔壞了自己心愛的黑莓手機。」阿捷邊想著邊按下接聽鍵，剛說了一句「你好」，一個悅耳的女聲就已經在耳邊響起：「請問是徐捷先生嗎？」

「嗯，你好。哪位？」

「您好，這裡是 Agile 有限公司中國研發中心，請問您方便在 6 月 18 日上午來我們這裡拿下 offer 嗎？……嗯，好的。那我們 6 月 18 日見。」

10 分鐘後，阿捷興奮地站在廣西陽朔月亮山的岩壁頂端，望著遠處被夕陽映紅的青山秀水，大喊：「Agile，我來啦！！」

作為世界通訊企業頂尖的公司，Agile Corp.（NASDAQ：AGIL）在全球 80 多個國家擁有分公司，從 Agile 中國 1996 年成立起，Agile 中國研發中心就多次被中國的媒體評為外商最佳雇主，成為 Agile 的員工也是很多軟體開發者的夢想，阿捷沒想到剛來到陽朔放鬆一下，居然就接到了 Agile 公司的 offer（錄用意向書）。

2005 年 8 月 18 日，這是一個值得阿捷記住的日子，因為阿捷終於加入了夢想中的 Agile 中國研發中心。

第一次在 Agile 大廈裡面迷路，找不到自己的座位，結果尷尬地被人領回去；第一次用上面嘩啦啦響著邊磨咖啡豆的咖啡機；第一次可以自己在系統裡訂製想要的鍵盤、滑鼠甚至印有自己名字的杯子；第一次在自己工作環境上的小白板列出自己每天要做的重要事情；第一次跟走錯辦公室的老外 Rob 打招呼、聊天；第一次參加 Charles 主持的月度部門會議，拘謹地做自我介紹；第一次加入 Agile 的業餘籃球隊，認識許多其他部門的人。Agile 的一切都是那樣新鮮，那樣令人興奮。

阿捷發現，此時自己才開始了解 Agile 公司的文化與歷史變遷。正如公司創始人大衛帕卡德說的那樣：「小公司的文化掛在牆上，大公司的文化自在心中。」Agile 能夠從一個只有兩人的車庫公司，發展成為在全球擁有幾萬員工的大公司，並成為業界的先驅者，依靠的正是這種深深植根於每個員工心中的文化。

阿捷被深深地打動了。一種博大精深的文化、一家偉大的公司、一個天才匯聚的地方、一片任由自己翱翔的天空，所有這些不正是自己多年來的渴望與追求？在 Agile 這樣一個注重人才、注重員工發展的公司，自己的發展前景會更加光明，機會更多。找工作就像談戀愛一樣，能夠遇到自己的知心愛人是非常難得的，一旦找到，就一定要牢牢抓住，不要輕易放棄。

轉眼間阿捷已經入職 5 個月了。在這 5 個月裡，阿捷的業務專案上手很快，畢竟 TD-SCDMA（一種第三代行動通訊標準，以後簡稱 TD）的東西對阿捷來說輕車熟路，早在 2003 年的時候，阿捷就曾經作為專案經理帶著一幫兄弟做過以 TD 為基礎的營運系統軟體開發，這也是為什麼袁朗他們在面試完阿捷，填寫面試回饋時，在「相關技能」和「團隊協作」等方面都給了阿捷滿分的主要原因。對於這段經歷，阿捷在面試時留了一手，並沒有說自己是專案經理，而只是說自己作為架構師如何與同事們一起協作開發。畢竟 Agile 公司是赫赫有名的大牌外商，中國研發中心高手如雲，而阿捷應聘的職務也僅是一個高級軟體工程師，阿捷擔心自己專案經理的經歷會被人認為不能踏實本分地做好技術工作。

在 Agile 中國研發中心裡面，除了阿捷所在的 TD 專案開發組，還包含了負責交付業務的中介軟體開發組和負責底層協定的開發組，袁朗是 TD 的專案經理，中介軟體組的專案經理叫周曉曉。周曉曉長著一張苦瓜臉，一副苦大仇深的樣子，基本上讓人看了一眼就不想看第二眼，阿捷只在入職的時候被袁朗領著和他打過一次照面。通訊協定團隊的專案經理是個典型的美國佬，高高大大白白淨淨，自己座位前的個人小白板上不是記著米斯特披薩和賽百味的送餐電話，就是寫著「I'm on holiday from XX to YY. Limited access to my email box. please call my mobile phone to reach.（我自 XX 到 YY 休假，有限檢視郵件，請打電話給我）」。阿捷每當看著 Rob 背著旅行包匆匆外出時，心裡就想著怎麼差距就這麼大呢。三個專案經理都匯報給 Agile 中國研發中心的電信系統解決方案事業部老大 Charles 李。說起這個他，同組的大民告訴阿捷，查理斯在進入 Agile 中國研發中心之前，曾經在西門子、摩托羅拉等大公司供職多年，大家對他的評價早就達成共識，就是三個字「穩，準，狠」。Agile 中國研發中心的高層將查理斯挖至旗下組建了現在的電信系統部，不到兩年的時間裡，就帶起來三個能打硬仗的團隊，直接支援 Agile 中國的銷售團隊對中國市場進行深度挖掘。阿捷現在所在的 TD 團隊就是查理斯所期望的「尖刀連」，希望能夠幫助 Agile 公司在中國的電信市場上生生地切下一塊蛋糕。

不過，在阿捷看來，不僅是袁朗這個團隊，周曉曉和 Rob 的團隊也或多或少地存在問題。周曉曉是 Charles 早期建團隊時從其他部門轉過來的那批老員工之一，憑藉在 Agile 的老資歷，總算在阿捷進入 Agile 半年前提升到專案經理。聽周曉曉團隊的同事們私下裡說，周曉曉最怕別人說他「沒能力」、「憑資歷」之類的話。在平時的專案管理中，周曉曉經常因為不敢做決定而讓大家進行漫無目的的討論。而且，在他所負責的專案中，經常提出一些非常不切實際的專案時間估算，這個時間估算通常非常離譜的。據說最離譜的一次是原本只需要 4 人月的工作，他竟估出了 9 人月，自己還振振有詞。所以周曉曉團隊的同事們都並不十分認可周曉曉的管理方式，而周曉曉原來所熟悉的 CMMI 那一套在現在的團隊中又不適用，弄得他現在很沒頭腦。

說到那個 Rob 就更神奇了。據知情人士講，Rob 就是一個典型的美國大男孩，年輕的時候玩滑板聽搖滾開著轟轟響的福特野馬在中學門口泡美眉，總而言之除了念書外什麼都喜歡，高中畢業後就在美國加州一家零售店裡做店

員，折騰了幾年之後剛好趕上 IT 熱，在家苦讀了一個夏天的電腦書籍就成為 Agile 公司程式設計師了。之後經歷磨難，從輝煌走向泡沫，從泡沫走向輝煌，終於在差不多 40 歲的時候成為經理，而升任經理的條件之一，是他必須到中國用三四年的時間帶起一個團隊，把他在美國實施的那些通訊協定相關的專案帶到中國來。這剛好也滿足了他兒時想到中國這個神秘東方國度看看的願望，反正他只要按時給前妻支付孩子的撫養費就好。說到技術，Rob 還真有兩把刷子，別看他沒怎麼正經上過學，憑藉在 Agile 十餘年的累積，不僅在通訊協定上的造詣不淺，而且已經成為 Agile 為數不多的 6-Sigma 黑帶。

阿捷發現 Agile 公司雖然推行了 6-Sigma，但收效甚微。首先，整個部門一直在收支平衡的困境中掙扎，曾經有兩個季收支平衡後，整個部門還專門拿錢出來慶祝了一番。真的令人費解，一個上千人的部門，不賺錢好像是很正常的事情，反而一旦賺了錢，不管多少，一定是完成了不可完成的工作。其次，部門一直在呼籲不要對客戶「過度承諾」，還指定了專人負責，但「過度承諾」還是層出不窮，一直無法解決。第三，無論是有關多個產品的大版本，還是針對某個客戶的小的改進，雖然中間設定有多個檢查點，但檢查點常常不能按期通過，進一步導致最後發佈期限一推再推，幾乎沒有一個專案是不延誤的。第四，跨職能部門之間的合作問題很大，相互間的需求一直變來變去，沒有一個有效的機制來管理和控制這種變化，經常導致幾個產品在最後的整合階段因為介面不一致而出現問題，甚至有些產品需要推翻重來。第五，阿捷所在的是 Agile 公司內最複雜的部門，因為歷史悠久，研發地點分佈在全球 7 個國家 10 個辦公地點，不僅有文化、時差的問題，更有研發流程不統一和需求管理混亂的問題。

這就是著名的 Agile 中國研發中心電信系統解決方案事業部在軟體開發管理上的現狀。其實不光阿捷這樣的新人看出了這些癥結，像大民、阿朱這些 Agile 的老員工也都對此具有自己的看法。而且這兩年電信的日子不好過，各大公司併購的併購，裁員的裁員，Agile 的市場地位也不再那麼牢固了。國際上的競爭對手在技術上緊緊追趕，國內的廠商在客戶關係和產品價格上已經屢次讓 Agile 中國吃了苦頭。如果說當年的 Agile 公司獨霸天下，那現在的 Agile 公司已經日薄西山，而 Agile 中國研發中心更像是「最後的武士」，在努力維護著 Agile 中國的產品開發和品質的尊嚴。

重任在肩，如何打破人月神話

阿捷知道，最近的專案進展非常不順利，原本應該 10 月份發佈的版本現在看來已經是不可能完成的任務。同時，阿捷也知道，專案延期的主要因素其實不在中國。

作為 Agile 全球研發中心的一部分，Charles 所負責的中國研發團隊只是在 Agile OSS（營運支援系統）中負責了大約三分之一的產品模組開發工作。

在 Charles 所管轄的部門中，Rob 的團隊人數最多，有 23 人，負責了大約 1/2 的通訊協定開發，另外一半由 Rob 原來在美國的團隊做。周曉曉的團隊則分擔了大約 25% 的中介軟體開發工作，其實，中介軟體的需求相對比較固定，大部分程式都是從美國那邊直接移交過來的，周曉曉團隊並沒有太多的實際開發量。真正的苦活累活都是袁朗的團隊在做。

首先，在應用層面的開發上，TD-SCDMA 幾乎就是從零做起；其次，TD-SCDMA 的產品需求幾乎都由中國來提出，而中國的客戶對產品的了解和定義相比成熟的歐美市場來說真是五花八門。在這樣的條件下，袁朗的團隊需要在目前的 Agile OSS 5.0 的版本裡，加入對 TD-SCDMA 的支援，實際所需的工作量對僅有 5 名開發人員的團隊來說非常大。

在 Agile 的研發中心，整個開發流程是有非常詳盡的要求的，為了確保產品品質，每一個新加入的產品特性的每一個具體細節，都要多方反覆討論，要把所有從第一線來的需求確定下來後，負責對應產品的團隊才能列出詳細而具體的產品功能設計文件、UI 設計文件，最後才是阿捷這樣的第一線開發人員，在文件的基礎上完成軟體的開發工作。

阿捷剛剛加入 Agile 的時候，就發現這套如教科書般標準的瀑布開發流程雖然在某種程度上確保了 Agile 現有產品的開發品質，但是同時也限制了 Agile 公司對市場的反應速度。就拿 Agile OSS 5.0 的開發說，阿捷他們早在春節前就完成了針對中國市場的 TD-SCDMA 產品設計文件，但是由於中介軟體和通訊協定部分和美國那邊的討論一直沒有結果，導致了阿捷、大民他們春節後有 2 個多月的時間沒有進行實際的開發工作。這讓本來很有信心在 2007 年 7 月份完成開發工作，10 月份完成發版的 Charles 心裡非常不爽。阿捷在代替袁朗參加的幾次部門例會中強烈地感覺到了 Charles 對周曉曉和 Rob 的不滿，一直在敦促他們兩個趕緊和美國研發團隊協商解決。

Rob 還好，資歷和身份都在這裡擺著，大不了 Charles 給他今年的績效評得差點，反正等專案移交後，他再回到美國繼續做他的大爺。周曉曉可就慘了，幾乎每天晚上都要和在加州帕洛阿爾托的同事開電話會議，折騰到夜裡一兩點才睡覺，眼圈從來都是黑的，舌苔上火口腔長大泡。袁朗最不著急，一副事不關己隔岸觀火的樣子，反正團隊裡的設計文件，阿捷、大民都已經幫他弄好了。所以當阿捷看到 Charles 在黑木崖裡黑著臉與周曉曉和 Rob 開會時，還以為 Charles 又在鞭打慢牛呢！

這天下午，阿捷被通知到黑木崖開會。

剛進屋，阿捷看見 Charles 已經坐到了他最喜歡的位置，「如果 Charles 不在，袁朗也喜歡坐那個位子」，阿捷一邊心裡想著，一邊坐到了 Charles 的斜對面。這時阿捷發現，自己的這個位置剛好就是當初面試時的那個座位。

「你知道今天我來找你有什麼事嗎？」還沒等阿捷從回憶中走出來，Charles 用他習慣性的開場白把阿捷從回憶中拉了回來。

阿捷沒有回答 Charles，他已經習慣了 Charles 這樣的提問。阿捷知道，只要自己靜靜地等著，Charles 就會列出剛才提問的答案。

「袁朗上週五因為個人原因離職了」，儘管事先根據袁朗的表現，阿捷和大民他們都曾經想過袁朗會走人，但從 Charles 口中聽到這個訊息的時候，阿捷還是嚇了一大跳。

「那專案怎麼辦？Agile OSS 5.0 的 TD-SCDMA 開發誰來管？正在進行的設計文件評審誰負責？」阿捷問完了一串問題，才發現這些問題更多的是問給自己，Charles 才不會關心具體的開發細節和專案管理。

Charles 好像就等著阿捷聽到訊息後產生這樣的表情，滿意地笑了笑，對阿捷講：「這些問題都是你現在需要去解決的，今天上午我和周曉曉經理、Rob 經理都談過了，雖然還有一些疑慮，但是想讓你來帶 TD 這個團隊。怎麼樣，有什麼困難嗎？」

阿捷腦子有點暈，還真有些反應不過來，傻傻地追問：「為什麼是我？大民呢？阿朱呢？他們來的時間都比我早啊。」

Charles 好像有些不耐煩了，把腿翹起來說：「就這樣決定了吧。你有什麼困難，可以隨時過來找我。我會把這個職務在部門內公開發佈，歡迎每個人來參與競爭。所以你接下來還需要準備一個簡歷，美國那邊的老大會過來走一個形式上的面試，之後你會成為 TD 的專案經理，等以後有機會我會幫你爭取第一線經理的名額。大民和阿朱這些人暫時匯報給我。」

雖然部門裡還有幾個同事表示對這個職務有興趣，並正式提出了申請，但阿捷還是順理成章地成為 TD 專案小組實際的主管。接下來的日子，請整個專案小組吃飯，團隊建設是少不了的了，唯一有點變化的是 Charles 講的形式上的面試，從北京改到了美國的帕洛阿爾托。原因嗎？首先是美國那邊的老大最近被 Agile OSS 5.0 的研發搞得焦頭爛額，實在騰不出時間到中國來；其次也算 Charles 給阿捷一個小小的甜頭，讓還沒去過美國的阿捷見見世面。按照 Agile 中國公司的慣例，每位新提升的經理都要去一趟美國總部履新，順便把那邊的關係走動走動，讓平日裡在郵寄清單上的名字都能夠來個網友見面會，以便於日後工作上能有個照應。

阿捷的護照辦得很順，因為 Agile 公司是美商會的成員，直接把申請文件交給美商會，然後就等著大使館的面簽。

面簽那天，阿捷才領略到了傳説中的美國使館簽證處的恐怖，小小的大廳裡擠滿了人，剛好又趕上出國的旺季，每個視窗起碼有 30 個以上拿著各色卡片

的人在等。從視窗離開的人有哭的，有笑的，有表情麻木的，有激動得不能自已的，每一個正在等待簽證官面談的人都像在接受一場審判，而審判的結果僅是是否可獲得一張小小的紙片。

阿捷心裡想著，這次去帕洛阿爾托等待自己的又會是什麼呢？

橄欖球與敏捷軟體開發

阿捷在帕洛阿爾托的一切都進行得格外順利。

由於 Charles 只提了阿捷這一個候選人，所以阿捷也沒有什麼壓力。在程式化地回答了自己哪年加入 Agile，都在什麼公司做過怎樣的職務之後，幾個面試官分別從不同的角度了解阿捷對 Agile 公司和這個職務的看法。

阿捷發現，國外面試和國內面試最大的區別其實在於：國內的面試大多都是在研究如何考你，而國外的面試更多的是在於了解你。首先去了解你是一個怎樣的人，其次是了解你是否真正適合這個職務。人和人都是平等的，對於一個職務也只有適合和不適合。

對於面試，有三個問題讓阿捷記憶猶新：第一，分析 Agile 公司現在在業界技術上的優勢和劣勢；第二，如果讓你帶領中國的 TD 團隊，你覺得哪裡最需要改進；第三，你覺得 TD 專案能夠為 Agile 公司帶來怎樣的收益。

阿捷知道，在 Agile 做一名第一線經理，不僅是管理好技術帶好小組，還要有專案預算和規劃的能力，並能夠由此幫助總部研發中心開拓本地的市場。這就是所謂的矩陣式管理中阿捷這顆螺絲釘應做的事情。

又逢週五。忙完一周工作，阿捷獨自回到家裡，遛好了小黑，自己卻沒有什麼心思吃飯，凌晨一點還要和美國那邊開電話會議，睡覺怕又是後半夜了。小黑吃飽了，把頭搭在阿捷的拖鞋上睡著了。

阿捷決定還是先打個瞌睡。可是，上好鬧鈴，躺了下來，睡意全無，只好瞅著天花板出神。透過窗外昏暗的燈光，阿捷注意到屋角有一隻小飛蟲，不停

地飛來飛去，一會兒撞上這面牆，一會兒又撞上另一面牆。阿捷歎了一口氣，多麼像以後的自己啊，可能以後會撞得更加體無完膚。

既然沒辦法靜下來，阿捷決定還是上網消磨一會兒時間。

在《浩方》（一個遊戲對戰平台）上激戰了一個多小時的 CS（《絕對武力》）後，阿捷把自己的鬱悶一股腦地撒向對方，也不知道打了多少個回合，點殺了多少位英雄。直到鬧鈴響起，阿捷才發現已經到了零點，要趕緊準備晚上的電話會議了。

螢幕從 CS 切換過來後，阿捷發現螢幕上有一個 MSN 小視窗在不斷地閃啊閃，這麼晚了，誰啊？

開啟 MSN 視窗，發現原來是大學的室友猴子。

「Hi，阿捷！在嗎？怎麼不說話？」

「瞎忙活什麼呢？」

「不在還開什麼 MSN，浪費感情。」

阿捷心裡一笑，一邊心想「這個猴子，還是這個猴急脾氣」，一邊回覆道：「Hi，猴子，不好意思啊！我剛才 CS 呢。」

「哦，我說呢，沒事！趁著週末，那還不大家一起切磋切磋，來個通宵？」

「啊哈，那可不敢，你當初在學校裡面打 DOOM（《毀滅戰士》，一款動作設計遊戲）就那麼厲害，我不是自討苦吃啊。」

「少來！又不是想滅你，我們一起組隊滅其他人啊！現在不是辦什麼北京 CS 社群大賽嗎，我們這個社群總是湊不夠，你來幫幫忙。」

阿捷只好實話實說：「哎，今晚不行啊，馬上要和美國那邊開電話會議呢，改天陪你通宵吧。」

「不錯啊，升官了吧？都趕上和美國那邊開會了。」

「哪裡。就是我們原來的頭兒被別的公司挖走了，我被大老闆抓了替罪羊，頂著雷呢！好麻煩啊，不知道該怎麼搞！」

「難得的機會啊！好好幹！以後多弄幾個名額把我們兄弟幾個都招進去啊，然後下班就聯網打 CS ！」

「你這死猴子，哪那麼容易。我最近腦袋快趕上大頭讀者了，頭髮也白了不少。專案時間緊，工作重，老闆給的資源還少，這可怎麼幹啊？」

「嗯。我知道都不容易。對了，現在不都是流行什麼敏捷開發嘛，既然你都是經理了，為什麼不在你的專案小組裡也玩玩敏捷開發呢？」

阿捷還沒來得及和猴子解釋「其實自己就是個代理專案經理，還沒有真正第一線經理的權力」，就被猴子所說的敏捷開發所吸引了，「敏捷開發？沒有聽說過啊！我們 Agile 公司一直遵循的是瀑布開發模型。」

「那你們也太老土了吧。怪不得你們的專案經理都被別人挖走了。其實我也沒研究明白。你知道的，我們這個網路遊戲行業會接觸到很多關於 VC 的故事。最近老聽人講，如果現在想拿投資，VC 檢查的第一個指標就是，你是否在實施敏捷開發，否則一切免談！我們那時候，大夥比著燒錢，現在都不敢亂燒了。」

「這樣啊，看來『敏捷』真的很流行！但是如何能夠真正敏捷起來做開發呢？我現在在專案管理上就有很多問題啊。」

「那我也說不明白。這樣，給你推薦一個敏捷討論區，裡面有很多關於敏捷開發的介紹，要是你能找到『敏捷聖賢』這個人，也許你的這些問題就都能夠找到答案了！」

「敏捷聖賢？好奇怪的名字。是個什麼人啊？哪個公司的？」

「我也不知道。很神秘的傢伙，我只是之前想用敏捷開發的方法開發網遊而在那個討論區上發過文，結果只有他非常詳盡地解答了我所有的問題，並且告訴我那個專案用敏捷開發並不合適。他真的很厲害，基本上所有關於敏捷的事情他都能告訴你！」

「哦，這樣厲害啊。多謝了，我回頭泡泡討論區去。猴子我不能多聊了，馬上1 點了，我開會了。下回聯手 CS 吧。」

「好，加油！阿捷，你小子還要多練練槍法啊。再見！」

這些天，阿捷一直泡在這個敏捷討論區裡面，吸收著關於敏捷的點點滴滴，囫圇吞棗地了解著「敏捷」。阿捷發現，這個號稱最大的敏捷開發中文討論區裡面，混雜著這樣幾種人。

- 真正的「高手」，很少發言，但每次發言都一語中的。
- 像自己這樣只看文章但很少回覆的潛水者。
- 一些廠商的代表，不遺餘力、不分時機地發佈著垃圾產品廣告。
- 一些似乎正在實施敏捷的人。

阿捷把自己專案中遇到的問題，在討論區裡發文請教別人，卻無人問津。沒過兩天發文也就被別人用無聊的灌水淹沒了，而期望的「敏捷聖賢」卻一直沒有出現。

阿捷滿懷希望地問了很多人，可是沒有人能夠解決他的問題，也沒有人知道如何找到敏捷聖賢，甚至許多人都沒聽說過討論區裡有這麼一個 ID（身份證明）！幾經周折，阿捷終於在討論區早期的精華帖中找到了一個郵寄地址 crystalagile@gmail.com，據發文主人說，曾經有一個叫「敏捷聖賢」的朋友透過這個郵寄地址和他討論過軟體工程方面的問題，由此促使他寫下了這篇發文。

阿捷用這個電子郵寄地址試著給傳說中的「敏捷聖賢」發了一份電子郵件。

　　敏捷聖賢：
　　你好！別人都這麼稱呼你！我也只好這麼稱呼你了。
　　我現在遇到一些很棘手的問題，我在討論區裡發了很多發文，但是沒有人能夠幫助我。有人告訴我，可能只有你才能幫助我！
　　我是 Agile 公司的一名專案經理，之前我們採用的傳統軟體開發模式已經不能滿足現在的需要。我想採用敏捷的方式來幫助我們進行開發。
　　我看過《人月神話》，我知道對於目前的軟體開發，還沒有什麼「銀彈」，但我還是希望從你那裡獲得幫助，能解決我的問題！
　　如果方便，可以回郵件或加 MSN 嗎？我的 MSN 是 agilejie@hotmail.com。
　　盼覆！極其盼覆。

　　　　　　　　　　　　　　　　　　　　　　　　　　　　　阿捷

時間一天天過去。白天上班，阿捷還要和大民、阿朱他們一起為了專案早日發佈而浴血奮戰，晚上則依舊是一周兩次和美國總部那邊開電話會議。在其他的時間裡，阿捷如饑似渴地學著敏捷的知識。阿捷有一種預感，如果還有一種方法可以幫助他們按時發佈 Agile OSS 5.0 的 TD-SCDMA 產品，能夠幫助中國的銷售團隊拿到中國移動的 TD 訂單，那就只有「敏捷開發」。阿捷還有一種預感，那就是敏捷聖賢一定會給他回信。阿捷每天下班回到家，第一件事情就是去查自己的 MSN 上有沒有新加入朋友的請求，而每次的結果都很失望。漸漸地，阿捷的心已經有點涼了，自己有時候也在找藉口安慰自己：「反正專案延誤也不是 TD 一個專案小組的事情，周曉曉和 Rob 他們兩個組的進度更慢。」

又一個週五的晚上，時鐘已經指到了凌晨兩點，小黑早就已經回到自己的小窩裡打起了小呼嚕，而阿捷還在開著本周的電話會議。情況不容樂觀，不僅中國這三個組，美國那邊的開發情況也不樂觀，專案延誤已經成為板上釘釘的事情了。版本經理甚至建議將開發計畫延遲到 2008 年的 5 月份。在一陣悲觀情緒之中，阿捷結束了這周的電話會議。突然間，MSN 出現一個讓阿捷怦然心動的視窗，「Hi，阿捷，請加我。」這個人的簽名居然是「敏捷聖賢」！

阿捷一陣激動，趕緊通過「敏捷聖賢」的請求！那邊已經發過來了資訊！

敏捷聖賢：你好，阿捷？

阿　　捷：聖賢你好！我是阿捷。

敏捷聖賢：你是怎麼知道我的？

阿　　捷：嗯，是猴子告訴我的，我們上學的時候住一個宿舍！

敏捷聖賢：哪個猴子？抱歉，我已經沒印象了。我知道你說的那個中文的敏捷討論區網站，不過我已經很久沒有登入去看了，那裡真正有價值的東西太少。

阿捷大致把現在他的專案背景、開發方式、專案管理的方法和工具，以及目前遇到的問題等一股腦講給敏捷聖賢。他本以為敏捷聖賢會很驚訝於 Agile 公司系統的龐大和繁雜，卻沒想到敏捷聖賢對他說：「你之前所說的問題，其實是目前大型軟體公司的通病，我一點也不驚訝。既然你想用敏捷開發來改變現狀，那麼我想知道，關於敏捷軟體開發，你又了解多少呢？」

阿　　捷：嗯，我知道 TDD，FDD，結對程式設計……

阿捷把這些天學來的敏捷開發詞彙全都敲了出來。

敏捷聖賢：嗯！這都是一些具體的開發模式，對於加強你們的程式設計效率是有幫助的。但對於專案的整體改善，效果不大，你需要改善專案整體管理方式才行！

阿　　捷：哦！是什麼樣的管理方式？

敏捷聖賢：如果你想使用一個輕量級、能很快取得成效且流程簡單，容易使用的東西，那就是 Scrum！

阿　　捷：Scrum？這是什麼的縮寫？

敏捷聖賢：Scrum 不是什麼縮寫，就是一個單字！你看過橄欖球吧？

阿　　捷：在電視裡看過！橄欖球分為英式和美式，英式不穿防護服，不戴頭盔；美式都要帶，而且比較野蠻。其實橄欖球起源就在英國，美式橄欖球是後來由移民帶到美洲後演變發展而來的。我覺得，共同點是將球送到對方的大門，本質區別是英式靠球技，美式靠團隊。但橄欖球跟軟體開發有什麼關係？

喜歡體育的阿捷有機會都會在家裡看美國超級盃的轉播。

敏捷聖賢：有關係！你看電視比賽時，當比賽出現小的犯規或因為隊員受傷等原因中斷的時候，怎麼處理的？

阿　　捷：爭球！雙方隊員相互摟抱，半蹲著頂在一起。由裁判投球後，雙方隊員互相頂推，中間的隊員搶球。搶到球的一方開始進攻，比賽繼續進行。

敏捷聖賢：嗯！差不多！你知道在橄欖球中這個術語叫什麼嗎？

阿　　捷：國內都叫司克蘭。

敏捷聖賢：嗯，英文就是 Scrum！意思是密集爭球！實際上，我想說的 Scrum 這個敏捷專案管理方式，寓意就來自「密集爭球」（Scrum），意指整個團隊攢足力量，為了一個共同的目標，一起向前快速推進！

阿捷沒想到這軟體開發還跟橄欖球扯上了，馬上輸入：這個比喻很貼切。

敏捷聖賢：根據我的實作，Scrum 是目前最符合敏捷開發模式的敏捷專案管理
　　　　　方式，能帶來很多好處。

阿捷馬上問道：最初是誰提出的這個思維？都有哪些公司在用？

敏捷聖賢：Scrum 是 90 年代初由施瓦伯和蘇瑟蘭（Ken Schwaber 和 Jeff Sutherland
　　　　　博士）共同提出的，現在此方式已被許多大中小型企業使用，其中包
　　　　　含 Yahoo！（雅虎），Microsoft（微軟），Google，Lockheed Martin（洛
　　　　　克希德‧馬丁），Motorola（摩托羅拉），SAP（思愛普），Cisco（思
　　　　　科），GE Medical（通用醫療）和 CapitalOne（第一資本）。許多使用
　　　　　Scrum 的團隊都獲得了重大的突破，其中更有個別在生產效率和團隊
　　　　　職業素養方面獲得了徹底的改善。

阿　　捷：這麼多大公司都在用，看來不錯。我們該怎麼使用它？到底如何做
　　　　　才算是 Scrum？

敏捷聖賢：Scrum 其實僅定義了一個架構（Framework），實際的程式設計實
　　　　　作，完全取決於每個團隊，並且是完全以經驗進行管理為基礎的。
　　　　　首先，我們來看看 Scrum 是如何符合我們所熟知的敏捷開發原則的。

阿捷沒有馬上回答，等著敏捷聖賢把剩下的話說完。

敏捷聖賢：Scrum 遵循的敏捷開發原則有以下幾點。

1. 保持簡單：Scrum 本身就是簡單輕量級的流程，一頁紙就能說清楚，與傳統模式相比，它能相當大簡化我們現有的開發流程。

2. 接受變化：Scrum 鼓勵將工作細分成小區塊。它關注的是一小段一小段時間，只有在這些時間段的中間，我們才可以重新調整工作的優先順序。

3. 不斷反覆運算：Scrum 需要在小於 30 天的一次次反覆運算中建置應用程式。不斷的回饋和改善 - 在每一次反覆運算的尾端，Scrum 流程要求我們回顧以前是怎麼做的，並且思考我們下次可以做哪些事情來改善流程。

4. 協作：Scrum 鼓勵團隊成員的協作和溝通。如果沒有這些，Scrum 就一點用都沒有。

5. 減少浪費：Scrum 幫助我們識別做那些只對客戶或團隊有價值的事情。

阿　　捷：嗯，這些原則真的很實用，的確跟《敏捷宣言》裡面講的一致。那具體的 Scrum 的流程又是什麼樣的呢？

敏捷聖賢：在講流程之前，我先給你講幾個關鍵的定義。

1. 「產品需求清單」（Product Backlog）：這是建置一個產品需要做的所有事情的高層次的列表，並按優先順序排列，這樣可以確保你總是工作在最重要的任務上。例如對於整個 Agile OSS 5.0 產品套件，你的 TD-SCDMA 就是其中的 Product Backlog，而且是比較重要的 Backlog，要是我，絕不會讓這個 Backlog 整整兩個月沒有進展。

2. 「衝刺」（Sprint）：一個 Sprint 就是一次為完成特定目標的反覆運算，一般是 1～3 周。之所以叫衝刺 Sprint，而非叫反覆運算，就是希望大家能夠保持一種緊迫感，努力快速完成工作。

3. 「衝刺需求列表」（Sprint Backlog）：這是 Sprint 的工作列表。一個「衝刺」需求清單包含產品需求清單上最高優先順序的一些需求，以及產生的附加工作，每一個工作都應該有一個明確的「完成」（Done）的定義。對於你的 TD 專案小組，就是對每一個開發的功能及對應的工作拆解後，定好驗收標準。

4. 「產品負責人」（Product Owner）：這個人負責維護產品需求清單內容和優先順序，還有產品發佈計畫以及最後的驗收。對了，他還要對 ROI（投資回報）負責。

5. 「Scrum Master」：這個人負責執行這個架構流程，幫助大家消除工作障礙，保護團隊不受外界打擾，這就像『牧羊犬』保護羊群一樣；同時主管團隊不斷改進工作流程，這一點上，他應該是一個『變革發起者』的角色。

6. 「開發團隊」（Team）：這些就是真正完成實際開發工作的人，一般 5～9 人規模。對於一次衝刺 Sprint 中的工作做出承諾，盡最大努力完成。

阿　　捷：這些新名詞還真的需要時間慢慢習慣才行。那流程到底是怎樣的呢？

敏捷聖賢：作為一個輕量級的流程，簡單講是先建立一個產品「需求清單」，
做一個短期「衝刺」計畫，並執行這個計畫，每天開會討論計畫中
的問題和進展，衝刺完成後示範工作成果，再對該階段的工作做回
顧、反思，接著不斷重複以上流程。

阿　　捷：就這樣簡單嗎？有點太粗略了，你能不能講得更細一些？

敏捷聖賢：我可以給你一些細的指導，可是時間不允許！我現在正在舊金山的
機場，等著轉機去東京呢！馬上要登機了。你在北京？北京好像現
在已經很晚了吧？

阿　　捷：啊？我這裡凌晨 3 點了，別管我時間了。趕緊教教我在這個流程中
的每一步都該做哪些事情好嗎？

敏捷聖賢：嗯，那我簡短些！

敏捷聖賢：當你建置產品需求清單時，要建立一個按優先順序排列的所有功能
的列表，把最重要的功能放在列表的最前面。

阿捷有點犯傻，心想：如果把所有的事情都放進去，不就和敏捷的簡單原則
相悖嗎？

敏捷聖賢：最初的計畫是非常高層次的，僅是我們對客戶開始想要的那些功能
的粗略認識。一旦認識發生變化，就要即時調整。所以我們不會把
裡面的東西全部細化，只對最高優先順序的部分細化。下一步做
Sprint 計畫。你要從產品需求清單中選出一些優先順序最高的，制
訂一個 1～3 周的計畫，決定如何完成這些工作。然後執行這個計
畫。

阿捷有點明白了問道：「好的。那其他的呢？」

敏捷聖賢補充說道：每天開一次短會，檢查 Sprint 中每個工作的進展狀況，對未
完成的工作，要求工作所有人列出新的剩餘工作量的估算。

阿　　捷：啊？每天都開一次短會，那得浪費多少時間啊！

敏捷聖賢：所以你作為 Scrum Master 要讓會議開得很短，對你現在的 TD 專案
小組來說，5 個人，我覺得只要花 10 分鐘就夠了。在 Sprint 完成
時，大家聚在一起，展示一下工作成果，這時候一定要讓產品負責
人知道已經完成了哪些工作，並讓他驗收。

阿　　捷：好的，然後再開一次回顧會議？我們以前專案做完後，都會做一次的。

敏捷聖賢：對，一個 Sprint 結束後，做一次反省。從團隊的角度來檢查哪裡做得好，並繼續保持，找出不好的地方，尋求改善方法。

阿　　捷：這個流程真的很簡單。不錯。

敏捷聖賢：還有，在一個 Sprint 做完之後，你們要重新調整一次產品需求清單，尤其是需求的優先順序，然後再做計畫，開始下一個 Sprint。

阿　　捷：好的。聽起來 Scrum 還不錯。我想下週一就開始，我的專案團隊做一個兩周的 Sprint，看看效果如何。你覺得可以嗎？

敏捷聖賢：呵呵，不會，阿捷，這麼著急？你是我遇到的第一個剛聽了 Scrum，馬上就要實施的人！可是你真的準備好了嗎？

阿捷很有信心：差不多吧！Scrum 聽你講起來挺簡單的！我在網上再找點資料。

敏捷聖賢：這麼有信心！祝你成功！我得走了，已經開始通知旅客登機了！

阿　　捷：哈哈，好的。謝謝你！祝你旅途愉快！再見！

敏捷聖賢：再見！

阿捷突然又想到一件事情，趕緊和敏捷聖賢說：「等一下，還有一個問題。我們原來實行的是 CMMI（Capability Maturity Model Integration，軟體能力成熟度整合模型），後來又是 6-Sigma，現在是 ISO 9000，每週的開發都要和美國那邊做報告，現在大家都還在採用傳統的瀑布開發模式，要是就我一個組採用 Scrum，能跟其他組融合嗎？會不會相互衝突？如果衝突怎麼辦？而我又該如何向我的 Manager（經理）解釋這些呢？」

當阿捷敲完這長長的一串文字時，敏捷聖賢的圖示已經變成灰色，下線了。阿捷有點發呆地看著電腦螢幕，看來這些問題只能依靠自己解決了。

一切來得是這麼突然，去得又是這麼快，仿佛像夢境一般。阿捷閉上眼睛，仔細地回顧著與敏捷聖賢的這段對話！敏捷聖賢的話像是在阿捷的心頭點燃了一把火，阿捷感到整個身心都暖暖的。

本章重點

1. 相對於傳統的開發模式來講，敏捷是軟體開發中用於應對快速變化的市場和需求，並作出快速反應的一種方式。

2. Scrum 堅持以下的敏捷開發原則：保持簡單、接受變化、不斷反覆運算、不斷地回饋和改善、協作和減少浪費。

3. Scrum 是一種靈活的軟體管理過程，它可以幫助你駕馭反覆運算、遞增的軟體開發過程。

4. Scrum 提供了一種經驗方法，它使得團隊成員能夠獨立、集中地在創造性的環境下工作。它發現了軟體工程的社會意義。Scrum 一詞來自橄欖球運動，指「在橄欖球比賽中，雙方隊員站在一起，當球在他們之間投擲時奮力爭球。」

5. Scrum 這一過程是迅速、有適應性、自我組織的，它代表了從順序開發過程以來的重大變化。

6. Scrum 的反覆運算過程稱為 Sprint（衝刺），時間為 1 ～ 3 周。

7. Scrum 團隊一般由 5 ～ 9 人組成，Scrum 團隊不僅是一個程式設計師小組，它還應該包含其他一些角色，如設計人員、測試人員和運行維護人員等，是一個跨職能、無角色的特性團隊。

8. Scrum 包含三種角色：Scrum Master，Product Owner，Dev Team。

9. Scrum 是一個非常輕量級的流程。簡單講是先建立一個產品 Backlog（需求清單），做一個短期 Sprint（衝刺）計畫，執行這個計畫，每天開會討論計畫中的問題和進展，衝刺完成後示範工作成果，再對該階段的工作做回顧、反思。然後繼續重複以上流程。

冬哥有話說

敏捷開發的方法有很多，Scrum 只是其中一種；不同方法的形式不盡相同，但背後的原則是相對不變的，即敏捷宣言的 12 條原則。

Scrum、Kanban，SAFe、LeSS 等敏捷架構以及 DevOps，仔細深入，其原則都有相近之處，所以學習方法與實作，不要只得其形，不得其神；原則就是方法與實作的神，是根本；而具體的方法和實作，要在不同的場景下面適度

調整，並非一成不變；背後相對穩定的，是它們所遵循的原則。

Scrum 遵循的敏捷開發原則，最重要的是「減少浪費」，來自精實思維。在唐‧雷勒特森（Don Reinertsen）的《產品開發流》（Product Development Flow）中，稱之為經濟角度。

採用經濟角度來看待敏捷開發中的實作，我們會發現許多實作之間是相通的。例如「保持簡單」，是因為變化是永恆的，要「擁抱變化」，在變化面前，過度的設計常常會變成了浪費；再例如阿捷提到的 TDD 測試驅動開發，就是先撰寫滿足需求的測試使用案例，再撰寫能夠透過測試的程式，「保持簡單」的設計，同時可以持續「不斷的獲得回饋」。

關於一個 Sprint 的長度，從早先建議的 2 ～ 4 周，已經變成了 1 ～ 3 周，並且偏好越短的反覆運算，目的是快速取得使用者 / 客戶回饋，藉以調整產品需求清單（Product Backlog）的內容以及相關優先順序。產品開發中最大的浪費，就是開發出使用者不需要的功能。這也是「減少浪費」原則的一種表現。

很多人對敏捷開發有誤解，認為短週期的發佈，不經過傳統瀑布模式中各種嚴格的評審階段，發佈出的產品品質會大打折扣。事實上並非如此。敏捷開發強調「內建品質」（Build Quality In），品質活動貫穿在敏捷的每一個過程中，並且透過例如持續整合、自動化測試、持續發佈等活動，形成快速回饋閉環。此外，文中提到完成的定義 DoD（Definition Of Done，完成定義），也是內建品質的一種表現，與 DoD 相對應的，還有 DoR（Definition Of Ready，就緒定義）。

兵不厭詐：我們的第一次衝刺

接下來的兩天，阿捷不斷地尋找並學習著有關 Scrum 的資料，充實著自己，阿捷感覺自己對 Scrum 越來越有信心了，Scrum 可真是一個好東西，以前怎麼就沒發現呢？

為了能夠更進一步地實施 Scrum，阿捷決定週一先和大民談談，大民是這個團隊中資歷最老的成員，也是最早加入 Agile 中國研發中心的員工之一，當年還面試過阿捷。大民對整個公司、整個部門、整個專案瞭若指掌。在阿捷升為專案經理後，大民接替了阿捷負責 TD 專案的產品整體架構設計，袁朗提交給美國的 TD 設計文件就是阿捷和大民一起來完成的。對於是否能夠在專案小組裡實施 Scrum，他的意見是非常重要的。

週一午飯時間，阿捷走到大民的格子間，大民正在用 UML（統一模組化語言）畫著使用案例圖。

「Hi，大民，吃飯去。」

「哦，這麼快啊！好，我存一下資料。」

兩人在餐廳中找了一個靠窗戶的座位，這裡不僅人少，還能看到窗外的風景。

「大民，你覺得目前在我們部門，我們做的這些專案，最主要的問題是什麼？」

「嗯⋯⋯這個問題啊！我覺得，首先最主要的就是人禍！你看，我們一開始推行 CMMI，前兩年公司業績不好，專案停了，QA 團隊都給裁了。然後呢，又搞什麼 6-Sigma，據說是因為看到人家通用和摩托搞得如火如荼，我也想學學，這不明顯是邯鄲學步嘛！6-Sigma 這東西必須得從頂向下才行，只有上

頭重視了，都是黑帶、綠帶了，我們下面的人才能完成。你看看我們怎麼做的？從下往上，要求每個員工都必須通過白帶，那得花多少力氣啊，好容易員工都差不多是白帶了，上面主管還什麼帶也不是呢，你說怎麼搞？那時候我就說我們的 6-Sigma，沒戲！」

「果然沒幾天，上面就閉口再也不提 6-Sigma 了。」

「去年，我們部門又說自己搞什麼 RUP（Rational Unified Process，統一軟體開發過程），有老外透過 Webex（一種線上視訊軟體）視訊，搞了一個遠端教育訓練後，又沒有結果了！」

「歸納下來，這幾年淨瞎折騰了。一朝天子一朝臣，研發的主管變來變去的，政策沒有一個連續性，都只關注短期利益，沒人願意做長期投資，很難的！」

大民憤憤不平地說著，餐盤中的飯菜沒見少，但熱氣已悄然散去。

「是啊！從我進到公司，我們部門就一直朝著收支平衡的目標努力，更別說賺錢了！」阿捷附和著。

「另外呢！有些專案經理簡直就是混事，專業技能太低，就知道天天瞎叫喚，我人手不夠啊！缺乏資源啊！你看看周曉曉，前前後後，這幾年也做了不下 6 個專案了，他參與或主管的專案，哪一個不都是因為老外不滿意，最後給移交回去了？往中國交付一個專案容易嗎？那得花 Charles 多少精力啊？你看他手底下的老員工，走了多少了？那些走的人可真的是菁英啊！別說老外不滿意，我都看不過去！要我是老闆，早就把這種人開除了！」

「噓！小點聲。」阿捷趕緊看看四周，還好沒什麼人，稍微遠點的，也沒有人注意他們。

「哼！沒關係！」

「拋開這個大環境不說，單就我們 Team，你覺得問題在哪裡？」阿捷趕緊打圓場，大民的直脾氣可是部門有名的！

大民沉思了一下，說：「其實，我們這個 Team 處的位置真的挺尷尬的！首先，國外研發老大就不怎麼重視我們，因為我們現在做的 TD 產品將來是直接

面對中國客戶的，除了中國以外，短時間內難以為公司贏得海外訂單。同時呢，我們專案的核心都是從國外轉過來的。說好聽點，是在做我們 Agile 公司自己的東西，說直白點，其實就是外包！現在，我們還得不到老外的信任，我們做什麼，人家老外都要評審好幾遍，中間還要不斷地檢查。感覺就是有專案員警一樣！這叫人怎麼能有動力呢？」

「你做是應該的，做不好，一定要挨批！」

「同時呢，現在的客戶，最麻煩……給你提需求的時候，一點不明確。你跟他確認，他又模模糊糊，還不斷地變來變去，沒法做。而公司內部呢，沒有一個統一的流程來管理和控制需求，不但不好追蹤，而且出現爭議的時候，沒有一個決策團隊按照決策流程，列出快速的決策。大家相互糾纏，許多專案時間就白白耽誤了。」

「所以我覺得，如果真想做好這個專案，就得從需求入手，從源頭上解決問題。」

「嗯，跟我想的差不多，你有什麼建議？」

「其實，RUP 的思維還是挺適合我們的，就是透過不斷地反覆運算，不斷地發佈，迎合並接受變化，而非拒絕變化，畢竟客戶是第一位的！但是呢，RUP有點太複雜，不太適合我們的專案。」

「是啊。你覺得 Scrum 怎麼樣？」

「Scrum？沒聽說過。」

「嗯，Scrum 是一個敏捷軟體開發架構，是一個非常輕量級的開發流程……」阿捷給大民簡單明瞭地講了一遍 Scrum。

「聽起來不錯，挺適合我們的！」大民兩眼放光地說。

「那我們也搞一搞？」

「行！我支持！我們是該變變了，天天這個樣子，被人揪小辮子過活的日子不舒服，怎麼也該做出點事情來，讓瞧不起我們的人閉嘴！」大民非常誇張地用手做了一個掐脖子的動作，讓旁邊其他部門的同事看得莫名其妙。

「快一點了，趕緊吃飯，要不然餐廳來收我們的餐具啦！」

兩人三下併兩下，吃完了剩下的東西，乘電梯回到樓上。

下午 3：00，阿捷把所有的人都召集到了「黑木崖」會議室。

「在正式討論問題之前，我準備了一個遊戲！」阿捷今天顯得特別興奮，而大家一聽到做遊戲，興致馬上高漲，燃了起來。

「好啊！做什麼遊戲？」小寶已經迫不及待了。

「很簡單！遊戲有兩個角色，一個是『老闆』，另一個是『員工』，所以我們首先需要兩兩組成一組，要做『老闆』的舉手。」

「哈哈！我做我做！」小寶第一個舉手，「終於有機會做老闆嘍！」

接著是阿紫略顯遲疑地舉起了手。

「嗯，那看來阿朱、大民只能接著做員工了，這麼好的機會就輕易放過了啊！」阿捷開玩笑說道。

阿朱微微笑了笑，未置可否，大民則笑著說：「嗯，做員工多好啊，不用操那麼多心。小寶啊，等你做上老闆的位子，不一定你就不想再做了。」

「哈哈！我才不怕呢，這次你做我的員工，反正你這麼願意做員工！」小寶對當老闆還是非常嚮往的。

「那好！阿朱就只能做阿紫的員工了。」阿捷看了一下會議室，覺得人太少了，接著說，「這個遊戲要是人多些才好玩，我們現在只能湊出來兩組。這樣，我們再搞點障礙。大家先站起來，把身邊的椅子都擺到過道上，堵住直行的道路。」

所有的人滿腹狐疑地按照阿捷說的做完，不知道阿捷葫蘆裡面到底賣的什麼藥。

「好！那現在大民和小寶站在一起，阿朱和阿紫站在一起。這個遊戲要求『員工』必須完全聽從『老闆』指揮才行，不允許做出相違背的動作。怎麼樣？兩位老闆分別跟自己的員工確認一下吧。」

「哈哈！老員工，沒問題吧？」小寶對大民說。

「你就嘴賤吧！沒問題，這次讓你一次過癮過個夠！」大民也不甘示弱。

阿捷看到阿朱阿紫那邊也沒有異議。「這個遊戲要求在 1 分鐘內，『員工』按照『老闆』的指令，完成移動儘量多的步數，指令只有 5 個，即『向前一步，向後一步，停，向左一步，向右一步』。這 5 個指令可以隨意組合。」

「這麼簡單！」阿紫脫口而出。

「嗯，聽起來簡單，一會兒我們看結果就知道了。對了，還需要注意一點，『老闆』則不參與行動，只發出指令指揮『員工』的活動。另外，『老闆』在整個過程中，一定要保護你的『員工』不能撞到其他『員工』或老闆，也不能撞到桌子、椅子、還有牆。怎麼樣？大家都明白了吧？」

「明白了！」

「沒問題！」

「趕快開始吧！」

大家對規則領悟得都很快，已經迫不及待了。

「那好！我計時，每組都要記住自己最後完成多少步移動工作！準備……開始！」

「向後一步……停，向左一步，向右一步……」，「黑木崖」裡面響起了此起彼伏的指令聲，兩位員工按照各自老闆的指令移動著。

「好！時間到！停！」1 分鐘很快就到了，阿捷準時發出停止的口令，「大民不能再動了！違反規則了，最後這步不算，扣掉一步，扣掉一步！」

「我要是不動的話，這次又得撞到椅子上了。這步是不算。」大民解釋著自己的原因，「這之前，小寶已經讓我撞了兩次牆啦！」

「是啊！阿紫也讓我撞到了一次桌子，一次椅子。我都撞到椅子上了，阿紫還一個勁給我指令『向前一步』、『向前一步』，幸好我沒有再執行。疼死我了！」一直默不作聲的阿朱摸了摸膝蓋，假裝做出痛苦狀。

「一看就是裝呢，你自己看到桌子在前面，還往前走啊！自己調整一下就行了！」阿紫反駁道。

「那怎麼成，我是員工，你是老闆，員工要完全聽從老闆的指揮。你說怎麼做，我就是怎麼做的。因為你給我的指令就是向前一步的。我可是一個好員工的，對吧阿捷？」阿朱做出委屈的樣子向阿捷求助。

「嗯，阿朱做得沒錯。這次是阿紫沒有照顧好自己的員工，沒有盡到自己做老闆的責任。不過，大民好像更慘，我已經看著他連著撞了兩次牆！」

「是啊！一次是向前撞了一次，一次是向後撞了一次！向後那次可是實打實的，後頭沒有眼睛，哪知道有牆啊！我現在還疼呢！」大民跟著喊冤。

小寶抓了抓頭，不好意思地笑著。

「怎麼樣？小寶，這個老闆不好當吧？你們最後完成了多少步？」阿捷問。

「38 步，對，大民？」

「我都撞牆撞暈了，哪裡記得住。不過沒完成 60 步是一定的！」

「嗯，阿紫，你們的結果如何？」

「噢，我們也沒完成，不過比他們好點，是 45 步！我覺得是阿朱移動得有點慢，好幾次還聽錯了口令。」

「嗯，是啊！小寶的聲音太大了，我都聽不清。」阿朱埋怨道。

「那我不管，我是為了我的員工利益著想呢。」小寶死活不想認錯。

「現在結果出來了，看來我們兩組都沒有完成預定的工作而且無論是『員工』還是『老闆』，都有不滿和委屈。那我們接著做下一個遊戲。這次大家都做『員工』，沒有『老闆』再給『員工』發出指令。每個人獨立、自主地移動，看看能完成多少步！時間還是 1 分鐘。準備，開始！」

這次「黑木崖」裡，不再有干擾大家的口令聲，大家有條不紊地移動著，並依據自己的判斷隨時調整其步伐方向、快慢，以繞開椅子、桌子和其他人。

這次阿朱、大民完成了 65 步，阿紫、小寶完成了 70 步。

「大家談談感受吧！」

「我發現，等別人下指令自己再走，效率很低，因為除了需要仔細傾聽外，還要再思考一遍，需要把指令轉換成自己的動作才行。」大民第一個發言。

「自己可以根據實際情況，隨時調整，這樣就不會撞到牆上或椅子上啦！」阿朱非常欣慰地說。

「我們做這個遊戲到底有什麼寓意呢？」小寶終於問出了大家的疑惑。

「嗯，這個遊戲其實是想讓大家了解一下兩種工作方式的差異。一種是完全聽從別人的指令，被動地進行工作；一種是自主決定、主動進行調整的工作方式。很明顯，後者的效率更高，也更能被大家接受，對不？」

阿捷看到大家都點頭表示贊同，「那好！小遊戲就到這，我們進入正題。」

「今天主要是想跟大家討論一下，如何改進我們專案的管理方式，或說是我們的軟體開發方式。一直以來，我們採用的都是瀑布模型。」阿捷頓了一下，「大家可以回想一下，我們以前包含現在做專案的時候，基本上是按照里程碑劃分為這樣幾個階段：需求分析、軟體設計、程式撰寫、軟體測試和對外發佈和執行維護等六個基本活動，按照從上往下、相互銜接的固定次序。雖然瀑布模型有它自己的優勢，但對我們來講，有以下不足：第一，在專案各個階段之間少有回饋，主要依賴各種文件進行交接，缺乏協作；第二，只有在專案生命的後期才能看到結果；第三，雖然透過很多的強制完成日期和里程碑來追蹤專案階段，但專案依然經常延誤，而且延誤會傳導到下一個階段；第四，不能有效地應對外界變化。」

「鑑於這些問題，我想或許我們可以試用一下敏捷模型中的 Scrum ！ Scrum 敏捷軟體開發強調的是在一個固定的時間內，利用一切合理的開發資源，完成客戶的一定需求。整體的專案是由一個一個小的衝刺（Sprint）組成的。每個小的衝刺（Sprint）都有很清晰明確的需求，而且也有明確的需求驗收標準，進一步能夠把一個大的專案逐漸分解到小衝刺中，為按時保存地完成發佈提供支援。」

「現在的工作雖然有些問題，但我們每次不也發佈了嗎？為什麼要做這個改變呢？」阿朱委婉地提出擔心。

「嗯，話雖如此，不過大家回想一下，我們剛才所做的兩個遊戲，二者的目標是完全一樣的，但結果與過程卻完全不一樣。第一個遊戲是聽從他人指令、被動移動的方式，這就像傳統的專案管理模式；而後一個遊戲則是完全自主決定、以經驗、隨時調整為基礎的移動方式，就像敏捷軟體開發。透過剛才的遊戲，大家應該已經充分領略了二者的優劣。」

「我們知道，蘋果公司是一個非常注重創新的公司，蘋果最近被評為『世界最受尊敬的公司』。他們的產品從 iMac 到 iPod，再到 iPhone，每一個產品都不斷地更新著人們的想像力。他們創新的源泉，除了聚集的一堆天才外，很重要的一點在於他們的理念，他們提出了著名的 Think Different（不同凡想）口號。他們當初提出這個口號，最直接的原因是這樣的，」阿捷清了一下喉嚨，「Because the people who are crazy enough to think they can change the world，are the ones who do.（那些瘋狂到以為他們能夠改變世界的人才能真正地改變世界）」阿捷在白板上寫下了「Think Different Apple」。

「那麼我們呢？很顯然，我們目前的工作不允許我們做出這樣的創新，因為我們不能改變我們工作的內容。但是，我覺得我們可以從另外一個角度出發，那就是 Do Different（做得與眾不同），」阿捷在白板上用紅筆寫下「Do Different ！」，還加了一個大大的驚嘆號，「我們可以在做事情的方式方法上，做一個突破。有一句話是這麼說的 Winners Don't Do Different Things，They Do Things Differently（贏家並不總是做不同的事情，他們還會做得與眾不同）。」

「另外，我跟大民也討論過，覺得我們現在需要做一次改變，讓我們的工作有新的起色和新的亮點！現在想聽聽大家的意見！」

「我覺得可行，我喜歡 Do Different ！」大民第一個表示支持。

阿朱有些不安地問道：「會不會增加我們額外的負擔啊？」

「我覺得不會，我們做的東西不會變，原來做什麼，現在還是做什麼！大的方

向不變，變化的只是我們軟體發佈的方式，原來我們可能是一年或半年，現在要 3 周左右就發佈一次！發佈次數多了。」

「老闆知道嗎？美國人呢？會不會對我們有看法？」阿紫還是很有政治敏感度的！

「這個，還沒有跟他講。或許我們可以自己試驗一下，成再講；不合適，我們還是要回到老的路子上的！這次是先試驗一下。我們先從下到上，等時機成熟了再從上到下。」

經過一番討論，大家終於達成一致意見，決定從明天開始，先做一個為期兩周的 Sprint 試試看。

晚上，阿捷決定不再想公司的事情，讓自己放鬆一下，看看光碟。阿捷開啟電視櫃，準備從收藏的 DVD 中找一個出來。《虎口脫險》《A 計畫》《國家寶藏》《魔戒》……《游擊英雄》映入了眼簾！

「對啊，為什麼不把《游擊英雄》引用每個 Sprint 呢？如果把《游擊英雄》每集的名字指定給每個 Sprint，這樣一定更好玩！說不定可以更進一步地觸發起大家的興趣。」連阿捷自己也開始佩服起自己的這個突發奇想了。

第二天上午 10：00，阿捷站起來催促大家！

「走了走了！大家都到光明頂去，我們討論第一個 Sprint。」

阿捷首先發言：「大家好！我們是不是可以為我們的每個 Sprint 起一個好玩的名字呢？畢竟 Scrum 就是一個 Sprint 連著一個 Sprint，這樣下去就是一個很好的系列了，我建議我們前面幾個 Sprint 採用《游擊英雄》的劇名！如何？」

「嗯，這樣挺好玩的！」小寶第一個表示贊成！

《游擊英雄》？還真的挺符合我們啊！在我們部門，還沒有人做過 Scrum 的，我們就是第一個吃螃蟹的，我覺得不錯！」大民頓時也來了精神。

阿捷不免心裡有些得意，能獲得大家的共鳴是很愉快的事情。

阿紫在旁邊嘟囔了一句：「《游擊英雄》我都沒聽說過，講什麼的？」這位 80

後，跟大家有明顯的代溝。

「代溝！」阿朱笑道。

「嗯，那我簡單介紹一下吧。」阿捷說。

「電視台播放《游擊英雄》的時候，我好像才上國中。」

「它講的是一撥監獄裡的囚犯，在一個美軍『幹部』的帶領下，深入德軍敵後搞破壞的故事。」

大民還沒等阿捷說完，就接過話頭，「是啊！當時，我們讀者都看得特別 High（興奮），每天都討論這個。當時有報導，有少年模仿電視劇裡情節練習飛刀，有盜賊模仿連環盜竊，有學生模仿吸煙，模仿喝酒，都是受了這部電視劇的影響。據說，中央台因為這個還停播了後面的幾集。」

阿捷繼續說：「沒錯！我所以選擇《游擊英雄》，是因為我覺得這個團隊裡面有一個很好的帶頭人上尉加里森以及各有所長的成員：小偷、酋長、演員、強盜，他們各自發揮所長，完成了很多難以想像的工作。這樣的團隊，對於軟體開發團隊來講，太需要了！因為，每個人都是一專多能的 T 型人才！這樣在其他人遇到困難的時候，才可以互相幫忙、補位！」

阿紫一臉的期待，「我建議，我們在每一個 Sprint 結束的時候，都找一集看看。」

「沒問題！我家裡就有光碟！現在回到今天的主題，那我們就給第一個 Sprint 命名叫兵不厭詐」（the Big Con！）。阿捷在白板上寫下了「Sprint1：兵不厭詐（the Big Con！）」。

「其實這個也正好能說明我們的現狀呢！大家第一次採用 Scrum，對這個 Scrum 流程都很期待，同時呢，對於怎麼做，如何用還很模糊，正所謂兵不厭詐。」

大家都舒心地笑了，會議的氣氛頓時輕鬆了起來。

中午吃飯前，阿捷跟大家一起完成了第一個 Sprint 的計畫，帶領大家開始了他們的第一次衝刺！

本章重點

1. 瀑布模型的核心思維是按工序將問題簡化，將功能的實現與設計分開，便於分工協作。將軟體生命週期劃分為制訂計畫、需求分析、軟體設計、程式撰寫、軟體測試和執行維護 6 個基本活動，並且規定了它們從上往下、相互銜接的固定次序，如同瀑布流水，逐級下落。

2. 瀑布模型有以下特點。

   * 為專案提供了按階段劃分的檢查點。
   * 目前一階段工作完成後，只需要去關注後續階段。
   * 瀑布模型強調文件的作用，並要求每個階段都要仔細檢查。但是，這種模型的線性過程太理想化，其主要問題在於：
     * 各個階段的劃分完全固定，階段之間產生大量的文件，相當大地增加了工作量。
     * 由於開發模型是線性的，使用者只有等到整個過程的末期才能見到開發成果，進一步增加了開發的風險。
     * 在瀑布開發模式下，早期的錯誤可能要等到開發後期的測試階段才能發現，進而帶來嚴重的後果。

3. 在做大的變革之前，積極聽取其他成員的意見，努力了解其他成員的觀點，獲得團隊主要成員的支持，是保障變革成功的重要一環。

4. 軟體開發根本就沒有什麼靈丹妙藥可言。雖然敏捷可以很快開發出優秀的應用軟體，但不是說這項技術適合每個專案。在實施敏捷之前，一定對現有專案做好分析，對症下藥。

5. 在 Scrum 開發模式下，為每個 Sprint 取一個名字，不但可以增加團隊軟體開發的樂趣，加強大家的參與度，還可以記錄下 Scrum Team 當時的心情。

冬哥有話說

敏捷的小量發佈

敏捷和瀑布研發模式，有不同的適用場景，一定不要一擁而上，全都轉為敏捷開發模式。

瀑布模式，期望透過嚴格的過程檢查點，來保障發佈品質。這在客戶業務場景明確，業務需求相對穩定的情況下，更加適用。但通常的現狀是，客戶不

清楚自己想要什麼，市場環境又不斷變化，客戶只有在看到產品那一刻，才知道自己想要的是什麼不想要什麼。

瀑布模式，就像行駛在封閉高速公路上的重型卡車，速度又慢，又難以調轉方向，只能沿著封閉的車道走到下一個出口（產品發佈），才能根據遲來的回饋緩慢進行調整。結果，常常已經浪費了大量的時間和人力、物力成本。

相形之下，Scrum 透過較短的衝刺，小量，每次發佈一個小的可執行增量；船小好調頭，即使出錯，沉沒成本也低。透過小步衝刺，快速反覆運算的方式，「迎合並接受變化，而非拒絕變化」。

集權式管理 vs 分散式

阿捷玩的「我說你做」的遊戲，是典型的從上往下、命令式的集權式管理方式。來自近代管理學家泰勒「科學管理」的理論系統，是典型的還原論思維，嚴密的組織架構，管理者統一發號施令，員工只是組織這架機器上的一顆螺絲釘。

現實的 VUCA 時代，充滿了複雜性、不確定性、模糊性、易變性，傳統還原論的管理模式已經無法適應，需要的是打破部門之間與團隊之間的豎井，打造「由靈活的小團隊建置成的靈活的大團隊」，詳情可參考《賦能：打造應對不確定性的敏捷團隊》一書。

以上兩種模式，正如阿捷所說：「一種是完全聽從別人的指令，被動地進行工作；一種是自主決定、主動進行調整的工作方式。」

人人都愛玩遊戲

比起簡單的說教，遊戲更具參與感，更容易吸引學員的注意力，寓教於樂。除了文中「我說你做」的遊戲，經常玩的遊戲還有翻硬幣遊戲，紙飛機遊戲，披薩遊戲，棉花糖遊戲等，這些都不需要太複雜的道具，而且短則幾分鐘，長則半小時，就可以感受到敏捷的理念；而類似鳳凰沙盤、多米諾骨牌沙盤和 GetKanban 沙盤遊戲等，透過設計精準的沙盤，將敏捷、精實、Kanban、DevOps 等方法論，巧妙地穿插在沙盤設計中，現在已出現專門做這種沙盤遊戲設計的公司，例如設計鳳凰沙盤的 GamingWorks。

05

衝刺計畫最為關鍵

時間過得很快，兩周一晃就過去了。阿捷他們的第一個 Sprint 也結束了，但大家感覺並不怎麼好。

在 Sprint 計畫會議上，大家按照阿捷準備的 Product Backlog，從中選擇了一些使用者需求進行開發。雖然阿捷事先對這個 Product Backlog 做了一定的細化，並設定了優先順序，但在選擇的時候，大家並沒有按照優先順序來選，而是找了幾個剛好可以在兩周內做完的東西。會議上，大家大致討論了一下，阿捷就按照先前的慣例，根據每個人過去的經驗，對每個模組的熟悉程度，基本上是直接指定一個人做哪個工作了。對於每個工作，沒有做詳細的估算和工作劃分，因為以前一直是這樣做，把工作交給一個人後，由這個人一直負責，自己做估算、做設計、實現，然後交給測試人員測試，測出 Bug 再返工，直到完成為止。這個過程基本上就是一個黑盒，如果負責這個工作的人不說，別人也不知道實際做得如何，目前是什麼狀態。

Sprint 計畫會議的第二天上午 10：30，阿捷召集所有的人在「光明頂」舉行了第一次站立會議，因為這是第一次舉行站立會議，大家相互看著對方，覺得很好玩，興致也很高。阿捷首先把自己負責的工作講了一下。包含自己將如何設計、對不同的實現方式進行了比較，然後列出估算，覺得應該可以在一周內做完，然後交給測試人員進行測試。大民、小寶基本上都是同樣的模式，也把自己的工作講了一遍。小寶覺得自己那塊有些複雜，可能要花上 8 個工作日才行，估計剩不了多少時間留給測試了。阿朱和阿紫因為要等著開發人員做完後，才能進行測試，所以也沒開始實際做什麼事情，講起來自然

簡單，兩個人總共花的時間還沒有大民、阿捷一個人用的時間一半多。但即使如此，不知不覺的時間就到了 11：40，大家差不多站了一個小時，腿都酸了，剛好都到了吃飯時間，大家一哄而散，下樓吃飯。

在接下來的日子裡，如果有會議室，大家就到會議室裡開站立會議；如果沒有，大家就聚到阿捷的格子間湊合一下。有時候是上午 10：00 開，有時候是 10：30，還有一次因為阿捷上午要開部門會議，大家的 Scrum 站立會議是在下午 3：00 開的。有時候大家會對一個技術問題展開激烈的討論，有時候不知怎麼的，大家就會扯到姚明、NBA、奧運會北京限行措施、搶購奧運門票的事情上去，偶爾還會聊聊公司的公積金政策、部門的人事變動等，反正每次的會議都挺長。有時候誰累了，就坐在椅子上或桌子上，聽別人講。當然還少不了阿紫、小寶這樣的簡訊狂人，收到簡訊時所帶來的噪音。有時候，阿捷也覺得這麼做真的有點浪費時間，相信其他人也有同感，但即使如此，大家還是把站立會議堅持了下來，畢竟 Scrum 很重要的一點就是強調 Daily Standup Meeting（每日立會）的！

大民和阿捷所負責的工作基本上都按期完成了，阿朱、阿紫分別進行了測試，雖然發現了一些小問題，但大民、阿捷還是在 Sprint 結束前就修正完了。但小寶所負責的工作，就像他自己第一天所說的，真的遇到了麻煩。一個模組總是出現 Core Dump（系統當機的一種），無法執行，小寶換了好幾種方法，甚至做了偵錯版本，進行單步追蹤，還是找不到問題。甚至在開站立會議時，大家等了他好幾次，他才不情願地從座位上站起來。在會議中間，還跑回去幾次看看執行結果。因為小寶自己沒有主動提出需要幫助，所以阿捷、大民也沒好意思多問。直到 Sprint 結束前一天，小寶才興奮地告訴大家，問題終於解決了。可留給阿朱的測試時間只有一天了，雖然阿朱早已準備好了測試使用案例，但對於這樣一個複雜的特性，這點時間還是不夠的。於是，在這個 Sprint 中，小寶負責的模組沒有完成最後測試。這讓阿朱很沮喪，因為這也導致她的工作沒有完成。阿朱很委屈，自己的工作前鬆後緊，自己也想努力完成最初計畫的事情，可是小寶的工作一直沒完成，自己也只能是乾著急，毫無辦法。

對於這種現狀，阿捷更著急。不僅是因為這個 Sprint 的原始計畫沒有完成，更重要的是團隊的第一次衝刺就這麼搞砸了。在 Sprint 結束後，阿捷召集大家進行了一次簡單的回顧，談談大家對第一次衝刺的感受。在會上，阿捷雖然想了點破冰遊戲，試圖活躍一下氣氛，但因為第一次衝刺的過程與結果都不令人滿意，氣氛還是很壓抑。大家談得不多，基本上覺得每天的狀態報告會花了太多時間，其實應該把這個時間更進一步地用到專案本身才對；另外，因為 Scrum 本身只是一個架構，沒有定義實際的程式設計實作，不如一些 XP 實作更具有可操作性，關鍵的還是大家都沒看到這個 Scrum 流程的價值，這次衝刺讓大家有點洩氣。小寶和阿朱甚至說，乾脆別搞 Scrum 了，似乎帶來的問題更多。阿捷好說歹說，才使大家平靜下來，最後達成的一致意見是暫時停下來，重新檢查一下，看看是不是可以改善一下，在找到真正可行的辦法或操作實作後，再繼續下一次衝刺。

這幾天阿捷一直很苦惱，再加上 7 月的北京已經開始炎熱起來，阿捷就有點著急上火，不僅睡覺不踏實，嘴邊也起了大泡。從感覺上講，Scrum 應該是一個很好的專案管理模式，否則像 Google 和微軟等大公司也早就放棄了。可能只是自己實作的方式不對，但卻又不知道到底該怎麼去改善。看來還是要求教敏捷聖賢了。阿捷每天都上網，並待到很晚才下去，希望能碰到敏捷聖賢。

這天晚上，阿捷跟美國方面開完電話會議後，發現敏捷聖賢上線了！阿捷高興得跳了起來。

阿　　捷：你好！

敏捷聖賢：你好啊！

阿　　捷：現在有時間嗎？我們遇到了麻煩。

敏捷聖賢：我果然猜對了！我是專門上來找你的！我想你們的第一次衝刺結束了吧？

阿　　捷：是的！我們遇到一些問題，大家的意見開始出現分歧了，有人甚至認為 Scrum 帶來了更多的麻煩！

敏捷聖賢：這可不是一個好兆頭。說說你的問題，讓我看看，怎麼解決，我想多數是你們使用的方法有偏差。

阿　　捷：我也覺得 Scrum 是一個很好的流程。

敏捷聖賢：對！只做了一個 Sprint，不要著急下結論說 Scrum 適合或不適合。Scrum 可以讓你從另外一個角度來思考如何進行專案管理。找到竅門總是需要花些時間的。我建議你們團隊堅持這個流程，至少做完 3 個 Sprint，然後再決定是否繼續。第一次衝刺一定會遇到問題的，你們可以回顧歸納一下，把一些能操作的改進加到第 2 個 Sprint 中，逐步做出改善。這樣，經過 3 個 Sprint，你們才會真正地了解 Scrum。

阿　　捷：好！我會勸說大家繼續跑完 Sprint 2 和 Sprint 3 的。

敏捷聖賢：先給我講一下你們是怎麼做的？

阿　　捷：大概是這樣做的。我事先完成了產品的 Backlog，然後大家一起做了一個執行計畫。之後就是每天早上開「站立會議」，這個非常花時間，每次大概 40 ～ 50 分鐘。在 Sprint 結束的時候，每個人做了幾分鐘的歸納，並進行了回顧，會上大家都覺得 Scrum 問題不少。

敏捷聖賢：哦，你們的產品 Backlog 是怎麼組織的？

阿　　捷：作為一個 Scrum Master，我用 Excel 做了個列表，把我們下幾周需要做的東西放進去，還按照優先順序排了一下序。

敏捷聖賢：等一下！你說，你做了一個 Product Backlog？

阿　　捷：是啊！有什麼問題嗎？

敏捷聖賢：也就是說，你們沒有找到一個 Product Owner 這個角色？沒有讓這個人去完成並維護 Product Backlog？

阿　　捷：嗯，我們沒有。

阿捷心想敏捷聖賢的臉色一定很難看，估計這個問題很嚴重！

敏捷聖賢：如果你們真的想實行 Scrum，那麼就一定要遵循 Nokia 的敏捷標準，遵循諾基亞制定的「Scrum 規則」，這是諾基亞用了幾年時間，對上百個 Scrum 團隊進行了回顧後，才歸納出來的建議，這可以幫助你們判斷一個團隊是否在真正實施 Scrum。

阿　　捷：那諾基亞怎麼知道一個團隊是否真的在實施 Scrum 呢？

敏捷聖賢：首先，他們要看是否採取了反覆運算開發的方式。多年來，業界一直使用反覆運算式的、增量式的開發，這似乎已經成為所有敏捷過程的基礎元素了。

阿　　捷：這個應該比較好判斷。那為什麼團隊是否「進行反覆運算開發」這麼重要呢？

敏捷聖賢：如果不這樣做，甚至都不能稱為敏捷的軟體開發過程。這是因為敏捷希望整個軟體開發流程中的所有人都可以一起工作，大家都要對產品非常了解：無論是建置產品的人，測試產品的人，還是將使用產品的使用者。

阿　　捷：大家是應該一起工作？

敏捷聖賢：對，如果把過程分隔成「這裡的這些人撰寫需求說明和標準，然後他們把文件交給負責建置軟體的人，軟體建置者再將軟體轉給測試人員，最後測試人員把軟體提供給客戶」。客戶如果說那不是他們真正需要的東西，一切就要回到開頭，再來一次。如此反覆三遍的話，客戶就會取消這個專案了。這就是為什麼世界上有那麼多專案被砍掉的原因。

阿　　捷：嗯，那在諾基亞，接下來要問什麼問題？

敏捷聖賢：他們會接著問「你們有固定的反覆運算週期嗎？你們的反覆運算是否以某個特定的時間開始並以某個固定的時間結束？」

阿　　捷：是不是反覆運算週期也應該有限制？

敏捷聖賢：對！在諾基亞，反覆運算週期必須少於 4 周。如果不是這樣做的，那麼就沒有進行反覆運算開發。

阿　　捷：如果人們的回答是一定的呢？

敏捷聖賢：那他們接下來會問「那好，在每個反覆運算結束的時候，你們有可以工作的軟體嗎？」這個問題會把很多人排除在外，因為如果不能列出可以工作的軟體的話，那也就是沒有進行敏捷開發。

阿　　捷：嗯，如果回答還是一定的呢？

敏捷聖賢：他們繼續說「好，你希望在結束時擁有可工作的軟體，那麼在可以開始反覆運算之前，你們的團隊是不是必須要有一個細節完整的需求說明？」如果需要的話，那就不是敏捷開發。

阿　　捷：哦，我有些明白你的意思了。接著呢？

敏捷聖賢：最後他們會說「要在反覆運算結束時擁有可以工作的軟體，將測試作為反覆運算增量開發的一部分是非常重要的。你們在開發過程中進行測試嗎？」這個問題有可能將一半左右的 Scrum 團隊排除在外，這時甚至還沒有談到有關 Scrum 的話題呢。

阿　　捷：我明白了，那他們的「Scrum 規則」是什麼？

敏捷聖賢：嗯，對於應用 Scrum，他們有四個附加的規則。團隊被詢問的第一個問題是「你們是否有 Product Owner？是不是有人可以代表客戶與你們一起工作？」

阿捷暗想，自己團隊的 Scrum 還真沒有啊，於是問道：Product Owner 的作用是什麼？

敏捷聖賢：很簡單，當團隊在決定應該建置什麼樣的產品時，這個人就是他們要詢問的物件，這個人代表著客戶的需求與利益。這個人就像開車時，把握方向盤的人，決定著團隊前進的方向，他要為產品的成功負責！

阿　　捷：如果對這個問題回答「是」呢？

敏捷聖賢：第二個問題是「如果有 Product Owner，他們是否擁有一個待開發功能的 Product Backlog？此 Backlog 是否根據業務價值排定了優先順序？是否已經了估算？」。

阿　　捷：哦。

敏捷聖賢：這是一個 Product Owner 為一次版本發佈建置路線圖所需要的依據。如果獲得了一定的回答，他們會繼續詢問「團隊在開發過程中，有沒有使用 Burndown Chat（燃盡圖），來展示目前反覆運算中隨著時間的推進，剩餘工作量的變化，用以追蹤進度，並且是否可以燃盡圖為基礎來推算團隊的速度？」

阿　　捷：這個問題的意義在哪裡呢？

敏捷聖賢：首先，Product Owner 可以根據團隊整體速度來建置發佈規劃；同時團隊可以根據它來改進流程。只有知道自己的速度如何，才有助一個團隊進行更好的估算，同時幫助他們在繼續後續工作時提升速

度。透過燃盡圖，可以有效地預測團隊是否能夠按時完成目前 Sprint
計畫的工作；如果不能，可以及時進行調整。

阿　　捷：嗯，這已經有三個規則了，最後一個是什麼？

敏捷聖賢：Scrum 團隊依賴自我組織的過程，這就表示團隊負責挑選工作、職責
分配，並要找出最快發佈工作的途徑。所以，諾基亞的最後一條規則
是：在反覆運算中，專案經理不能干涉團隊工作，因為這會停止自我
組織的過程，並且獲得解決方案的過程將不再是最佳化的了。

阿捷再次想起了 Product Owner 的問題，趕緊問：為什麼非要專門的 Product
Owner？我代替不可以嗎？

敏捷聖賢：首先，Product Backlog 是 Scrum 的核心，從根本上說，它是一個需
求或故事或特性組成的列表，並且按照重要性進行了排序，一定是
客戶想要的東西，並且用客戶的語言進行描述。通常除了客戶需求
之外，還會包含技術性需求，譬如架構相關、效能相關的事情；還
會包含 Bug；還有探針 Spike，這個屬於探索性需求，是對未來的預
研，不會真的發佈給客戶。此外，有的時候還需要把重構的事情也
放進去，一起排序。

敏捷聖賢：其次，在維護產品 Backlog 的時候，Product Owner（就是那個能
代表最後客戶發言的人）必須參加，由他排列優先順序。Product
Owner 必須是離客戶最近的人，你作為研發專案管理人員，不可能
是離客戶最近的人。如果沒有這個角色，你們怎麼知道哪個重要哪
個不重要？和 Product Owner 交流，你們才可以獲得一個有優先順序
的清單，把最重要的功能放在列表的前面。

阿　　捷：我知道了，看來我得找 Product Manager 來擔任這個角色才行。那這
個 Backlog 項目除了優先順序外，還有其他什麼要求？

敏捷聖賢：嗯，每一個項目應該有一個估算，這個並不需要很準確，只需要有
一個大概的估算即可，這樣才能夠決定把多少工作放到一個 Sprint
裡。

敏捷聖賢：另外，在你開 Sprint 計畫會議之前，你的 Product Backlog 應該保持

一種合適的格式。你可以是把它們都放在一個 Excel 中，也可以是一個 Word 文件，或是某種 Scrum 工具中，採用哪種形式都可以，只要你們自己覺得方便就行。

阿　　捷：嗯，我用了 Excel。

敏捷聖賢：Sprint 計畫會議除了你的團隊成員和 Product Owner 外，還可以邀請更多的人參加。

阿　　捷：我還以為我一個人規劃 Sprint 就可以了呢。

敏捷聖賢：那是舊的管理模式。在 Scrum 架構下，沒有「個人」的概念，Scrum 依靠的是團隊的力量。儘管 Scrum Master 在這個架構下的作用很重要，但這個人不是獨裁者。做 Sprint 計畫時，一定要讓整個團隊參加。

阿　　捷：那實際怎麼做呢？大家一起做計畫，豈不是很亂？

敏捷聖賢：首先，你們要先定下來 Sprint 的目標，即作為一個團隊，你們要完成什麼，然後再決定完成多少。

阿　　捷：我們目前沒有任何歷史參考資料，怎麼知道完成多少呢？

敏捷聖賢：事先計算出在一個 Sprint 內，團隊的可能工作時間。譬如，在未來三周內，一個 5 人團隊，每人每週工作 40 小時，那麼整體工作時間 $=5\times40\times3=600$ 小時。

阿　　捷：理想情況是這樣的，但一定會有人休假的。

敏捷聖賢：對，所以你要將整體工作時間扣除任何預期的非工作時間。譬如，有一個人要休一周的年假，還有人要看牙，需要佔用 3 天，這樣算起來是 $600-5\times8-3\times8=536$ 小時。

阿　　捷：還有，即使每人每天工作 8 小時，但也不是會真的有 8 小時工作在專案上，還要參加各種會議、教育訓練、溝通等活動。

敏捷聖賢：如果每天 8 小時，你們大概會有幾小時工作在專案上？

阿　　捷：平均差不多 7 小時吧。

敏捷聖賢：你得把每天花在參加會議、談話、處理郵件、上網等時間都除去。

阿　　捷：那估計 6 小時。

敏捷聖賢：我們把它用百分比表示，6/8，那麼就是 75% 左右，然後用這個「負荷指標」（Load Factor）乘以整體工作時間小時數，你就獲得了 $536\times0.75=402$ 小時。

阿　　捷：嗯，這種估算很實際。

敏捷聖賢：然後從產品 Backlog 中，按照優先順序從高到低，選擇出你們認為
　　　　　能在 402 小時內完成的項目，作為你們目前 Sprint 的 Backlog。注
　　　　　意：選擇的 Sprint Backlog 項目一定要強內聚、鬆散耦合，這樣你們
　　　　　才能不受或少受外界的干擾，目標明確。

阿　　捷：那個「負荷指標」75% 應該是有變動的吧？我們剛上手一個專案，
　　　　　與過去的專案相比，一定是不一樣的。再譬如，當有新員工加入
　　　　　時，他的效率一定是要比老員工低的。

敏捷聖賢：對。你已經極佳地了解了負荷指標，你可以利用它把 Sprint 計畫得
　　　　　很準確。當你遇到低的「負荷指標」時，要試著找出原因，這會使
　　　　　你們的 Sprint 更有效率。

阿　　捷：下一步是不是該做工作細化？進行估算？

敏捷聖賢：不完全對。工作細化之外，還有一個非常重要的部分：對於每個細
　　　　　化後的工作，都需要一個非常明確「完成」（Done）的定義。這一點
　　　　　非常重要，必須確定每一個人的了解是正確的、一致的。

阿　　捷：嗯，否則每個人的估算就會差別很大。

敏捷聖賢：對！

阿　　捷：還有什麼值得注意的？

敏捷聖賢：做 Sprint 工作細化時，一個最佳做法就是把每個工作控制在 1～2
　　　　　天內完成。工作太細，會有關更多的微觀管理；太粗，估算就會不
　　　　　準確。

阿　　捷：OK！在這一點上，Scrum 跟其他專案規劃方法是一樣的。

敏捷聖賢：下一步，就是讓大家自己認領工作，而非指派！這一點十分重要，
　　　　　一定要記住啊？

阿　　捷：為什麼要認領？指派會更有效率，而且還能根據每個人的特長，讓
　　　　　每個人做他擅長的事情。

敏捷聖賢：首先，每個人認領工作後，實際上就是對整個團隊有了一個承諾，
　　　　　更能保障按計劃完成。其次，讓每個人選擇自己願意做的事情，這
　　　　　樣才會更有主動性，畢竟「做自己有興趣的事情，才會真的做好」。

這樣，不僅滿足了個人發展的需要，還可以達到快速的知識共用、團隊技能的整體加強。

阿　　捷：不錯，以前是只對專案經理一個人的承諾，這樣認領後，就成了對所有人的承諾。

敏捷聖賢：此外，跟任何其他會議一樣，對於計畫會議，確定好會議日程非常重要。因為 Sprint 計畫會議一定要以 Time-Boxed（時間盒）為基礎，在規定的時間內一定要結束，就像一個 Sprint 一樣，同樣要有緊迫感。

阿　　捷：嗯，我會仔細計畫的。

敏捷聖賢：還有，Sprint 計畫會議必須在一個完整天內開完。

阿　　捷：為什麼？

敏捷聖賢：Sprint 計畫會議開始的那一天，也就是 Sprint 開始的一天。如果 Sprint 計畫會議跨越了兩天，可不是什麼好玩的事情，你的 Burndown Chart（燃盡圖）就會像我們的這樣很難看（見下圖）。你會看到 Sprint 一開始，似乎我們的工作量只有 150，怎麼第二天時工作量就快到了 190，出現了一個凸起。如果不了解內情的話，一定還以為 Sprint 出了問題呢。而實際上是因為我們曾經在前一天的下午開了 2 小時，第二天上午又開了 2 小時，對工作進行細化，結果工作估算增加。

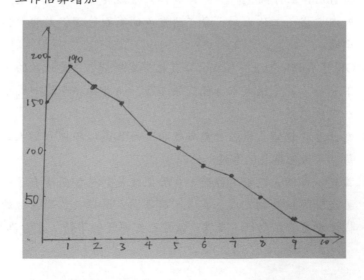

阿　　捷：嗯，還有其他的嗎？

敏捷聖賢：有！可以採用 Delphi 方法進行工作量的估算。當進行工作細化的時候，每個人的估算是不一樣的，如果最高估算值與最低估算值相差很多，二者就要溝通一下，看看為什麼二者的了解相差這麼多。溝通明白後，再重新估算。即使這樣，還是會有分歧的，此時採用 Delphi 估算方法，簡單講就是進行一次加權平均。

阿　　捷：嗯，我們以前也用過 Delphi 方法。

敏捷聖賢：為了加強工作細化的效率，可以將團隊分成兩個團隊分別進行。

阿　　捷：為什麼還要分組？不是讓大家一起做細化、做估算的嗎？

敏捷聖賢：是這樣的，我曾經帶過一個團隊，有 10 個人。最初，我都是開啟投影機，把 Product Backlog 投到螢幕上去，大家一邊說，我一邊記，我是挺忙的，但是大家卻不一定都能集中注意力。現在回頭看看，這種方法真是有點蠢！當團隊成員少的時候，在最初的幾個 Sprint，大家的興趣還比較高的時候，這種方法還行，當 Team 成員超過 6 個的時候，問題出現了，首先是當討論某一個問題的時候，總會有人問，剛才你們說什麼來著？很顯然，他走神了。另外，人多的時候，對同一個工作的細化，即使採用 Delphi 方法，溝通成本也很高，很費時間。

阿　　捷：那你們實際怎麼做的？

敏捷聖賢：後來我就把團隊分成兩個團隊，分別對工作進行細化。細化時，不再用投影機，而是把 Sprint Backlog 中的內容按大區塊張貼在牆上，大家站在牆前，拿著記事帖直接進行細化和估算。當兩個團隊都進行完後，互相檢查對方對工作的細化，解決爭議，澄清模糊的地方。這樣一來，就把大家的積極性調動起來，參與程度非常高，效率也高。

阿　　捷：現在我們團隊只有 5 個人，估計還用不上，但這個經驗真的值得推廣。

敏捷聖賢：產品負責人（Product Owner）一定要參加。實在不能參加的話，也要指定一個人授權代理。不然就不要開 Sprint 計畫會議。

阿　　捷：嗯，我一定會把他叫過來參加這個會議的。

敏捷聖賢：最後一點，雖然我們採用了 Scrum，但即使不再採用甘特圖，但是傳統的風險 / 依賴分析還是不要捨棄。在 Sprint 計畫會議結束前，進行風險 / 依賴分析，還是會幫助我們發現一些問題的，然後再稍微調整工作的優先順序，更能保障 Sprint 的成功。

阿　　捷：好的！有了這些指導原則，我相信我們的第二個 Sprint 會走得更好的。

敏捷聖賢發過來一個不斷眨眼的笑臉，似乎提醒阿捷不要過於樂觀。

阿　　捷：還有一個問題就是，我感覺這個 Scrum 好像只定義了一個專案管理架構，沒有列出實際的程式設計實作指導，是你還沒告訴我嗎？

敏捷聖賢：嗯，不是的。Scrum 依靠的是經驗管理，所以它沒有有關工程實作。這樣才可極佳地與不同的工程實作融合起來，譬如和 CMMI、ISO 9000、RUP，甚至 XP（極限程式設計）等都可極佳地工作在一起。因為 Scrum 主要是解決專案管理和組織實作範圍的東西，更多的是關注在敏捷團隊建設上，它的終極目標就是打造自我管理、自我組織的高效團隊。作為一個敏捷架構，實際的程式設計實作，可以靠 XP 等去補充。這也是 Scrum 這個架構有很大適用域的原因，HR、銷售、家庭教育等各個領域都可以應用它，而且也都取得過很好的效果！但我還是建議你們，最初先努力適應這個架構，待成熟後再考慮引用其他敏捷實作。

阿　　捷：好的！這次我不會冒進了。

敏捷聖賢：那就好！凡事預則立，不預則廢。對形勢做出良好的判斷並提前做好準備還是非常有必要的。我要下了，有事我們再聯繫吧。

阿　　捷：多謝。再見！

敏捷聖賢：再見！

今天的收穫太大了，阿捷重拾起了 Scrum 的信心，準備帶領 TD 團隊再次衝刺。

本章重點

1. Scrum 注重的是管理和組織實作，XP 關注的是程式設計實作，分別注重解決不同領域的問題。可以組合使用，互相補充。

2. 一條可以實行的實作原則，會比長篇大論的理論有用許多，沒有實作原則指導的方法論沒有意義。Scrum 因為缺乏有效的程式設計實作，必須透過 XP 或其他方法來補充。

3. 使用 XP，可以使 Developer（開發人員）成為更好的 Developer，但 Scrum 方法能夠迫使那些效率低的 Developer 變得更有效率。

4. 諾基亞的 Scrum 標準如下

   • Scrum 團隊必須要有產品負責人（Product Owner），而且團隊都清楚這個人是誰。

   • 產品負責人必須要有產品的 Backlog，其中包含團隊對它進行的估算。

   • 團隊應該要有燃盡圖，透過它了解自己的生產率。

   • 在一個 Sprint 中，外人不能干涉團隊的工作。

5. Scrum 雖然強調文件、流程和管理的輕量化，但並不是表示沒有控制，沒有計劃，只是要做輕量的短期衝刺計畫。強調的是每時每刻都要根據需求和開發情況對專案進行調整，進一步達到提前發佈。

6. Scrum Master 與傳統專案經理相比，必須從傳統的控制者轉變為啟動者。

7. Scrum 中，對工作細分和時間估計，需要整個開發團隊和 Product Owner 的參與。

8. Sprint 計畫會議議程，根據反覆運算週期長短做調整。

   • 充實並説明 Product Backlog[Product Owner]（20 分鐘）

   • 重新調整 Product Backlog 項目優先順序 [Product Owner]（5 分鐘）

   • 設定 Sprint 目標 [Scrum Team]（5 分鐘）

   • 選擇 Product Backlog 項目組成 Sprint Backlog[Scrum Team]（40 分鐘）

   • 會間休息（10 分鐘）

   • 分成兩個團隊，進行工作細分，定義 DONE，列出工作估算。（40 分鐘）

   • 團隊間互相評審，解決爭議（20 分鐘）

   • 關鍵路徑分析（10 分鐘）

   • 工作領取（10 分鐘）

   • 風險分析（10 分鐘）

   • 歸納

冬哥有話說

那些年，我們一起踩過的坑

敏捷路上各種坑，沒踩過坑，你都不好意思說自己是在做敏捷。平平安安、一帆風順的就把敏捷落地了的，恐怕你做的是假敏捷。

阿捷他們第一個衝刺經歷的那些坑，例如不按優先順序選取需求、指派工作、不是集體做出估算、過程不可見等都很常見。單以站會為例，就有時間不固定、人員遲到缺席、站會坐著開、不控制時間、討論具體細節等諸多的坑。

歷經踩過的坑，從坑裡爬起來，分析歸納持續改進的過程，是將敏捷固定，形成肌肉記憶的過程。

踩到的坑有大有小，有時甚至需要跨越鴻溝；轉型的過程也並非一帆風順，常常伴隨一段時期的效率下降；要有心理預設，要給團隊，甚至於給主管打預防針。如同跑步一樣，習慣的養成需要時間，在此過程中，你會歷經痛苦，會有疲勞期，但堅持過去，才會脫胎換骨。回首過往，你和團隊會驚詫於自己的改變，以至於無法接受再回到以前的狀態，此時你的敏捷才算是初見成效。

先僵化，後固定，再最佳化

諾基亞的 Scrum 標準，是一個很典型的 Checklist（檢查清單）。每一個方法論，無論是 Scrum、Kanban 還是 XP，都有一套規則，這些規則之間彼此緊密連結，背後是對敏捷原則的遵從。初識敏捷，在對原則和實作沒有深刻了解的時候，建議先以一種方法論架構為基礎，先僵化地遵循規則，固定沉澱到團隊日常工作行為甚至工具平台上；如同敏捷聖賢所說，真正跑過三個 Sprint 之後，對 Scrum 有了一定的了解之後，再考慮是否需要根據團隊和專案的真實情況，進行適度的調整和最佳化。

需要注意的是，最佳化時始終要用敏捷原則進行檢查，人是有惰性的，敏捷的很多實作在某種程度上是與人的天性相違背的；敏捷需要團隊自律，甚至比傳統的研發模式更強調紀律；因為惰性而偷工減料的，不是最佳化而是簡化。

XP（極限程式設計）

我曾經堅持認為，XP 就只是工程實作，重讀了肯特‧貝克（Kent Beck）的《解析極限程式設計》才意識到，極限程式設計的 12 個實作（計畫遊戲、小版本、隱喻、簡單設計、測試驅動、重構、結對程式設計、集體所有權、持續整合、每週工作 40 小時、現場客戶、程式設計標準），事實上囊括了計畫、反覆運算、設計、架構、開發、測試、整合等較為完整的研發過程；雖然名為極限程式設計，事實上已經不只是工程類別的實作而已。肯特‧貝克（Kent Beck）作為敏捷宣言排名第一（按字母排序的）的大師，果然名不虛傳，XP 中測試驅動、持續整合、重構、集體所有權等實作，又進一步成為持續發佈的核心內容，被捷茲‧休伯（Jez Humble）在《持續發佈》一書中繼承。

要閱讀經典，這是提升自己最直接的方式，是與大師精神相遇，思維碰撞的過程；而發現這些大師經典之間內在的連結，是真正了解方法論背後邏輯與模式的過程；整理各方法論系統，尤其是彼此之間的差異與繼承關係，是形成自己獨立的方法論系統的過程。

每日立會，不僅是站立

根據敏捷聖賢的建議，如果想真正做好 Scrum，就必須有專門的 Product Owner 負責維護 Product Backlog，這事得趕緊解決，不然以後的 Sprint Planning 會議不僅開不好，而且每個 Sprint 一定又問題多多。阿捷想了想，這事只有李沙最合適。李沙是負責 Agile 國內 OSS 產品的 Product Manager，阿捷決定請他出山擔任 Product Owner。

李沙個子有 1.85 公尺高，四方臉，稍微有點瘦，是個典型的東北大漢，平時總是西裝革履。因為同在公司籃球隊裡，大家經常一起打球，所以關係一直不錯。

阿捷決定找他聊聊。

「Hi，忙著呢？」阿捷走到李沙的格子間，李沙正在看體育新聞，沒注意到阿捷過來。

李沙轉過身來，笑了笑：「還行，你看這不火箭隊又贏了，國內的這幫人把姚明給吹的，不就是一個兩雙嘛！當家中鋒你就得這個資料才行！」

「勝者王侯敗者寇！趁著贏球趕緊吹吹，也是有道理的。」

「嗯，對了。這週末的中智杯去不去？聽説對手是雙鶴藥業。」

「去啊！沒我哪成啊，你還不全靠我給你餵球呢。」

「好！打完球我們涮肉去。對了！哥們兒，今天是不是有什麼事？」

「有點小事。你現在不忙吧？」

「不忙，都週末了。說吧。」

「嗯，是這麼回事」，阿捷把自己團隊要搞 Scrum 的事情介紹了一下，然後引到請李沙出任 Product Owner 的事情上來。

「噢，聽起來你們這個流程似乎比原來的要靈活很多。我很願意做這個事情，這樣我們也能更好更及時地合作。可問題是我該做些什麼呢？」

「首先，你要幫我們維護一個叫 Product Backlog 的東西。是我們所需要做的所有事情的高層次的列表，按照優先順序排列起來。」

「你的意思是說把使用者需求文件中的東西換一個形式？」

「嗯，差不多。原來我們用的需求文件太複雜了，有幾百頁。我們現在討論到的 Product Backlog 是一個需求清單，可以組織得非常簡單，既包含已經定下來的需求，也要包含那些還不清晰的需求。具體你可以用 Excel，或 Word 也行，看你用什麼方便了！關鍵在於要方便修改、增刪項目，以便於隨時調整優先順序。第一次，我可以幫你做一個初始版本。」

「那我們還是用 Excel 好了！」

「嗯，我也建議這樣。我們現在計畫每 3 周為一個 Sprint。那麼你要根據實際情況隨時修改這些內容：如增加新需求，修改已有需求，一定要即時，而且這些修改都要在下一次 Sprint 計畫會議之前完成。這樣，才能確保我們團隊總是根據你排定的項目優先順序，去處理最重要的需求。」

「沒問題！」

「我們以後就將以這個文件跟你一起確認詳細的需求。如果產生疑問，你得隨時解釋需求。如果我們做完了，你要幫我們把關，看看是不是你最初所要求的。」

「這些都是我本來就應該做的，除了維護這個 Product Backlog 外，流程上還需要我做什麼？」

「參加兩個會議：Sprint 計畫會議和 Sprint 評審會議。Sprint 計畫會議可能會

佔用很多時間，可能要大半天吧。Sprint 評審會議應該比較簡單，估計半小時或一小時就夠了。」

李沙皺了皺眉頭：「哦？ Sprint 計畫會議要這麼久？我可不可以不參加？我保證開會之前把最新的 Product Backlog 給你。」

「那可不行！這個會議是我們最重要的會議，計畫會議開不好，接下來的三周都不會有好日子過的。你要是不能參加，我們這個會議就不能開，也就不能按照這個 Scrum 流程做事情了！」

「哈哈，這樣我不成了你們團隊的人了！」

「其實，這是最能展現你的個人魅力的時候了！你看，你說做什麼，我們整個團隊接下來就得做什麼。實際做什麼你完全說了算，還不好？外人要是不懂，還以為你是我們組的經理呢。」阿捷儘量把話題搞得輕鬆些。

李沙笑了笑，拍了拍阿捷的肩膀，「兄弟，你現在行啊！什麼事情都能說得這麼好聽。你們這個 Sprint 計畫會議到底做些什麼？我去做什麼？」

「簡單講，Sprint 計畫會議的第一部分，你和我們共同過一遍 Product Backlog，陳述 Backlog 中各項目的目標和背景，並回答開發團隊的問題，以便團隊成員深入了解你的想法或需求。我們開發團隊會從 Product Backlog 中挑選項目，並承諾在 Sprint 結束時完成。我們會從你列出的具有最高優先順序的項目開始，並按清單順序依次工作。也就是選擇『What to Do』（做什麼），所以你列出的優先順序非常重要！在會議的第二部分，我們會針對選擇出來的需求項，進行工作拆解及認領，決定如何做、誰去做。也就是 How to Do』（如何做）和『Who to DO』（誰來做）的過程。」

「這樣看來，第一部分我參加還有一定的必要性，第二部分似乎意義不大！」

「不，也很重要！我們會詳細討論如何做，做到什麼程度，如何示範等，也就是我們列出一個 DONE（完成）的標準，這樣，在 Sprint 評審會議上，我們做示範時，你可以根據 DONE 的定義來評定我們是否真正完成了！而且，我們在細化工作時，還會和你澄清一些問題的！所以你最好要全程參加才行。」

「噢，可我的老闆那麼久看不到我，怕會有意見的。」

「嘿嘿，兄弟，誰不知道你現在直接報告給老美呀！我們上班，人家還沒上班呢！再說了，計畫會議三周才一次。而且，在會議上，我們沒有問題的時候，你也可以上網、發郵件、寫文件的！我們需要你一直陪著的目的，就是想一旦有問題，能隨時找到你！」

「嗯」，李沙遲疑了一下，「那好，看在你的面子上，我克服一下。」

阿捷用力捶了李沙一下，「夠哥們兒！不過，得跟你事先宣告一下啊，如果我們確定下來一個 Sprint 中要做的事情後，在此 Sprint 期間，就不可以增加新的需求或變更需求。你要想增加新要求，只能等下一個新的 Sprint，也就是三周後。」

「這沒關係，以前幾個月的事也都沒變過，不怕！」李沙回答得非常乾脆。

「好！那就這麼定了！我下週一過來跟你一起做出來第一版的 Product Backlog。」

「好，那週末籃球場見。」

晚上，阿捷登入 MSN，準備向敏捷聖賢諮詢一下每日 Scrum 站立會議，因為阿捷他們在這個站立會議上花費了很多時間。不但效率不高，而且大家意見很多。可惜敏捷聖賢並不線上，阿捷只好到抓蝦網看看自己訂制的部落格文章。

不知多久，突然覺得螢幕一震，一個 MSN 視窗彈了出來，敏捷聖賢上線了。

敏捷聖賢：Hi，阿捷。

阿　　捷：你好！聖賢。

敏捷聖賢：我們繼續談談你們上一次 Sprint 的經歷吧。我記得你說每日 Scrum「立會」平均要花 40 ～ 50 分鐘，對吧？

阿　　捷：是的。在每日「立會」上，前幾天大家還能按時來，注意力集中，並儘量更新足夠多的相關內容。但後來說的事情會不著邊際，而且時間太長。最後幾天，大家因為忙，對這個立會的關注度和重視程度明顯下降。

敏捷聖賢：也許你應該換一個想法。

阿捷眼睛一亮，馬上回覆道：是不是可以透過郵件來代替？

敏捷聖賢：絕對不可以！郵件不能取代每日 Scrum 會議。郵件只會增加溝通成本，而且不能提供細節資訊或給他人提問的機會，也不能幫助其他成員解決問題。

阿　　捷：可不可以不開立會？我們都覺得每天開會意義不大！

敏捷聖賢：這個「立會」不僅能要讓每個人了解其他人在做什麼，目前專案計畫進展如何，還可以幫助大家解決那些阻礙，以及共用承諾。其實，這些都是非常有利於加強團隊合作精神的。

阿　　捷：噢，可我們每天花這麼長的時間開會，影響工作效率。有什麼可以使會議保持緊湊有效的小竅門嗎？

敏捷聖賢：竅門和經驗有很多，我自己歸納了 8 條，想聽嗎？

阿　　捷：好啊，等著你傳授給我呢。

敏捷聖賢：第一指導原則：主題明確，不能摻雜其他無關的話題。要做到這一點很簡單，只需要保障每個人只回答 3 個問題，就行了。

阿　　捷：都是什麼問題？

敏捷聖賢：「我們上次開會後你都做了什麼？」，這可以讓整個團隊了解該成員在做什麼，以及目前進展，但也不要過分詳細，否則會使大部分人失去耐心。

阿　　捷：嗯，我們的立會上有人說「和上次一樣」，也有人說「我正在改一個 bug」。看來也是不對的。

敏捷聖賢：是的，「細節決定成敗」，這裡一定要關注一下細節才行。有時會讓大家更新一下是「你負責的、正在做的工作還剩下多少時間」。

阿　　捷：這個我們忽略了。

敏捷聖賢：有些團隊的站立會議並不涉及這個話題，是因為他們用單獨的工具軟體追蹤剩餘工作量。對於你們，如果沒有讓每個成員在會前主動更新你那個 Excel 表格的話，就需要在會議上列出最新估算。在 Scrum 下，每天重新做工作估算是非常重要的。這樣，才會知道你們還有多少剩餘工作量，在剩餘的時間內是否可完成。如果你們估計不足，覺得不能完成，那麼就要及時調整計畫。

阿　　捷：看來，如果我們堅持下去的話，也有必要採用一個專門的工具。你

說的調整，是什麼概念？是把完不成的工作拿出去嗎？

敏捷聖賢：這是一個想法，另外就是堅決地結束目前 Sprint，重新開始下一個 Sprint。但無論如何，這事都要事先跟 Product Owner 打招呼，讓他知道你們的最新決定。

阿　　捷：好的，第二個問題是什麼？

敏捷聖賢：「在我們下次開會之前你要做什麼？」，當成員間的工作有相依關係時，這會給其他成員一個很好的提醒。

阿　　捷：就是自己給自己設定當天的目標。

敏捷聖賢：嗯，最後一個問題是「你的開發被阻礙了嗎？」這個問題最重要。阻礙一個人繼續開發的問題，最後也會阻礙整個開發團隊，所以一定要鼓勵大家說出自己的問題。一旦有人提出來，作為 Scrum Master，你有義務幫助他盡可能地消除這些障礙。

阿　　捷：啊？有些技術問題，如果開發人員都解決不了，我更不可能解決的。我可不是什麼技術專家。

敏捷聖賢：對於一個 Scrum Master 而言，並不一定要自己親自去解決問題，更關鍵的是你要去協調、去排程資源。

阿　　捷：嗯，這還差不多，嚇死我了。對了，如果會議中間討論起技術問題怎麼辦？上次我們也發生了這樣的情況，大家爭論了半天。

敏捷聖賢：很簡單，視情況而定。如果是幾句話的討論，就讓它繼續下去，不要刻意打斷。這樣解決問題的速度也快，效果會很好。如果有人說了太多的細節或離題太遠，你作為 Scrum Master，有責任打斷他們，以保障會議正常進行。需要詳細討論的，記下來，會後單獨安排一個會議，專門討論，我通常把這個環節稱為 After Meeting（會後環節）。

阿　　捷：OK。

敏捷聖賢：還需要提一下，Daily Scrum（每日立會）的主要目的是讓每個成員自己去發現進度中的障礙，進一步達成自己的承諾。原來我們只是強調了「自己去發現進度中的障礙」，而忽略了「自己承諾要做什麼」。之前計畫會上，我一直強調要讓每個成員自己認領工作。為什麼要讓每個成員自己認領呢，不是讓團隊負責人去安排呢？這個道

理很簡單。每個人對於自己認領的事情，一定會用心去負責完成。如果事情是別人安排的，而非自願承諾的，那可能在積極性主動性上會打一些折扣，就會影響事情完成的進度和品質。

阿　　捷：絕對贊同！

敏捷聖賢：第二指導原則：站立會議只允許「豬」說話，「雞」不能講話。

阿　　捷：豬？雞？怎麼站立會議裡還有豬和雞？什麼意思啊？

敏捷聖賢：在 Scrum 中，Product Owner，Scrum Master 和 團隊 被 稱 為「Pigs，豬」，其他人員被稱為「Chickens，雞」，這些稱謂源於這樣一個笑話。

雞說：嗨，豬！你看最近一直提「大眾創業、萬眾創新」，我們也創業吧！

豬說：好啊！但我們做點什麼呢？

雞說：我想我們開一家餐廳怎麼樣？？

豬說：哦，我不知道我們賣什麼？

雞說：火腿夾雞蛋……怎麼樣？？

豬說：算了，我不這麼認為，我全心投入，你卻只是參與！

雞說：為什麼呢？這點子是我想的，我怎麼就不全心投入了呢？

豬說：你看啊！火腿必須要我把自己的腿砍下來，才能做成。而雞蛋呢，只是你的附屬品，你沒有任何損失。不是全心投入。

雞說：……

豬說：……

阿　　捷：哈哈！有意思，沒想到 Scrum 中的典故還挺多！

敏捷聖賢：第三指導原則：所有人站立圍成一圈，不能圍坐在一個桌子周圍。
　　　　　「站立」就暗示大家這個會很短，強迫大家更專注和投入，還可以有
　　　　　效避免有人坐著收發郵件和做其他分心的事情。

阿　　捷：Got it（收到）。

敏捷聖賢：第四指導原則：確保整個團隊都要參加每日站立會議。每個人，無
　　　　　論是開發、測試，還是文件撰寫人員，只要屬於「豬」，都要參加並
　　　　　且遵循會議規則。

阿　　捷：這個問題不大，我們的人都能保障參加的。

敏捷聖賢：第五指導原則：每日 Scrum 站立會議是團隊交流會議，不是報告會
　　　　　議。每一與會者應該清楚，開發團隊是在互相報告和交流情況，並
　　　　　不是向 Product Owner 或 Scrum Master 報告。

阿　　捷：雖然這個跟會議效率無關，但的確值得重視。

敏捷聖賢：第六指導原則：每日 Scrum 站立會議應該控制在 15 分鐘之內，你們
　　　　　如果可以在 8 分鐘內搞定，那就立刻結束，不一定要用滿 15 分鐘，
　　　　　這才叫 Time-boxing（時間盒）。這個不需要多說。

敏捷聖賢：第七指導原則：不要把每日 Scrum 站立會議作為一天的開始。

阿　　捷：嗯？這是什麼意思？

敏捷聖賢：如果你這麼做，有些成員在每日 Scrum 會議之前，不想做任何事
　　　　　情，這種懶惰實際上是對生產力的破壞。所以不要在上午太早時候
　　　　　開，避免有人從心理上把一天的開始跟這個會議聯繫在一起。當
　　　　　然，這個會議也不要太晚，一般 10：00 到 10：30 是比較適合的。

敏捷聖賢：第八指導原則：Scrum 站立會議要在每日同一時間同一地點舉行。
　　　　　這不僅可以給團隊一種自己擁有站立會議的感覺，同時，任何對你
　　　　　們站立會議有興趣的人，譬如其他專案經理或部門經理、或上下游
　　　　　團隊內的任何人，都可以隨時走過來聽一聽。

阿　　捷：這就像宗教儀式一樣。還有嗎？

敏捷聖賢：在會議結束後，Scrum Master 根據開發團隊成員對其負責的 Sprint
　　　　　Backlog 中的專案所做剩餘時間的更新，記錄在燃盡圖中。

阿　　捷：燃盡圖？你之前好像提到過。

敏捷聖賢：英文是 Sprint Burndown Chart（衝刺燃盡圖），給你看看我們以前用 Excel 自動繪製的燃盡圖。

阿　　捷：主要用來做什麼？

敏捷聖賢：用於顯示每日直到開發團隊完成全部工作的剩餘工作量（以小時或天計算）。理想的情況下，該曲線應該在 Sprint 的最後一天接觸零點，它表現了團隊工作目標的實際進展情況。注意，並不是目前已經花費了多少時間，而是仍剩餘多少工作量——開發團隊距離完成工作還有多遠。如果此曲線在 Sprint 末期不是趨於零，那麼開發團隊應該加快速度，或簡化和削減其工作內容。

阿　　捷：嗯，這個圖表確實很管用，非常直觀，對專案進展一目了然。你說這個圖表也可以使用 Excel 表格管理？

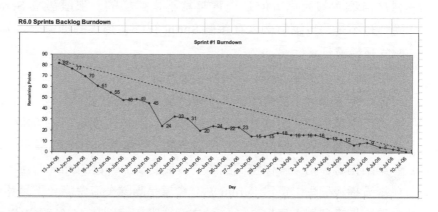

敏捷聖賢：是的，我可以給你提供一個範本，同時管理 Product Backlog、Sprint Backlog，並自動產生這個燃盡圖。但許多團隊認為在牆上用草稿標明更為簡單有效，可以用筆隨時更新；這個技術水準不高的做法比試算表更快速、簡易，更可見。我建議你們也這樣。

阿　　捷：好的！我想這次站立會議應該討論得很充分了吧。那您再給我講一下產品示範和回顧？我可不想把它們也搞砸了。

敏捷聖賢：下次再跟你講吧！這個可比每日「立會」要講的東西多。

阿　　捷：那好吧！什麼時候？不要太晚啊，我想把 Sprint 2 的產品示範和回顧做好！

敏捷聖賢：一定是那之前。我也說不太好實際哪天！下個週末吧！我那時候沒
　　　　那麼忙。

阿　　捷：好！我隨時線上等你！再見！

敏捷聖賢：再見！

本章重點

1. 每日立會上，每個人需要回答三個問題：昨天完成什麼？今天打算做什
   麼？有什麼障礙？如果沒有更新剩餘工作量，在會上列出最新估算。

2. Scrum 團隊強調自我管理，自我啟動，這其實是管理的最高境界，如果團
   隊裡面的每個人都能夠時刻關注公司或部門的業務情況，那麼整個公司的
   利益自然會最大化，但是現實常常不是這樣的。那麼設立 Scrum Master
   時，是不是可以讓每個人在每個 Sprint 裡都有這樣的機會來帶領團隊，並
   感受這種責任。

3. 讓每日站立會議保持緊湊有效的指導原則。
   - 第一指導原則：主題明確，不要討論其他無關的話題。
   - 第二指導原則：站立會議只允許「豬」說話，「雞」不能講話。
   - 第三指導原則：所有人站立圍成一圈，不能圍坐在一個桌子周圍。
   - 第四指導原則：確保整個團隊成員都要參加每日 Scrum 會議。
   - 第五指導原則：每日 Scrum 站立會議是團隊交流會議，不是報告會議。
   - 第六指導原則：每日 Scrum 站立會議應該控制在 15 分鐘之內。
   - 第七指導原則：不要把每日 Scrum 站立會議作為一天的開始。
   - 第八指導原則：Scrum 站立會議要在每日同一時間、同一地點舉行。

4. Scrum Master 要及時解決每日立會上提出的阻礙。這一點十分重要，否則
   會影響每個成員反應障礙的積極性。

5. 利用 Burndown Chart（燃盡圖）追蹤細分工作的完成情況，在專案處理程
   序的任何時間點都能夠看到專案進展狀況，而非每週或專案完成之後，進
   一步確保了開發進度處於可控的狀態。

冬哥有話說

儀式感

《小王子》中，狐狸對小王子說：「你每天最好在相同的時間來……我們需要儀式。」

「儀式是什麼？」小王子說。

「這也是經常被遺忘的事情，」狐狸說，「它使得某個日子區別於其他日子，某個時刻不同於其他時刻。」

「Scrum 站立會議要在每日同一時間同一地點舉行」，也是儀式感的表現。心理學家榮格說：正常的身心需要一定的儀式感。儀式感表現的是我們的尊重和熱愛，對生活如此，對團隊如此，對敏捷也是如此。

在敏捷中，我們有很多表現儀式感的實作，例如慶祝反覆運算成功發佈，給團隊成員寫感謝卡，團隊建設等。

儀式感不僅表現在成功時，也應該表現在失敗或出錯時。例如即使是反覆運算失敗，集體跑步 5 公里；站會遲到時，給團隊夥伴發紅包；造成持續整合伺服器失敗時，做伏地挺身等。失敗時，我們不是懲罰，而是用遊戲的方式來讓大家牢記於心。

此外，除了慶祝成功，對於失敗，也需要慶祝；如果把成功或失敗，看成是回饋與學習的機會，那麼，失敗時，也許是更好的學習機會。

每日站立會議

每日站立會議是整個 Scrum 架構裡，非常重要的一環，站會的重要性，以及正確方式，卻常常容易被忽視；

敏捷宣言強調個體互動重於過程和工具，敏捷原則裡也建議面對面的溝通。區別於日報或郵件，每日站立會議是團隊面對面溝通和彼此互動的表現。透過保持過程透明性讓參與過程的所有人了解真實狀況，並且透過燃盡圖，隨時檢查 Sprint 進展並與關係人溝通，如有必要則及時進行調整。

每日立會是 Scrum 幾個會議中，回饋週期最短的，站會是 Scrum 過程裡每人每天為單位的 PDCA 環，由此形成團隊的 PDCA 環，並最後獲得一個 Sprint 的 PDCA 環；（考考你，敏捷中，比站會回饋週期更短的，有哪些實作？）

站會不是報告會，團隊是焦點，而非某一個人。

站會是團隊社交的一種方式，當然是針對專案內容，而非八卦。

舉行站會有很多小的技巧，例如為防止大家七嘴八舌影響討論，可以用一個道具，如一個網球，拿到網球的才能發言；傳球最好也不是順序，而是隨機，或拋球，誰搶到誰發言，更容易活躍氣氛而非僵化的例行公事；例如早期可由 Scrum Master 適度啟動，逐漸轉為每個團員輪值，最後變成團隊自我組織自發進行的活動。

雖然電子看板有諸多優勢，舉行站會時，圍繞著物理看板會更有儀式感，在物理看板上挪動卡片的感覺也會更加直接；如果將電子看板投射到有觸控式螢幕的大電視，可以集電子看板與物理看板的優勢與一身。

敏捷回顧，只為更進一步地衝刺

週一阿捷跟李沙一起，用 Excel 整理了一份 Product Backlog，不僅列出了所有的使用者故事，還讓李沙對它們進行了優先順序排序。阿捷按照敏捷聖賢的建議，提前把計畫會議日程發給大家，讓大家能有所準備。週二，阿捷召開了第二個 Sprint 計畫會議，只用了三個小時。因為事先準備充分，效果好多了，大家的心氣又給聚起來了！

在對每日站立會議進行了改進後，平均每天只花 10 分鐘就能結束了！大家相互溝通了資訊，問題獲得了及時解決，會議效率加強了，大家都很滿意。

週末的晚上，阿捷再次遇到敏捷聖賢，阿捷決定向他請教一下如何開好 Sprint 評審會議和回顧會議。

阿　　捷：嗨！你好！

敏捷聖賢：你好！心情不錯！

阿　　捷：是啊！目前的這個 Sprint，我們的計畫會議開得非常好，不僅請了 Product Owner，還讓他起草了最新的 Product Backlog，而且對 Sprint 中的工作進行了細化，列出了大家一致認同的 DONE 的定義。同時，按照你的建議，我們對 Scrum 每日站立會議做了改進。現在，每個人都能歸納性地回答四個問題，這樣一般 10 分鐘左右就能結束會議，效率比以前高多了！

敏捷聖賢：恭喜你們！

阿　　捷：謝謝！這次多虧了你的建議呢。我們上次說要討論一下 Sprint 的示範與回顧，還記得嗎？

敏捷聖賢：嗯，當然記得。作為 Scrum Master，回顧並歸納一個剛結束的 Sprint
　　　　　所做的工作，是非常有價值的，這就像鏡子反射！

阿　　捷：鏡子反射？

敏捷聖賢：對，每個人出門前都要照鏡子，目的是什麼？

阿　　捷：哦，我不照鏡子的。

敏捷聖賢：別搗亂。目的有二：一是看看自己穿的衣服怎麼樣，化的妝怎麼
　　　　　樣，是不是得體；二是看看哪些方面還需要修整（如衣服的扣子扣
　　　　　得是否合適、穿的衣服是否合身，等等），以更利於展示自己最漂亮
　　　　　的一面。

阿捷暗想，這哥們兒真夠逗的，還說化妝呢，難道還真的每天出門前照鏡子？
　　　　　因為還不夠熟悉，阿捷沒表露出來，接著回覆道：你的意思是作為
　　　　　一個團隊，也應學會「照鏡子」，要時發揚自己的優點，找到自己的
　　　　　不足，及時加以改正。

敏捷聖賢：對！孺子可教也。

阿　　捷：不過，我有這樣一個疑問！發生的已經發生了，都已經過去了！如
　　　　　果說一個團隊，剛剛結束一次衝刺的話，每個人都很累，為什麼非
　　　　　要揭開舊傷疤，讓大家再次痛苦呢？

敏捷聖賢：暫時的痛苦可以讓你在未來的日子裡過得更好，避免犯同樣的錯
　　　　　誤。讓我們先來看看評審會。你是怎麼了解的？

阿　　捷：我看了一些資料，在 Scrum 中，評審會是說在一個 Sprint 結束以
　　　　　後，進行 Sprint 評審，團隊在此期間展示他們所完成的工作、可
　　　　　執行的軟體。參加評審的應該有 Product Owner、開發團隊、Scrum
　　　　　Master，加上客戶、專案管理者、專家和高層人士等任何對此有興
　　　　　趣的人。

敏捷聖賢：不錯，還有嗎？

阿　　捷：會議可以是 10 分鐘，也可以持續兩個小時。因為會議目的只是對所
　　　　　做工作結果的展示，並聽取回饋。

敏捷聖賢：嗯，說得挺全面的。

阿　　捷：我還是不想讓我的團隊，在 Sprint 快結束的時候花很多時間到示範
　　　　　上，實際上，他們可以做很多真正有意義的事情。為什麼我們要浪
　　　　　費力氣示範我們剛剛做過的工作？我們的目標不就是一個可以隨時

發佈的軟體嗎？我們的目標已經完成了，就擺在那裡。誰有興趣，看看我們的 Sprint Backlog 就可以了啊。

敏捷聖賢：這是一種常見的誤解。其實呢，示範主要是出於這樣幾個目的：

示範可以讓那些雖然不直接參與 Sprint 的利益相關者，獲得你們這個團隊工作的最新進展。這裡提到了利益相關者，就表示你可以隨意邀請任何沒有直接參與 Sprint 工作的人，只要相關。

示範可以讓客戶或 Product Owner 對你們所做的工作提供最直接的回饋，這樣可以讓 Scrum 團隊，根據回饋更新產品 Backlog，在下一個 Sprint 中融入新的需求變化，並將這些回饋帶到下一個 Sprint 的計畫會議上。

同時，示範是一個很好的機會，可以讓團隊慶祝他們在過去的 Sprint 中所取得的成就，鼓舞團隊的士氣。

阿　　捷：嗯，聽上去好處多多。但準備一個示範，是要花費很多時間的。

敏捷聖賢：其實，你們不需要準備一個非常華麗的示範，只需要展示你們剛剛完成的最新功能即可。不需要額外修飾，只要讓人印象深刻，就已經足夠了。總之，這不是一個產品發佈會，你不需要製作一個非常炫目的示範。

阿　　捷：但是，如果某些團隊成員的工作不能直接透過軟體示範怎麼辦？譬如效能測試、架構或程式的重構等等。

敏捷聖賢：不要光從字面上了解「示範」這兩個字，範圍可以更廣一些。這裡的「示範」，還可以是對下列事情的回顧：如一個新增的編輯頁面、一個新寫的小工具、一份說明文件或其他任何具體的、可以讓該團隊感覺到有價值的東西、或是你們工作過程的畫面等！

阿　　捷：嗯，這樣就好辦多了。我還擔心如果有關效能測試怎麼辦呢。看來我們只需要把我們做的效能測試比較結果展示給參加人員就可以了。

敏捷聖賢：非常正確，Just Show Proof（展示證據即可）！加十分！據我的經驗，示範要安排在 Sprint 回顧會議之前。此外，更重要的是要讓這個示範會議充滿樂趣，不能搞成批鬥會。

阿　　捷：我想我們可以準備一點小點心、飲料什麼的，把它搞成一個慶祝會議，這應該是一個團隊建設的好機會。

敏捷聖賢：非常好的想法。記得在每個人做完示範後，
　　　　　都讓大家集體鼓掌慶祝。

阿　　捷：好的，我想我們會開好 Sprint 評審會議，做
　　　　　好示範的。那麼回顧呢？它的主要價值是什
　　　　　麼？

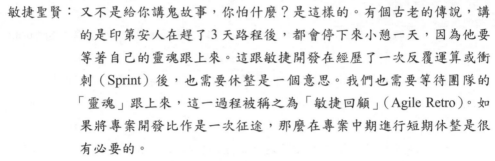

敏捷聖賢：嗯，先不著急！你聽說過印第安人靈魂的故
　　　　　事嗎？

阿　　捷：啊，印第安人？靈魂？是個什麼樣的故事？
　　　　　恐怖嗎？

敏捷聖賢：又不是給你講鬼故事，你怕什麼？是這樣的。有個古老的傳說，講
　　　　　的是印第安人在趕了 3 天路程後，都會停下來小憩一天，因為他要
　　　　　等著自己的靈魂跟上來。這跟敏捷開發在經歷了一次反覆運算或衝
　　　　　刺（Sprint）後，也需要休整是一個意思。我們也需要等待團隊的
　　　　　「靈魂」跟上來，這一過程被稱之為「敏捷回顧」（Agile Retro）。如
　　　　　果將專案開發比作是一次征途，那麼在專案中期進行短期休整是很
　　　　　有必要的。

阿　　捷：我知道了！就是將團隊成員集體拉出去腐敗一次，或 K 歌去，或爬
　　　　　山、郊遊去，目的是讓大家放鬆一下。我們現在每個月都有一次這
　　　　　樣的活動，大家都很期待的。

敏捷聖賢：這些是可以的，但不是必要的，因為這些都只能帶來身體的休息與
　　　　　放鬆。

阿　　捷：這不是最重要的嗎？那還有什麼別的？

敏捷聖賢：你看拳擊運動員在比賽間歇期，會有隊醫給他按摩，有人幫他擦
　　　　　汗，有人給他喝飲料解渴。這些重要嗎？當然重要，這的確可以讓
　　　　　他們放鬆疲憊的身體，保持充沛的體力，透過短暫休整獲得能量。
　　　　　但更重要的是靈魂的「反芻」，需要教練員針對其在上一局比賽的表
　　　　　現，列出盤點，分析他及對手的優與劣，列出具體戰術指導，幫助
　　　　　制定出針對後面比賽的對策，最後擊敗對手，贏得比賽。

阿　　捷：嗯。

敏捷聖賢：Sprint 回顧會議與平常我們經常提到的專案歸納會議不同，它不是要對專案進行蓋棺定論，而是透過及時回顧，歸納上一次衝刺中的得與失，找到改善與加強的辦法，進一步讓下一個 Sprint 走得更好。

阿　　捷：那該怎麼做 Sprint 回顧呢？

敏捷聖賢：也很簡單，關注兩點就可以了。第一點是找出在上一個 Sprint 中做得好的地方，並繼續保持。分析那些成功的流程是非常重要的，這樣我們才能有意識地保持下去。只有團隊中的每一個成員都清楚什麼是最佳做法，才能有效地保持這些實作。除了鼓舞士氣外，還可以避免把回顧會議變成消極的抱怨會議。第二點是找出上一個 Sprint 中需要改進的地方，以及對應的改進措施。回顧的目的是持續不斷地改進，這也是敏捷開發的主要理念之一。讓我們想一想如何才能在下一個 Sprint 中更加有效率，想一想如何做才能與上一個 Sprint 不同。收集任何可以量化的資料，以便於做定量分析，推動改善。

阿　　捷：還有其他一些什麼事情是要特別注意的？

敏捷聖賢：首先，一定要明確這樣一個指導原則。即「無論我們發現了什麼，考慮到當時的已知情況、個人的技術水準和能力、可用的資源，以及現狀，我們了解並堅信：每個人對自己的工作都已全力以赴」。

阿　　捷：啊哈！聽起來，就是「和稀泥」的做法啊！這樣的原則應該會讓回顧會議的參與者都變成好好先生的。難道我們一定要善意地評價團隊中的害群之馬，對他們的過錯視而不見，使其「逍遙法外」，並天真地以為我們的好心能夠感化他們？難道我們要在專案開發中建立一個烏托邦式的大同世界，為了團隊利益而抹殺團隊成員之間的個體差異？

敏捷聖賢：對團隊成員的績效評估，當然不能採用這樣的指導原則。我們現在談論的是 Sprint 回顧，回顧的最後目的是學習，而非審判。如果敏捷回顧沒有堅守這樣的「指導原則」，宣導團隊成員首先要信任自己的夥伴，已經盡了最大努力，就會讓回顧會議成為互相攻擊、互相推諉的批鬥大會，脫離了我們召開回顧會議的初衷。

阿　　捷：嗯。

敏捷聖賢：「指導原則」就是為回顧會議豎立一個標桿，那就是在專案開發中沒有破壞者，沒有替罪羊，沒有關鍵人物，只有整個團隊的利益。雖然某個人或許在上一次反覆運算中出現了錯誤，但我們會善意地相信此人之所以犯下錯誤，並非有意為之或消極怠工，而是囿於當時之識見、經驗、技能。我們的回顧會議必須指明這些錯誤，並試圖尋找到最佳做法以避免在下一次反覆運算中犯同樣的錯誤，而「指導原則」則能夠消除因為指出他人錯誤時給成員帶來的負疚感，消除同事之間可能因此出現的隔閡與誤解。換句話說，回顧會議提出的所有批評都應該「對事不對人」。

阿　　捷：嗯，這一點的確很重要！我們以前開專案歸納會議時，總被美國同事揪小辮子，搞得大家都很不舒服！誰會是真的想故意搞蛋呢？

敏捷聖賢：是啊！人們總是容易犯常識性的錯誤。

阿　　捷：有什麼好的方法來組織這個回顧會議？你上次給了我如何開好 Daily Scrum（每日立會）的 8 個指導原則，對我幫助非常非常大！

敏捷聖賢：其實，組織 Sprint 回顧最簡單的方法是找個白板紙，在上面註明「哪些項工作順利」「哪些項工作不成功」或「哪些項工作可以做得更好」，讓與會者在每一種別下增加一些項目。當項目重複時，可以在該項旁邊畫正字累計，這樣普遍出現的項目就一目了然了。最後團隊成員共同討論，找尋這些項目出現的根本原因，就如何在下一個 Sprint 中改進達成一致意見。

阿　　捷：嗯，很簡單很直觀。

敏捷聖賢：張瑞敏不是說「能夠把簡單的事情天天做好，就是不簡單」嗎？其實，敏捷回顧的主要目的就是明確目標、持續改進和處理問題。敏捷開發之所以採用反覆運算的方式，實際上是利用蠶食方式逐步完成開發工作。將一個宏偉的目標切割為一個個小目標，會給予團隊成員更大的信心，並且能夠更加清晰地明確目標。而每次反覆運算後的回顧，使得團隊成員可以更加清晰地明確我們在這個征途中，已經走到了哪裡，未來還有多遠的路程，就像印第安人那樣，等待自己的靈魂，否則就會不知身在何處了。當然，也可以用 ORID（Objective Reflective Interpretive Decisional，焦點呈現法，一種溝通

啟動方式），結合『心情曲線』、4F、4R 等玩法，要讓你的回顧會多樣化，避免形式上的千篇一律。另外，地點的選擇也可以多樣化，不一定總是在公司會議室開，可以去咖啡廳、水，甚至是公園的草坪，團隊建設的飯桌上。關鍵就是要靈活多變。

阿　　捷：嗯，我們一定會重視敏捷回顧會議的，我相信一定會從中獲得意想不到的收穫。

敏捷聖賢：嘻嘻……我這個老師還不錯吧？

阿　　捷：那當然。你怎麼發了個嘻嘻？怎麼跟 MM 似的？

敏捷聖賢發過來一個鬼臉，外加一個再見，就下線了。阿捷尋思，這人真怪，説話怎麼神神道道的，難道世外高人都這樣？阿捷收回思緒地自言道：「還是趕緊歸納一下的好，能夠跟高人過招並從中學習是多麼寶貴的一次經歷啊！」

本章重點

1. Sprint 評審會議不是讓開發團隊做成果「演講」：會議上不一定要有 PPT，最好是直接做產品示範。會議通常不需要超過 30 分鐘的準備時間，只是簡單地展示工作結果，所有與會人員可以提出問題和建議。

2. 在 Sprint 評審之後，開發團隊會進行 Sprint 回顧。有些開發團隊會跳過此過程，這是不對的，因為它是 Scrum 成功的重要途徑之一。這是提供給開發團隊的非常好的機會，來討論什麼方法能有作用，而什麼不有作用，就改進的方法達成一致。

3. Scrum 開發團隊，Product Owner 和 Scrum Master 都將參加會議，會議可以由外部中立者主持；一個很好的方法是由 Scrum Master 互相主持對方的回顧會議，可以造成各團隊間資訊傳播的作用。

4. 敏捷回顧不能是一場沒有主題的討論會，這樣的形式對於專案進展沒有任何幫助。

5. Scrum 回顧會議的參考議程。

- 在白板上寫上主要指導原則。
- 在白板上畫上一個至少三頁紙連在一起長的時間軸。
- 在第一頁上寫上「我們的成功經驗是什麼」。
- 在第二頁上寫上「有什麼能夠改進」。
- 在第三頁上寫上「誰負責」，然後分成兩個區域，分別是「團隊」和「公司」。

6. Scrum 回顧會議的指導原則。即「無論我們發現了什麼，考慮到當時的已知情況、個人的技術水準和能力、可用的資源，以及現狀，我們了解並堅信：每個人對自己的工作都已全力以赴」。

7. 在專案過程中，問題處理得越早，那麼付出的代價與成本就越小。透過回顧會議，利用團隊成員互相善意地「敲擊」，或反覆「錘煉」開發過程與方法，就能夠讓每一位成員練就「火眼金睛」。

8. 進行 Scrum 回顧時，發現問題僅是第一步，我們還要在回顧會議中合理分析這些問題出現的原因、所屬類別，並因此劃定問題的「責任田」。我們要明確這些問題是團隊內部的，還是由於外在因素導致的，也就是說要明確「責任田」的歸屬，指定責任人和處理時間，一定要 SMART。

9. 在每個 Sprint 開始的時候，我們都要明確，當 Sprint 結束的時候需要示範的是哪些東西。很多時候，如果一個 Scrum 開展得不是很順利，在 Sprint 示範的時候我們常常會聽到這樣的理由，「因為某些原因，這個功能我沒有辦法展示給你，但是這個功能是有的，我只需要改動小小一點東西就可以了」，或是「這個部分與另一個系統相關，我程式已經寫但我要一起改好了你才可以看到」。如果放任的話，這些理由到後期會氾濫成災。我們所能做的，除拒絕透過這些相關的需求之外，在每個 Sprint 開始的時候還應該幫助團隊了解到我們需要在 Sprint 示範會議上看到什麼東西。強調我們重視的是可發佈的軟體版本，而非一個口頭上的功能實現。

10. 回顧會議要靈活多變，可以採用 ORID 技術，結合心情曲線、4F 和 4R 等玩法，一定要讓你的回顧會多樣化！

冬哥有話說

評審會議與回顧會議

評審會議的目的是取得相關人員的回饋，是反覆運算進度展示，同時給業務方，以及高層主管以信心（這點很重要，要想清楚誰是團隊的投資人），是團隊進行階段成果展示以及進行慶祝的機會，「雞類」角色與「豬類」角色都要參與。評審的目的是取得回饋，回顧的目的是學習改進。

示範並不是評審會議中最重要的一環，更重要的則是檢查，調整計畫以適應目前的情況。

兩個會議都是儀式感的表現，是每個 Sprint 不可或缺的。兩個會議紀要都應該有專人記錄，並透過郵件公開發出，如果有可能，透過工具記錄在本 Sprint 的資訊中。

兩個會議都是必要的，如果兩者一定要比較，我認為回顧會議會更重要一些。評審會是針對業務層面的，針對結果的；回顧會是針對團隊層面的，是針對過程的；磨刀不誤砍柴工，從長期來講，持續的學習和改進，最後對業務輸出會產生根源的影響。科恩（Mike Cohn）說：「有時，我以為衡量一個團隊敏捷實施品質的最好標準是看他們對待回顧會議有多認真。」

另外的例證是，關於回顧會議，有專門的一本《敏捷回顧》來講如何開回顧會議，而評審會議則沒有專門的圖書。

安全度檢查

回顧會議中，最重要的是要能聽到真話，要為團隊成員創造一個敢於暢所欲言的氣氛，即安全感。

安全度檢查，是回顧會議中很容易被忽視的環節。安全度檢查，是將安全性從「願意暢所欲言」到「想保持低調」分成幾個不同的等級。會議開始時，所有團隊成員將其本身感覺所處的等級，匿名寫在一張紙片上，折好交給會議組織者。由組織者統計安全度。如果等級都比較高，回顧會議可以繼續開；如果有較低等級出現，哪怕是個別人，會議組織者需要考慮是否取消本次會

議，或採取一些措施，讓大家放鬆下來，直到安全等級都比較高以後，再進行會議。

如同 Blameless Post Mortem（無指責的事後分析會議），關鍵是營造安全的氣氛和文化。每個人都不用擔心自己會承擔風險，可以自由地表達意見，並提出不會被評判的問題。需要提供一種保護文化，使團隊成員可以暢所欲言，大膽嘗試。在這裡，管理者造成非常重要的作用。

安全文化的營造，也與學習型組織和個人成長型思維等密不可分。

持續改進

回顧會議是 Scrum 中進行查看與調整的重要的環節。

會議應該針對未來，而非簡單的對過去進行回顧，回顧主要的目的還是為了改進。

改進不宜太過貪心，建議每個人針對每個方面，不超過三條，但不能一條不寫。如果安全度較低，也可以嘗試不記名的方式。針對提出的問題，可以用計點投票法，得票高的三個問題進入討論環節。可以進行腦力激盪，進行五指表決法等；對回顧會議輸出的改進點，可以統一維護到產品 Backlog，作為特殊類型的需求，與技術故事對應的技術債務一樣，流程也存在債務，需要定期償還；團隊可以決定每個反覆運算固定做多少比例的流程改進故事，多少比例的技術故事。回顧與改進，應該變成團隊承諾，每個反覆運算，都必須有所改進，積少成多，聚沙成塔。

此外，回顧會應該儘量保障會議聚焦，並且高效；但偶爾舉行大團隊的回顧會也是有益的，可以確保在更大範圍內取得改進建議和經驗分享；這種會議負擔較大，通常以季為週期即可。

回顧會議也有一些小的遊戲環節，例如心情卡片，用一個詞形容你現在的感受；或是感謝環節，每個人透過寫卡片的形式感謝他人對自己的幫助，或是對團隊做出的貢獻。

08

燃盡圖，進度與風險的指示器

這天上午，阿捷他們正在開 Scrum 站立會議，老闆 Charles 走了過來，似乎有什麼事情。但為了確保自己團隊的站立會議不受外人的打擾，阿捷僅禮貌性地點了點頭，示意大家繼續。

阿捷暗想，根據 Scrum 規則，我們正在開會的這些人，都是真正參與到目前這個 Sprint 的人，都是有承諾的！換句話說，我們都是「豬」，而其他人只能是旁聽者，充其量就是「雞」了。所以即使是老闆來，也不能破壞這個規則。作為一個團隊的 Scrum Master，要真正承擔起「牧羊犬」的角色，保護自己的團隊不受外來打擾。沒辦法，即使是老闆，在現在，也得遵守規則！

Charles 不僅沒有打斷大家，還饒有興趣地站在一旁聽起來。看到老闆沒有打斷大家，阿捷懸著的心才放下了。

還好，今天的會議只花了 8 分鐘，因為專案進行得很順利，大家沒有提出任何阻礙專案進展的問題。也就不需要在每人說完後，再單獨開一個解決問題的短會了。

「你們現在是每天都開這個會議嗎？」還未等阿捷開口，老闆已經率先發問了。

「是的！這樣我們能夠隨時隨地溝通，及時地解決問題。」阿捷有點忐忑不安，不知道老闆葫蘆裡面賣的什麼藥。

「這是你自己的感覺呢？還是大家的？」

「我們大家都這麼認為的！」

「你們白板上畫的圖是做什麼用的？」老闆指著那個燃盡圖問。

「這個叫 Burndown Chart，也叫燃盡圖。是 Scrum 裡面，用來追蹤每個 Sprint 剩餘工作量及趨勢的。」

「哦？也就是說，你們現在真的在做 Scrum ？」老闆的話鋒突然一轉。

「是！」看來沒有不透風的牆，自己是準備先斬後奏的，這還沒奏呢，老闆就主動來了。阿捷剛剛放下的心又給提起來了，不知道老闆什麼意圖，沒敢接話。

「嘗試新東西，總是好的。但一定要有結果、有效果才行。」老闆向來都是以結果為導向的。

「嗯」，阿捷唯唯諾諾，剛才開站立會議時，說什麼也不搭理老闆的那股子勁頭早被拋到九霄雲外了。

「好，我今天正好還有點時間，你就給我講講這個 Burndown Chart 吧！」

看到老闆沒有責備的味道，還對 Scrum 饒有興趣，阿捷頓時來了精神。「Burndown Chart，用來展示剩餘待完成工作與時間關係的圖形化表達方式。你看，未完成工作量標識在垂直座標軸上，時間標識在水平座標軸上。可以用它來預測所有的工作是否能夠按時完成。」

「理想的情況下，曲線在 Sprint 的最後一天應該達到零點，有些時候會是這樣，但是大多數情況不是這樣。重要的是它表現了團隊在相對於他們的目標的實際進展情況，這裡表現的並不是目前花費了時間的多少，而是仍剩餘多少工作量，開發團隊距離完成還有多遠。如果此曲線在 Sprint 末期不是趨於零，那麼開發團隊應該加快速度，或簡化、削減其工作內容。此圖表也可以使用 Excel 表格管理。我們認為在白板上畫出來更為簡單直觀，並且可以用筆隨時更新，比試算表更快速、更可見。」

「嗯，你怎麼知道每天剩餘多少工作量？」

「每天下班前，我們每個人對自己負責的工作，列出一個還需要多長時間才能完成的估算。然後，把所有工作的最新估算值，累加起來，就是整體的剩餘

工作量了。譬如，截至今天，我們還需要 170 小時，那我們就在這個圖上 170 左右的位置標記了一個點，用直線跟昨天的剩餘多少工作量點連起來。時間一久，這個實際曲線就出來了。」

「我一開始還以為這裡記錄的是你們實際花了多少時間呢！」Charles 自嘲道。

「不是，在 Scrum 中，不關心已負擔的時間，不是做時間追蹤。從另外一個意義上講，這表現的是一種信任，相信每一個人都會盡心儘量地做好自己的本職工作。如果我們追蹤到這麼細的話，就會引用微觀管理，不僅會花費更多的時間，而且還會降低團隊的士氣，反而得不償失。」

「有一定道理！」Charles 點頭表示贊同。

「從這個燃盡圖上，可以看出來很多問題。」阿捷準備好好給老闆「推銷」Scrum 知識，拿出筆在白板上畫了一個圖。

「你看，如果這個燃盡圖是這樣的一根直線，有兩種可能。」

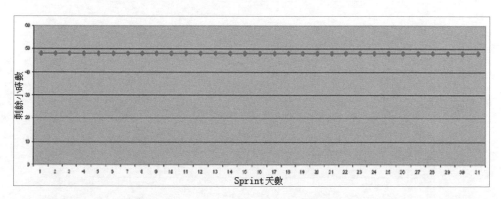

「第一種可能，在這個 Sprint 中，團隊一直沒有開始工作，在忙於其他事情；第二種可能，雖然已經開始工作，但大家沒有列出剩餘工作量，沒有及時更新 Sprint Backlog。」

「再來看這個圖，這可能是三個原因造成的：第一，開發團隊或其中的幾個人受到其他事情的干擾，沒有真正工作於目前 Sprint Backlog；第二，同樣有人沒有及時更新 Sprint Backlog；第三，目前 Sprint 中的工作太多、太難，無法完成。」

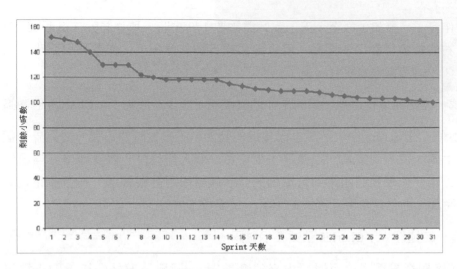

「還有這個圖，這說明不是開發團隊在加班工作，就是工作過於簡單，才會提前結束。」

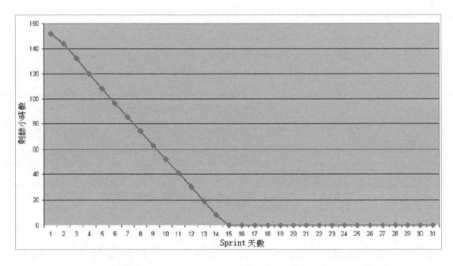

不知不覺中，已經過了午飯的時間。阿捷的肚子早就開始咕咕叫了。

「該吃中飯了吧！我們以後再聊，今天收穫還是挺大的。」Charles 表現出從未有過的謙虛。

「嗯，對了，Charles，你今天找我是不是還有其他事情？」

「我找你，是想了解一下你們這個團隊的情況。因為你接手這個團隊也有幾個月了，我想看看情況到底怎麼樣？這樣，你什麼時間安排一個會議，我跟大家一起座談一下。」

「好的，你看這個週四下午 1：30 到 3：00，怎麼樣？我們那時候是每週的例會。」

「你把這個時間段告訴秘書李文，讓她給我 book 一下。」

「OK ！」

週四下午 1：30，黑木崖會議室。

阿捷先做了一個開場白。

「今天，Charles 來參加我們的會議，主要是想跟大家座談一下，大家有什麼想法、有什麼問題都可以提出來，不要有包袱。Charles 平時比較忙，這樣的機會不多。這之前，Charles 跟其他幾個團隊做過類似的座談，主要是想收集一下大家的意見和建議。平時大家遇到的任何疑惑，我不能回答的，這次大家可以問問 Charles，他站的角度更高，獲得的資訊也會更充分。好，我們開始吧。」

Charles 清了清嗓子說：「你們這個團隊呢，過去的一段時間發生了一些變化，這些你們都是知道的，我也很想了解一下大家的想法。最近一直很忙，所以我也有一段時間沒跟大家進行交流了。我的目標是至少每個季抽出一段時間，跟每個團隊做這樣的交流。大家一定要放開！」

大家都低著頭，各自盯著自己前面的桌子，默不作聲。

「嗯，沒人說啊，那我就點將了。」氣氛有些緊，Charles 只好點名，「大民，你是老員工了，你先說吧！」

「哦，我其實也沒什麼可以問的。要不你給我們介紹介紹美國總部那邊現在都有什麼新動向吧。」

「為了降低研發成本，美國那邊正在考慮把更多的專案拿到美國以外去做。這有可能是我們北京、上海或成都，也可能是印度的班加羅爾，這些都還未下

定論，我們的優勢是員工穩定，以及多年的技術累積；印度那邊，據說流動性非常大，通常兩年左右，做一個專案的人就基本上會換一遍。」

「那我們跟印度比，哪邊的成本低呢？」大民接著問。

「這幾個地方相比，北京的最高，上海次之，成都跟印度差不多。不過，相差也不是很大。我下月初就去美國參加一個會議，討論海外專案的問題，到時候就該有結論了。所以呢，你們不用擔心，一定會有活做的。」Charles 提到去美國交付專案，就神采飛揚起來。

「作為一個普通員工，我們的職業發展路徑會是什麼樣的呢？」阿朱提出了一個非常現實的問題。「現在好多老員工都達到了 C 等級，要到 B 等級，非常難。我們北京目前還沒有一個人是呢！」

「我們目前正跟 HR 的人探討這個問題，一個方案就是在 C 和 B 之間增加一個等級，叫 C++。那以後，目前是 C 的人呢，可以先朝 C++ 發展。另外，我也在爭取美國的批准，替我們這邊增加幾個 B 級的名額。我這次去也會討論這個問題。此外，到了 C++ 等級的人，可以向兩條道路發展，一個是管理道路，一個是技術路線。只有選擇技術路線的人，才有可能進入 B 等級，一旦你選擇了這條道路。那你就不能輕易地轉向管理道路。我不是說沒有這種可能，但可能性只有 5%。所以，做選擇的時候一定要想好。」

「那一個新員工需要多長時間才能到 B 等級呢？」小寶非常關心這一點。

「你剛進來時一定就是 D 了，如果你表現穩定，應該每兩年就會升一個等級，還是很快的。」

「噢，還是很久的。」小寶接著小聲嘀咕了一下，「來外商也得論資排輩！」

Charles 不知道是不是聽到了，跟著加了一句：「其實，這也不是一成不變的，如果表現突出，也會很快升級的。你看阿捷，現在已經做起了管理的工作。所以你們要定好自己的五年目標，五年之內只要你一直朝著這個目標努力，一定會上一個台階的。」

阿捷尷尬得笑了笑。

「那我們該怎麼發展呢？」小寶接著問。

「每年年初不是讓大家都定義自己的個人發展計畫和 MBO（目標管理）嗎，那麼你的發展目標就要按照這個來，當然了僅完成這些，只說明你及格了。還不能算是表現突出，要想出彩，你需要有延伸性目標才行。也就是要有額外的更高層次的目標！」

「其實，不僅你們要定一個目標，定一個發展計畫。我也一樣，我也要發展，我也要定這個目標。」Charles 接著說。

「我們這幾年來，一直在朝著收支平衡的目標努力，不知道這個季情況如何？」小寶提出了一個非常現實的問題。

「嗯，這個季還差一個月，目前我們的訂單已經完成了 60% 左右，應該還是可以完成目標的。所以，大家一定要有信心。」

「可是老闆，中國大陸的通訊企業，包含我們公司，每到年底前的這個月，因為大多數客戶都在做年終財務整理，而下一年的預算還沒有定下來，基本上不可能再有多少預算的，所以通常訂單都會是非常弱的。我想您一定比我們還清楚。所以我的問題是我們怎麼可能在這樣弱勢的月的時間內完成剩餘的 40% 的訂單目標呢？」別看小寶加入 Agile 公司沒多久，可是分析得合情合理，大家不禁點頭稱是。

「So what？（那又怎樣？）」Charles 顯然被激怒了！以前只有他挑戰別人的，卻從來沒有一個員工當著這麼多人的面挑戰自己！「你們只需要做好自己的工作就行了，何必關心這些？這跟你們每天要做的工作有關係嗎？」

「可公司主管層不是一直建議和鼓勵我們底層員工要關心公司的發展和公司的狀況嗎？」小寶少一根筋的，這時不知道怎麼反而愈發來勁了。

一陣沉默，令人難以忍受的沉默。

「咚咚……咚咚……」有人敲門，「請問你們用完會議室了嗎？從 3：00 到 5：00，我已經預訂了！」

真是及時啊！所有的人都獲得了解脫，大家高速撤離黑木崖。

本章重點

1. 作為一個經理，寧講錯話，不講假話。假話一旦揭穿，底層員工再也無法信任上層經理。因為信任一旦被打破，就再也建立不起來了。

2. 作為一個員工，一定要有自己清晰的職業規劃，這是每個人自己的事情，不能依賴別人。公司作為一個商業體，能夠考慮個人的成長固然好，能夠將員工的個人發展與工作相結合，這樣的公司一定是好公司。所以每個人都要充分利用業餘時間，充實自己，人與人之間的差距，常常就是下班後的 1～2 個小時的時間決定的。

3. 每年回顧一下，如果你不覺得一年前的自己是個蠢貨，那說明你這一年沒學到什麼東西。

冬哥有話說

燃盡圖

現代管理學之父彼得·杜拉克說過，如果你沒有辦法度量，你就無法管理；你無法改進那些你無法度量的東西。燃盡圖是 Scrum 裡最重要的一張圖，一圖抵千言，從圖形中燃盡曲線的走向，能曝露很多問題。

燃盡圖是對過去狀態的展現，並藉以預測未來的趨勢；燃盡圖顯然無法做到精確的預測，事實上也沒有任何一種方式能夠做到；它最大的好處是簡單並且實用，如同極限程式設計中的簡單原則。

燃盡圖可直觀地曝露可能存在的問題，由燃盡圖的例外，或說與理想曲線的偏離，可以發現進度超前／落後，工作超載／不飽和，需求粒度過大，工作估算不準確，需求變化，進度更新不及時等諸多問題。

燃盡圖使用什麼工具不重要，阿捷用了 Excel 以及物理白板，最關鍵的是視覺化，視覺化可以讓所有人都能看到，並且醒目顯眼，只有發現了問題，然後才是解決問題。

領導者非常重要

愛德華·戴明說：「人們已經在做他們能夠做到的最好，問題在於系統本身，

只有管理者能夠改變系統。」敏捷是一場轉型，甚至是一場變革，決策主管層要領導變革，純粹的自下而上的變革，最後會遇到重重阻礙。高層主管思維模式的轉變非常重要。

本章中阿捷與 Charles 的第一次對話，成功地吸引了 Charles 對敏捷的興趣，但隨後的會議並不成功。作為敏捷轉型的領導者，阿捷需要定期的、主動的、有意識、有技巧的與高層主管溝通，並努力將高層主管拉到轉型的大船上來，取得高層主管的支持，這常常是敏捷轉型過程中最重要，也是最難的卻永遠繞不開的關鍵所在。

阿捷在站會時明確的劃分團隊成員是「豬」的角色，Charles 是「雞」的角色；「豬」和「雞」的角色劃分，有助了解，什麼時間，需要什麼角色，做什麼事情；但需要注意的是，不要變成了我們和他們。

Charles 在面對質疑時，忍不住發火，管理層的憤怒和羞辱是會傳染的。如果高階經理喜歡罵人，下級管理者也會這樣做。

面對挑戰，管理層如果以開放的心態去對待，兼聽則明，不僅可以將其認為是對本身改進的一次機會，還可以將員工的積極性調動起來，將業務遇到的危機，轉化為團隊奮進的動力，這裡 Charles 處理的方式有些欠妥。

如何開好一場會議

與 Charles 的會議效果並不好。如何開好一場會議呢？會議是否能夠開的高效，是否達到了目的，實際上是組織文化的反映。

這場會議的主題，從一開始 Charles 説的了解團隊和專案情況，到阿捷開場説 Charles 想了解大家的想法和問題，從大民説介紹一下美國那邊的新動向，到阿朱問職業發展路徑，小寶又拋出來收支平衡的目標，這是典型的會議目的不明確，跑題，過程缺乏控制、參與者思維不統一的表現。

要明確會議的目的。阿捷顯然沒有想好如何借助這次會議來達到自己和團隊的目的，而簡單把這次會議當成了 Charles 佈達的任務。

不召開沒有準備的會議。根據目標，設計預期的會議過程，進行對應的會前準備。會議召開之前，必須要精心策劃，明確主題，確定排程，參與人員、

以及每個不同人員的參與度和預期作用，會前明確告知每個人需要提前準備的內容。

會議的形式有務實和務虛兩種。實際是哪種，關鍵在於主持人期望達到什麼目標，文中的會議形式上是務虛的座談，但實際走向變成了務實，是典型的沒有統一所有與會人預期的問題。

會議要有目標，以及對應的產出物，正因為這次會議沒有明確的目標，結果草草收場。

關於會議，可以學習亞馬遜公司的開會模式、三星公司的開會法則以及《向會議要效益》系列叢書。

附：三星公司的開會法則有不同版本，這裡列出一個較為流傳的版本。

> 凡是會議，必有準備
> 凡是會議，必有主題
> 凡是會議，必有紀律
> 凡是會議，必有議程
> 凡是會議，必有結果
> 凡是會議，必有訓練
> 凡是會議，必須守時
> 凡是會議，必有記錄

團隊工作協定，高效協作的秘訣

敏捷的方法是適應變化的一種方法，因時、因勢、因事調整計畫，它可以處理近期內即將發生或已經發生的變化，它不贊成去為未來的變化花費太多時間，變化會導致近期計畫的調整，也使長期的計畫難以預期。此外，敏捷最重要的是人和交流。如果不是一個很好的團隊，或說交流不通暢，敏捷和標準都會大打折扣。所以一定要先敏捷再標準，先做到再最佳化，先短期利益再長遠利益，先實施再完備。

因為一步合格直接採用標準的方法，阻力比較大，效果難以預期，很可能事倍功半，敏捷方法以其短期內可以見效、對已有的開發過程調整幅度小等特點易於被開發人員接受，所以要先應用起來，然後再規範。不然就容易出問題。

光陰似箭，轉眼到了 2007 年的 8 月。阿捷的團隊已經完成了三個 Sprint，而第四個 Sprint 也在進行中，一切看起來都很順利，大家的心氣也很高。阿捷開啟專案記錄檔，仔細回顧著每個 Sprint。為了增加趣味性，阿捷堅持為每個 Sprint 起一個名字，不僅可以體現階段性目標，還可以記錄團隊當時的心情。

Sprint 1：兵不厭詐（the Big Con）
大家第一次採用 Scrum，對這個 Agile 流程都很期待，同時呢，對於怎麼做，如何用，還很模糊。

Sprint 2：越獄記（Breakout）
經過了第一個 Sprint 後，大家幹勁十足，士氣高漲，認為我們可以在第二個 Sprint 取得重大突破（breakout）。

Sprint 3，虎口餘生（Hours to doom day）

這個 Sprint 裡面有很多技術困難需要突破，如果解決不了，後面的工作就無法進行，這是十分重要的一次攻堅戰。

Sprint 4，大結局（The Big End）

這次計畫會議，作為 Scrum Master，自己因為有事沒有參加，汗！但大家認為階段性工作基本可以做完了，起了個「大結局」的名字。

幾個月以來，團隊開始逐步地向自我組織、自我管理轉變，雖然離 Scrum 的終極目標還有一段距離，但是進步明顯。畢竟在阿捷他們的生活和工作經歷中，受他人管理的習慣根深蒂固，從被管理到自我管理的轉變是十分困難的。

有幾次，阿捷因為部門的會議必須參加，而延誤了回來參加每天的站立會議，等阿捷匆匆忙忙趕回來的時候，大家已經在自發地開會、交流，會後主動解決問題，防止自己的工作被阻塞，或阻塞別人的工作，而沒有等阿捷回來。現在，再遇到這種情形，阿捷已經不用擔心每天的站立會議是否會按時召開，大家是否能夠自發地溝通，自發地解決問題。同時，在生產力和工作愉悅度方面，大家反響頗高。

阿捷暗想，實踐證明，當初在 Scrum 的選擇上是非常正確的，必須堅持下去。但目前遇到的一些問題，要想辦法解決，不然以後可能就會因小失大。阿捷決定在 Sprint 4 的回顧會議上跟大家一起討論一下，看看大家的意見和解決方法。畢竟現在走上了團隊自我管理的道路，還是由團隊來做這些決定好。

週五下午三點，桃花島會議室，Sprint 4 的回顧會議已經快結束了。

「我們的每日站立會議，雖然時間短，但有時候仍然會有人遲到，這樣大家總要等待 2 ～ 3 分鐘，才能開始……當然，遲到的人可能有自己的理由，但對大家的時間還是一個浪費，大家覺得呢？」阿捷拋出了想好的第一個問題。

「我覺得問題不大。」阿朱不假思索地說：「反正才 2 ～ 3 分鐘嘛，我們人也不多。」

「以後要是人多了呢？」阿紫反問：「其實有時候我們總共也才花不到 10 分鐘的！」

「嗯，要不然來點懲罰措施？」小寶一臉的壞笑。

「小寶，説説，怎麼個懲罰呢？」大民唯恐天下不亂。

「如果有人遲到呢，讓他給大家唱一首歌，或講一個笑話，這個笑話必須確定每個人都笑的，才符合我們 DONE 的標準。再或讓他請大家吃霜淇淋，法子多的是。」看起來小寶在這方面真的很有經驗。

「我覺得不錯。」阿紫很快贊同。

「我覺得唱歌不太適合，這裡可是辦公室，還有其他團隊呢。」阿朱分析的總是很有道理：「講笑話，有可能更花時間，不就跟我們的初衷相違背了嗎？」

「可也不能天天吃霜淇淋啊！」小寶補充道。

「要不然誰遲到，就讓他交罰款，錢多了，我們可以在每次回顧的時候，買些瓜子、零食什麼的。」大民的建議看似頗具有可行性。

在大家紛紛表示贊同的時候，阿紫又拋出來一個問題「我覺得，我們的計畫會、評審會、回顧會，誰遲到，也都應該罰款。」阿紫是團隊的 CFO，負責每次團建的籌畫和費用的計算，看來她想透過這個方式多收點錢！

「那有點太嚴格了吧？」經常遲到的小寶為了自己的錢袋子首先表示反對。

「要不這樣，每日立會除外，其他會，遲到三分鐘以上，再罰款，如何？」阿捷看這次大家沒有異議，把這兩條記到本子上。

「我還有個問題，是關於 Product Backlog 的。從 Scrum 的角度來講，都是由 Product Owner 負責的，別人不應該干涉，不應該修改 Product Backlog。我經常會有一些想法，是關於產品功能的，覺得應該加到 Backlog 中去，可又不能直接修改 Backlog，我就只好記到別處，時間久了可能就忘記了。要是往 Backlog 中加，就得天天地打擾李沙，那他也煩啊！」大民提出了一個很關鍵的問題。

小寶馬上表示贊同：「是啊是啊！我也有同感！」

「我和阿朱也討論過，要是我們也能隨時增加就好了。」阿紫瞅著阿朱，阿朱點了點頭。

「我們不是在每個 Sprint 中間，都跟 Product Owner 有一次會議來整理 Backlog 嗎？」阿捷狐疑地問道。

「是有，但是不夠及時，事情都等到那次會議，搞得會議也挺緊張的。」大民接著說。

「可要是我們每個人都能修改，都能增加的話，Product Owner 也受不了啊！」小寶替李沙擔心。

「嗯，是啊！我們好不容易才勸說了李沙來當這個 Product Owner，沒有他就沒有人維護 Backlog，我們這個 Scrum 也就不能算是真正的 Scrum 了」！阿朱皺著眉頭說。

「要不然這個事情放一放，哪天跟李沙一起討論討論，可能更好些。」阿捷提議道。

「嗯，也行，我們自己也不能定。」大民一臉的無奈。

「還有一個就是 Code Review（程式評審）的問題。我發現我們的 Code Review 工作，一直都不能按時完成，這在每日例會上，就能看出來。總有人說我的程式做完了，自己也測試過了，但是還沒有人給我評審意見，所以不能提交程式。」阿捷又提出一個令大家尷尬的問題，有些人不好意思地低下了頭。

「其實，有時候也不是大家不想做程式評審，現在不是講究衝刺嘛，大家都挺忙的，顧不上。」小寶首先打破了沉默，替大家圓場，不過也是實話。

阿捷點了點頭，「是啊！這是我們實施 Scrum 以來出現的新問題，以前有大區塊的時間用於程式設計，所以評審也不會像現在這麼急。現在，需要大家發表一下意見，看看我們有沒有什麼好的辦法。」

「在做 Sprint 計畫的時候，針對每個需要評審的文件或程式，給需要評審的人都預留出來一定的評審時間，這樣大家應該就不會緊張了。」小寶說道。

「讓別人評審的時候，最好列出最遲答覆時間，要不然別人也不知道緊迫性。」

「被邀請評審的人，如果不能及時評審，應該提前告訴對方。」

「最好是做一個郵件範本，把需要評審的內容，如文件或程式的儲存位置、修改原因、最遲答覆時間等，都放在裡面，這樣資訊集中。」

大家七嘴八舌地提著建議，看來這個問題還是比較容易解決的。

「好，那我們就按照上面大家的意見試驗一段時間。」阿捷歸納道。

「還有一個十分重要的問題，就是關於燃盡圖的。大家都知道，想讓這個燃盡圖反映出我們專案的真實狀況，那我們每天對每個工作剩餘工作量的估計，就應該準確及時。可我發現，總有人忘記更新，譬如在每日立會上說某個工作已經完成了，但看 Sprint Backlog，該工作的狀態還是 In Progress（進行中），還有一定的剩餘時間。」

「這好辦，忘記更新的接著罰款。」阿紫這個 CFO 時不忘增加收入。

「有時候也不是故意不更新的，一忙就忘記了。」小寶好像不更新的次數最多，趕緊出來解釋。

「要不，我們就保留三次免罰機會吧。」阿捷建議。

「每個人三次？總共才三周的 Sprint，這樣下來還是不能反映實際狀況。」大民立刻表示反對。

「就是就是！」阿朱表示贊同大民的意見，「要不然，我們就給整個團隊保留三次免罰機會，如何？」

「這個方法可以，跟 100 公尺賽跑的規則差不多，雖然不太公平，但可行。」大民表示贊同，小寶、阿紫等人也都沒有異議。

「好！這個問題也有解決方案了。看看大家，誰還有什麼建議？或還有哪裡需要改進？」

大家一片沉默，看來已沒有什麼話題了。

「好！我們今天的成果還是挺豐富的，我下去整理一下，把我們今天討論的這些東西跟以前的歸納到一起，形成我們自己的 Scrum 規則！那今天就到這！」

大家邊走邊聊，陸陸續續走出桃花島。

阿紫說：「大家覺得我們下次去哪裡玩比較好？」

「我提議去打真人 CS，非週末的時候，平均每人 100 多些。」阿捷這個 CS 迷，本性不改。

「我覺得去爬爬香山也不錯，好久沒去了！」阿朱提議。

「去後海吧！先划船，然後泡吧！」大民這個腐敗分子，每次的提議都很奢侈。

小寶插了一句：「去打高爾夫，或去大連找伯薇玩帆船，我都建議好幾次了！」

「好啊！好啊……你請客，我們就去！」阿紫開始起哄。

大家吵吵呼呼地回到格子間，引來其他團隊的一陣側目。阿捷這個團隊的傳統一直就是這樣，人不多，但每次開會都能聽到他們的笑聲。

回來的路上，阿捷順路到產品經理李沙那裡，討論了一下關於 Product Backlog 項目更改的問題。讓阿捷沒有想到的是，李沙認為這個問題根本不是問題，只要大家增加新項目的時候，利用 ScrumWorks（一種敏捷專案管理軟體）工具軟體裡面的主題功能，對每個新項目施加一個「Not Reviewed」【未評審】的主題即可，這樣李沙就知道這些是新項目了。但是，李沙還是重複強調，對於其他已經存在的 Backlog 項目，一定不能修改，特別是先後順序。

阿捷把重新整理的團隊工作協定（Working Agreement），列印出來，貼在了辦公室的牆上。

1. 每日站立例會遲到，罰款 5 元。
2. 對於未及時更新工作狀態和剩餘工作量的，整個 Team 保留三次免罰機會，以後再有人違反，罰款 5 元。
3. 對於 Sprint 計畫會議、示範會議和回顧會議，遲到超過 3 分鐘，罰款 5 元。
4. 進行工作細分時，每個工作估算最大不能超過兩個工作日。
5. 對於每個需求，在進入反覆運算之前要滿足 DoR（Definition Of Ready/ 就緒定義）；對於進入反覆運算的需求要有 DoD（Definition Of Done/ 完成定義）。

6. 對於複雜工作的估算和分解，採用 DELPHI 方法。

7. 每個人都可以增加新的 Product Backlog 項目，但必須標示為「Not Reviewed」【未評審】，以方便 Product Owner 審議。

8. 為加強 Sprint 回顧會議的效率，在 Sprint 回顧會議之前，每個人應該提前思考「我們做得好的地方、需要改進的地方」。

9. 在 Sprint 計畫會議上，預留 10% 的估算時間作為緩衝，以應對突發事件。

10. 在 Sprint 計畫會議上，進行關鍵路徑、風險、外部依賴的分析。

11. 對於程式評審，發出評審的人必須列出截止日期；參與評審的人，必須在截止日期前列出答覆。

12. 團隊對於架構討論等技術決策發生衝突時，由架構師拍板。

13. 每個 Sprint 外出團建一次。

本章重點

1. 採用敏捷的方法並不表示沒有規矩，沒有文件、沒有計劃，沒有追蹤與控制並不表示就是敏捷。

2. Scrum 把反覆運算稱之為「Sprint」（衝刺）的理由，就是希望所有人盡最大努力把事情做好，但團隊不可能無休止地衝刺。每次衝刺需要回顧歸納，持續改進。

3. 沒有規矩，不成方圓。由團隊共同制定出來的 Scrum 團隊規則，是整個團隊的工作協定（Working Agreement），可以更進一步地保障 Scrum 的順利實施。

冬哥有話說

「個體和互動勝於流程和工具」，人們常常對敏捷宣言的這句話存在誤解，認為敏捷是不需要流程與制度的。事實上，敏捷要做好，各種規矩必不可少。例如 Scrum 裡面各種角色的定義與職責，各種會議的形式與目的，再例如對 DoR 與 DoD 的要求。

敏捷中的規矩，目的在於 Build Quality In（內建品質），一切有利於高效的產出高品質產品的過程與標準，都應該恪守。所以從這個層面上講，敏捷的

紀律更多的是自律；而自律更應該是團隊與團員自發的，而非從上往下傳達的。團隊工作協定，就是最好的表現。

團隊工作協定，是由團隊成員共同協商、所達成的一致遵守的一組規則、紀律和流程，目的是讓團隊持續保持高效和成功。

站會遲到，是團隊最常見的問題。遲到雖然不是個大事，但會直接影響到團隊站會的效率。對於其他的會議也是如此。會議需要有儀式感，在固定的時間，甚至固定的地點發生。團員的遲到行為，常常會以並非故意為藉口，偶爾一次可以了解，但如果今天你遲到，明天他遲到，長此以往，沒有人會去恪守開會的時間。由此引發的，不只是簡單的浪費幾分鐘而已，而是讓團隊成員之間產生摩擦，嚴重的甚至會失去對彼此的信任。

每個團隊都需要有適合自己的工作協定。工作協定一定要讓大家每天看到，固定習慣。工作協定一定是可執行的，並且共同監督的，否則就容易成為一紙空文。

紀律應該強調，但不建議太過強硬。基本的原則是讓團隊自發產生歸約，無法完全達成一致的，可以投票決定，這樣達成的共識，是團隊共同產出的，更容易被遵守。團隊自己達成的規則，表達了團隊的自願；只有自願地承諾，才有動力堅持。

「種一棵樹，最好的時間是十年前，其次是現在。」團隊工作協定的制定，當然是越早越好。敏捷團隊組建的一開始，是建立工作協定的最好時候。團隊就共同需要遵守的流程、紀律達成共識，可以有效地避免團隊中的個體以各自不同的工作方式來協作。

常常團隊無法在組建初期就意識到需要這樣的工作協定，即使是有經驗的 Scrum Master 或敏捷教練提出這樣的要求，團隊成員也未必可以意識到工作協定的重要性。那麼次優的建立時間，是在發生問題時，在反覆運算的回顧會議上針對問題，提出解決方案並由此引出歸約，逐漸形成團隊工作協定。

「可工作的協定勝於面面俱到的規定」。工作協定的描述要足夠簡潔，應該扼要的講明做什麼，不做什麼。工作協定應該是視覺化，貼在所有人都能看到

的地方，例如物理看板上。所以就更需要用幾個字來講清楚，而非長篇大論的詳述。

「回應變化勝於遵循計畫」。流程和規則是演進式與時俱進的，隨著專案和團隊的需要而湧現出來的；工作協定不是一成不變的，在每個反覆運算的回顧會議上，針對所發現的問題，討論是否需要對工作協定進行補充、修改；同時在回顧會議上，團隊也應該有意識的回顧工作協定遵守的情況，以及工作協定是否依然有效；工作協定無須面面俱到，已然固定到團隊行為中的，我們視為常識，不再需要強調，就可以從工作協定中剔除；當然也可以另行維護一份團隊價值觀或守則的文件，作為團隊文化建設與傳承，這個的目的與團隊工作守則就有所區別了。

10

持續整合，降低整合的痛苦

Agile 作為美國最大的通訊公司之一，採用的是目標管理（MBO）系統。目標管理（MBO）的概念是管理專家彼得‧杜拉克（Peter Drucker）1954 年在其名著《管理實作》中最先提出的，其後他又提出「目標管理和自我控制」的主張。杜拉克認為，並不是有了工作才有目標，而是相反，有了目標才能確定每個人的工作。所以「企業的使命和工作，必須轉化為目標」。如果一個領域沒有目標，這個領域的工作必然被忽視。因此，管理者應該透過目標對員工進行管理，當組織最高層管理者確定了組織目標後，必須有效分解，轉變成各個部門及每個人的分目標，管理者根據分目標的完成情況對下級進行關注、評價和獎懲。

目標管理提出時，時值第二次世界大戰後西方經濟由復甦轉向迅速發展的時期，企業急需採用新的方法調動員工積極性以加強競爭能力，目標管理的出現可謂應運而生，遂被美國企業界廣泛應用，並很快為日本、西歐國家的企業所仿效，在世界管理界大行其道。

目標管理指導思維上是以 Y 理論為基礎的，即認為在目標明確的條件下，人們能夠對自己負責。它與傳統管理方式相比有鮮明的特點，可概括如下。

1. 重視人的因素

目標管理是一種參與的、民主的、自我控制的管理制度，也是一種把個人需求與組織目標結合起來的管理制度。在這一制度下，上級與下級的關係是平等、尊重、依賴、支持的，下級在承諾目標和被授權之後是自覺、自主和自治的。

2. 建立目標鎖鏈與目標系統

目標管理透過專門設計的過程，將組織的整體目標逐級分解，轉為各單位、各員工的分目標。從組織目標、經營單位目標，再到部門目標，最後到個人目標。在目標分解過程中，權、責、利三者已經明確，而且相互對稱。這些目標方向一致，環環相扣，相互配合，形成協調統一的目標系統。只有每個個人完成了自己的目標，整個企業的總目標才有完成的希望。

3. 重視成果

目標管理以制定目標為起點，以目標完成情況的關注為終結。工作成果是評定目標完成程度的標準，也是人事關注和獎評的依據，成為評價管理工作績效的唯一標示。至於完成目標的實際過程、途徑和方法，上級並不過多干預。所以，在目標管理制度下，監督的成分很少，而控制目標實現的能力卻很強。

阿捷覺得 MBO 跟 Scrum 在思維上是相通的，所以對這個管理方法具有好感。與此同時，他也了解到，在英特爾和 Google 等公司，已經把 MBO 延伸成了 OKR。MBO 更多的是從上往下，而 OKR 則是建議員工自我驅動，屬於由下向上，符合組織扁平化、阿米巴化的趨勢。無論哪個方法的 O（目標），如果想要很好的落地，都要遵循以下的三個原則，而 Google 在這方面的嘗試值得參考。

1. 可量化的 O

O 應該是可量化的，要符合 SMART 原則，例如不能説「使 Gmail 達到成功」而是「在 9 月上線 Gmail 並在 11 月有 100 萬使用者」。在 Google，最多 5 個 O，每個 O 最多 4 個 KR（關鍵成果）。

2. 有挑戰的 O

O 應該是有野心的，有一些挑戰的，有些讓你不舒服的（按照 Google 的説法，完成挑戰性目標的 65% 要比 100% 完成普通目標要好）。正常完成時，以 0 ～ 1.0 分值計分，分數 0.6 ～ 0.7 是比較合適（這被稱為 sweet spot，最有效擊球點）；如果分數低於 0.4，你就該思考，這個專案究竟是否需要繼續進行

下去。要注意，0.4 以下並不表示失敗，而是明確什麼東西不重要及發現問題的方式。這與 KPI 要求「跳一跳夠得著」類似。

3. 透明化的 O

O 及 Key Results（關鍵成功）需要公開、透明、視覺化的管理，每個人都可以了解到其他人的目標，當你能夠看到同級、上級或老闆的目標時，你才可以校檢你的方向是不是跑偏。

在 Agile 公司，目標管理有固定的一套程式或過程，它要求組織中的上級和下級一起協商，根據組織的使命確定一定時期內組織的總目標，由此決定上、下級的責任和分目標，並把這些目標作為組織經營、評估和獎勵每個單位和個人貢獻的標準。為了更進一步地檢查目標完成情況，上級和下級要定期會晤，討論進展和問題。在 Agile 公司，這種定期會晤稱為 One to One Meeting（1 對 1 會議），是經理跟員工一對一地進行。

阿捷自從接管 TD 這個團隊後，與員工制定並討論 MBO，已成了他每個季的必修課。阿捷發現，MBO/OKR 關注的是組織與個人目標和價值的管理，Scrum 關注的是價值驅動的發佈，關注的是目標實現。OKR 和 Scrum 結合能夠更進一步地保障目標實現。如果把 KR 轉為 Scrum 的 Backlog，正好可以分階段、分反覆運算實現。當然，MBO/OKR 不是 KPI，不是用來做考績效核心的，重點是能夠讓團隊關注目標、關注重要的事情，而不只是圍著關注相關的數字、公式轉。透過 OKR 的透明化管理，把公司的目標、每個人的目標公開化、視覺化呈現出來，相互監督，共同努力實現目標。在這樣的高度透明的環境下，誰的表現如何自然很清楚，這樣為團隊的相互評審提供了良好的基礎。這樣的做法和 Scrum 的透明性是完全一致的。

因為團隊正在實施 Scrum，阿捷跟阿朱一起設定的目標之一就是「如何做到測試的敏捷化」。

- Objective 目標：如何做到測試的敏捷化
- KRs：做全新的版本，需要的回歸測試時間從 3 天降到 1 天。
- KRs：每次建置包裝的時間，從 3 小時降到 1 小時。
- KRs：自動化測試的比率，從 50% 提升到 70%。

- KRs：保障目前反覆運算內的功能，完成 100% 的測試。

阿捷率先開頭：「我們之前也做過幾輪的 1 對 1 了，你對這個事情本身有什麼建議嗎？」

「嗯，」阿朱略微沉思了一下，「回饋要及時，目標設定要隨時調整。其實，我對以年為跨度的目標設定和績效評估的最大困惑就在於兩者的嚴重脫節。」

「哦？」阿捷示意阿朱繼續。

「實際上，這樣長跨度的目標設定，更偏好一個職業發展計畫而非目標計畫。而拿一個職業發展計畫作為年終績效評估的依據，似乎不怎麼合理。」

「嗯」，其實阿捷也有同感，之前幾年，袁朗跟阿捷 1 對 1 的溝通，最後多數淪為了形式，阿捷也準備做些改變。不過阿捷還是鼓勵阿朱説下去，「你覺得怎麼改更好？」

「我是這麼想的，我們實施敏捷開發有一段時間了，一個 Sprint 的週期基本是 3 周左右，那麼我們每人的短期目標完全可以跟每個 Sprint 結合起來。因為每個 Sprint 的目標都很明確，再完成到每個人頭上就會非常實際。但這樣，就得加強溝通的頻率，及時調整目標。」

「你的意思是説我們把每個季一次的 1 對 1 溝通，改成每個 Sprint 一次？」

「對！」

「嗯，你説得非常有道理，我也有同感。可以把每年的目標設定，作為員工個人的發展計畫。怎麼樣？」

「不知道別的員工怎麼想，我覺得這樣做會更有價值。只不過，你就得多花些時間在這上面了。」阿朱笑著説。

「這倒沒關係！關心並幫助每個隊員的職業發展，本來就是我的責任。我會再做一個調查，了解一下其他人的看法。你今天提出來，非常好！」

阿捷抬頭看了一下牆上的表，還有半個小時的時間，得趕緊討論這次的主題了。「接下來，看看我們上次提到的敏捷測試，你有什麼最新進展嗎？」

「我這幾天思考了一下，我覺得我們的專案有必要採用 XP（極限程式設計）的持續整合。」阿朱針對自己的「敏捷測試」目標，提出了自己的想法。

「為什麼要持續整合？」阿捷問。

「你看，我們現在的開發模式是專案一開始就劃分好了模組，等所有的程式都開發完成之後再整合到一起進行測試。隨著需求越來越複雜，我們已經不能簡單地透過劃分模組的方式來開發，需要專案內部互相合作，劃分模組這種傳統的模式的弊端也越來越明顯，由於很多 Bug 在程式寫完時就存在了，到最後整合測試的時候才會發現問題。我們測試人員需要在最後的測試階段幫助開發人員尋找 Bug 的根源，因為間隔時間久，改動程式累加，花費時間就更久，再加上我們系統的複雜性，問題的根源很難定位，甚至出現不得不調整底層架構的情況！」

「是啊，所以好多團隊在這個階段的除蟲會議（Bug Meeting）特別多，會議的內容基本上都是討論 Bug 是怎麼產生的，最後常常發展為不同模組的負責人互相推諉責任，開發測試不斷打架。」

「透過持續整合，可以有效地解決這個問題。」

「實際該怎麼做呢？」阿捷拿起筆，準備記錄。

「你看我們的開發、測試流程，當任何一個人修改程式後，首先執行單元測試；透過後，提交程式；建置產品；把它放在模擬的產品執行環境下，進行測試；遇到問題，進行修正並重複上述過程。現在我們需要做的，是讓上述過程自動化。」

「嗯，這樣一定可以大幅加強開發測試效率。」阿捷表示贊同，並示意她繼續講下去。

「我覺得需要做這樣幾件事情：編譯自動化、單元測試自動化，再加上自動化包裝、自動部署到測試環境，然後自動進行功能測試、效能測試！」

「我覺得還有必要加上一條，自動統計測試結果，並透過郵件發送給相關的人。有了這樣的架構，你們測試人員就可以從一些煩瑣的手動工作中解放出來，做真正有意義的事情了。」阿捷補充了一句。

「嗯，有道理。」

「看來關鍵是如何實現完全的自動化，從讀取原始程式碼、編譯、連結、測試，整個建置過程都應該自動完成。對於一次成功的建置，我們要做到在這個自動化過程中的每一步都不能出錯。」

「這麼一來，也就不需要專人做 Build Manager（建置經理）了！我總算解放了。」阿朱對這個想法的實施，一定已經神往已久了。

「嗯，實際的工作是不需要你親自動手了，但是策略性的東西，還得你把關。譬如軟體設定管理（SCM）、分支 / 合併策略、軟體發佈通知（Release Notes）等。」

「這些工作不需要經常做的。我會搞好的。」阿朱笑著說。

「不過，上面所說的持續整合過程，實際上要求開發過程也要有對應的改變，譬如自動單元測試那塊，應該由開發人員負責。」

「對，因為這不再是傳統的編譯那麼簡單，屬於自測的範圍。自測的程式是開發人員提交原始程式的時候同時提交的，是針對原始程式的單元測試，將所有的這些自測程式整合到一起形成測試集，在所有的最新的原始程式編譯成功和連結之後，還必須透過這個測試集的測試，才能算是一次成功的建置。」

「這好像就是麥康奈爾（McConnell）提出的『煙霧測試』吧。」阿捷突然想起了曾經看過的一篇文章。

「對！這種測試的主要目的是為了驗證建置的正確性。在持續整合裡面，這叫建置驗證測試（Build Verify Test，簡稱 BVT）。我們測試人員按理不會感受到 BVT 的存在，我們只針對成功的建置進行測試，如功能測試。」

「嗯，這些我會跟大民和小寶他們說，讓他們去實現。」

「那我和阿紫負責其他部分的自動化功能測試架構。」

「我還有一個問題，持續整合和每日建置有什麼關係？二者是不是一個東西？」阿捷絕對不會放過任何一個學習的機會。

「有些不同。持續整合強調的是整合頻率。和每日建置相比，持續整合顯得更加頻繁，目前業界的極致實作是每一次提交程式就整合一次。持續整合強調及時回饋。每日建置的目的是每天可以獲得一個可供使用的發佈版本，而持續整合強調的是整合失敗之反向開發人員提供快速的回饋，當然成功建置的結果也就是獲得可用的版本。每日建置並沒有強調開發人員提交原始程式的頻率，而持續整合鼓勵並支援開發人員頻繁提交對原始程式的修改並獲得儘快的回饋。」

「噢，重點就是『頻率』和『回饋』兩個方面。」阿捷若有所思。

「對！持續整合有一個與直覺相悖的基本要點，那就是『經常性的整合比偶爾整合要好』。對持續整合來說，整合越頻繁，效果越好，如果整合不是經常進行的，例如少於每天一次，那麼再整合就是一件痛苦的事情，也就是我們過去及現在一直遇到的問題。」

「我想，建立一個持續整合的環境，技術上是比較複雜的，也需要一定的時間，但長期回報一定是極大的。」阿捷帶著詢問的眼光瞅著阿朱。

「沒錯！只要我們能夠讓持續整合『及時』抓到足夠多的 Bug，從根本上消除傳統模式的弊端，這就已經很值得為它所花費的負擔了。」阿朱非常期望這項工作馬上開工：「那我們需要趕緊開一個會議，大家統整一下共識，做一個分工，然後分步實施。」

「嗯！這個工作我就交給你了，怎麼樣？」

「沒問題！」

阿捷預感到，持續整合這個想法如果獲得實施，那將是開發效率的一次極大突破。

在他人眼裡，像阿捷這樣高學歷、高薪水、出入高級辦公室的「三高」白領單身人士，身邊一定會有很多女孩子。其實阿捷的生活完全不是別人想像的那樣。雖然不知道自己還有多久告別單身生活，可是阿捷並不著急。因為他一直崇尚這樣一句話，「寧願高傲地發黴，也不要委屈地談戀愛」，忘記這是誰的 QQ 留言了，但享受生活的阿 Q 精神是必不可少的，要在平淡的生活中

用自己的生活方式來享受人生，去品嘗大千美食，去飽覽世間萬象。因而，阿捷的業餘生活非常豐富，不僅經常去北師大踢踢球，順路飽飽眼福，他還是「綠野」的會員，北京週邊都留下了阿捷的足跡。

週末，對阿捷這種光光人士來說，既好過，又不好過。好過的是孤家寡人，想做什麼就做什麼，非常自由；不好過的是偶爾感覺到一點孤獨，特別當自己的狐朋狗友拋開自己，跟女朋友出去約會的時候，只有忠實的小黑安靜地趴在自己的腿邊，陪著阿捷打 CS 遊戲。

自從接觸了敏捷開發，阿捷的週末生活已經慢慢有了些變化，從原來的遛完小黑就開始無聊地打 CS，到每天都泡在網上如饑似渴地學習 Scrum。而敏捷聖賢的出現，則讓阿捷多了一份期待。那種似師似友的感覺很奇妙，敏捷聖賢常常在全球各地旅行，更讓喜愛旅行的阿捷羨慕不已。這天在網上，阿捷又遇見正在德國做諮詢的敏捷聖賢。

阿　　捷：Hi，你好！聖賢，德國玩得怎麼樣？現在在哪兒呢？

敏捷聖賢：嘿，哪有你說得那麼輕鬆，我這可是工作的一部分。我現在在慕尼黑。

阿　　捷：不錯！我喜歡那個城市，因為有德甲最偉大的球隊，拜仁慕尼黑。

敏捷聖賢：你喜歡哪個球星？

阿　　捷：當然是小豬了！

敏捷聖賢：施魏因斯泰格？我可以幫你帶一件他簽名的球衣！

阿　　捷：真的？

敏捷聖賢：真的！

阿　　捷：我都不知道怎麼感謝你好了！

敏捷聖賢：不用這麼客氣呀，舉手之勞的。

阿　　捷：嗯，對你可能是，但對我卻不是……無論如何，我要好好感謝你才對，不僅在這件事情上，你在專案管理上對我的幫助，也使我受益匪淺。

敏捷聖賢：其實，我從你們的實作中也獲得了很多值得思考的東西。對了，最近你們怎麼樣？有沒有試驗一下其他敏捷實作？

阿　　捷：持續整合（CI，Continuous Integration）。

敏捷聖賢：這是一個非常好非常有用的 XP 實作！它可以有效地降低風險，但是它對與開發相關的日常活動提出了很高的要求。你們現在做到什麼程度了？

阿　　捷：才剛剛開始！有什麼需要注意的嗎？

敏捷聖賢：哦，我以前的團隊實行持續整合時，遇到過很多問題。在後來，我遇到保羅·達瓦爾（Paul Duvall）博士，才知道我們錯誤地採用了一些持續整合的反模式（anti-pattern）。

阿　　捷：保羅·達瓦爾？反模式？

敏捷聖賢：他是 Stelligent Incorporated 的 CTO，該公司是一家諮詢公司，在幫助開發團隊最佳化 Agile 軟體產品方面被認為是同行中的翹楚。反模式這個詞，表示在特定環境中不應該採用的做法。反模式最後可能產生嚴重影響。

阿　　捷：看來是一位大師啊！都有哪些做法是反模式？這對於我們這樣一個缺少持續整合經驗的團隊，應該是非常有幫助的。

敏捷聖賢：他主要講到了六個反模式：第一個是程式提交不夠頻繁，導致整合延遲。也就是說，如果程式長期滯留在開發人員自己手中，沒有及時提交，如果其他人對系統的其他部分做出修改，而修改可能會相互影響的話，整合就會延遲；延遲越長，消除其影響就越困難。

阿　　捷：看來必須要求開發人員每天至少提交一次。

敏捷聖賢：對。把工作劃分得越小，越容易完成，開發人員才能越容易地經常性提交。第二個反模式是經常性建置失敗，使團隊無法進行其他工作。

阿　　捷：嗯，這個問題對我們影響比較小！我們在將程式提交到儲存庫前，先在儲存庫中更新程式，再執行私有建置（Private Build），保障建置成功後，才能提交。萬一建置失敗，就要指定專門開發人員並以最高優先順序儘快修復。

敏捷聖賢：你們做得不錯！第三個反模式是建置回饋太少或太遲，使開發人員不能及時採取校正措施。我想你們也應該問題不大。

阿　　捷：對，我們對每次建置結果都會發送郵件給全體人員。

敏捷聖賢：嗯，第四個反模式是垃圾建置回饋太多，使得開發人員忽視回饋訊息。這一點跟前一點是相對應的。我覺得你們應該改進一下。

阿　　捷：哦？

敏捷聖賢：你們現在每個人都會接到回饋的電子郵件。郵件一多，大家很快就會將持續整合回饋看作垃圾郵件，進而忽略它們。你們需要指定一個人專門負責檢查關於建置的郵件。只有建置失敗時，才把郵件發給引起失敗的人，這樣大家才會重視。

阿　　捷：嗯，有道理，值得改進。

敏捷聖賢：第五個反模式是用於進行建置的機器效能太低，導致建置時間太長，嚴重影響頻繁地執行整合。

阿　　捷：我們有 5 台超強的 HP-UX 伺服器，可以實現自動負載分擔，平行建置！再加上我們的最佳化，每次建置不會超過半小時。

（一說到這些，阿捷還是很自豪的，Agile 公司財大氣粗，硬體環境絕對一流。）

敏捷聖賢：嗯，真羨慕你們公司！最後一個反模式是膨脹的建置，導致回饋延遲。

阿　　捷：膨脹的建置？

敏捷聖賢：譬如，把太多的工作增加到提交建置過程中，例如執行各種程式自動檢查、統計工具或執行效能測試，進一步導致回饋被延遲。

阿　　捷：噢，這個我們倒是應該引起足夠的警惕。

敏捷聖賢：其實，還有其他一些反模式的，這些持續整合 CI 反模式會妨礙團隊從持續整合實作中獲得最大的收益，所以一定要想辦法限制這些反模式發生的頻率。

阿　　捷：是啊！對我們沒有多少持續整合經驗的團隊來說，持續整合像一塊吊得很高的目標，看得見卻摸不著。要做好持續整合並不容易，但我們可以使用持續整合的想法，來接近持續整合的目標。

敏捷聖賢：嗯，加油！我有點事情，先下去了。再見！

阿　　捷：再見！

〔本章重點〕

1. 持續整合最大的優點之一是可以避免傳統模式在整合階段的除蟲會議。持續整合強調專案的開發人員頻繁地將他們對原始程式的修改提交到一個單一的原始程式庫，並驗證這些改變是否給專案帶來了破壞，持續整合包含以下幾大特點。

   - 存取單一原始程式庫。將所有的原始程式碼儲存在單一的地點（原始程式控制系統），讓所有人都能從這裡取得最新的原始程式碼（及以前的版本）。

   - 支援自動化建立指令稿。建立過程完全自動化，任何人只需要輸入一行指令即可完成系統的建立。

   - 測試完全自動化。要求開發人員提供自測試的程式，讓任何人都可以透過一行指令就執行一套完整的系統測試。

   - 建議開發人員頻繁地提交修改過的程式，一天至少一次。

2. 專案 Bug 的增加和時間並不是線性增長的關係，而是和時間的平方成正比。兩次整合間隔的時間越長，Bug 增加的數量越多，解決 Bug 付出的工作量也越大；你越覺得付出的工作量大，越想延後整合，企圖最後一次性解決問題，結果 Bug 更多，導致下一次整合的工作量更大；你越感覺到整合的痛苦，就越將整合的時間推後，最後形成惡性循環。

3. 有效限制持續整合（Continuous Integration）反模式以下建議。

   - 頻繁提交程式，可以防止整合變得複雜。

   - 在提交原始程式碼之前執行私有建置，可以避免許多失敗的建置。

   - 使用各種回饋機制避免開發人員忽視建置狀態資訊。

   - 有針對性地向相關人員發送回饋，這是將建置問題通知團隊成員的好方法。

   - 購買更強大的建置機器，最佳化建置過程，進一步加快向團隊成員提供回饋的速度。

   - 避免建置膨脹。

冬哥有話說

痛苦的事情反覆做

開發中最痛苦的事情是什麼？整合、測試、部署和發佈。極限程式設計以及持續發佈的理念，就是提前並頻繁做讓你覺得痛苦的事情。

從某種程度上講，持續整合是反人類天性的。由於整合很痛苦，人們便會本能地抗拒和拖延。如和鍛鍊身體一，過程會很痛苦，但對身體健康是有益的。持續整合也是一樣，開始的過程會痛苦，堅持下來，對研發的健康度有相當大幫助。

敏捷開發強調節奏，Sprint 的反覆運算以幾周為單位，每日站立會議是以天為單位，而持續整合則是以小時和分鐘為單位的，它是敏捷開發以及 DevOps 的心跳。

持續整合

「如果整合測試重要，那麼我們將在一天中多次整合並測試」，這是極限程式設計中的建議。整合的目的是測試，測試的目的是回饋，回饋的目的是給開發者信心。

如前所述，延後整合，會造成惡性循環；而持續整合實作，可以有效抑制缺陷蔓延。缺陷發現越晚，成本越是會幾何倍數增長；我們都知道切換的成本，讓開發人員從一個工作中抽離，切換思維去回憶幾周甚至數月前修改的程式引用的缺陷，是極其低效的。

馬丁・福勒（Martin Fowler）在他的部落格（http://martinfowler.com/articles/continuous Integration.html）上描述了對持續整合的建議：

- 只維護一個原始程式倉庫
- 自動化 build
- 讓你的 build 自行測試
- 每人每天都要向 mainline 提交程式
- 每次提交都應在整合電腦上重新建置 mainline
- 保持快速 build

- 在類別生產環境中進行測試
- 讓每個人都能輕易獲得最新的可執行檔
- 每個人都能看到進度
- 自動化部署

而 Jez Humble 在其所著的《持續發佈》一書中，推薦了在使用持續整合時必不可少的實作：

- 建置失敗之後不要提交新程式
- 提交前在本地，或持續整合伺服器，執行所有測試
- 提交測試成功後再繼續工作
- 回家之前，建置必須處於成功狀態
- 時刻準備著回覆到前一個版本
- 在回覆之前要規定一個修復時間
- 不要將失敗的測試註釋起來
- 為自己導致的問題負責
- 測試驅動的開發

Scrum 與 MBO/OKR

阿捷獨創地將 Scrum 和 MBO/OKR 進行連結的做法，非常有意思。將團隊和個人的目標，與 Scrum 的目標與產出有機結合，並透過 Scrum 過程監控，視覺化進行有效追蹤，隨時回饋並調整。如果 OKR 中的 Object 是 Epic（史詩），那麼 KRs 就是 Feature（特性），進一步可以拆分成一個反覆運算可以完成的 Story（故事）以及 Task（工作）進行實現。

需求有業務類別的，有技術類別的，目標也是一樣，同一個 Sprint 反覆運算中，應該設定一定比例的技術類別需求，持續對技術債務進行清理。

愛德華·戴明認為績效關注、績效排名以及年度關注是管理上七大頑疾之一。考評應該偏重團隊而非個人，就像球隊一樣，團隊應該為了統一的目標而努力。頻度上應該以季甚至更短，個人和團隊的目標及績效應該設定階段檢查點，並隨時根據結果進行溝通，而非到年度績效出來以後，再告訴員工

績效結果。績效考評的目的是為了員工的成長和改進，而不僅是監督與批評，更不是開除員工的藉口；考評即要針對結果，也要針對過程，避免為短期結果而犧牲長期利益而走捷徑的方式。

OKR 最早起源於英特爾，因約翰 · 杜爾在 Google 的建議推廣而聞名天下。OKR 的實施，應該是從上往下來制定，並同時保持自下而上的溝通；從上往下，公司的目標逐層拆解到個人目標；自下而上，個人目標要不斷地與公司目標對齊，更容易調動員工的個人積極性。好的目標 Object，應該是使勁跳能夠到，要有一定的挑戰性，100% 都能完成的只能表明目標平庸。OKR 不是 KPI，不要與績效進行掛鉤。

結對程式設計，你開車，我導航

阿朱與阿捷討論過持續整合後，第二天就召集所有的人開會，把自己的想法跟大家講了一下，大家紛紛說好，並當即進行了分工。阿朱和阿紫負責產品自動安裝和接受度測試中的自動化，大民、小寶負責自動編譯、自動 UT（單元測試）和自動包裝部分，最後再由阿朱進行整合。因為 TD 的 OSS 5.0 產品龐大，再加上歷史累積下來的回歸測試使用案例很多，大家決定先將持續整合、自動測試的頻率設為每天進行一次。大家還為整個過程起了一個很好聽的名字 AutoVerify，意指自動進行產品的驗證。同時，大家還討論了一些實現細節。

每天下班前，大家把簽出的程式簽入到程式庫中，AutoVerify 程式會在每晚8：00 從程式庫中分析最新的程式，自動進行編譯，編譯成功後同時啟動兩個工作：一個處理程序執行自動 UT，另外一個處理程序進行包裝並自動部署到測試環境中。這是因為 UT 的時間較長，需要兩個小時左右才能完成全部的868 個測試使用案例。這樣二者平行進行，可以節省時間，多執行一些回歸測試使用案例。雖然也有可能 UT 測試使用案例失敗，但應該是不影響產品在測試環境下執行的，可以包裝並安裝。安裝成功後，開始自動回歸測試。

因為歷史遺留的測試使用案例太多，一個晚上不可能做完所有的測試使用案例，應該先執行一些核心的、重要的測試使用案例，這個篩選工作由阿紫負責。只有在週末的時候，才把所有的測試使用案例全部執行一遍。AutoVerify需要自動收集統計資訊，例如執行了多少個測試使用案例，通過率是多少等，把這些結果整理下來。第二天早上 9：00，AutoVerify 自動把晚上自動驗證的結果透過郵件發給阿朱和阿捷，由阿朱負責檢查。為了減少垃圾郵件，

只有當任何一個環節出現問題的時候，AutoVerify 才會把郵件發給大家。此時，阿朱負責把出錯記錄檔轉給對應的人，收到該郵件的人要第一時間解決。

在討論完 AutoVerify 後，大民利用剩餘的時間，把 XP 提上了議事日程。

這次，「我們一次性地用到了 XP 的兩個重要實作：持續整合和自動化測試。其實，XP 還有其他一些很好的實作，有些已經透過 Scrum 這個架構表現出來，譬如小發行版本（Small Releases）等，XP 還有一些程式設計實作也是值得我們嘗試的。」

「嗯，我贊同這個觀點。Scrum 本身沒有規定實際的程式設計實作，我們正好可以用 XP 來補充！大民，你接著說說適合我們自己團隊的 XP 實作吧！」阿捷說。

「第一個應該是結對程式設計，其次是程式設計標準、簡單增量設計、重構和測試驅動開發等，還有程式集體所有權。」

小寶插了一句：「關於程式集體所有權，其實我們已經做得很不錯了。大家看，我們因為模組多，程式多，一直也沒有也不太可能規定實際哪塊的程式歸誰擁有，而是任何一個人都有權修改任何一段程式。誰破壞了某個模組，誰要負責進行修補。」

「嗯，這點我贊同。不過我想強調一下，我們應該繼續保持這個優良傳統！同時因為程式歸集體所有，所以大家就都要遵循統一的程式設計標準才行。」

「沒錯，這個專案遺留下來的程式太多太雜，這裡面既有美國老哥寫的，還有印度兄弟寫的，蘇格蘭兄弟寫的，再加上我們自己寫的。真夠百花齊放的！」

「是啊！短時間內，我們是不可能把所有的程式都統一起來。雖然也有一些類似 aStyle 等自動化程式美化工具，可以一次性地把所有程式整合成符合統一程式設計標準的形式，但這樣做的風險實在太大！萬一出了問題，所有的程式都被改動了，反而沒辦法追蹤，不容易解決。」大民顯然仔細分析過這個問題。

小寶點了點頭：「我想我們可以一步一步來，只有當我們需要改動哪個檔案時，才對該檔案按照程式設計標準進行一次最佳化。不過話又說回來，我們現在的程式設計標準有點亂，也有點過時了，需要重新整理一下才行。」

「要不這個工作就交給你？」阿捷問。

「行啊！其實我已經整理一半了。」小寶的積極主動性還是挺高的，「我們原來有一個基礎版本，但有些東西已經過時了，另外還要加些新的規則進來。」

大民接過話頭：「關於增量設計和重構這塊我們做得還不夠，當然，這也是有歷史原因的。我們以前一直都是瀑布式開發，而瀑布式開發非常重視設計。僅針對設計，我們以前的流程就會產生概要設計文件、外部介面文件、詳細設計文件、測試策略、測試計畫等，從敏捷的角度來講，我們應該做一些簡化。」

「嗯，是有必要精簡，但應該精簡到什麼程度呢？」阿朱問道。

「我覺得⋯⋯」大民稍微頓了一下，似乎是故意為了強調，「夠用就可以了！就是說不應該太多，但也不能沒有。我們需要找出對我們真正有用的文件，真正值得花精力的文件，然後做增量設計。」

「話雖如此！問題是我們在大流程上還必須按照公司的產品生命週期走，這中間會有關很多的里程碑，而每個里程碑都要求有完備的文件，才能透過檢查，進入下一階段。」阿朱接著說。

「那我們先來看一下公司的 PLC（Product Life Cycle）好了。」阿捷邊說邊在白板上畫出公司的產品生命週期。

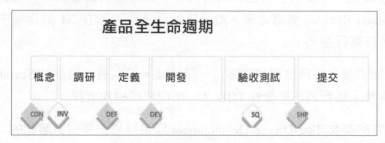

「雖然整個週期很長，但我們必須透過的檢查點只有 DEV（開發）和 SHIP（發佈）。我們團隊目前自己實施敏捷開發，也就是在 DEV 到 SHIP 之間。其實，這也正是敏捷軟體開發與 CMMI/ISO 9000 等流程相互補充的最有效方式。其間的 SQ 雖然很重要，但不是必需的，公司強制的並不嚴。所以我們只要在 DEV 和 SHIP 這兩個檢查點上提供完備的文件就可以了。」

「DEV 在我們開發的啟動之初，可以周旋的空間不多，這個念頭就不用想了，該準備的文件還要準備好。不過，這個檢查點更多的是針對市場部、產品規劃部等除研發以外部門的，對於我們研發部門來講，只需要列出一個專案計畫文件和一個軟體整體架構文件即可，所以問題不大。而 SHIP 是在後期，可操作的空間比較大。」

「這樣的話，我們是完全可以按照儘量簡化、增量設計的想法來做的！在每一個 Sprint，我們都只做簡單設計，產生對於目前 Sprint 所必需的文件，而沒必要一次性列出大而全的設計方案，一次寫出非常完備的文件來。這樣也不現實，因為最後還是要不斷地修改的。可以透過後繼的 Sprint，不斷增強，不斷重構，直到產品發佈前，列出最後版本。當然，每次的設計都應該是可以擴充的，而非走入死胡同，無法重構。大家覺得如何？」

「應該是可以做到的。關鍵還是度的問題。設計要適度，文件要適度，不能成為我們工作的累贅，又要做到出現爭議的時候有據可查。我覺得有些文件還是一開始就要有的。」大民回應道。

「可哪些文件是必須要有的呢？」小寶還是很關心實際的東西。

「在我看來，至少有兩份文件是必需的：產品定義文件 PRD 和概要設計。PRD 的目的是告訴大家，我們開發的軟體要做成什麼樣子、要實現哪些功能，這份文件應該是經常更新的，記錄開發過程中最新達成的結論。而且這個還必須跟 Product Backlog 對應起來。概要設計是確保大家在 XP 的過程中不會脫離軌道，天馬行空。」

「嗯，那我們就先按照這個想法實行一段時間。可以透過每次的 Sprint 回顧會議進行調整。那我們再來看看 TDD ？」阿捷把頭轉向大民。

「好！從它的英文 Test-Driven Development 即可以看出是測試驅動的。也就是說是在開發功能程式之前，先撰寫單元測試使用案例程式，由測試程式確定需要撰寫什麼產品程式。這一點與我們大多數人日常的實作是不同的。我們雖然也有 UT（單元測試），數量也很多，但這些 UT 使用案例基本都是在撰寫完功能程式之後，才撰寫的。」

「我覺得區別不大啊！最後都是為了驗證功能的正確性。」小寶說。

「不一樣！事後的單元測試較 TDD 會失去大半的意義。我們先來看看通用的測試驅動開發基本過程。」大民邊說邊把每一步列在白板上。

1. 明確目前要完成的功能。可以記錄成一個 TO DO（待辦）列表。
2. 快速完成針對一個功能的測試使用案例撰寫。
3. 測試程式成功編譯，但測試使用案例通不過。
4. 撰寫對應的功能程式。
5. 測試成功。
6. 對程式進行重構，並保障測試成功。
7. 循環完成所有功能的開發。

大民轉過頭來，指著剛剛寫完的 7 條說：「乍一看，似乎也沒什麼。但深奧之處就在於第一步的明確上。如何明確？通常由業務、測試、開發進行一次討論，就要完成的功能的驗收條件達成一致並形成記錄，然後測試人員設計並撰寫接受度測試使用案例，開發人員撰寫單元測試和並實現功能程式。這樣，測試人員早期介入，進一步可以避免開發人員與測試人員了解不一致，產生爭執並阻塞等待業務分析人員或行政主管的仲裁。」

「嗯，測試就是應該越早介入越好！是，阿紫？」阿朱徵求阿紫的支援，阿紫很快點頭回應。

「對於開發人員來講，可以強迫他從測試的角度來考慮設計，考慮程式，這樣才能寫出適合於測試的程式。」大民接著講。

「從另外一個角度上說，堅持測試優先的實作，可以讓開發人員從一個外部介面和用戶端的角度來考慮問題，進一步保障軟體系統各個模組之間能夠較好地連接在一起；而開發人員的思考方式，也會逐步地從單純的考慮實現，傳輸到對軟體結構的思考上來。這才是測試優先的真正想法。」

「另外，大家看第 6 步，這裡提到了重構。重構是 XP 裡面非常重要的實作，只有不斷地重構，才能改善程式品質、加強程式重複使用，它跟 TDD/ 簡單增量設計是相輔相成的，誰都離不開誰。那究竟什麼時候該重構，什麼情況下應該重構呢？」大民把問題拋給大家。

「有新功能的時候重構。」

「需要重複使用程式的時候重構。」

「該重構時重構。」

「寫不下去的時候重構。」

「下一次反覆運算時重構。」

大家七嘴八舌地回答。

大民看到大家差不多說完了，清了清喉嚨：「這些想法基本都對。在 TDD 中，除去撰寫測試使用案例和實現測試使用案例之外的所有工作都是重構。所以，沒有重構，任何設計都不能實現。至於什麼時候重構嘛，還要分開看，我的經驗是，實現測試使用案例時重構程式，完成某個特性時重構設計，產品的重構完成後還要記得重構一下測試使用案例。」

「我剛畢業時，加入了一家鐵路部門的資訊中心。我很清楚地記得，帶我的老師給我的第一句忠告就是『如果一段程式還能工作，沒有出現問題，就不要動它』，因為我們做的是鐵路排程即時運行維護系統，不能出一點差錯。」阿捷喝了口水，接著說，「我覺得非常有道理，一直也是奉行這個『金科玉律』的。你覺得呢，大民？」

大民沒有馬上回答，沉思了一下：「或許在你們的那個環境那種條件下，這樣做是最穩妥的。我想，你們之前一定因為修改過程式而導致重大錯誤，從此以後一朝被蛇咬，十年怕井繩，對程式產生了恐懼感，最後無法掌控程式。我是這樣認為的，如果一個系統一直沒有新的需求，使用的情形一直不變，這樣做是可以的。但對於 95% 的產品而言，是需要不斷變化的。如果一些冗餘碼、拙劣的程式，存在糟糕的結構和投機性設計，雖然能夠正常執行，但這樣的軟體，常常會帶來更大的潛在問題。對於一個負責任的程式設計師來講，是不能容忍的。一定要重構，重新最佳化，奪回對程式的控制權，千萬不能滋生得過且過的思維！」

阿捷帶頭鼓起掌來，大家紛紛回應。大民不好意思地咧著嘴笑了。

等大家靜下來，大民接著說：「重構不可避免地會帶來一些問題，我們需要建立一個很好的機制保障重構的正確性。其中很重要的實作就是單元測試。雖然一些簡單的重構可以在沒有單元測試的情形下進行，重構工具與編譯器本

身也提供有一定的安全保障，但如果只採用傳統方式對程式進行測試，例如使用偵錯器或執行功能測試，這種測試方法不僅效率不佳，而且是乏味的、不值得信賴的。重構時，程式較以前對修改更為敏感與脆弱。若要避免不必要的問題，則應增加單元測試到專案中。這樣可以確保每一小步的重構，都能夠及時發現錯誤。」

「這麼看，似乎透過 TDD 就可以發現很多 Bug 了？因為開發人員跟我們測試人員是按照同樣的功能驗收條件設計測試使用案例的。我說的沒錯吧？大民？」阿紫問道。

「還不能這樣說！按照 TDD 的方式進行的軟體開發可以有效地預防 Bug，但不可能透過 TDD 找到 Bug。因為 TDD 裡有一個很重要的概念是『完工時完工』。意思是說，當開發人員寫完功能程式，透過測試了，工作也就做完了。你想啊，當開發人員的程式完成的時候，即使所有的測試使用案例都亮了綠燈，這時隱藏在程式中的 Bug 一個都不會露出馬腳來。即使之前沒有成功測試，那也不叫 Bug，因為工作還沒做完。」

「嗯，我明白了！所以還需要我們測試人員同步設計功能測試使用案例，進行功能接受度測試才行。那個階段，發現的問題才能真正稱為 Bug。」

大民點了點頭，以示認同。

「我有一個問題，我該為一個功能特性撰寫測試使用案例還是為一個類別撰寫測試使用案例？」小寶問道，「因為從我們的程式中，我看到 UT 測試使用案例都是類別和方法。」

「這個問題很好！我以前也有過這樣的困惑。關於 TDD 的文章大多都說應該為一個功能特性撰寫對應的 Test Case（測試使用案例）。後來看了一篇部落格文章，才明白是怎麼回事。他們在開發一個新特性時，先針對特性撰寫測試使用案例，如果發現這個特性無法用測試使用案例表達，那麼將這個特性細分，直到可以為手上的特性寫出測試使用案例為止。然後不斷地重構程式，不斷地重構測試使用案例，不斷地依據 TDD 的思維往下做，最後當產品伴隨測試使用案例集一起發佈的時候，他們發現經過重構以後的測試使用案例，就已經和產品中的類別／方法一一對應啦！」

「哦，是這樣。」小寶看上去還是半信半疑。

「我感覺從功能特性開始是最安全穩妥的方式，這樣不會導致任何設計上重大的失誤，也符合簡單增量設計、不斷重構的 XP 原則。」大民加上一句，進一步澄清著小寶的迷惑。

「那麼 TDD 到底該做到什麼程度，才算結束了呢？重構總是無止境的。是透過所有的 UT 測試使用案例嗎？」小寶問道。

「很簡單！Clean Code That Works。」大民拋出來一句英文，看來真的想把大家繞暈才甘心。

「那到底什麼意思啊？你還是說中文，聽不懂你說的 Chinglish。」阿紫打趣道。

「這句話是 TDD 的目標，Work 是指程式奏效，也就是必須透過所有的 UT 測試使用案例，而 Clean 是指程式整潔。前者是把事情做對，後者是把事情做好。」

「關於 TDD 還有什麼疑問嗎？」阿捷用目光掃了一遍，見沒人回應，接著說，「那我們再來討論一下結對程式設計吧。上次我們做 Scrum 發佈計畫的時候，曾經提到我們缺少一個人，看看能不能從部門內部臨時借調一個人過來。現在告訴大家的好消息就是，Charles 已經正式批准章浩加入我們團隊，進行 TD 的研發！」阿捷非常興奮。

還沒等阿捷說完，大民就插了一句：「太好了！章浩跟我是前後腳加入 Agile 的，開發經驗很豐富，又熟悉 Agile OSS 的整個開發環境。嘿嘿，小寶，他來了你再有問題就可以直接向他請教了。章浩人很耐撕（nice）的。」

「是啊！自從 Charles 那回聽過我們的站立會議之後，對 Scrum 很有好感。再加上我們前幾個 Sprint 確實做得還行，所以這次 Charles 聽完我和李沙關於 TD 專案開發工作的報告後，我們不是在資源一欄寫著缺少開發人手嗎？他看了之後就問我想要誰。我的第一個念頭就是章浩！」

「當時說出來還怕 Charles 不答應，因為章浩畢竟是周曉曉團隊的技術帶頭人。Charles 當時可沒答應我，只是跟我講他會去和周曉曉談談！誰知道今天早上，Charles 就告訴我章浩從下周起暫時借調到我們團隊，做完我們規劃的 3 個 Sprint 之後，再看情況是否需要回周曉曉的團隊。」阿捷笑著和大家說明

著事情的經過，只是阿捷並沒有講，在和 Charles 提完借調章浩後，曾經獨自找章浩聊過一個晚上。

「哈哈，我說昨天中午在餐廳跟章浩一起吃完飯往檯球室走，中途遇見周曉曉，周曉曉連看都不看我跟章浩一眼，原來是因為這個啊。下周章浩過來剛好可以趕上我們的下一個 Sprint！」大民興奮地講著。

「嗯，是啊。雖然章浩非常有經驗，可能他也需要對我們正在用敏捷方式做的 TD 專案熟悉一段時間。我們最好想個辦法，讓章浩迅速融合到我們的開發處理程序中。大民，你還記得剛才你提到的結對程式設計嗎？如果專案小組有新人加入，或由於某種原因進行調職，你說可以透過結對的方式來加強整個團隊的開發效率。今天再給我們大家講講吧。」阿捷看著大民。

大民高興地說：「好啊，阿捷！我老早就想說這個了，只不過我們組一直都沒有進過新人。說到結對，通常我們大家都會立即想到程式設計結對，其實在 XP 中，這個概念可以更寬泛一些，還可以是設計結對、評審結對、單元測試結對！」

「設計結對是在對某個模組開始程式設計之前，兩人共同完成該模組的設計，這種設計通常不會花費很長時間，不會產生設計文件，更多的是討論交流，主要考慮是否符合整體架構，是否足夠靈活，易於重構等。」

「單元測試結對通常是說一個人撰寫測試程式，另外一個人撰寫程式來滿足測試。這樣，任何一個人對設計了解有誤，程式都無法透過單元測試，進一步避免由同一個人撰寫單元測試程式和程式碼帶來的黑洞，常常可以發現更多的問題或缺陷。」

「聽起來是把一個人的 TDD，變成了兩個人的 TDD！」阿捷歸納道。

「對！這樣效果會很不錯！評審結對是在程式設計活動完成、透過單元測試後進行的。一般採用一個人說明程式組織和程式設計想法，一個人傾聽、提問的形式。這種評審模式更多地強調了相互交流，這會比一個人單獨評審，獨立撰寫歸納評審意見的模式效率要高得多，文件、郵件也減少了。也許有人說，這麼做就會沒有文件化的評審記錄。可誰會關心這個呢？良好的程式應該說明瞭一切。」

小寶一直聽得很仔細，插了一句：「其實，如果兩人程式設計結對了，程式設計的過程其實也就是複審的過程，完全可以省略評審。」

「對！」大民非常贊同小寶的觀點，「設計結對、評審結對、單元測試結對這三種方式是對結對程式設計實作的有效補充，操作簡單，收益卻很大。而對真正意義上的程式設計結對，我其實並不怎麼看好！」

「啊？為什麼？」大家對大民拋出的這個結論都很震驚。

「程式設計結對，在任一時刻都只是一個程式設計師在程式設計，效率到底有多高呢？ 1+1>1 是一定了，但是否 1+1>2 呢？」大民留了一點時間給大家思考。

「現在還沒有一定的答案！國外也有很多關於結對程式設計的研究，基本都是建立在結對的兩人組和一個人之間的比較，結論基本上是結對程式設計不能始終保障開發品質和效率始終高於單人程式設計。如果是結對的兩人組和兩個單人開發組進行比較，結果更是未必。所以，我也不認為結對程式設計一定能始終提高效率。」

「但是，我覺得，他應該能夠在某一個階段，或說專案進行的某一個階段內提高效率提高品質。」小寶滿懷疑問地說。

「這也是對的！所以我前面也提到了『始終』這個詞！這是因為只有兩個經驗相等的人結對才有可能真正加強程式設計效率。而現實中，經常是一個有經驗的人坐在旁邊，另一個經驗不太豐富的人進行程式設計，還會有一個老手輪詢多個新手進行開發的方式，在國內公司尤其普遍，這樣就更難做到 1+1>2。」

「通常支援結對程式設計的人認為，當兩個人合作三個月以後，效率才有可能超過兩個人單獨程式設計的效率！這裡有一個時間前提，三個月以後。三個月這個時間未必是真實確鑿的時間分界線，它只是一個模糊的、大概的時間範圍，如果兩個人配合得好，也許只需要兩個多月，如果配合不好，也許是四、五個月或更長的時間，不確定性很大。」

「許多時候，如果僅只是想減少缺陷的數量，我認為還是設計結對、評審結對、單元測試結對這三種方式更為有效一些。此外，結對程式設計始終是兩

個人的合作行為，其效果會受到多種因素影響。譬如，兩個人的性格、個人關係、溝通能力、技術是否互補等都會影響最後的結果。究竟 1+1 大於 2 還是小於 2 真的是一個很難說的事情。只能靠團隊自己不斷地組合，找出合適的配對人選。」

大家紛紛點頭，覺得大民說得很有道理！

「那我們就不實作程式設計結對了？」阿捷問道。

「其實不僅程式設計結對，其他結對實作，也要視人、視專案、視環境而定。至少兩個極端情形下，結對毫無益處：第一，需要靜心思考的問題。這時完全可以分頭行動，等各自有了了解或解決方案再來討論；第二，瑣碎毫無技術水準的工作，不得不手動完成的。這種工作考驗的只是耐心，不妨分頭行動，效率一定比結對要高。」

「在有些時候還是可以採用的，特別是對於新加入一個團隊的成員而言，可以讓他迅速成長，融入團隊！因為結對程式設計的內涵是一種技術、經驗、知識的共用，透過共同商討、解決問題，來降低誤解和疏遠。但即使是這樣的結對，一天中最好也不要超過 3 小時。」

「嗯，看來我們可以考慮讓你跟章浩來一次結對程式設計！一次 Agile 老員工的強強聯手！哈哈，你跟章浩兩個進入 Agile 的時間加一起超過 10 年了吧？正邪雙修啊。」阿捷很少有這樣取笑大民。

「少來這一套，你這傢伙，小心下回我修理你。」

在一片笑聲中，結束了本次關於 XP 的討論。同時也到了下班時間。大家紛紛道別，走出辦公室。阿捷並沒有馬上走，而是獨自走回座位，寫下了今天的敏捷日記，畢竟今天的討論太精彩了。

本章重點

1. TDD 以可驗證的方式迫使開發人員將品質內建在思維中，長期的測試先行將歷練開發人員思維的品質，而事後的單元測試只是惶恐的跟隨者。

2. 重構不是一種建置軟體的工具，不是一種設計軟體的模式，也不是一個軟體開發過程中的環節，正確了解重構的人應該把重構看成撰寫程式的方式或習慣，重構時刻刻有可能發生。

3. 軟體建置學問中總有一些理論很美好，但是一經使用就可能面目全非，例如傳統的瀑布模型。敏捷裡有很多被稱之為思維的東西，剛好沒有太高深的理論，但都是一些實作的藝術，強調動手做而非用理論論證。TDD 就是這種東西，單純去研究它的理論，分析它的優點和缺點沒有任何意義，因為它本身就是一個很單純的東西，再對其抽象也得不出像「相對論」那樣深奧的理論。實作會列出正確的答案。

4. 結對程式設計不是一種形式化的組合，在實際的 XP 團隊中，結對的雙方應該是根據需要不斷轉換的，應該保障雙方都是對這部分工作有興趣的人，而非強行指定。

5. 結對程式設計不是結隊程式設計，是兩個人，不是更多。可以擴充到結對設計、結對測試、結對評審。

6. 就像 Scrum 一樣，並不是所有的團隊都有能力實行 XP，也不是所有的團隊都適合實行 XP，視實際情況而定。

7. XP 中，多數實作方法是互相加強甚至是互相保障的，不能單單拿出某一個實作來單獨實施，譬如結對程式設計，缺乏 TDD/ 重構 / 簡單遞增設計等實作的有效補充，結對程式設計的效果可能會大打折扣。

冬哥有話說

每日建置與持續整合

阿捷團隊目前的實作，還是處於每日建置的狀態，每日建置有諸多好處，相比傳統落後的整合，已經是前進了一大步。阿捷的團隊從每日建置開始，是很明智的選擇，下一步就是持續整合。

上一章中提到，每日建置與持續整合的區別在於「頻率和回饋兩個方面」；每日建置的問題在於，第一天晚上的建置如果失敗，第二天還要提交新的程式，然後再等到晚上進行建置，到第三天才能知道結果。如果建置的狀態總是失敗，團隊會習慣於這樣失敗的狀態，長此以往，很容易就恢復到之前的延遲整合的狀態。

此外，根據 Jez Humble《持續發佈》一書中的建議，「下班之前，建置必須處於可工作狀態」，這個是有別於每日建置的。有幾個原因，第一，持續整合強調的是及時回饋，如果提交程式，建置失敗，等到第二天回來再進行修復，記憶已經沒有那麼清晰了；第二，今日事今日畢，敏捷強調節奏和可工作的軟體；第三，如果存在跨時區的團隊，一旦建置出現問題，且相關人員已經下班，則對方團隊的正常執行就會受到影響。

提交程式觸發持續整合，應該留出可能的修復時間。但預留多少時間好呢？太短可能不夠修復的，太長又浪費。《持續發佈》書中的另外兩筆規則「時刻準備著回覆到上一個版本」與「在回復之前要規定一個修復時間」，就是針對這種情況。規定一個修復時間，在此時間之前如果還未能恢復持續整合伺服器的正常，就進行版本回復，然後進行一次建置和煙霧測試，透過以後才可以下班回家。

持續整合的理念是：如果經常對程式庫進行整合對我們有好處，為什麼不隨時做整合呢？隨時的意思是每當有人提交程式到版本函數庫時。

測試驅動開發 TDD

Kent Beck 說：「當遇到 TDD 的問題，從來都不是 TDD 的問題」，是設計的問題，是測試的目標太大。TDD 是工程師治癒焦慮的一種方式，分解問題，試驗並獲得回饋的一種方式。

測試也是一個學習的方式和過程。測試是回饋，因此，測試速度要快，TDD 是一個非常漂亮的短循環。

TDD 也是一種教育的方式。TDD 可以幫助新人快速透過試錯取得成長，是一個開發人員累積經驗的過程。

程式評審

Kent Beck 說：「有 Code Review 比沒有 Code Review 好，但是沒有 Code Review 比有 Code Review 好」；這樣類似繞密碼的一段話，也很有意思。程式評審會造成等待、延遲以及工作切換，阿捷他們正面臨這樣的問題；但有程式評審總比沒有好，雖然你不能指望程式評審發掘太多問題。比程式評審

更好的，是透過協作的方式來保障品質，例如結對程式設計，此時，Code Review 的作用就沒有那麼明顯。

也有人說，Code Review 的重要性在於社會性意義，當你知道有人會檢查你的程式時，你會更認真。對此，我也認同。但是，當知道有人會檢查你的程式，可能產生兩種心態，一種是正面的，你會更具責任心，一種是負面的，你可能會產生依賴心理。

測試人員對於開發品質也是如此，當知道有專職的測試時，自己少做一個測試，也總會有人在後面把關。

在臉書，所有程式都在公司範圍公開，由不同的人維護，每個人都有修改許可權，可以 push（發送）到不同的程式主幹和分支上，並可以部署到生產環境。一個修改，幾億人會使用，成就感相當大，壓力感會更大，由此轉化成了責任感。當開發人員全權負責，沒有測試會幫你檢查，沒有其他人可以依賴，權力越大責任越大，最後的結果卻很好。因為這種自由信任的氣氛，因為鼓勵嘗試，允許失敗的文化。

關於程式風格等評審，工程師不應該過多地關注程式設計風格的事情，這些可以使用工具來幫助，這種的小錯讓機器來解決。工程師應該把精力投入到軟體設計和實現這些重要的事情上，允許人來犯更大的錯誤（做更勇敢的嘗試）。

結對程式設計，是資訊溝通與知識傳遞的過程；兩個人的程度，無論是高高，還是高低的搭配，搭配 1 ～ 2 個月，兩個人的程度都會加強；此外，如大民所說，雖然結對程式設計兩個人的輸出，不會比兩個人分別做更高；但是品質會大幅提升，因此帶來的整體成本下降；結對是關鍵，所以未必是程式設計，大民也提到結對的設計、測試和評審，最關鍵的是兩人互補做出決策，類似「四眼」原則；結對的角色不必相同，事實上不同角色的結對，更有利於全端工程師的培養，以及技術的共用；除了設計、開發、測試，建議結對的範圍，把運行維護也拉進來，這樣就真正地實現了 DevOps 裡講的開發與運行維護的協作。

12

背水一戰，客戶為先

日子過得很快。阿捷團隊透過結對程式設計，讓章浩迅速地融合到 TD-SCDMA 的專案開發中，而章浩在 Agile 公司豐富的經驗和嚴謹的工作態度也讓阿紫、小寶這些新手們，感受到了老程式設計師的精神。整個團隊透過採用統一的程式設計標準，不僅多次在 Sprint 中運用程式重構，而且還逐步採用了大民主導的測試驅動開發（TDD），效果非常好，在上一個 Sprint 中成果尤其明顯，大家開始真正地接受 TDD，接受 XP。阿朱負責的持續整合自動測試工具 AutoVerify，居然獲得了 Charles 的高度表揚，並且承諾一定會在今年 Agile 全球創新大獎中推薦一下 AutoVerify。

還有 3 周就是阿捷盼望已久的十一假期了。阿捷早已想好在這個 Sprint 結束之後放鬆一下，計畫著去尼泊爾的雪山湖泊旅行一次。大民、阿朱他們的想法也和阿捷差不多，畢竟，專案進展實實在在地擺著呢，TD-SCDMA 專案小組是 Charles 手下 3 個專案小組裡進展最快，專案完成情況最好的組。如果真是按現在這個進度做下去，TD 專案小組甚至有可能比原計劃提早完成 Agile OSS 5.0 專案的開發工作。

這天早上，經歷了漫長堵車的阿捷快 10 點了才趕到自己的座位上。剛剛坐下，就看見老闆 Charles 和 Rich 王從黑木崖會議室裡出來。對於主管 Agile 中國公司大區銷售的 VP Rich，阿捷早有耳聞。但是，作為 Agile 中國研發中心的普通員工，平時很少會有機會和 Agile 大中國區的銷售有交流。

和其他跨國公司在中國的編制一樣，Agile 中國公司也分為 Agile 中國銷售公司和 Agile 中國研發中心。Agile 中國銷售公司作為 Agile 亞太區的一部分，

承擔著 Agile 在大陸、香港、台灣等地的銷售工作，平時和阿捷他們被美國研發總部直接管轄的 Agile 中國研發中心接觸很少。

相比阿捷的老闆 Charles，Rich 的職務還要高出兩級，兩個人之間也都沒有什麼匯報關係。

阿捷正奇怪 Rich 找 Charles 會有什麼事情呢，桌上的電話響起，一看來電號碼，正是老闆 Charles。阿捷接起電話。

「Hi，阿捷，我是 Charles，方便到我這邊的小會議室來一下嗎？」

「好的。」

2 分鐘後，阿捷發現不僅是自己，Rob 和周曉曉也都出現在縹緲高峰會議室。Charles 看見手下三員大將都已到齊，像往常一樣直奔主題。

「大家都知道我們這個部門今年還沒有達到收支平衡，現在有一個非常好的機會。今天早上銷售部門的老總 Rich 親自找了我。」說到這裡，Charles 用眼睛掃了一下阿捷，阿捷趕緊開啟筆記型電腦做記錄狀。

Charles 接著講：「上次的月度部門會議上，我提到過 Agile 中國的銷售部門正在備戰中國移動的奧運會專案，昨天，Rich 從客戶那邊獲得一個訊息，Agile 公司的硬體產品已經初步入圍明年奧運的 3G 平台，但是關於 TD-SCDMA 還有些軟體技術上沒有澄清。本來他們寄託於 Agile OSS 5.0 產品能夠按時發佈，但是，現在投標要求能夠明確地列出對 TD-SCDMA 的支援和相關的軟體功能。」

周曉曉插了一句：「那讓他們去找美國研發總部要相關文件吧。」

Charles 瞪了周曉曉一眼：「美國總部已經讓我全力支援 Rich，幫助他們把奧運這個單子拿下來。這個單子不僅能夠幫助我們達到收支平衡，還可以在奧運這個特殊的階段表現 Agile 公司的價值。所以，我希望阿捷能夠幫助 Rich 下面的銷售和售前工程師一起拿下這個單子。Rob 和周曉曉要全力支援。特事特辦！」

接下來的一周裡，阿捷已經沒有時間計畫自己去尼泊爾的行程了，阿捷甚至

都不知道自己還有沒有十一假期。如果真把這個標拿下來，將不僅是阿捷自己沒有了十一假期，大民、阿朱、章浩和小寶他們也將沒有這個假期。關於這個專案，中國區的 VP Rich 已經和美國總部知會過，希望能夠獲得中國研發中心的全力配合。阿捷也把標書裡的技術細節反映給負責 Agile OSS 5.0 的版本經理。經過大家協商，決定在 Agile OSS 5.0 GA 基礎版的基礎上發佈一個奧運特別版，其主要功能將由 Agile OSS 5.0 GA 基礎版中文化後，再單獨開發針對北京 2008 奧運的 TD-SCDMA 的營運支援模組，大致的工作量為 80% 由 Agile OSS 5.0 的 GA 基礎版出，20% 需要阿捷的 Team 額外開發。

Jimmy 是 Rich 手下負責奧運這個專案的銷售經理，跟阿捷歲數差不多，以前在 Agile 公司組織的籃球活動中見過，所以還算熟悉。Jimmy 對阿捷的加入特別高興，因為目前配給他打這個大單的售前人員都沒有研發背景，而這個單子對於技術標部分要求非常細，正需要阿捷這樣熟悉到 Agile 軟體每一個細節的高手支援。

「都不是外人。」Jimmy 坦然跟阿捷講。別看公司上上下下對奧運這個標非常重視，而且 Agile 公司的產品品質、公司資質和其他背景都比競爭對手高出不少，但是，劣勢也是盡人皆知的：軟體價格太高，開發進度慢，客戶回應慢。

Agile 公司一直推行的軟體策略是高價高質，從開發投入到每個版本的推出，層層把關的同時，也讓開發速度受了不少的影響。Jimmy 對阿捷講，Agile 中國這次在奧運這個單子上勢在必得，Rich 希望借中國奧運年讓他的大中國區在 Agile 全球好好露露臉，所以在產品價格上已經給了最低的折扣。即使這樣，Agile 的軟體價格還是要比其他對手高一點點。現在最核心的就是是否可從技術上得以突破，讓 Agile 公司軟體技術分比其他競爭對手高出很多。

阿捷知道，Agile 產品開發速度慢是盡人皆知的事情，就像 Agile OSS 4.5 這個產品居然用了整整兩年時間，結果弄得推出來就有很多技術過時了，沒多久就需要重新開發 5.0 產品來覆蓋新的功能，例如對 TD-SCDMA 的支援。而客戶回應慢，則是由整個研發體制決定的。例如中國移動的客戶遇到問題，首先反映到中國區的技術支援那裡，如果這個問題是軟體研發本身產生的，中國區技術支援無法自己解決，要提交到美國技術支援總部；美國技術支援

總部再將問題整理派送到美國研發中心，最後由美國研發中心根據問題所在模組、問題的優先順序、客戶的排名等因素制定一個修復時間表。如此漫長的流程下來，即使一個很小的問題，如果沒有一、兩個星期也是根本不可能解決的。況且，Agile 公司還有一個所謂的 Top 10 優先計畫，就是率先回應全球 Agile 公司前十位的客戶。要知道，即使強勢如中國移動，把對應的合約數目折合成美金，也不過剛剛擠進 Top 10，和 AT&T，T-Mobile，甚至 O2 是沒法相比的。

對此，Jimmy 也很苦惱，他對阿捷説：「客戶總問我買了產品之後的支援怎麼樣，我總不能跟他們講，對不起，您的這個單子太小，沒有在我們全球 Top10 的客戶清單裡，所以售後支援反應時間會有些慢的。」聽得阿捷哈哈大笑，心想，做銷售的其實也是一肚子苦水，研發和銷售，真是各有各的愁啊。

笑歸笑，阿捷也仔細想過關於奧運這個專案的技術事情。如果按美國研發總部的意思，要等到 Agile OSS 5.0 GA 發佈之後，再動手完成 Agile OSS 5.0 奧運特別版的發佈工作。但是從現在 5.0 的 GA 延誤的狀態看，別説想在標書中有技術突破了，就是完成和其他競爭對手差不多的功能，對現在 Agile 公司的開發狀態來説也是很困難的。

阿捷把技術上的問題大致和 Jimmy 講了，雖然技術細節 Jimmy 聽得一頭霧水，但是他也聽出了情況並不樂觀。Jimmy 就像抓住最後一根救命稻草，認定了阿捷一定有辦法在技術上有所突破，天天泡在阿捷的座位前捷兄長捷兄短的。Rich 為此也專門找過 Charles，説這次是第一次和中國研發中心合作打這麼大的單子，希望大家都能夠精誠合作，訂單下來大家一起分，大家都可以收支平衡了。收支平衡這話正説到了 Charles 的心窩裡，弄得 Charles 也三天兩頭要聽阿捷做專案報告，而且阿捷要什麼資源就給什麼資源。

其實，阿捷也知道這個單子的重要性，可是關鍵是如何出奇制勝呢？阿捷對 Agile 公司的產品和技術實力是有充分信心的，中國研發中心經過這幾年的技術沉澱，已經完全有實力獨自完成大部分 OSS 模組的設計、開發、測試和發佈工作了。只是傳統上還一直由美國總公司那邊來控制。阿捷有一個大膽的想法：那就是利用敏捷開發的方法，讓中國團隊第一次獨立完成從需求研究、系統分析、模組設計、程式設計實現、系統測試、客戶安裝發佈這一整

套流程。這樣，整個 Agile OSS 5.0 奧運特別版將整體由中國研發中心來控制和發佈。

這是一個極其大膽的想法。大到了當阿捷把這些想法跟大民和阿朱講完之後，他們兩個都有些發愣，直問阿捷是不是發燒了？阿捷能夠了解，將會顛覆長久以來以美國為中心的傳統開發模式。如果成功，不僅改變了 Agile 中國研發中心一直作為美國研發總部外包工作站的地位，還將對整個 Agile 公司的產品研發模式產生極大的影響。

當阿捷和 Charles 談到這些的時候，Charles 沉默了許久，慢慢地抬起頭看著阿捷說：「你知道如果我容許你這樣做，我將承擔多大的風險嗎？你知道如果失敗了將不僅是你這個專案經理不用再做的問題嗎？」

阿捷心裡也非常複雜，他懂 Charles 話語裡的意思，但是他更渴望用自己的激情來點燃 Agile 中國研發中心的熱火，而非像朽木一樣安逸地在 Agile 養老。阿捷將這樣做的種種好處一一和 Charles 講明：首先，這樣做可以確保 Agile 公司在奧運專案投標上的技術優勢要比其他競爭對手高很多；其次，要完成標書中規定的技術，用美國傳統的開發模式幾乎是無法完成的；還有，如果按自己提議的模式，中國客戶的回應速度和售後支援將獲得一個質的加強。

Charles 最後點了點頭，格外凝重地說了八個字：「只準成功，不準失敗。」

投標工作格外順利。在唱標的時候，Agile 公司強大的技術實力讓其他競爭對手大為吃驚，紛紛驚奇於 Agile 中國這次竟然能夠如此迅速地做出反應，並承諾在明年春節前就完成產品的預先安裝，以及在「好運北京」測試賽上的現場偵錯。Agile 中國公司大獲全勝，從硬體到軟體，全部拿下這次奧運會 OSS 產品，並將作為奧運執行支援單位，協助北京奧組委的技術部門工作。

勝局已定，阿捷走出會議室，發現 Jimmy 正在興高采烈地打著電話，很明顯，他一定是打給 Rich 的，相信訊息即將透過電話和電子郵件，迅速傳到 Agile 在全球的每個分公司，而各種祝賀郵件也會像雪花一樣從世界各地傳到中國，傳給 Rich，傳給 Charles，直到把他們的電子郵件塞滿。阿捷掏出手機，接通了 Charles 的電話，告知 Charles 已經拿下了 TD 的奧運大單，Charles 表現得格外平靜。因為他跟阿捷一樣，知道當 Rich、Jimmy 和美國總

部那幫大佬們都在熱烈慶祝勝利的時候，對他們研發團隊來說，一切才剛剛開始。

本章重點

1. 《敏捷宣言》12 條原則的第 1 條，我們最重要的目標是透過持續不斷的及早發佈有價值的軟體使客戶滿意，這裡的核心是建議「客戶為先」。

2. 《敏捷宣言》12 條原則的第 4 條，業務人員和開發人員必須互相合作，專案中的每一天都不例外。所以，「業務參與」才能真的做好敏捷，如果只是研發側敏捷，沒有業務的積極參與，那多半是自嗨。

3. 《敏捷宣言》12 條原則的第 3 條，經常地發佈可工作的軟體，相隔幾個星期或一兩個月，偏好較短的週期。這裡建議的是「短反覆運算發佈」，小米七字訣「專注、極致、口碑、快」也強調了快速發佈，快速回應市場需求。

4. 從業務角度看敏捷，就是要打造一個組織，具備「更快的發佈客戶價值」和「靈活的應對變化」的能力。

5. 在產品開發中，我們的問題幾乎從來不是停滯的資源（工程師），而是停滯的產品需求（客戶價值）。

6. 「如果我們 18 個月後賣出和今天相同的產品，就只能獲得和今天相比一半的價值。」GoogleVP 艾瑞克‧施密特如是說。

7. 「最大的浪費是建置沒人在乎的東西，一定要做一個能賣出去的產品。」《精實創業》作者艾瑞克‧萊斯如是說。

冬哥有話說

敏捷的目標

敏捷原本就是想要解決業務與開發之間的鴻溝。透過敏捷宣言中強調的個體和互動、可工作的軟體、客戶合作、回應變化以及 12 條原則中的儘早地以及連續地高價值發佈、自我組織團隊、小量發佈、團隊節奏、可改善可持續的流程、保持溝通等，再加上包含 Scrum、Kanban、XP 在內的許多管理和工程實作，來實現開發與業務之間的頻繁溝通，快速回應變化。

敏捷的核心在於「快速並且高品質的發佈價值」，發佈價值前面有兩個定語「快速」和「高品質」，如果要再加一個定語，我認為是「可持續的」。

敏捷的快速回應，加速回饋與學習改進是核心。所以敏捷不是單純的快，不是百公尺衝刺，在我看來，更像是街跑，集敏銳、迅捷、靈動、應變於一體。

方法也好，實作也好，其價值應該由客戶價值來表現。對客戶而言，需要解決的問題，是點對點的，要全域而非局部最佳化；開發跑 Scrum 再快，持續整合得再快，缺乏市場價值表現，也只能是自嗨。

所以，敏捷是什麼，什麼是敏捷都不重要；什麼能解決問題，能多快解決問題才最重要。實際叫敏捷也好，精實也罷，還是 DevOps，客戶不會因為你說自己在做什麼研發模式而給你單子，客戶要的是 Talk is Cheap，Show me the Value（說起來容易，給我看價值）。

反莫爾定律

莫爾定律廣為人知，即每 18 個月，電子晶片的效能會是今天的兩倍，而價格會是今天的一半。與此類似，Google 的前 CEO 艾瑞克·施密特說過：「如果我們 18 個月後賣出和今天相同的產品，就只能獲得和今天相比一半的價值。」這被稱為「反莫爾定律」。Agile OSS 4.5 這個產品的開發居然花費了整整兩年時間，結果推出來的產品就有很多技術過時了，就是反莫爾定律的表現。天下武功，唯快不破，在市場競爭如此激烈的今天，如果還是按部就班的遵循厚重的研發流程，這真像一頭行走的大象，笨重而緩慢。

面對 Agile 這樣的龐然大物，新型的做法通常有兩個：其一是以快打慢，側翼攻擊；其二是聚焦，面對競爭對手的速度與聚焦，Agile 公司（以及其他的傳統企業）應該學會像對手一樣思考，像快速龍而非大象一樣移動，如同文中的 Agile 公司拿下奧運大單。

當大象開始跳舞之後，螞蟻都將離開舞台。

計畫撲克、相對估算與發佈規劃

不知道從什麼時候開始，阿捷每天登入 MSN 後的第一個習慣，就是去看看敏捷聖賢在不線上。這種感覺很奇妙，阿捷和亦師亦友的敏捷聖賢前前後後認識了快 4 個月了，別說照片，阿捷連敏捷聖賢的聲音都沒聽到過。但是阿捷卻相信敏捷聖賢絕對是一個可以信賴的朋友。

當 TD 單子拿下來之後，阿捷首先想到的就是去找敏捷聖賢，找他討論如何才能在合約期限內完成 Agile OSS 5.0 奧運特別版的開發。從阿捷制定的 Agile 標書中技術標的細節上看，以 Agile 現有的開發節奏幾乎不可能在明年春節之前完成相關的開發工作，更別提奧運測試賽時的先發版了。

阿捷希望獲得敏捷聖賢幫助，找出一個切實可行的方案，好對 OSS 5.0 奧運特別版發佈計畫進行團隊評估。雖然著急，可是，平時這個時間常常線上的敏捷聖賢偏偏沒有線上。

阿捷急得沒頭緒的時候，敏捷聖賢灰色圖示左側那個黃色的小花提醒了阿捷。對啊，進到個人空間看看能不能找到其他的聯繫方式。果然，阿捷看到了一個區號是＋1650 的不知道是手機還是固定電話的號碼。阿捷嘗試著打了過去。

鈴鈴幾聲之後，一個清脆的女聲：「Hello，morning ！」
……

阿捷怔了好長一會兒，才說道：「Hello，may I speak to...」阿捷都不知道說哪個名字好，又頓了半晌，才磕磕巴巴地說：「May I speak to Agile Wise Man ？ I'm A Jie，from Beijing，China.（我可以跟敏捷聖賢講話嗎？我是阿捷，來自中國北京的阿捷）」

「原來是你啊，阿捷。我就是敏捷聖賢。怎麼？有什麼事這麼早就打電話把我吵起來了？」那個清脆的女聲用稍微帶有點川味兒的普通話說。

「你就是敏捷聖賢？」阿捷脫口而出，自己都感覺到自己的頭皮在慢慢發麻，從頭頂一直麻到耳根，從耳根一直麻到舌根，快要喪失説話功能了。從來沒有想到過敏捷聖賢居然會是女生，更沒有想過從聲音上聽還是一位年齡不大的女生。阿捷完全呆了，幾乎忘記自己是因為什麼要打電話給敏捷聖賢。

「是啊，你從哪裡找到我的電話？這麼早找我有什麼事嗎？喂〜喂〜，説話啊。嗯？在嗎？」女孩在電話另一頭催著。

阿捷這才回過神來，機械地説著自己事先準備好的問題。阿捷差不多花了 10 分鐘才將這次參與 Agile 公司 TD 專案奧運投標的前因後果講完，最後還是心懷疑慮地補充一句：「你真的就是敏捷聖賢嗎？我這回可真是背水一戰了，我把自己的身家性命都壓上了。如果失敗了，可就不僅是我一個人在 Agile 待不下去的問題了。而且，明天上午我就準備召開發佈計畫的團隊評估會議了，所以才這麼著急打電話給你想向你請教。可是，你真的就是敏捷聖賢嗎？」對敏捷聖賢的身份，阿捷的腦袋還是有點懵。

阿捷反反覆複對敏捷聖賢身份的質疑把女孩逗樂了。女孩説道：「我真的就是敏捷聖賢啊，你怎麼就不信呢？要不要把我們聊天的記録發給你看？你還沒到山窮水盡的時候呢，你做得已經非常不錯了，能夠成功把這麼大的單子拿下。到時候專案做好了，弄幾張奧運門票，我回北京找你看奧運啊。」

阿捷這時才慢慢平靜下來，説道：「奧運門票沒問題，但是你首先得幫我想想剛才的那些問題。關鍵是專案發佈時間很緊，我們需要儘早做出合理的發佈計畫。」

「呃，其實對你來説有很多有利的因素。第一點，你和你的開發團隊已經對敏捷開發有了一定的了解，並且都對敏捷開發充滿信心，對不對？」

「是啊，就像我當初在做標書時想的那樣，如果只有一種辦法完成專案，那就只能是敏捷了。」阿捷充滿信心地講。

「是的。信心對每一個開發人員來說都是非常重要的。我接著講，第二點，就像你跟我講的那樣，這次你們的 OSS 5.0 奧運特別版 80% 由 Agile OSS 5.0 的 GA 基礎版出，20% 需要你的團隊額外開發。GA 版本的開發透過你們組不是已經基本完成了嗎？整體 GA 版本也由美國那邊來做，你只要讓美國研發老大狠狠地敦促確保 GA 能夠按時交工即可。其實對你來說，真正的工作量在於對那剩餘的 20% 做計畫，並留出足夠的時間和 GA 做整合，把你的團隊之前用到的測試驅動開發、設計結對、評審結對、單元測試結對等完成下來，你是有辦法按時發佈 OSS 5.0 奧運特別版的。」

進行了一番討論後，阿捷對明年春天正式發佈 Agile OSS 5.0 奧運特別版有了信心，也慢慢對敏捷聖賢有了另外一種看法。討論完最後一個問題，阿捷突然問了一個與技術毫無關係的問題：「嗯、嗯……聖賢，真沒有想到你會是一個女孩子，為什麼之前沒有告訴過我呢？害得我最開始還以為打錯了電話。」

「怎麼會賴我沒告訴過你呢？是你從來沒有問過我吧？你自己好好想想。」女孩在那邊說著。

阿捷想想，好像確實也是啊，自從在討論區上獲得敏捷聖賢的聯繫方式，就一直自訂敏捷聖賢是一位 40 歲以上的中年男子。

「那你今年多大了？怎麼會知道這麼多東西呢？」阿捷話問出口就知道自己錯了。前一句話是和女孩子打交道的大忌，後一句話具有明顯質疑敏捷聖賢的意味。

「女孩子的年齡是不能隨便問的，這個最基本的常識你都不知道嗎？我的知識來自我的實作和經歷。你先把自己眼前所遇到的問題處理好吧。我要出門去辦公室了。再聊吧。拜拜。」阿捷明顯感覺出敏捷聖賢不高興了。

唉，真是笨死了。每次阿捷和女孩子說話，如果不聊技術，不出三句總有一句會得罪人。這是從上大學起就屢試不爽的經驗教訓啊。要不然，馬上就 30 歲的阿捷怎麼還找不到女朋友呢。

阿捷心裡罵了幾句自己是笨驢的話，便根據敏捷聖賢的建議對軟體發佈計畫做了一個細緻的規劃。

第二天下午 1：30，在光明頂，阿捷召開了對發佈計畫進行團隊評估的會議。由於將會是 Agile 中國軟體研發中心第一次獨立地發佈印有 Agile Logo 的軟體產品，除了自己團隊的人外，阿捷還邀請了 Product Owner 李沙，市場的相應人員作為與會者。考慮到這次會議的重要性，而且也是 Agile 中國開發中心第一次做敏捷發佈計畫，在安排會議的時間時，阿捷定了 4 個小時，以便大家有比較充分的時間進行討論和評估。

會議開始，李沙和阿捷根據最新的 TD 訂單要求，將所有需要在春節前發佈的 20 個使用者故事列了出來，阿捷希望能夠在 3 個月完成這些工作。按照三週一個 Sprint 的計畫，大約是 4 個 Sprint。大家請李沙對每個故事做一個比較詳細的解釋，並隨時提出了自己的疑問，李沙也非常耐心地給大家做了解答。整個過程還是比較順利的。會議至此也進行了差不多 2 個小時，大家都有些倦意，阿捷建議休息 15 分鐘。

休息回來之後，大家發現阿捷和李沙正招呼著樓下餐廳的服務生，幫忙擺果盤和剛做出來的小點心。大民走過去拍著阿捷的肩膀說：「你行啊，單子簽下來了，我們開會也都有下午茶吃了。」

阿捷笑了笑，邊招呼大家坐下取水果和點心吃，邊取出事先準備好的卡片，給在場的每個人發了 13 張。

卡片上分別寫著：0，1，2，3，5，8，13，20，30，50，100，BIG，？，還有一張畫了一個咖啡杯。

看著大家疑惑的表情，阿捷說道：「剛才開會大家都累了吧。沒關係，我們邊吃點下午茶邊來做點小遊戲。大家手中的 13 張卡片就是傳說中的計畫撲克，今天我們將用它對我們剛剛討論過的 OSS 5.0 奧運版中的每個使用者故事進行估算。」

「在正式估算之前，我先說一下計畫撲克的使用規則。如果你認為『某個

故事已經完成了』或『這個故事只需要幾分鐘就能搞定』，那就亮紙牌 0；如果你對需求還不清晰，或對這個故事的估算沒有一點概念，請亮紙牌『？』；每次只能出一張牌，不能兩張牌累加；大家要同時亮牌，不能提前讓別人看到你手裡的牌。每輪出完之後，大家把自己的牌拿回來，下次還要繼續用。我們不是玩跑得快，大家都明白了吧？」

阿捷注意到小寶邊嚼著威化餅乾邊傻傻地看著自己，一臉迷惑的樣子。阿捷笑了笑，接著說：「我們對每個故事的估算將採用相對估算的概念。我們一起做一個練習，大家就知道該怎麼用了。接下來我們先估算一下 12 生肖的兇猛程度。在開始估算之前，我們先設定一個參照物，譬如老鼠的兇猛程度，我們可以給他一個值，譬如 5，接下來，我們開始估算牛的兇猛程度。」

「誰對牛的兇猛程度有疑問，可以提出來，我們先一起討論！如果沒有的話，就取出一張牌作為估算。把你的紙牌扣在桌上，直到我讓你們亮出來，才能翻開，明白嗎？這樣可以避免你的判斷影響其他人的估算。這個規則以後也適用於我們對 Product Backlog 項目的真正估算。」

「好！我看大家都已經準備好了！那麼請亮牌！」

大家紛紛舉起自己的紙牌，阿捷一個一個念著「3，5，13，5，8，8，5。好！分歧出來了，阿紫你說說你為什麼要列出 3 這個估算呢？」

「我是這樣認為的。牛還是很溫順的，我家的黃牛還讓我騎呢！！」阿紫解釋了自己的理由。

「那大民你為什麼要給 13 呢？」

「我看《動物世界》裡面的野牛真發起瘋來啊，連獅子都沒辦法。」

大家七嘴八舌地討論著……

「經過剛才的討論，我們這次限定一下範圍，這牛呢，屬於成年牛，既不是小牛犢，也不是野牛，只是家養的大黃牛，這回大家再估算一次」

「5，8，8，5，8，8，8！」

「好！少數服從多數，那我們就定為 8 吧。」阿捷說。

「可是如果我們正好 4：4 呢？譬如 4 個 5，4 個 8，不能少數服從多數呢？」

「那就取大！因為我們通常容易低估。」阿捷按照敏捷聖賢的提醒，把答案給了大家。「接下來，我們將採用類似的方法對我們即將要做的 OSS 5.0 奧運版的 Product Backlog 中的每一個故事進行估算。在這個過程中，如果大家意見分歧大的話，我們都要請列出最大估算的那個人解釋一下，不一定他思考的比較細，有些內容其他人給忽略了。同時呢，列出最小估算值的那位也要解釋一下，不一定他有更好的解決方案，可以更快地完成。然後我們再進行一輪」

大民、阿朱、章浩和小寶等人都表示贊同。

阿捷繼續說：「另外，我們採用的計量單位不再是小時了，我們採用『點』這個虛擬的概念，不要簡單對映成人小時或人天。實際是什麼計量單位不重要，因為我們採用的是相對的概念。」

「我有一個問題，我們該從哪一個故事開始呢？第一個嗎？這個好像太複雜了。」阿朱舉手問道。

「嗯！這是一個非常好的問題。在我們開始估算前，我們先選出一個故事來，看看有沒有哪個故事，大家非常清楚需要做什麼，怎麼做，相對簡單的，我們把它定為 2 點，以這個故事作為基準，然後大家再開始進行相對估算。」

小寶看上去有新的發現，他問道：「那就是說，我們其實也可以找一個故事是 13 點的，以此為基準，進行估算，對不對？」

「這個問題問得很好！」阿捷會心一笑。昨天晚上阿捷也問了敏捷聖賢同樣的問題。「理論上講是可以這樣做的，但實際操作會有問題，那樣估算的誤差就會比較大。譬如說，讓你比較兩個山頭的大小，和讓你比較兩堆沙子的大小，哪個誤差會更小呢？很顯然，是後者。」

「那我們實際該如何確定一個 2 點的故事？我還是覺得挺抽象的。」小寶還是不知如何下手。

「OK，其實，並沒有一個特別標準的做法，每個團隊都可能不同，即使針對同一個專案，也可能有不同的選擇。既然我們剛開始，也許可以參考一下別

人的做法，我知道有的團隊定義一個 2 點故事，大概就是一個工程師可以在 2 個工作日內完成的故事，你們覺得這樣可以嗎？」

「也有問題，章浩 2 天的產出，可能我需要 3 天！這樣的估算就不一樣了呀」小寶迷惑地看著阿捷。

「這也就是為什麼我們要用相對估算的緣故。同樣一個需求，我們假設它就是 2 點，章浩需要 2 天完成，小寶需要 3 天完成，這個存在個體差異是沒有任何問題的！接下來，再以此 2 點的故事為參照物，估算另外一個需求時，章浩估算是 5 點，那表示章浩大概需要 5 天完成，而小寶完成的完成時間可能是七八天，但是小寶同樣也可以認同是 5 點！因為這是相對於 2 點而言的。」

「這樣好像就比較清楚了，讓我們看看這些故事吧。」大家終於覺得可以進行估算了，阿捷也暗自舒了一口氣。

「我覺得這些故事沒有一個可以是 2 點的，因為沒有哪個可以在兩三天內完成。最少的也要一周以上。」大民作為最資深的開發人員，提出了疑問。

阿捷感覺有必要解釋一下。「我們今天的目標是要做一個發佈計畫出來，這需要對未來要做的內容有一個整體的評估，讓所有人了解一下整個專案的範圍和規模，列出一個粗略的估算就可以了。當然，如果有的故事太大，不容易估算的話，我們還要李沙幫助，把這樣的故事做進一步的細分。」

一直默不作聲的李沙接過話頭：「既然大多數故事都大於 2 點，大民你覺得有沒有一個是 5 點的？如果沒有，那我們就要把某些故事細分一下，最後找一個 2 點的出來。」

「第五個最小，我覺得大概也要 8 點左右。」大民説。

阿捷看了看其他人，好像沒什麼意見。

「那麼這樣，我們就找個故事拆分一下，拆分出來一個 2 點的。如何？」阿捷問所有的人。

「應該可以。」大家都表示贊成，並迅速行動，從第一個故事中拆出來一個 2 點的來。

「好，那我們就以這個故事作為基準，順序地對其他的故事進行估算。」阿捷總算鬆了口氣。

一個半小時後，大家利用計畫撲克，順利完成了對所有故事的估算。其間也出現了幾次估算上的分歧，但經過大家的討論和李沙的澄清，最後還是達成了一致。對於幾個特別大的故事，又進行了一次拆分，這樣最大的故事的點數是 20。總共有 58 個故事，累計 586 點。這和之前李沙預估的 30 個故事差了不少，主要是因為原來有些故事的想簡單了，導致其中幾個故事過大，在實施的時候必須進行拆分。

臨近下班的時間了，大家都有點累，阿捷決定今天的會議就開到這裡。等明天上午繼續。

第二天上午 10：00，所有人都按時來到了光明頂會議室。

「開始吧。在我們開始做出發佈計畫之前，我們先來看看可以採用的最常用的兩種發佈模型。」阿捷邊說邊把列印好的幾張紙發給大家。

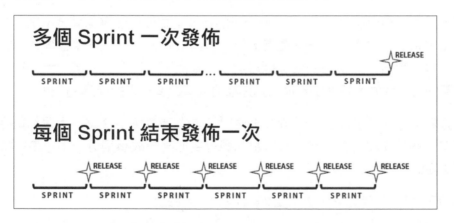

「在上面的模型中，是經過多個 Sprint 的開發後，才最後有一個正式發佈的，發佈週期比較長，適合大中型軟體的發佈；而下面的模型，是在每個 Sprint 結束後，都會有一個正式發佈。這對每個 Sprint 的品質要求非常高，而且軟體整體規模不大，功能相對簡單，比較適合小型軟體或以 Web 為基礎的應用。像雅虎通和 Google 廣告等都是採用這個模式的，最近特別火的 Web 2.0 網站，如臉書和領英等，更是對這個發佈模式青睞有加。當然也有更屬

害的，好像能夠在一個反覆運算內做多次發佈，將發佈與反覆運算分離，叫
『按節奏開發，按需要發佈』，不過我們不需要這麼做。」

「我終於明白為什麼那麼多 VC 喜歡 Scrum 了。採用這個發佈模式，可以讓一
個專案或想法提前接受檢驗，獲得回饋。進一步讓好的專案脫穎而出，壞的
專案死得更快！對吧？」小寶的反應速度很快。

「沒錯！我現在做網路遊戲的讀者猴子，證實過這一點。」阿捷補充道。

「看來我們的專案比較適合上面那個模型。」李沙若有所思，「可我總覺得還少
點什麼，但又說不上來。」

「嗯，你的直覺是對的。對於上面的發佈模型，通常的做法是這樣的。」阿捷
又從桌子上拿起幾張紙，遞給大家。

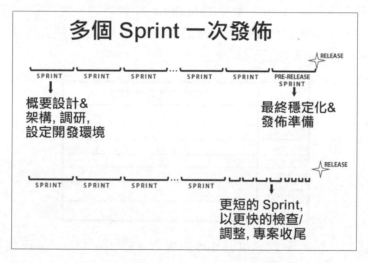

「大家可以看到，這兩種方案的共同點是在正式的發佈之前，都安排了 Pre-
Release Sprint，除了要讓產品更穩定外，還要做一些掃尾性的工作，譬如增
強文件和修復 Bug 等。第一種方案，安排了一個正常長度的 Sprint，第二個
方案，安排的是更短一些的 Sprint，臨近結束時，Sprint 的長度甚至只有一週
一次。」

阿捷頓了頓，想給大家一些消化的時間。「根據我們的產品特性，以及這次發
佈的緊迫性，我建議採用第二個方案！不知道大家意見如何？」

阿捷環視了一圈，有幾個人明確地表示點頭，有幾個人還在比較和思考。

阿捷等了一下，直到所有人都確認沒有意見後，才接著說：「看來對這個方案沒有人提出異議。明年的春節是 2 月 7 號，我們計畫在春節放假之前完成軟體發佈工作，從現在開始算還有不到 4 個半月的時間，有 58 個故事、586 點在等著我們，除去國慶假期，按照我們每 3 週一個 Sprint 來算，我們還可以做 5 個開發的 Sprint，外加 2 個短的 Sprint，為真正的 Release 做準備。」

「能把我所要求的功能都完成嗎？」李沙非常關切地問。

阿捷笑了笑，然後說：「不一定。我們需要計算一下團隊生產力，或 Sprint 速度。」

「大家看，在過去我們做過的 Sprint 裡面，除去最初一個 Sprint 外，到目前為止，已經完成了三個 Sprint。最早的 Sprint 屬於我們的一次試驗，只有兩周，參考價值不大，不把它計算在內。這是我對 Sprint 1 ～ 5 的統計。」阿捷把一張 Excel 表格透過投影機打到幕牆上。

	已完成的使用者故事（點）
Sprint 1	87
Sprint 2	105
Sprint 3	93
Sprint 4	122
Sprint 5	118
合計	525
平均	525/5 = 105

「真沒想到，我們的平均速度是 105 點呢！6 個人，3 周，按理說最多只有 6×3×5=90 呢！」一直默默無聲的阿紫發現了新大陸！

「是啊！大家鼓掌！」阿捷立即倡議並率先鼓掌，大家紛紛回應，歡快的氣氛充滿了整個會議室！

「好，根據昨天的最新估算，我們現有 Product Backlog 中的內容共計 586 點。很顯然，再有 5 個 Sprint，我們才能完成 105×5=525 點。如果預留一定的緩衝，再除去 10%，那就是 525×90%=472。所以這樣粗略估算，還不能完成全部 586 點的內容。」

「哦，這樣啊。」李沙很失望，「這 586 點的內容可都是當初和客戶簽合約時白紙黑字寫到裡面的，完成不了可麻煩啦！」

「嗯，看來我們十一要加班嘍！我還想去九寨溝玩呢。」阿朱無奈地說。

「是啊！這個 TD 大單對於我們 Agile 中國研發中心來講，具有非常特殊的意義，不僅我們自己重視，現在連美國總部那邊也很重視！當然，也有可能我們在未來加強每個 Sprint 的開發速度，例如透過持續整合，還能多完成一些故事的。不過，我還是建議李沙讀者隨時調整好 Product Backlog 項目的優先順序，這樣才能保障我們至少可以完成最重要的功能，也就是前面 472 點的內容。」

「嗯，我會仔細考慮的。不過我覺得，我們現在做的估算裡面一定有些水分，比如說已經完成的故事，會對尚未開工的故事產生影響，一般會使對應工作量的降低。所以，我們需要定時對尚未完成的故事，重新估算才行，至少每個 Sprint 結束時應該進行一遍。」

「沒錯，那我們就在每個 Sprint 的中間階段，用 1 到 2 小時的時間，一起過一遍 Product Backlog，根據已經完成的故事，重新做一個估算。這就是對 PBL 進行整理的過程，同時也能細化、澄清一些需求，定義出來驗收標準（AC），為下一個反覆運算做好準備工作。這個會議，我們以後就叫 PBL 整理會吧！」阿捷非常贊同這個想法。

「我感覺，這個調整一定是有必要的！這樣，我們的預測才會更準確，但即使這樣能夠去掉一些水分，也不能完成所有故事啊！」大民仍在擔憂。

很久沒有說話的小寶建議道：「既然這個專案這麼重要，也許我們可以再招人進來啊，這種名額，總部那邊一定會批的。」

「不可行！首先，在我們公司，招一個新人，從申請，批覆，再到收集簡歷，面試，乃至這個新員工入職，最快最快也要 3 個月吧。哪裡來得及。」阿捷也曾經動過這個想法，但很快就否決了。「此外，即使現在替我們找一個新人，一時半會兒也發揮不了作用。首先，新人進來要時間辦理各種入職手續，參加公司組織的新員工教育訓練，這之後，我們團隊還得有專人出來給他做產

品和開發流程的教育訓練，這個時間會超過一個月。其間，大家的精力也要被佔用一部分。這麼一算，不僅短期內不能加強生產力，反而是一種消耗。」

章浩馬上表示認可：「是啊！這一點我非常贊同！在《人月神話》裡面談到的布魯克斯定律大家都很熟悉了，在進度落後的專案中投入更多的人手常常使進度更加落後。這一方面是由於新人進來後的教育訓練成本時間，一方面是溝通不暢引起的時間消耗。替團隊設定兩倍的人，並不能獲得兩倍的生產力。人越多，交流的成本越大，效率就越低。有人説，如果希望靠增加人員來加強軟體團隊的生產力，無疑是南轅北轍！」

憑藉多年的開發經驗，章浩在這一點上還是很有發言權的：「在我們部門，就有這樣的反面教材。有的專案經理忽略了軟體開發管理的這些常識性問題，而僥倖地認為靠人海戰術就能完成軟體的開發。這幾年來，大家都看到了，結果就是：他的專案拼命加人也未見時間的縮短或品質的加強。」

章浩雖然沒有説這個專案經理是誰，但大家心裡都明白，這個人一定就是周曉曉了！

「不過，也許可以這樣嘗試一下，只是……」章浩欲言又止的樣子讓大家都很著急。

阿捷趕緊接過來：「沒關係，有什麼想法就説出來，我們一起討論。」

「如果能夠從我們部門的其他團隊再借調一個有經驗的開發人員過來，或許是可行的。雖然最初的兩周也要熟悉一下，但問題不大。我剛過來那段時間我們不就是透過結對程式設計和 TDD 開發等方式迅速融入小組的嗎？」。

大民接過話説：「你以為我們部門還能有幾個資歷有你老，能力比你高的員工嗎？你再給我複製一個章浩吧。」

「少恭維我了，其實王燁挺不錯的，我原來帶過他。能吃苦，人也挺機靈的，他是公司招進來的，開發經驗也不少。」章浩也顧不得之前的遮遮掩掩，直接把自己想挖周曉曉牆角的想法説了出來。

「嗯。王燁我覺得還行，是挺不錯的程式設計師。這樣，我先跟 Charles 説一下，既然 Charles 都説過 TD 這個專案的優先順序最高，資源和政策都會向我

們傾斜，那挖個牆角算什麼？再說，之前又不是沒挖過。」阿捷對章浩擠了擠眼睛。

最高興的是李沙，說道：「太好了！如果真能補充一個人的話，我們就應該可以補全原來的計畫缺口 586-472=114 點。」

「嗯！今天的會我歸納一下。我們需要做 5 個開發的 Sprint，外加 2 個短的 Sprint，但這只能完成前 472 點的使用者故事。如果想完成全部 586 點故事，需要從其他團隊借人過來。內部借調的事情由我來協調，在沒有正式公佈訊息之前，大家先暫時保守一下秘密啊。」阿捷頓了一下，「大家還有什麼問題嗎？」

阿捷環顧了一下，見大家都搖頭：「那好，今天的計畫會議就開到這裡！謝謝大家！」

在大家走出會議室的時候，阿捷拉住了李沙：「李沙，你跟我一起去找 Charles，打鐵要趁熱，如何？」

「沒問題！我們這就去。」

本章重點

1. 對 Prodcut Backlog 中的使用者故事做估算時，如果某項太大太空難以確切估算，應及時對它拆解和細化。
2. 使用計畫撲克可以加強估算速度。一次估算中，如果任何兩個人的估算值相差過大，一定要停下來澄清後，再重新估算。
3. 團隊速度是指每個 Sprint 總共被 PO 接受的故事點數，團隊速度可以用昨日天氣法，也就是上一個 Sprint 完成的點數來計算；也可以用歷史平均法，及歷史上許多個 Sprint 的平均值來計算。
4. 計畫撲克的通常使用流程：
   - 選一個適宜大小的項目作為參照，把它視為 2 或 3；
   - 每個人每次出一張牌；
   - 如果分歧過大，多討論再出牌設定值；

- 如果相差不大，使用較高的那個數；
- 一個一個估計每個項目的相對大小。

5. 給團隊設定兩倍的人，並不能獲得兩倍的生產力。人多，溝通協作的成本越大。

6. 使用者故事或需求的拆解要參照「吃漢堡原則」，可以從 8 個維度進行：使用者、介面、資料、動作、約束、環境、品質屬性及風險。

冬哥有話說

按節奏開發，隨選要發佈（Develop on Cadence，Release on Demand ）

「時代拋棄你時，不會說抱歉」。文中 Google 和臉書等網際網路公司可以做到每天多次的發佈，真正將開發與發佈分離，將技術決策與業務決策分離。Etsy（易集）的技術 VP 約翰‧沃斯帕（John Allspaw）說：「我不知道，在過去 5 年裡的每一天，發生過多少次部署……我根本就不在乎，黑啟動已經讓每個人的信心強大到幾乎對它冷漠的程度。」

敏捷應該是點對點的從業務敏捷到開發敏捷到發佈的敏捷。目前 Agile 公司的模式，被稱為 Water-Scrum-Fall，目前開發與業務的鴻溝，算是部分打通了，但是業務需求整理的過程，還是偏重。最需要改善的，是發佈的過程。

核心在於，將開發與發佈解耦，讓上帝的歸上帝，凱撒的歸凱撒。需要將開發和發佈解耦，開發和發佈是不同的動作。開發是一個技術行為，而發佈更多是業務決策。是否能夠發佈給客戶，業務聽到的總是「由於技術原因，我們無法隨時發佈」，這是業務經常對開發不滿的原因。

Agile 公司的業務模式，也是偏傳統的產品發佈模式，產品的發佈和發佈過程，需要很重的交接成本（Transaction Cost），如何將這一過程敏捷化，是阿捷將要面臨的挑戰。

14

精實軟體開發的精髓

由於奧運這個專案的特殊性，所以當阿捷拉著李沙帶著那 5 個 Sprint，586 個故事點的敏捷發佈計畫跑到 Charles 這裡要資源的時候，Charles 很痛快地就答應了借調王燁的事情。

可是沒想到，一貫忍氣吞聲的周曉曉這回居然和 Charles 鬧起來了，還說出了一定要向美國總部那邊好好反映的話。Charles 只好耐著性子，先列舉了阿捷他們組 TD 奧運版開發專案的重要性，又許諾明年的校招給周曉曉兩個做開發的名額，總算是軟硬兼施地把這件事擺平了。

王燁的加入，讓阿捷的 TD-SCDMA 奧運版開發計畫有了人員上的保障，大家都有信心在春節前完成 5 個 Sprint 的 586 個點。儘管這個十一長假大家只休息了 3 天就趕過來加班，誰也沒有能夠在金秋時節去戶外遊玩，但是大家都很開心，包含最新加入的王燁，大家已經開始享受每一次的衝刺。在每次 Sprint 之間，專案開發的示範、回顧和反思以及 Sprint 中間對需求的整理，都能讓大家有新的發現，並在下一個 Sprint 裡有所加強。

時間過得飛快，轉眼就到了 12 月，阿捷和他的團隊已經快完成為 Agile OSS 5.0 奧運版訂製的第三個 Sprint 了。自從上次和敏捷聖賢尷尬的電話結束後，阿捷再也沒有在 MSN 上看見過敏捷聖賢的身影，只有一次在夢裡出現企圖篡改上回和敏捷聖賢打電話的結尾部分情景。

一個週六的早上，阿捷像平時那樣 8 點準時起床，盤算著是去公司加班，還是休息一天充充電。隨手拉開窗簾，窗外白茫茫的一片，北京下雪了！阿捷才反應過來。是啊，自從阿捷接任專案經理後，春天踏青，夏天騎馬，秋天

登山，冬天滑雪，這樣的日子就離阿捷越來越遠了。當阿捷完全清醒後，迅速從自己床下抽出沾滿灰塵的板包，穿上厚厚的雪服雪褲，扛起板包就出了家門。

北京的冬季天黑得很早。5 點剛過沒多久，太陽就已經跑到了最西頭的山邊，密雲南山滑雪場還沒來得及堆出貓跳包的高級道就已經被單板推得只剩下冰了。阿捷和其他幾個板友最後一次登上開往高級道山頂的纜車時，阿捷的手機突然響了。阿捷掏出黑莓，是一封電子郵件，居然還是敏捷聖賢的電子郵件。

> Hi，阿捷：
>
> 你好！
>
> 我現在在斯德哥爾摩，今天參加了一個世界敏捷大會。在大會上，我結識了 Bruce 博士，他現在是矽谷一家軟體公司的 CTO，這之前曾經在微軟和 Google 工作。他提到了一個非常新穎的敏捷方法，精實軟體開發方法，我們就此聊了很多，我覺得這個思維跟 Scrum 結合起來，會非常好！
>
> 我會找個時間跟你專門討論的！
>
> 祝你一切順利！
>
> 聖賢

阿捷趕緊脫下厚厚的滑雪手套，用黑莓手機馬上回覆道：

> 聖賢：
>
> 能收到你的郵件真開心，還以為你消失了。上回電話裡問你年齡真對不起，而且我也沒有想質疑你的意思。我現在在北京南山滑雪場的山頂呢，剛剛在纜車上收到你的郵件。你 3 個小時後會線上嗎？我大概在北京時間晚上 8 點半趕回家。我們 MSN 上見吧。
>
> 阿捷

回覆完郵件，阿捷心裡一下子感到有種說不出的暢快，望著遠處山邊漸漸落下的夕陽，阿捷呼嘯著一躍而下，居然第一次從高級道安安穩穩地沒摔跤就滑了下來。3 個小時後，阿捷準時登上 MSN，敏捷聖賢的 MSN 小圖示果然是綠色的，阿捷的眼睛頓時一亮。

「嗨！阿捷，滑雪玩得還好嗎？」還沒等阿捷說什麼，敏捷聖賢的訊息已經發了過來。

「還行，你沒生我氣吧？」

「你想什麼呢？有什麼好生氣的。我這幾個月一直都被公司派在歐洲出差，幫助 VISA 集團歐洲分部做一個諮詢專案。特別忙，沒時間上 MSN。」

「那就好，還以為我得罪了聖賢了呢，在古代，得罪聖賢可是死路一條啊。你在歐洲？嚮往歐洲的阿爾卑斯啊。你喜歡滑雪嗎？」

「當然了，滑雪、騎馬和帆船是我的最愛。」

「那好啊，下回有機會來了北京一起滑雪，我請你，雖然比不上國外的滑雪，但是北京周圍還是有一些可以玩的，我們滑完泡溫泉去。」阿捷回道。

「滑雪可以和你一起，溫泉我可不和你一起。」

「啊？那為什麼？你幫了我這麼多忙，理應我好好謝謝你才對。」阿捷又開始犯傻了。

「先不聊這些了。我後來發給你的那篇關於精實的文章看了嗎？感覺如何？」

阿捷道：「剛剛大致掃了一遍，怎麼感覺精實這個思維是針對生產線管理的，跟我們軟體開發關係不大啊？」

「前半句對，後半句錯！在敏捷軟體業界中已經使用了很多的精實思維，例如準時制生產，看板管理，TQM（全面品質管制），零缺陷等。」

阿捷有點明白了：「嗯？原來是這樣，那是我孤陋寡聞了。阿捷願聞其詳。」

等了許久，阿捷知道敏捷聖賢正在地球的另一頭敲打著鍵盤。果然，在敏捷聖賢的視窗裡出現了一大段的話：「今天我聽 Bruce 博士講，其實精實也不是什麼新概念了。有關精實概念的歷史最遠可以追溯到 20 世紀 50 年代發展起來的精實製造和豐田生產系統 TPS。這個系統和它蘊含的思維，為日本製造業，尤其是豐田公司，贏得了廣泛的信譽。在以精實製造和豐田生產系統為基礎的工作方法中，精實已經開始作為一個涵蓋性的術語在使用了，包含精實建造，精實實驗室以及精實軟體開發。」

「又是日本的東西。」阿捷插嘴道。

「少來當憤青了，知道什麼叫師夷長技以制夷嗎？你乖乖聽我講。實際上，敏捷軟體開發與精實軟體開發的某些思維是一致的。許多對敏捷貢獻良多的人都受到過精實生產及其所蘊含的思維的影響，在精實和敏捷上，我們是可以看到他們的很多共通性的。」

阿捷有點懷疑地問：「真的嗎？」

「是的！精實軟體開發所表現出來的主導思維和原理，無論對工程實作還是生產管理，最後目標是高效的產品開發或生產，無論這個產品是一輛轎車，還是一套軟體。」

「這估計又有一套複雜的理論了吧？關於敏捷的方法論都已經多的讓人頭痛了！」現在想起當初學習敏捷時充斥在各種討論區裡雜七雜八、形而上學的敏捷方法論，阿捷就感到頭大。

「嗯，精實開發沒你想得那麼恐怖。你別緊張。精實軟體開發與敏捷軟體開發完全是相得益彰的。精實關注的是快速流動、高效的開發產品，同時為客戶創造盡可能多的價值。Bruce 博士歸納的精實實作了解起來還是很容易的。」

「那就好。大概給我講講吧。」阿捷從來不怕新東西。

「Bruce 博士歸納，精實開發共有七大原則。第一個就是消除浪費。例如減少每週工作天數。」敏捷聖賢如數家珍地給阿捷講來。

阿捷有點不解了，問道：「消除什麼浪費和減少工作天數有關係呢？不是很明白。不過，我還是很喜歡每週只工作 4 天的。這樣工作效率更高。」

敏捷聖賢告訴阿捷：「消除浪費不僅是說消除物質資源上的浪費，更是消除人力資源上的浪費。根據權威調查，在絕大多數情況下，沒有精實開發經驗的軟體專案經理，在軟體的設計開發階段所做的工作都會或多或少地存在人力資源浪費。譬如，軟體的架構師和產品經理設計了很多額外的功能，並為此浪費了大量時間來撰寫文件，而軟體開發人員又依照這樣的設計文件，開發了許多額外的功能，但是客戶根本不用或很少用到，這就是 80/20 原則，即 20% 的功能可以滿足客戶 80% 的需求。在精實開發的理論看來，任何不能夠

為最後產品增加使用者認可價值的東西都是浪費。無用的需求是浪費，無用的設計是浪費，超出了功能範圍，不能夠被馬上利用的程式也是浪費，而由此投入的人力資源則是最大的浪費。」

「太對了！這點我非常贊同！我們公司裡面的垃圾文件太多了，搞得真正有用的東西反而找不到。而人力資源浪費更嚴重。最早，我的專案小組裡連我只有 5 個技術人員，而有一個專案經理手裡有 20 個開發人員，卻還不能按時完成開發工作，總喊著缺人缺資源，向老闆要架構師要程式設計師的。」阿捷的腦海裡浮現出周曉曉的樣子。

「嗯，有可能是因為這個專案經理沒有合理使用人員，也有可能存在過多的資源浪費。我相信 Agile 公司員工的個人實力都不會差。實際情況實際分析吧。下面我來講講精實開發的第二個原則：強化學習，鼓勵改進。軟體開發是一個不斷發現問題，解決問題的過程。而學習能力的強化，能夠令軟體開發工作不斷地獲得改進。」

阿捷回應著：「嗯，這和敏捷開發有點相似啊。之前你不是就告訴過我，敏捷軟體開發的原則之一就是：透過短期反覆運算的方式，來達到持續改善的目的嗎？」

「是啊，小夥子記得還挺清楚的。精實開發的第三點與敏捷開發也有異曲同工之處，那就是注重品質。」敏捷聖賢接著講道。

阿捷腦子反應很快：「從一開始就注重品質，絕對是從敏捷軟體開發裡引申出來的概念啊，這點我敢肯定！而且從消除浪費──持續改進──注重品質這麼來看，這個精實開發的概念和 6-Sigma 中的很多精神也很類似啊。」

「你說得很對。我想對於 6-Sigma，你應該比我更熟。你可是 Agile 公司的專案經理啊，應該認識不少 6-Sigma 的黑帶高手吧。關於品質驅動的開發實作，我想你和你團隊已經了解得很多了。譬如你們已經嘗試過的測試驅動開發 TDD、測試自動化、持續整合等實作，而且這些你們已經開始用在日常的工作中了，對吧？這些實作都是內建品質（Build-in Quality）的典範！品質就是要從需求、從每一行程式做起。我接著講 Bruce 博士說的精實開發的第四個原則，那就是延後承諾（defer commitment）。」

阿捷剛才聽了敏捷聖賢對自己提的 6-Sigma 與精實開發比較的評價之後很高興，有點得意忘形了，說道：「這個延後承諾我喜歡，我們部門向來都是『過度承諾』的受害者，到頭來只能透過長時間加班來趕工，不僅軟體品質容易出問題，第一線的開發人員也非常累。嗯，這個延後承諾的概念，好像用在交往女朋友上還不錯的。」阿捷又有點無厘頭起來。

敏捷聖賢駁斥道：「少來了，和戀人交往最重要的就是嚴守承諾，你還敢玩什麼延後承諾，怪不得你現在還沒交到女朋友！活該，你。」

阿捷心裡一樂，能夠想像出敏捷聖賢在 MSN 的那頭被他搞得惱怒的樣子，但居然還有心調侃著敏捷聖賢，說道：「那是她們不識貨，我可是一塊大鑽石啊！」

敏捷聖賢永遠都是那麼理智，不上阿捷的當，繼續打壓著阿捷囂張的氣息，「你就臭美，你！無論如何，我給你的忠告是，永遠不要把延後承諾用到跟女朋友的交往上。言歸正傳，為什麼精實開發會說延後承諾適合於軟體開發呢？是因為今天絕大多數的軟體開發都工作在一個不確定的環境中，而環境的變化會對軟體開發本身造成致命的傷害。延後決策，並不是鼓勵你優柔寡斷，而是說延後到當環境變得足夠清晰後，讓你有充足的資訊和理由來進行最正確的決策。對一套大型軟體的架構設計來說，如何建置一個可擁抱變化的系統架構是非常重要的問題。我來舉一個之前在 Cingular（美國頭號無線電信業者辛格樂）公司工作時的實例吧。」

阿捷聽到這裡忍不住插嘴道：「原來你還在 Cingular 工作過啊？怪不得你對我說的電信業術語那麼熟悉。」

「喂喂，想不想聽下面的故事了？」

看來敏捷聖賢真是一個川妹子，直脾氣，阿捷邊想著邊在 MSN 上打著：「對不起，阿捷知錯了，聖賢姐姐請講。」

聽到被阿捷稱為姐姐，敏捷聖賢顯然沒有想到，繼續說著：「這還差不多。我在 Cingular 工作的時候遇到過一個非常緊急而且龐大的合約制專案。當時，我還只是一個普通的軟體工程師，而我的專案經理則是一個從老 AT&T（美國

最大的本地和長途電話公司）時代過來的非常資深的架構師。那時候雖然還沒有流行什麼敏捷開發或精實開發，但是我的專案經理卻用他豐富的經驗選擇了在正確的時間去做系統架構的決定。當時我們都問他：『既然專案發佈的時間都已經定死了，為什麼不儘早開始架構設計呢？』專案經理告訴我們，現在還不是正確的時機，環境還在變化，還沒有最後確定下來，而對 AT&T 這麼大的公司來說，一套可支援變化的系統架構設計是需要在環境能夠列出足夠資訊之後才可以做出的。

果然沒過多久，由於硬體廠商的一些變更，導致我們當時開發的系統需要支撐更多的硬體平台，並被要求留出足夠多的介面，供需要與 Cingular 公司相連的其他公司來呼叫。在這個時候，專案經理才最後選定了底層協定層用標準 C/C++ 來撰寫，上層應用包含對外呼叫的介面採用當時還算比較新鮮的 Java 完成，中間透過 CORBA 的架構完成整個系統的連接。直到許多年後，當接觸到了敏捷開發，聽過了精實開發的思維之後，我才了解到，雖然對系統設計來說，那個資深專案經理延遲了系統設計的承諾日期，但是對整個專案來說，他不僅實現了整套系統的按時發佈，而且透過一個良好支援變化的架構，讓我們在後續的開發中幾乎不用改變整體的架構設計，就可以完成模組更新和增加工作，並且透過支援越來越流行的 Java 和 CORBA 技術，讓 Cingular 產品採用的對外呼叫介面成為當時的預設標準介面，許多協力廠商的廠商紛紛效仿，為 Cingular 公司賺了個盆滿缽滿。我想，這才是延後承諾（Defer Commitment）真正的精髓所在。」

阿捷聽得津津有味，對敏捷聖賢講道：「我開始了解延後承諾的真正含義了。延後承諾並不是我們對不能按時完成專案所找的藉口，反而是讓我們學會如何在正確的時間段做出正確的判斷。就像我的團隊所承擔的這個 Agile OSS 5.0 奧運特別版專案，對我的 TD-SCDMA 專案小組來說有太多依賴，例如其他協定模組和中介軟體如果不能及時發佈，就會給我們 TD 專案小組帶來 N 個的麻煩，這是很大的風險。」

「真聰明。你們在做發佈計畫的時候，有沒有考慮加入足夠的時間進行緩衝，來避免這種事情的發生呢？」敏捷聖賢很高興阿捷能夠這麼迅速地了解她講的意思。

「還好，我留出了兩個短 Sprint 的時間，大概有 4 周的時間來做發佈工作，其中就包含了考慮到其他可能會發生的因素，這個時間夠嗎？」阿捷現在想想當初開「制定軟體發佈計畫」的會議時，有人曾經說 58 個故事、586 點的 5 個長 Sprint 做開發，用一個短 Sprint 做發佈就應該足夠了，自己還是謹慎地制定了最後的方案：38 個故事、586 點的 5 個長度為 3 周的 Sprint 做開發，兩個長度為 2 周的短 Sprint 做發佈。

「嗯，應該還好了。我們還需要擁抱變化，注意了！這也是敏捷開發的原則。因為我們不能指望客戶能夠在一開始就給我們一個完全清晰並且一成不變的需求。在我們真正發佈某個功能之前，不能定死使用者需求，就像我們之前談到精實開發原則裡講的那樣，大量前期的使用者需求分析是一種資源浪費，而且後期的更改代價會更高。」

阿捷不禁回想起當初在 Agile OSS 5.0 的需求分析時，和周曉曉他們相互糾纏的事情，回覆道：「嗯，說得太對了。我明天一定把這些經驗和我的同事們好好講講。那下一個原則是什麼呢？」

「下一個原則是『儘快發佈』。我們都看到了，自從網際網路應用以來，發佈速度已成為商業中的非常重要的因素，甚至有人說 Web 2.0 上的軟體永遠處於 Beta 版。軟體階段性發佈的週期越短，軟體的風險就越容易識別，使用者的需求就越清晰，軟體的品質就越高。」

「延期是精實軟體開發裡面最深惡痛絕的浪費。我們可以盡可能快地以小功能的形式發佈軟體，以減少延期，這需要減少組織內的負擔。譬如測試不會因為等待開發人員程式設計結束而停下來；我們不會同時做多個專案，避免不斷切換情境和混亂，相反，我們一次只做一個專案，對 DONE 有非常明確的定義。」敏捷聖賢一口氣說完。

阿捷聽得非常高興。因為一次只做一個專案，對 DONE 有明確定義都是阿捷現在正在實施的，阿捷開心地說道：「嗯，對你說的我舉雙手雙腳贊成！下一個原則是什麼呢？」

「少嘴賤了你！下一個原則就是『尊重員工』。尊重員工實際上是要對團隊授權，讓團隊自己做決定，很顯然，信任是基礎。實際上，這一點和 Scrum 裡

面提到的自我管理、自我組織是一致的。我想，這一點每一個歐美企業在各自的企業文化裡都有表現，相較而言，日韓公司的企業文化就不是這樣了。」

阿捷點頭道：「嗯，確實是這樣，我有一個讀者原來在日本公司做遊戲開發，他們的那個日本開發科長，一旦發生專案延期，從來不會本身找問題，就會說隊員笨。」

敏捷聖賢笑道：「並不是所有日本公司都這樣，這也跟個人的素養有一定關係，我們不討論這些。還剩最後一個原則了，就是最佳化整體（optimize the whole）。

要想縮短整個開發週期，需要採用系統化的解決方法。找出系統中的瓶頸，評估它，找到解決方法，然後重新開始。如果你只最佳化系統中的部分，或許其他地方會出現問題，效果就會大打折扣。」

阿捷想起了高德拉特博士《仍然不足夠》一書中的內容，回覆道：「嗯，這個觀點我從前也聽到過，跟 TOC（約束理論）裡提到的很相像。」

這回輪到敏捷聖賢提問了：「嗯？什麼叫 TOC 呢？」

阿捷很高興居然還有敏捷聖賢不知道的東西，開心地先打了個笑臉，然後努力回憶著自己所知道的 TOC 理論：「TOC 是 Theory of Constraints 的簡稱，約束理論的意思。是由以色列的一位物理學家艾利·高德拉特（Eliyahu M. Goldratt）博士所創立的。TOC 認為，任何系統至少存在著一個約束，否則它就可能有無限地產出。因此要加強一個系統（任何企業或組織均可視為一個系統）的產出，必須要打破系統的約束。任何系統可以想像成是由一連串的環所組成的，環環相扣。一個系統的強度就取決於其最弱的一環，而非其最強的一環。TOC 可以應用到生產管理中。有一種著名的生產排程的方法叫鼓 - 緩衝器 - 繩（Drum-Buffer-Rope，DBR）。TOC 也應用到經銷、供應鏈及專案管理等其他領域，且獲得了很好的成效。」

敏捷聖賢聽得津津有味：「真的很有意思！這個理論應該是從最早做生產銷售的工業和製造業而來的吧？那在 IT 軟體的專案管理領域，這個 TOC 理論是怎麼用的呢？」

阿捷很佩服敏捷聖賢一眼就看出了 TOC 理論的根源，也很高興敏捷聖賢對這個 TOC 有興趣，回道：「你說得很對。高德拉特博士最開始就是在處理工業領域出現的問題時而提出的 TOC，現在也將 TOC 用到了軟體開發領域，他認為，在軟體開發的每個專案團隊裡面，也都應該存在瓶頸資源，對吧？如果一個團隊說沒有出現過瓶頸，則說明不是是專業化分工不夠，就是是每個團隊成員都是多面手，但這種可能性並不大，並且如果真是沒有瓶頸資源，那大部分開發工作的效率應該不會太高。」

敏捷聖賢對阿捷的觀點表示贊同：「嗯，確實是這樣。只有專業化分工才能夠帶來高品質和高效率。」

阿捷繼續講著：「如果團隊裡面的瓶頸出現在成本消耗最低的資源上面，譬如對技術要求不高的工作環節的人力資源。此時，根據 TOC 約束理論之一，需要迅速增加該瓶頸資源的人力投入，避免耗費高成本的人力資源做這些附加值不高的工作和工作。反之，則不能簡單地增加該瓶頸資源，需要慎重地進行系統思考。TOC 的另外一個理論是考慮如何透過不僅是簡單地增加資源來改善瓶頸的效能，另外就是如何讓其他資源具備部分瓶頸資源才有的能力。」

「有些道理，那 TOC 理論裡面是如何進行系統的改善的？」敏捷聖賢繼續自己更為深入的提問。

「在 TOC 約束理論裡，透過一個最弱環節法則，即鏈條的強度取決於最弱的一環。列出了持續改善的幾個步驟。

0. 理清系統的目標（定義限制與問題）
1. 識別系統限制因素（最弱環節）
2. 決定如何充分利用限制資源
3. 所有其他環節遷就上述決定。
4. 為限制因素鬆綁。
5. 如果透過上述步驟，限制因素獲得解決，回頭從第 1 步開始」。

敏捷聖賢插了一句：「嗯，我的了解是，先識別專案管理中的關鍵路徑，再考慮資源約束和資源平衡，對不對？」

阿捷在電腦的這邊不禁點頭道：「嗯，可以這麼説，你提的這是一個想法。不過在高德拉特博士寫的《關鍵鏈》的一書中，提出了圍繞關鍵的瓶頸資源來安排計畫的。其中，關鍵的一點就是如何有效地設定和利用緩衝，解決了專案管理中的帕金森效應（工作總會把時間撐滿）和學生症候群（不到臨考不會學習）。」

「聽起來真不錯！！那你有用過 TOC 理論的真實實例嗎？實際的實作有 TOC 理論裡描述得那麼好嗎？都是用在哪些軟體開發上呢？」敏捷聖賢情不自禁地問了一長串問題。

「看來你真是個技術狂人，一聽見有新的理論就會興奮。我這裡有他寫的 TOC 系列管理小說，你要是喜歡，等你回國我拿給你，好吧？現在你還是把精實開發講完吧。剛才你説的 7 個原則都是一些理論性的東西，有什麼實際的實作可以參考嗎？我們的 TD 專案都已經做了一大半了。」

敏捷聖賢説道：「精實開發現在已經有了很多實作了，我沒有讓你上來就看到實作性的東西，是想讓你對理論和原則有一個初步的了解，然後的實作才會有意義，才不會跑調。」

阿捷很高興能夠聽見真正的精實實作，説道：「我們兩個誰跑調了，剛才有人聊 TOC 聊得忘了自己在哪兒了。趕緊告訴我你的精實開發的實際實作，我也好來個照葫蘆畫瓢。」

估計敏捷聖賢的臉被阿捷説得有點紅，她辯解道：「懂不懂得尊重女生啊？你別老這麼著急的，做男生，還是穩重一點好，我給你發幾個參考案例，相信你一定會知道怎麼做的！如果有問題我們再討論，好嗎？」

「多謝聖賢教誨。下回再教教我如何不得罪女孩子吧。」

敏捷聖賢打了一個小鬼臉出來，就沒有反應了。

幾分鐘後，阿捷從敏捷聖賢那裡收到了幾個關於精實軟體開發的文件。阿捷迫不及待地研究起精實軟體開發來。現在，任何跟敏捷軟體方法相關的東西，對阿捷都具有無盡的吸引力。

過了一個小時，阿捷才看完了敏捷聖賢發給他的那幾個文件，在 MSN 上敲了敏捷聖賢一下，問道：「還在嗎？」

半晌，敏捷聖賢才回敲了阿捷一下，「幹嘛敲我啊，臭小子。我正參加另外一個線上研討會呢。」

阿捷有點不好意思了，說道：「對不起。我剛才大致看了一下你發的案例，覺得看板的重要作用就是把傳統的推動式生產轉變為推動生產，透過隨選生產來減少浪費。對於看板，一方面需要控制在製品數量，一方面是要考慮整個看板工序形成的流動速率。我覺得在敏捷軟體開發中，可以把原始的使用者需求或故事，當成卡片，作為資訊載體，採用推動的方式組織開發。」

敏捷聖賢很高興阿捷能在這麼短的時間內就把自己發的幾個案例都看完，說道：「看來傻小子沒少動腦子想啊。」

阿捷接著敏捷聖賢的話說：「嗯，有了推動，我們就可以看到敏捷故事卡在整個看板上的流動。在你給的精實開發案例中，對於每一個工序都存在（ToDo，Doing，Done）三種狀態，每一個使用者場景在目前工序一完成後就會在看板上面進行移動，從上一個工序的 Done 移動到下一個工序的 ToDo。在敏捷軟體開發中，可以把目前 Sprint 要做的每個工作，透過這種視覺化看板管理起來，每個工作只能處於這三個狀態，當所有的工作都移動到了 Done 狀態時，這個 Sprint 才能結束。這樣應該更能讓所有人清楚目前的專案狀態，以及目前的專案瓶頸出現在哪個工作上。這樣，就可以避免燃盡圖所帶來的假象了。在我們以前的 Sprint 中，燃盡圖看上去一直很好，一直處於航空線下，突然有一天，就上去了，並且連續兩天是平的！當時，大家也隱約覺得有問題，但沒意識到問題的嚴重性。透過這個看板，就可以提前預知了。你給的案例真是太好了。」

「嗯。了解得很深刻！這種方式可以避免人力或其他瓶頸資源的等待問題，減少了浪費。其實你也可以多劃分幾個狀態，譬如設計、開發、測試、部署、UAT、發佈等，而不僅是 To/Doing/Doing 三個大狀態。對了，軟體開發中最大的浪費常常來自 Defect/Bug Fixing（缺陷修復）。對於這個問題可以透過引用反覆運算和持續整合的機制，加以預防，這也是與精實開發裡面減少浪費

的思維相通的。如果每一次反覆運算都列出可以向使用者獨立發佈的產品，那麼你們的敏捷軟體開發中也可以講：

> 準時化開發 = 反覆運算開發 + 持續整合 + 多次發佈。
> 零庫存 = 每次反覆運算都列出可以發佈的版本。」

阿捷第一次看到這樣的公式，說道：「這個公式真有意思。零庫存不就是 TOC 裡提到的嗎？」

「嗯，我也借花獻佛現買現賣了。等我回國，有機會借我幾本 TOC 方面的書吧。最近太忙了，每週都飛來飛去，已經很久沒有時間靜下來好好讀讀書了。」

「好啊，沒問題。你先參加線上研討會吧。很晚了，我下去睡覺了。保重啊，聖賢！」阿捷回覆著。

「嗯，你也保重，滑雪的時候小心別受傷啊。晚安了。再見。」

阿捷 MSN 下了線，一看表，已近深夜 1 點了。用涼水洗了把臉，按照自己這幾個月養成的「今日事，今日畢」習慣，記錄下今天新學到的理論和自己的體會。

幾天後，新一輪衝刺又開始了。在開完 Sprint 計畫會議的第二天，大家驚奇地發現，今天的白板有了非常顯著的變化！以前那裡就是一個燃盡圖，而今天的白板，佈滿了各種顏色的記事帖，變成了一個工作看板圖。工作看板圖上顯示出在本次反覆運算中要完成的所有工作的目前狀態、遇到的問題、非預期的其他問題或工作，可以幫助 Scrum 團隊了解目前做得如何，以及下一步要做什麼。每個工作用一個記事帖來代表，不同的顏色代表了不同性質的工作，譬如設計、開發、測試、建置、安裝等。狀態則由板上分別標有 ToDo（未做）、Doing（正做）和 Done（做完）的三個區域來代表。右上角則是 Sprint 目標和燃盡圖，展示目前 Sprint 工作整體完成情況及趨勢；接下來的 Issue（問題）板塊用來追蹤遇到的 Issue 或外部 Dependence（依賴）；Unexpected（非預期）板塊用來記錄 Scrum 團隊為完成 Sprint 目標新增加的工作，或其他可能影響 Scrum 團隊工作重點的非預期工作。

本章重點

1. 精實軟體開發的七大原則：
   - 消除浪費（Eleminate Waste）；
   - 強化學習，鼓勵改進（Focus on Learning）；
   - 注重品質（Build Quality In）；
   - 延後承諾（Defer Commitment）；
   - 儘快發佈（Deliver Fast）；
   - 尊重員工（Respect People）；
   - 最佳化整體（Optimize the Whole）。
2. 準時化開發 = 反覆運算開發 + 持續整合 + 多次發佈。
3. 零庫存 = 每次反覆運算都列出可以發佈的版本。

冬哥有話說

消除浪費

精實軟體開發一詞，源於波彭迪克夫婦（Mary Poppendieck 和 Tom Poppendieck）在 2003 年寫的《精實軟體開發》一書。書中介紹了 7 大原則以及 22 個實作工具。

消除浪費（或叫 Muda）原則，最初是由大野耐一（豐田生產方式之父）的理念所產生的。

對於踐行精實軟體開發的企業和團隊而言，消除浪費的第一步，是鑑別什麼是浪費，如何識別並感知到，這種對浪費的認識和感知的能力，是精實軟體開發是否可成功的關鍵。第二步是指出浪費的根源並消滅它。豐田生產系統 TPS，歐美車企從 80 年代就開始學習，可剛剛學出一點門道，發現人家又精進了。所以豐田最核心的能力不是在 TPS 或精實本身，而是稱之為 KATA（策略練習）的持續識別浪費並加以消除並改善的文化。

大野耐一認為，任何不能為客戶創造價值的交易都是一種浪費，生產過剩、庫存、移動、運輸、等待、額外工序、缺陷等都是浪費；波彭迪克夫婦將這些浪費對應到軟體開發中，包含部分完成的工作、額外特性、額外過程、工

作調換、等待、移動、缺陷等。其中，額外的特性，發佈不需要的功能，是產品開發中最大的浪費。我們要做一個能賣出去的產品，而非反過來。

在精實軟體開發的七個原則中，消除浪費是最重要的，是其他原則的基礎，也是其他原則的目的所在。

舉一個延後承諾實例。傳統開發模式中，在專案早期，資訊最少的時候，我們要做出一個有關最多決策的計畫，這不是矛盾麼；而這些決策常常並不準確，在未來需要調整，那麼前期投入的時間就是浪費；此外，如果我們在前期花了大量時間做計畫並進行決策，未來進行調整的時候，沉沒成本會影響我們調整的決心和勇氣。

因為軟體開發通常具有一定的不確定性，盡可能地延遲決策，直到能夠以事實而非不確定為基礎的假設和預測來做出決定。系統越複雜，那麼這個系統容納變化的能力就應該越強，使其能夠具備延後重要以及關鍵的決策的能力。

擁抱變化，但不是隨意變化

星期三的上班路上，阿捷又被堵在東便門橋上，還好，今天上午沒有安排會議，要不然一定要遲到的，阿捷一邊想著，一邊探出頭，向窗外望去。堵車的車龍長達四五公里，放眼望去根本看不到盡頭。私家車、公車上的人焦急地向窗外探望，阿捷索性關閉了引擎，無聊地聽起 1039 交通台的《一路暢通》。

上午 10：40，阿捷終於衝破了重重阻礙，到了辦公室。剛進門，阿捷就看到大民和李沙兩個人正在面紅耳赤地爭論著什麼，僵持不下。

二人看到阿捷走過來，似乎看到了救星，停了下來。

「看來問題不小啊！我們找個會議室吧。」阿捷想先把氣氛緩和一下，「今天早上大堵車！你們一定沒遇到過這麼堵車的，從整個東南二環到機場高速都塞了！」

「忘記實際是哪年冬天了，北京下大雪，正好趕上下班時間，道路幾乎全部癱瘓，只有地鐵還在跑。我回家用了 4 個半小時，到夜裡 11：00 才到家，早知道我就不回去了。」大民接了一句。

「有一年夏天那次大暴雨也挺厲害的，幾個環路的交流道全淹了，環線地鐵好幾個站也沒倖免。我正趕上要去見客戶，也只好取消了。」李沙也回憶起了一次交通癱瘓。

一說到北京的交通，大家都有很多話說，對於北京的堵車，大家都深有體會。三個人邊走邊談，來到黑木崖時，氣氛已經緩和下來。

「嗯，李沙先說，是什麼問題？你一定是無事不登三寶殿的！」阿捷等大家都坐下，首先問李沙。

「我昨天接到客戶那邊的電話，是關於我們 TD 單子的，他們更改了原來的一項需求。我知道，都現在了，還變來變去的，一定不利於你們開發團隊。但也沒辦法啊！誰叫人家是甲方呢？」

「變化大嗎？」阿捷非常關切地問，因為這關係到他們的團隊是否可承受。

大民沉思了一下，說道：「說大不大，說小不小，不過幸好我們還沒有做呢。」

「噢，那應該好辦啊。」阿捷有點疑惑起來，「我們實施 Scrum 的一大初衷也是為了應對變化、接受變化。」

「問題不在這！這個需求做起來並不難，對已經完成的工作影響也不大。關鍵就是李沙要求我們現在就要做！」大民分辯道。

「是這樣嗎？李沙？」

「客戶非常重視這個需求，說對保障 TD 正常執行非常重要，昨天多次強調一定要把它做好，而其他的都可以放一放。所以我覺得，我們應該馬上就動手才對！你沒來的時候，我找到大民，可大民說他們的時間已經排滿了，不能做這個。」李沙顯得也很委屈。

「大民說得沒錯，李沙，你也是知道的，我們現在是每三周做一個 Sprint，每個 Sprint 裡面，大民他們的工作都是滿滿的！所以他們現在的確沒有時間馬上做你說的需求。」阿捷略微頓了一下，「李沙你說這個需求非常非常重要，對吧？」

「對！我已把它設定為最高優先順序！」

阿捷聽到這裡，心裡已經有了自己的算盤，對著李沙講道：「嗯，那我們現在有兩個辦法可以解決這個問題。」

「第一個辦法是要等我們結束目前這個 Sprint 後，在下一個 Sprint 裡面首先做你說的這個需求。因為現在這個 Sprint 到下周，也就是耶誕節的這個週末就結束了，按照原計劃，讓大家稍微緩幾天，調整一下狀態，下一個 Sprint 會

在元旦回來就開工，就是說你還要再等幾天。」

阿捷看到李沙期望的眼睛，接著說：「第二個辦法是立刻結束目前的 Sprint，重新計畫下一個 Sprint，然後馬上開工，把你認為需要修改的這個功能放在首位去做。但以我的經驗來看，第二個辦法會帶來很多潛在的問題，舉例來說，一旦結束目前的 Sprint，那我們在這個 Sprint 中已經做的一些工作就半途而廢了，白白浪費了很多時間；而更重要的是，大家的士氣會受到打擊，工作效率一定會受到影響！而這是無法估算的。李沙，你應該明白現在對我們來說，士氣的重要性。」

說到這裡，阿捷停了下來看了一眼李沙，繼續說道：「情況就是這樣，你可以考慮一下，看看我們到底該採取哪個辦法。」

李沙沉思了差不多一分鐘，最後咬了咬牙說：「我看還是等這個 Sprint 結束吧！反正也沒有幾天了，客戶那邊我來搞定吧。」

「好！那我們就這麼決定了！」阿捷說完掃了大民一眼，看到大民終於長長地鬆了一口氣。是啊，這段時間大家都像上緊了發條的機器。

晚上回到家裡，筋疲力盡的阿捷倒頭就趴在了床上，沒有馬上去遛小黑，剛想瞇下眼，就聽見電腦上響起了 MSN 的訊息聲。「不會是她吧？」自從上回和敏捷聖賢聊了很久的那個愉快的晚上後，敏捷聖賢就再也沒有出現，阿捷邊想著邊跑到電腦前一看，敏捷聖賢的圖示已由灰變亮。阿捷不相信自己的眼睛，使勁揉了又揉，確定沒看錯之後，點開敏捷聖賢的圖示就敲了一下。

「嗨，幹嘛啊，人家剛上來就敲。你反應真快啊。我剛上線。」果然是敏捷聖賢。

「誰讓你這麼多天都不出來的，想敲你都敲不到。這些天你都在忙什麼呢？」

敏捷聖賢回覆道：「還在法國呢。你不知道最近我都快忙瘋了。下週二就是耶誕節了，事情特別多，都要趕在聖誕前做完。下週四我還要去東京開會，然後就可以直接回美國了。你呢？都在忙什麼？」

阿捷說道：「我還是老樣子，我把上回你講的工作看板方法用在了我們專案的白板中，效果特別好。你們聖誕放假嗎？你都怎麼安排呢？」

「我還沒時間想呢，現在看應該會放的。我這邊的事情基本做完了。你呢？聖誕準備怎麼過呢？別告訴我你又要加班。」

阿捷突然有一種衝動，那就是邀請敏捷聖賢來北京過聖誕。不過他對敏捷聖賢能不能來並沒有把握。阿捷試探地問道：「要不你來北京過聖誕，我請你去滑雪，溫泉。反正北京飛東京很近的，你可以先從巴黎到北京，過完聖誕從北京去東京忙你的。」阿捷一口氣把自己這個無比衝動的想法說出來。

「法國也有滑雪和溫泉啊。還有什麼可以吸引我來的呢？」敏捷聖賢好像並沒有完全拒絕的樣子。

阿捷腦袋裡靈光一現，趕緊接著說：「當然還有好多好吃的啊，北京小吃你喜歡嗎？正宗烤鴨，香辣烤翅，麻辣烤魚。」阿捷聽過敏捷聖賢的口音帶著點川味兒，就專揀香辣的說。

「嗯。聽起來真不錯。好久好久沒回國了。本來計畫的是今年春節回家看看老爸老媽。要是聖誕只去北京玩不回家，會不會被說啊？」

聽到這裡阿捷知道敏捷聖賢已經快被說動了，繼續趁熱打鐵道：「你家在哪裡呢？要是離北京不遠你也可以回去看看啊，要是遠，反正耶誕節在國內都是年輕人過的，你不回家他們也都不會怪你的。你說呢？」

「我家在四川，要是聖誕回來就這麼幾天，回家一定是來不及的。這樣，我考慮一下，晚些時候發郵件給你。好嗎？我現在要去開會了。再見。」說完就下線了。

阿捷知道自己能做的都做了，下面的就只能是「聽天命」了。雖然已經很晚了，但是阿捷卻興奮地睡不著，拿起電話打給了猴子。

當猴子聽完阿捷前前後後的說明之後，嘴巴都快合不攏了，「什麼？敏捷聖賢原來是個小妞？還是個在國外的四川小妞。行啊你小子，能量夠大啊，連這樣的美眉都想追，不愧是我們宿舍老大，沒給我宿舍丟人。不過你就不怕見光死嗎？」

阿捷沒理睬猴子的戲弄，很平靜地說道：「嗯。我想過了，其實談不上追，只

是憑著她幫助我那麼多，我只是想和她交個朋友。再說長得好看難看又怎麼了？人最重要的還是內在的東西，我跟她聊得很開心，這就足夠了。」

第二天一早，阿捷起來，果然收到了敏捷聖賢的郵件，信很短，甚至連抬頭都沒有來得及打，只是草草寫著：

「我 23 下午從巴黎前往北京，24 日下午 2：00 抵京，準備在 26 日上午離京。請告訴我你的手機號碼。謝謝。」

阿捷心中一陣狂喜，一聲大笑，把剛剛搖著尾巴跑過來的小黑嚇了一大跳，夾著尾巴轉身跑回去好幾步後，才又蹲坐在地上，瞪著兩個圓圓的大眼睛，瞅著阿捷，似乎在說：「大清早的，搞什麼搞？嚇死我了。」

本章重點

1. 對一個專案開發來說，一定要擁抱外部變化。但對一個 Sprint/ 衝刺，卻要有條件的擁抱變化，只為更進一步地提高效率。

2. Scrum Master 需要對團隊做出承諾，讓團隊感受到有人全心全意關注其工作，在任何情況下提供保護和援助，使團隊在 Sprint 過程中免受打擾。

3. Product Owner 要思考如何實現投資回報最大化，以及如何利用 Scrum 達成目標，不要輕易打破團隊開發節奏。

4. 在影響 Scrum 正常實施的許多因素中，在 Sprint 過程中加入新需求，是 Scrum 的第一殺手。

5. 在一個 Sprint 執行過程中，如果遇到一些問題導致 Sprint 的原始目標不能實現，此時需要及時地調整目標。如果不願意調整目標，任意延長 Sprint 的時間，就違反了 Sprint 的 Time-Box 特性，那麼，Sprint 衝刺的意義也就不存在了。

6. 反之，如果急於看到結果而壓縮 Sprint 的時間，可能獲得一定的效果，但整體上會消耗更多的資源，讓團隊疲憊不堪，生產力不佳。

冬哥有話說

擁抱變化

敏捷宣言説，回應變化（Embrace the change）高於遵循計畫；敏捷原則説，歡迎對需求提出變更，即使在專案開發後期；要善於利用需求變更，幫助客戶獲得競爭優勢。

無論是多麼明智，多麼正確的決定，也有可能發生改變。因此，團隊要充分了解我們的利益關係人（Stakeholder）和客戶代表為什麼經常提出新的需求和設計要求，牢記「唯一不變的是變化這個真理」。團隊更要信任利益關係人做出的每次決定和需求的調整，都是將產品開發推向更正確的發展方向，新變化將進一步降低風險，實現團隊最大化利益，了解這是適應市場變化的必然行為。而在接受變化的同時，我們應該積極地向利益關係人和客戶代表反映實現活動中曝露出來的可能的設計缺陷和錯誤。在實際工作中，團隊成員應該用優先順序制度來劃分事情和目標先後順序，在反覆運算週期內對於還沒有最後決定的設計方案不要急著實現，不要急於投入資源展開全面的開發、測試活動。這樣一來，開發測試團隊也將更加適應，真正擁抱變化。

敏捷宣言還説：個體和互動高於流程和工具；客戶合作高於合約談判。

敏捷團隊 Sprint 的規則，是事先與 PO 約定好的，等於合約。如果阿捷只是固守規則，拿合約與李沙談判，堅持拒絕 Sprint 內的變更，於情於理都説得過去，卻容易將李沙推到團隊的對立面。這是很多理工男容易犯的毛病。

保持與客戶、包含內部客戶的互動與溝通，而非僵化地利用流程規則，一味地拒絕變化。文中阿捷與李沙的溝通過程是一個經典案例，開誠佈公，以擁抱變化的態度，站在李沙的角度，擺事實講道理，説明兩種方案的優勢利弊，最後將決策權交給李沙。

16

提升團隊生產力的公式

接下來的時間過得飛快，終於在周日中午，阿捷終於收到了敏捷聖賢的電話。

「嗨，阿捷，我現在已經在巴黎戴高樂機場了，馬上就要上飛機了。明天下午2點能來機場接我嗎？酒店我已經透過公司的代理訂好是長城飯店。」

阿捷趕緊說：「沒問題，我週一到週三的假都請好了，就等著你呢。嗯，好，明天見。」

第二天一起床，阿捷站在衣櫃前開始琢磨穿什麼好，小黑搖著尾巴跟著阿捷轉來轉去。阿捷折騰了大半天也沒選好要穿什麼，最後，還是小黑幫阿捷在一堆衣服裡面叼出一件黑色外套，阿捷自己配了件黃色襯衣，再套上條牛仔褲，開著自己那輛老捷達去了機場。

因為臨近聖誕，機場裡人來人往，好不熱鬧。阿捷怕自己找不到敏捷聖賢，已把自己的照片發給了敏捷聖賢。眼看著時間近3點，阿捷還在伸著脖子在國際班機出口處東張西望。這時，一個女孩兒拍了下阿捷的肩頭，用那熟悉的川味普通話問道：「嗨，你是阿捷嗎？」

阿捷轉過身來，一個白白淨淨面目清秀的女孩穿著一件樣式考究的黑色大衣，拉著一個碩大的箱子站在自己面前，居然比自己想像的年紀還要小。阿捷怔了一會才問道：「你就是敏捷聖賢？」

「是啊，我中文名叫趙敏，怎麼樣，沒讓你久等吧？」

「沒，沒。走，聖賢。我幫你拿箱子。」阿捷回過神來伸手拉過箱子。

在車上，阿捷和趙敏隨意聊著，從飛機上難吃的速食到巴黎的天氣再到北京的堵車，兩個人聊得十分開心，完全不像是頭一次見面。只是阿捷一口一個聖賢地叫著，讓趙敏聽著總覺怪怪的，幾次提出讓阿捷叫她趙敏，卻怎麼改都改不過來。

2007 年的平安夜，阿捷帶著趙敏去了後海，漫步在煙袋斜街的小店中，兩個人一手拿著糖葫蘆，一手捧著一小碗剛炸好的臭豆腐，邊聊邊走感受著北京城裡聖誕的氣氛。趙敏給阿捷講著巴黎塞納河左岸的咖啡館，阿捷則把這麼多年在北京生活的好玩事情一一講給趙敏，聽得她開心大笑。晚上 12 點，阿捷才把趙敏送回賓館，相約了第二天一早，在三元橋石金龍滑雪場的客運上車處見面。

阿捷開車回到家，小黑照例過來聞了又聞，仿佛聞到了女孩兒的味道。是啊，阿捷都已經忘記上次和女孩約會是什麼時候了。反正是在 3 年前的事了，那時還沒小黑呢，現在，小黑都快 3 歲了，已經變成大黑了。看著周圍的讀者、朋友紛紛發喜糖擺喜酒，有的甚至都抱上了兒子，阿捷卻一直被工作纏身，忙忙碌碌、不知疲倦地加班工作，阿捷自己不知道，這是不是在為自己找的藉口罷了。其實，阿捷一直都很渴望能有一個溫暖的家。

和敏捷聖賢的見面，讓阿捷久已沉睡的那種感覺在心裡慢慢醒來，但是阿捷感覺自己和趙敏之間的差距太大了。今天阿捷才知道，趙敏其實比自己還大兩歲，只不過看起來要比阿捷還年輕。趙敏老家在四川都江堰，在那裡讀完小學和中學。高中畢業時，由於品學兼優，成為那年四川省唯一申請進美國史丹佛大學的高中生，畢業後就一直留在美國工作。感受到差距，阿捷剛剛萌動的心又慢慢地冷了。

第二天一早，阿捷和趙敏都準時出現在雪場客運的集合處。經過一晚的休息，趙敏的精神很好，在車上饒有興趣地和阿捷討論起這次歐洲之行做諮詢的一些收穫，阿捷也聽得津津有味。

阿捷也正想借這個機會，當面請教趙敏有什麼辦法可以讓自己團隊的生產力大幅加強，畢竟最近工作的壓力挺大的。阿捷遞給趙敏一瓶水，問道：「聖賢，有沒有什麼方法可以加強生產力？」

趙敏接過水說，邊喝邊說道：「你想大幅加強生產力？你這要求如同讓開發團隊從石頭中擠水！搞不好，會適得其反的。」

阿捷抓了抓頭，不好意思地說：「其實，我也知道這不太可能。不過，看到我們的現狀：有限的發佈日期、有限的資源、大量的工作，就會著急。一旦我們不能按期發佈，我們這些人也許都得換工作。」

「我沒有什麼特別有效的措施，但是，我之前曾經收集過幾個關於生產力方面的試驗，可能會讓你少走冤枉路！」

阿捷眼睛一亮，頓時來了精神：「好啊！前車之鑑，後事之師。」

「嗯，先問你一個問題吧。你是怎麼衡量生產力的？」

阿捷不假思索地回答：「按照完成工作的多少。」

趙敏笑了笑，說道：「這是人們最常用的一種方式，但也是最差的！」

「啊？」阿捷差點把剛喝的半口水吐出來。

趙敏被阿捷的表情逗樂了，呵呵道：「不要這麼驚訝啊，真理常常掌握在少數人手裡！你看，我們常常輕易地提交了大量的程式和設計決策，但又不得不在後期以更高的代價修正 Bug 和重新設計。如果我們僅衡量已經完成了多少工作，一個團隊的生產力可能很高，但卻可能一直沒有可以發佈的產品。」

「這倒是。那該怎麼衡量呢？」

「最理想的標準是透過『交到使用者手中的可以工作的有價值的程式量』衡量，這個才是 Outcome（結果），而你們之前度量的一直都是 Output（產出），有 Output 但是不一定是 Outcome 的！」

阿捷仔細品味著趙敏的這個論斷：「這種度量好像很難操作的。」

「沒錯！所以我採用這樣的公式，」趙敏把手中的印有雪場介紹的那張紙翻過來，在背面上寫：

生產力 =
已經完成的工作量 – 用於修正 Bug 的工作量 – 用於修正錯誤設計的工作量

阿捷邊看邊說：「我明白了。透過這種計算方式，如果大家提交的錯誤的東西超過正確的東西，完全有可能算出來一個負值！對吧？」

趙敏點了點頭：「對，這才是隱藏在水面下的真正的事實。」

「根據這個公式，我想，透過加班一定是可以加強生產力的。」阿捷以前經常透過加班來解決問題。

趙敏差點笑出聲來：「錯啦錯啦！我就知道你一定會這麼想的！這是一個人們最常用的加強生產力的策略，但是極其錯誤的！福特公司為此曾經用 12 年的時間進行了幾十項試驗，根據最後結果，福特公司及其企業工會最後通過了每週工作 40 小時的法案。」

「不會吧？每週工作 40 個小時是這麼來的？資本家還如此人性化啊！」

「那倒不是因為福特仁慈，作為企業主，他們想到了賺更多的錢的最有效方式。一般人都會認為這是一次工作力解放，實際不過是經過實驗證明的最佳工作時間而已。」

「哇！！原來如此，試驗是怎麼說的？」

「主要有三點：每週工作小於 40 小時，工人的工作量會不飽滿；每週工作超過 60 小時，初期生產力會有小幅加強；加強通常不超過三到四周，隨後生產力會迅速降低、變負。看看這個圖，會更一目了然。」趙敏在剛才那張寫有生產力計算公式的紙上又大致畫了一個圖表，遞給阿捷。

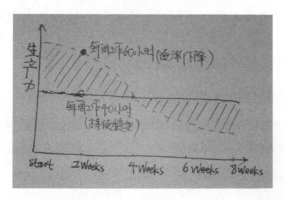

阿捷把手中的圖表遞還給趙敏：「嗯。這個統計資料大概有多久了？現在的情

況是否會有一些變化，畢竟我們這些 IT 藍領的工作方式和福特的工人還是有些不一樣的地方。」

「嗯。你說得很對。福特的這個統計資料是 1909 年做的。我再給你簡單畫一個比較圖。」趙敏邊說邊在紙上又畫了一個圖表，然後遞給阿捷。

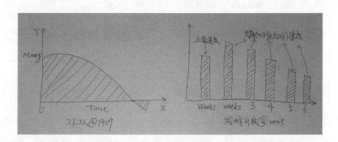

「你看，查普曼（Chapman）使用生產出的產品價值作為衡量生產力的標準，海姆尼斯（Highmoonis）使用了理想的時間作為衡量標準，而且他們採用的是敏捷反覆運算開發方法。這兩個圖表都表明生產力在短期加強後，迅速降低並開始負增長。」

阿捷仔細看了看這兩個公司的結果，一個是 1909 年的生產工廠，一個是 2005 年的遊戲軟體開發公司。「嗯，看來過度加班真的是殺雞取卵！那可不可以利用短期加班所帶來的突發性生產力加強呢？譬如我們讓員工在一周工作超過 40 小時，但小於 60 小時，然後在緊接下來的一周裡恢復到工作 40 小時。或有沒有其他什麼模式可以讓工作安排更有效率？」阿捷目前是這樣安排 TD 專案小組的加班時間的。

趙敏笑了一下，沒有直接回答。又在紙上畫了另外一張圖表，遞過來說道：「那讓我們再來看第二個試驗。」

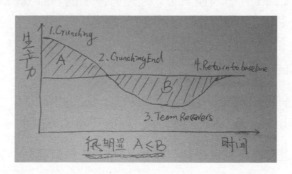

阿捷邊看趙敏邊解釋著：「這裡的 Crunch 意指加班。這個實驗表明任何這種嘗試，最後都是要付出代價的。任何時候，工作超過 40 小時，都需要恢復期，無論你怎麼調整；一周 35 ～ 40 小時可以這樣安排：每天工作 10 小時，持續四天，然後休息三天；這種『壓縮工作周』，不僅可以減少缺勤，在某些情況下，甚至還可能加強生產力 10% ～ 70% ！」

「哇！四天工作制，太棒了！我打賭 80% 的人都會喜歡的！」阿捷不知不覺地加強了聲音！

坐在阿捷他們前排的男孩被阿捷吵醒了，轉過頭來，看了一眼阿捷和趙敏。

「噓！小點聲！」趙敏用手按住嘴唇，做出一個靜音的手勢，降低聲音說道：「根據美國幾個研究機構所做的調查，1/3 以上的員工和經理認為靈活工作制度或四天工作制，能使生產力有顯著提升。你現在應該知道為什麼歐美的企業喜歡採用靈活工作時間制度了吧。其實完全不是我們誤解的以為是為了表現自由，而是靈活工作制度確實能夠發揮出人的創造性和生產力。」

「我還以為就是為了員工好，表現人性化管理呢。看來我們是被資本家剝削並快樂著！」阿捷自我解嘲道。

「這個試驗結合我們的敏捷開發，可以獲得這樣的結論：第一，短期，不超過 3 周的加班衝刺會臨時加強生產力；第二，團隊有策略的加班可以完成最近的最後期限；第三，加班後，生產力會有同等程度的降低，應該根據這個因素馬上調整計畫；第四，考慮四天工作制。」

「嗯，等我做了老闆，就實行 4 天工作制。」阿捷興奮地說著。

「那你要當心，知識工作者與產業工人還是有區別的。讓我們來看第三個試驗的結果，是關於知識工作者的績效的。研究表明，與手動工作相比，人在疲勞狀態下，創造力和解決問題的能力會顯著降低，平均而言，長時間鑽研問題，常常列出更低劣的解決方案，特別是當人缺乏睡眠時，這一點尤其明顯！」

「嗯，這一點我有深刻體會。加班時間長了，我的判斷力和思考效率顯著下降，這兩年尤其明顯。唉，真是老了！」阿捷又喝了一口水。

「你少裝老了，還沒我大就敢說自己精力不行了？你只要記住這個結論：知識

工作者每週最好工作 35 小時，而非 40 小時。」趙敏說時故意把 35 這個數字加重了一下，以示強調。

「啊？差距這麼大！」阿捷沒有想到這個結論不只是說不要加班，而且還要減少腦力工作者的工作時間。

「沒錯，一旦超過 35 小時，他們就會疲憊，進而做出愚蠢的決定。而後他們又要為自己的錯誤加班進行修改和解決。周而復始，進入一個惡性循環。」

阿捷若有所思地點了點頭，說道：「確實是這樣。這個結果一定會讓 90 年前的福特難受的！根據他們的試驗，少於 40 小時，工人就在偷懶啦，畢竟他們的公司裡面也會有一些知識工作者。」阿捷不知不覺地又加強了音量。

趙敏用腿碰了碰阿捷，阿捷趕緊伸出舌頭做了個鬼臉。

趙敏沒理會阿捷，接著說，「或許吧。這個試驗給我們三個啟示：第一，加班會毀滅創造力；第二，如果在某個問題上卡殼，不是回家，就是找個地方休息休息；第三，保持充足睡眠。睡眠會從根本上加強你解決問題的能力！」

「可是我們公司裡面有些人，特別是單身年輕人，總是宣稱他們加班做了比別人更多的工作，會不會有異常的超人？或超人團隊呢？」

對這個問題，趙敏非常一定地回答道：「沒有，絕對沒有！曾經有很多人做過這樣的實驗：設定兩個基本一致的團隊 A 和 B，A 加班，B 不加班。A 團隊通常認為他們做了比 B 團隊更多的事情，管理者也會有這種印象，因為他們在座位旁扔了更多的煙頭。而實際結果卻是 B 團隊創造出了更好的產品！最後發佈的價值，才能算是 Outcome（結果），否則只能是 Output（產出）。」

趙敏翻了翻手中的紙，在空白處又畫了個草圖：「看看這個圖表。」

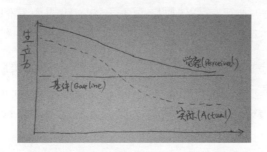

阿捷接過來，看了看，一頭霧水，瞅著趙敏等她解釋。

「長期加班的團隊也會認為他們的生產力會降低，但從來沒想過停止加班，因為他們相信，無論如何也比每週 40 小時高，但實際情況卻並非如此！」

「不可思議！如果是這樣的話？為什麼還會有那麼多的管理者或開發團隊迷戀加班呢？」阿捷有些迷惑了。

「很簡單！這是因為人們通常會忽略整體負擔，再加上固有的一點偏見。首先，就像開頭我們已經提到過的，人們沒有衡量程式缺陷所帶來的負擔、錯誤設計所帶來的負擔及機會成本。其次，錯誤的線性假設。人們一旦看到加班帶來的突發性生產力加強，就會假設他們一直做下去，會有同樣的效果。第三，因為有些人習慣加班，而正常執行時間的效率卻很低。第四，錯誤的導向。管理者注重以行為為基礎的獎勵，而非以結果，進一步加班為基礎的人常常獲得更快的提升。」

「嗯，加班會讓聰明人變蠢的。我再見到有人持續加班，一定強制他們回家休息去，特別是小寶這小子。」

「一定要記住自己說過的話啊？千萬別因為上面的壓力就讓你的團隊加班！」趙敏打趣道，沒給阿捷表態的機會，接著說，「下面來看第五個實驗，是關於團隊大小對生產力影響的。」

「好啊！Scrum 裡面也有關於最佳團隊大小的建議，不知道是否一致。」

「基本一致，這個試驗證明由 4 ～ 8 個人組成的團隊生產力最高，比超過 10 人的團隊高出 30% ～ 50%，因為超過 10 人的團隊溝通成本急劇增加；但小於 4 人的團隊缺乏足夠的應對能力，不能很好地解決範圍更廣的問題。」

「我們團隊 7 個人，看來是高效團隊啊！不過，部門內其他團隊都超過 12 個人，看來他們應該重新劃分一下。」

「你可以建議部門主管這麼做：首先，按照專案劃分成跨職能的小團隊；其次，對於大的專案，利用 Scrum-Of-Scrums（一種擴充 Scrum 的方式）把小團隊聯繫在一起；最後制訂出建立團隊、劃分大團隊、團隊間人員流動的流程 / 規則。」

「嗯，不錯的建議！可我們部門的情況很複雜，很多時候，問題不僅是技術上的，更多的是人為因素」，後面的話阿捷有點自言自語，不過，阿捷很快就意識到了這一點，趕緊說：「不好意思，還有什麼？」

「還有，就是工作環境。我們來看一下什麼是最具生產力的物理工作環境吧。」

「我看過一本書叫《人件》，也講過這方面的東西。」阿捷補充道。

「對，二者的出發點是一致的。這項研究表明，把屬於同一團隊的人安排坐在一個專屬於該團隊的房間裡，是最能加強生產力的，可以帶來 100% 的加強！坐在一起表示更快速地溝通、更高效率地解決問題，而更少的來自外部的干擾，也會加強生產力。」

阿捷問道：「專屬於該團隊的房間？」

「對，最好是有牆隔斷的房間。每人至少 6 平方公尺，太少也會降低生產力。敏捷開發強調的辦公環境都需要為高效溝通服務，集中辦公，辦公位之間最好沒有阻隔板等。牆面用來做看板和狀態管理，有一兩個專門的小會議室，方便兩三個人隨時進行小範圍的問題討論和評審，或用於私人談話、電話及與外部團隊的會議等。目標只有一個，就是儘量減少對團隊的干擾。很多公司因為不能為團隊提供這樣的辦公空間，他們就會擠佔一個會議室封閉開發，搞一個作戰室（War-room）出來。效率也會大幅提升。」

「嗯，那麼團隊該怎麼組織呢？是只有設計人員的團隊？只有開發人員的團隊？只有測試人員的團隊？或是一個像我們這樣的混合團隊？」阿捷越問越詳細。

「你們是對的！混合團隊的績效要比單一職能的團隊高很多，他們能夠提出更具突破性的解決方案。此外，團隊成員一定要專職，任何一個兼職人員，他的工作效率都會降低 15% 左右的。」

「但有些時候兼職人員也是不可避免的，像 IT 人員、DBA 等。他們對專案的開發也非常重要啊。」阿捷想起了 Agile 公司幫助 TD-SCDMA 專案小組架設實驗室的 IT 同事們。

趙敏點了點頭，說道：「是這樣，所以你就需要合理安排好兼職人員的時間和工作量。最後一個是針對團隊工作量安排的。這個你一定更有興趣，這是開反覆運算計畫會時必須考慮的因素。」

阿捷點了一下頭：「我們按照每人每天 8 小時計算，實際安排 6 小時的工作量。另外兩小時讓成員自主安排，如處理郵件、參加各種會議等。」

「聽起來不錯！試驗結果表明，安排 80% 的工作量常常會生產出更好的產品。當給員工安排 100% 的工作時，實際上剝奪了他們進行思考的空間。我們應該留下 20% 的時間讓員工進行創新性的思考以及過程改進。此外，還應強調的一點是，創造出 20 個偉大的功能，會比創造出 100 個平庸的功能，更能盈利！」

「你難道建議一個正在實施 Scrum 的團隊把自己的開發速度降低 20%？」阿捷有些聽傻了。

「對！創新是團隊活力的源泉，每個管理人員都應該想辦法鼓勵團隊去創新，留時間讓團隊去思考如何創新。」趙敏說得非常堅決，「好了！我要講的都說完了。加強生產力，是一個持續的過程，不是一朝一夕就能達到的，你需要根據你的團隊、團隊裡面每個人及外部環境做適當的調整。」

「噢，就這些了嗎？」阿捷還有些意猶未盡。

「哎，你總是不知足！最後點點你，像團隊授權、測試驅動開發、每週與客戶交流一次、適時團建等，凡是能讓團隊自我組織和自我管理的方法，你也都可以嘗試一下。」

「嗯，多謝多謝！對了，我可以借用你今天講的這些東西嗎？」阿捷想把這些寫到他的敏捷部落格中去。

「當然可以。你還可以把他們寫入論文或小說，只要你願意。」

阿捷頓了一下，「小說？這可真是一個好主意。不一定，我真的會寫一本關於敏捷開發的小說呢。」

「真的嗎？哈哈，我要做第一個讀者！」

不知不覺中，滑雪場到了！到了！

一條白龍從山頂穿梭而下，在遠處綠褐色山巒的映襯下，白色的雪道越發顯得奪目。雖說是聖誕，但畢竟不是週末，所以，滑雪場的雪具大廳裡並沒有多少遊客，阿捷他們剛一進來，就被幾個穿著滑雪教練服的工作人員圍著問要不要教練指導，阿捷和趙敏相視而笑，婉言謝絕了。

石金龍滑雪場是阿捷比較喜歡的雪場，因為它的雪道是在陽面，天氣好的時候陽光充足，很是舒服。纜車上，趙敏和阿捷開心地聊著滑雪中的各種趣聞。趙敏告訴阿捷，在歐洲的滑雪場，雪道是按照難易程度分為 Beginner（初學者）、Green（綠道）、Blue（藍道）、Black Diamond（黑道）和 Double Black Diamond（雙黑道）等級別的，每條雪道都會有專門的指示牌，提示該雪道的難度和總長度，這樣能方便滑雪者進行選擇。

到了山頂，趙敏熟練地下了纜車，阿捷緊隨其後，兩個人輕盈地從山頂魚貫而下，在雪道上留下了兩條美麗的弧線。中午吃過飯，阿捷和趙敏在雪場旁的小屋裡曬足了太陽，暖洋洋地又上了纜車。剛滑到進階道和中級道交匯的地方，阿捷突然發現從中級道上面沖下來一個明顯還不會拐彎的男孩，只見他夾著雙杖用力叫喊著「閃開！！閃開！！」衝了下來，而按照那個男孩的滑行軌跡看，趙敏將被他撞上。阿捷大聲叫著趙敏的名字，可是趙敏一邊聽著 iPod 一邊悠然自得地滑著小回轉。時間容不得阿捷細想，幾個加速繞到趙敏的身後，「碰」的一聲，阿捷和那個男孩在趙敏右後方不遠處摔倒在一起，極大的撞擊聲讓趙敏驚恐地摘下了耳機，回過頭發現了倒在地上的阿捷和男孩，那個男孩兒的雪杖飛出了老遠，阿捷則痛苦地趴在雪道上呻吟。

雪場的工作人員趕到現場，檢查了兩個人的傷勢。那個男孩兒只是左手戳了一下，而阿捷的右小腿外側被男孩的雪板撞傷，格外疼痛。工作人員一邊數落著那個男孩兒為什麼不去初級道，一邊和守在阿捷身邊的趙敏說：「還好你男朋友擋在你身後，要不被撞到的就是你了。」聽到這話後，阿捷和趙敏的臉一下子都紅了。

兩個小時後，趙敏攙扶著阿捷從醫院裡出來。拍過 CT，阿捷的骨頭沒事，就是普通的皮外傷，休息兩天就好了。醫生給阿捷開了點正骨水和跌打丸之

類外敷內服的藥品，囑咐趙敏幫助阿捷擦藥。趙敏聽了這話對阿捷吐了吐舌頭，阿捷則假裝沒看見。

出了醫院，趙敏執意要送阿捷回家。阿捷調侃道：「你還真準備按照醫囑每天給我的腿上藥啊？你確定要送我回家嗎？我家裡可特別亂，還有條大黑狗，你可一定要有心理準備啊！小心我到時候關門放狗。」

趙敏「嘻嘻」笑道：「你這臭小子少和我嘴賤了，都這樣了你還有能力關門放狗？你不知道，我還是很有狗緣的？看在你今天護駕有功的份上，晚飯我請了吧。想吃什麼告訴我。」

阿捷道：「哎，其實還是我不好，非要拉你去滑雪，不然，大過節的也不至於讓你陪著我在醫院受苦。而且明天上午，也不能開車去機場送你了。」

「沒關係呀。反正我就一個箱子。自己去機場也不麻煩的。你要是願意，晚上我們點點必勝客的外賣在你家裡吃吧。」

開啟家門，小黑像往常一樣不知道從什麼地方竄了出來，來蹭阿捷，然後圍著趙敏聞來聞去，居然一點不陌生。

「啊，原來你養了一隻拉布拉多啊。叫什麼名字？真可愛。」

「什麼叫拉布拉多？！他就叫小黑。挺乖的，不咬人，很聽話。」阿捷從前沒有聽過拉布拉多的叫法。

「暈，他可一點都不小啊。就是我們國內說的拉布拉多，來自加拿大紐芬蘭島，早年被當地漁民訓練拉網和搬運工作。我在美國的時候也養過一條黃色的拉布拉多，可是後來工作太忙又總出差，就只能送給朋友了。來，小黑，坐下。」趙敏顯然非常喜歡小黑。

小黑很乖地搖著自己的大尾巴坐下，逗得趙敏忍不住伸手撫摸它的大黑腦袋。

這天晚上阿捷和趙敏都很開心，兩個人一邊吃著必勝客，一邊天南地北地聊著，晚上 10 點，阿捷一瘸一拐地把趙敏送到門口，小黑也依依不捨地圍著趙敏轉。

阿捷邊低著頭假裝招呼小黑邊説:「這次來也無法好好招待你,還麻煩了你這麼多,真不好意思了。也不知道下次見你會是什麼時候。」

「少來了。這次應該謝謝你才對。好久沒這麼開心地過聖誕了。放心,我回中國的機會多著呢。這不馬上又要過年了嗎?到時候我們再看時間安排吧。你自己也多保重。別老加班了。記得我講過的 4 天工作制和那些如何加強生產力的理論啊。」趙敏微笑著對阿捷説。

阿捷是不會忘記的,因為這兩天的一切,都已經深深印在腦海中了。

本章重點

1. 結果(Outcome)遠比產出(Output)重要,因為很多產出不一定有價值,沒有價值的東西就是浪費。
2. 正確衡量生產力的公式:生產力 = 已經完成的工作量 – 用於修正 Bug 的工作量 – 用於修正錯誤設計的工作量。
3. 任何想在短期內迅速加強生產力的想法都是殺雞取卵的自殺式行為。
4. 任何時候,工作超過 40 小時,都需要恢復期,無論你怎麼調整。一周 35 ～ 40 小時也可以這樣安排:每天工作 10 小時,持續四天,然後休息三天。上述「壓縮工作周」,不僅可以減少缺勤,在某些情況下,可以加強生產力 10% ～ 70%。
5. 每週四天工作制會比五天工作制效率更高。
6. 短期不超過 3 周的加班衝刺會臨時加強生產力,團隊可以有策略地選擇加班,用以完成最後的衝刺工作;加班後,生產力會有某種程度的降低,應該馬上調整計畫。
7. 按照專案劃分成跨功能的小團隊;對於大的專案,利用 Scrum-Of-Scrums 把小團隊聯繫在一起;制訂關於建立團隊、劃分大團隊、團隊間人員流動的流程 / 規則。
8. 混合跨職能團隊比單一職能團隊效率高。
9. 關注閒置工作,而非關注閒置個人。
10.好的管理者應鼓勵團隊創新,選擇預留一定時間讓團隊去思考如何創新,而不能只關注人員的利用效率。

Outcome over Output

要聚焦於全域結果（Outcome），而非局部工作產出（Output）。

精實軟體開發的原則是聚焦全域，而非進行局部的改進。管理大師彼得‧杜拉克說，沒有度量就無法管理，沒有度量就沒有改進。但是我們度量中，常常有一些的錯誤：喜歡度量工作產出，而非全域的結果；喜歡局部的數字，而非全域的結果；喜歡針對個人，而非針對團隊。常見的度量項，例如程式行數、缺陷發現數量（針對測試人員）、缺陷產生數量（針對開發人員）、資源使用率、反覆運算故事點數等，都是上述錯誤的表現。

程式行數是越多越好，還是越少越好呢？兩個開發人員之間，我們應該用產出的程式行數進行比對嗎？甚至同一個開發人員，這個月的程式產出，與下個月的產出，有可比性嗎？程式行數多，就表示產出的價值多麼？還是會產生更臃腫，更難維護，更高的複雜度呢？程式行數少，是產出的價值少嗎？還是程式效率高？

理想的狀態是，用最有效的程式去解決業務問題。結合結對程式設計，讓多於一個開發人員同時了解程式邏輯；結合 TDD 測試驅動開發，用剛好能夠透過測試使用案例的程式去完成實現，並不斷根據需要進行重構；甚至現在「流行」的小黃鴨測試法，此概念參照於一個來自《程式設計師修煉之道》書中的故事。傳說中程式大師隨身攜帶一隻小黃鴨，在偵錯程式的時候會在桌上放上這只小黃鴨，然後詳細地向鴨子解釋每行程式，都是有效的實作。

關於資源使用率，排隊理論告訴我們，100% 資源佔用時，前置時間接近無限大。前面的章節也提到，我們最大的問題，永遠都不是空閒的資源，而是流動不暢的價值。

約束理論也告訴我們，一切在非瓶頸點進行的最佳化，都是無效的，要加強瓶頸點的使用率，進行全域最佳化，而非局部改善。

在高使用率之下，我們失去了應對非計畫工作的空間。一旦有失敗／故障出現，找到問題的根因和恢復服務是非常困難的。更糟糕的是，還會在整個系

統裡引發一連串其他的故障，全面恢復這些次生故障需要的時間更是驚人的。在飛輪效應的影響下，惡性事件會帶來更大的惡性循環。是時候引用減速機制，是時候對高負荷的工作強度叫停，是時候勇敢的踩剎車了。

時間都去哪兒了？

我們經常發現，還沒好好做事，專案就延期了，時間都去哪兒了呢？

《2018 DevOps 全球狀態報告》指出，即使菁英和高效能組織，真正花在工作，即產生價值的工作上的時間，不超過 50%，其他時間都花費在計畫外工作和返工、修補安全問題、處理缺陷以及客戶支援工作上。

敏捷聖賢列出的「生產力 = 已經完成的工作量 – 用於修正 Bug 的工作量 – 用於修正錯誤設計的工作量」公式，清晰地展示了生產力不等於工作量。我們常常把工作量當成了產能，其實，修改缺陷不是工作量，而是浪費；客戶支援工作也不是工作量，它常常是產品設計問題！

我們常常喜歡基於行為進行獎勵，而非基於結果，這是一個錯誤。

賦能主管力

管理者（Manager）和領導者（Leader）是兩個我們容易搞混的名詞。我們帶領的是知識工作者，要做一個領導者，而非管理者；要將協作力和主管力結合，將使命、行動與結果協作起來，給員工思考、探索、溝通和做事的空間。

傑克‧韋爾奇說過：「Before you are a leader, success is all about growing yourself；When you become a leader, success is all about growing others（在你成為領導者之前，成功都同自己的成長有關；在你成為領導者之後，成功都同別人的成長有關）」。效能歸根到底是「團隊」的事，需要人組建成團隊。

作為一個領導者，應該堅持不懈地提升自己團隊的能力，指導和幫助團員樹立自信心，發揮創造力；深入團隊中間，向他們傳遞積極的動力和樂觀精神；以坦誠、透明度和聲望，建立起別人對自己的信賴感；有勇氣保護團隊，敢於做出不受歡迎的決定，說得出得罪別人的話，無論是對團隊之外的阻礙，還是團隊之內的阻力；鼓勵下屬發表大膽的、反直覺的或挑戰假設條件的言

論，表揚他們的勇氣，責備壓制別人發表反對意見的人；勇於承擔風險，勤奮學習，成為表率。

領導者要懂得放權，賦能，要收回管理者的權力，放手讓員工去做；給人以信任和自主權；放棄一些控制權，就可以為團隊創造一次提升的機會，也給自己節省出更多時間應對新的挑戰。

17

有策略的測試自動化才會更高效

趙敏走了快一周了，阿捷的腿也恢復得很快。儘管阿捷和趙敏只接觸了短短兩天，但是阿捷一直無法忘記這一段短暫的時光，一起在後海泡吧，一起滑雪，一起討論技術……阿捷從來沒有想過可以和一個女孩子玩得這麼開心。元旦放假的時候，阿捷只休息了一天，2 號就跑回辦公室加班，以彌補自己因請假耽誤的工作，畢竟離軟體現場安裝偵錯的日子越來越近了，而 Agile OSS 5.0 奧運版的開發工作也越來越緊了。

整體來說，這次 Agile OSS 5.0 奧運版的開發工作進展還是挺順利的。有大民、阿朱、章浩三員大將的鼎力相助，小寶、阿紫、王燁三員小將的激情參與和全力奉獻，Charles 的資源保障和李沙的協助，再加上其他模組相關的專案經理透過不停地調整專案安排來保障開發進度，阿捷估計元旦過後的第 3 周，他們就可以發佈第一個可供安裝的 Agile OSS 5.0 奧運版本了。

元旦過後，又一個新的季開始了，也到了公司要求的第一線經理與本組員工 1 對 1 的交流時間。雖然大家都知道團隊目前的情況，但是規矩總是規矩，不可以隨意修改。

這天上午，阿捷已經先後和小寶、王燁、章浩溝通過了，下面一個就是大民了。作為搭檔及好朋友，阿捷和大民總是無話不談，無論是個人發展的問題，還是關於整個專案進度、團隊建設、人員安排等，都會成為兩人的話題。這不，進行到最關鍵時期的專案，成為這次 1：1 溝通的主題。作為老程式設計師，阿捷和大民都知道，專案越進行到最後，測試的工作要求越重。兩人的話題自然而然地引到這上面來。

大民開啟記錄專案 Bug 數量的本子，看了看後對阿捷說道：「不是針對哪個人，但是說實話，我對我們的測試小組還是有點失望。他們總是在產品後期發現不了 Bug，我覺得應該給他們施加點壓力才行。你看最近我們在實驗室裡模擬現場時遇到的問題，按理說應該可以透過阿朱阿紫的系統測試發現的。」

阿捷暗暗吃了一驚，沒想到大民會提出這個問題。其實，阿捷對阿朱、阿紫的工作還是非常有信心的，於是回道：「我覺得阿朱、阿紫做得已經不錯了。她們真的非常聰明、非常努力。你看，現在我們的發版時間這麼緊，阿朱、阿紫她們還是能按時完成對應的測試工作，還記得阿朱弄的那個 AutoVerify 系統嗎？真的很不錯。這跟她們的努力是分不開的。雖然這次實驗室實測出了一點岔子，但是整體來看，對我們按時發版影響並不大。你說呢？」

「嗯，AutoVerify 確實挺好用的，我也知道阿朱、阿紫都非常努力。但是對於測試工作，我是這麼認為的。你看，越是到了發佈後期，我們的測試人員發現的 Bug 越少，大部分 Bug 不是是由開發團隊在實驗室實測時直接提出的，就是是由使用我們產品的內部客戶發現的。你知道的，同樣一個人員名額，公司給測試人員和開發人員的薪水是一樣的，照現在我們這樣專案來看，測試人員發現的問題還不如開發人員多，那我們在申請人員的時候，還不如都按開發人員來申請，到時候讓部分開發人員兼職做測試就完了。反正現在來看，如果要以阿朱、阿紫她們發現的 Bug 數量作為績效關注標準，年終的時候，她們兩個人的關注結果一定都不及格，總不能拿 AutoVerify 的維護工作，作為測試人員的主要工作吧。現在離最後的發佈沒有幾天了，還有好多測試工作沒有做，例如效能測試、可用性測試、Purify 測試等。按照現在的測試進度，在發佈之前是根本完不成測試的！測試已經成了我們的瓶頸了。」耿直的大民總是會把問題一針見血地點出來。這的確是 TD 專案小組裡的測試人員無法回避的問題。

阿捷知道大民從來都是對事不對人的，而且大民說得確實有他的道理。阿捷想了想，說道：「這樣，我們先不討論為什麼阿朱、阿紫她們沒有發現過多的 Bug，我們先討論一下你剛才提到的對測試人員的績效關注標準。」

「嗯。我覺得衡量測試人員的最佳方式就是每個測試人員發現的 Bug 數目。因為你可以從 Bug 資料庫中直觀地獲得這些資料，這也會使你更容易、更客觀

地對每個人做出評估。」大民覺得自己對這個問題的了解應該沒有問題。

阿捷很堅定地對大民說道：「我覺得完全透過這個方式來衡量是非常不公平的！」

「為什麼？」大民對阿捷的態度很驚訝。

「無論一個測試人員有沒有發現 Bug，都不能說明他有沒有好好工作。測試人員的職責更多的應該是『保障品質』（quality assurance），而非『控制品質』（quality control）。一個好的測試人員應該是在問題出現之前，防止其成為 Bug。」阿捷從測試的最根本目的談起。

「哦？她們怎麼能預防呢？開發人員把做好的程式給她們，就是期望她們能夠發現問題啊。」大民開始跟著阿捷的想法走了。

「如果是傳統的瀑布模型，可能是這樣。但我們現在已經是一個敏捷團隊了，測試人員已經從專案一開始就參與進來了。你看，阿朱、阿紫她們需要參與功能說明評審，描述使用者使用情形，評審設計，有時也會評審程式，最後才進行測試，此外，阿朱還設計了 AutoVerify 系統，並且幫助我們統計程式覆蓋率等。從這個意義上來講，她們的職責已經不單單是測試本身了。一個好的測試人員可以發現開發過程中的各種問題，幫助改善團隊流程，幫助提升開發品質。如果整個過程執行良好的話，測試人員在程式提交後，應該不會或很少再發現 Bug，因為他們從一開始就跟大家協作，預防了 Bug。因此，對於一個敏捷團隊而言，再單純以其發現的 Bug 數量，作為衡量其績效的唯一標準，是非常沒有意義的。」

大民若有所思：「嗯，那按照你的說法，一個好的測試人員跟差的測試人員相比，最後可能會發現更少的 Bug，對不對？」

「對！我們再回到原來的話題，你剛才說阿朱、阿紫沒有能夠發現實驗環境實測的那幾個問題，為什麼呢？」

大民放下手中的筆，略微想了想，說：「我們上次做 RCA（Root Cause Analysis，根因分析）的時候，阿朱提過這個事情。她們一直在集中精力增強測試自動化架構，以保障完全自動化，讓我們的每日持續整合、自動測試

進行得更完美。但她們現在用的底層自動化測試架構非常不穩定，經常出問題。阿朱她們一直試圖讓整個自動測試更加穩定，覆蓋面更廣，為了達到這個目標，她們需要解決很多問題，佔用了大量的時間，而忽略了一些與品質相關的工作，譬如參加評審或測試產品。」

阿捷笑了笑：「嗯，這一點我也注意到了。你說得對，可能她們過於關注測試自動化了！測試自動化本身是非常好的，是值得做的一件事情。可以讓我們在不需要人工操作的情況下，自動完成測試。沒有自動的回歸測試做保障，我們每次對產品的改動，所需的測試如果全由手動來做，根本完不成的。」

大民對阿捷的話十分贊同，說：「是啊，我也這麼認為。其實，單元測試也是一種形式的自動化測試，這應該是每一個開發人員都必須做的事情！單元測試使用案例越多，覆蓋的程式越多，效果越好。這種測試一定應該是越多越好的。」

「單元測試越多越好，這點沒錯，但更多的以使用者使用情形為基礎的自動化測試，並不總是好的。如果有一個核心測試集，能夠覆蓋使用者使用一個產品的常用情形，會更有價值，沒有必要對所有使用者的使用情形都做自動化測試。」

「為什麼呢？」大民總是想把問題弄清楚。

「很簡單，一個自動化測試使用案例，無論如何也不可能模仿真實的使用者行為，即使你在測試中引用了一些隨機因素。過度依賴自動化測試，會造成一些測試黑洞，有些問題只有在產品發佈後才能發現。」

「嗯，這一點我倒是贊同。」大民不斷點頭。

阿捷接著說：「如果自動化測試的基礎架構非常脆弱、不穩定，產品的每次更改，都需要對自動化測試本身做很多的修改．測試人員花太多的時間去保障自動化本身的正常執行，而忽略了對產品進行真正的測試，那就南轅北轍了。過度關注自動化，最後會讓測試人員落後於開發人員。如果開發人員所做的設計是具備可測性的，那不會有什麼問題的，測試人員可以很快地據此開發出自動化測試使用案例來；反之，如果開發人員已經在做下一個產品特性

了，而測試人員還沒有開始測試，根據我們 Scrum 流程的定義，這個特性是屬於『未完成』的。當測試人員發現 Bug 的時候，開發人沒有切換回來，重新修改程式，甚至設計，如果間隔太久，這個修復效率就會很低，畢竟開發人員需要重新思考當時的設計是如何做的，程式邏輯是怎麼寫的。」

阿捷頓了頓，繼續說道：「此外，你看我們目前產品所需的建置環境。在下一個版本中，我們需要從 HP-UX 遷移到 Linux 平台上，如果這需要重新定義整個自動化測試。那我們需要考慮是否有必要花大量時間再架設自動化測試架構呢？」

大民拿起杯子，喝了一口咖啡：「嗯！看來過度關注測試自動化，也會適得其反。」

「我會找個時間跟阿朱討論一下，以保障我們把精力集中在更有價值的事情上。現在測試已經要成為瓶頸了，我們必須放棄一些自動化的維護和最佳化工作，這樣我們才可以按時發佈新版本。」阿捷抬頭看了一眼掛鐘，「我得參加部門的早會，要是趕不回來的話，你主持一下今天的站立會議。」阿捷邊說邊站起來。

「沒問題。」大民爽快地答應著，跟阿捷一起走出會議室。

第二天上午，阿捷按計劃分別和阿紫、阿朱進行了 1 對 1 交流，重點談到了測試已成為整個發佈的瓶頸問題，最後阿捷與兩人達成一致：暫時放棄 AutoVerify 部分為實現指令稿穩定性的最佳化工作，把工作重心放到未完成的測試工作上來。阿朱、阿紫決定分頭行動，阿朱負責系統的效能測試，阿紫負責系統的 Purify 測試。

轉眼間，又一周過去了。按照最新調整的計畫，阿紫已經開始在做 Agile OSS 5.0 奧運版的 Purify 測試。Purify 是主要針對開發階段的白盒測試，是綜合性檢測執行時期查的錯的工具，並且可以與其他複合應用程式（包含多執行緒和多處理程序程式）一起工作。Purify 檢查每一個記憶體操作，定位錯誤發生的地點並提供盡可能詳細的資訊，用以幫助程式設計師分析錯誤發生的原因。

早上 9：30，阿紫哼著周董的《青花瓷》，給自己泡了一杯咖啡後，坐在自己

的格子間裡，開啟螢幕，準備檢查昨晚「跑」的 Purify 結果。「哇！大家快來看！怎麼這麼多的記憶體洩漏！」阿紫驚慌地大聲喊道！

大家聞訊跑來，盯著阿紫的螢幕。

阿紫指著螢幕上 Purify 觀察器的介面說：「看！共有 18 個錯誤，23308 位元組記憶體洩漏，還有潛在的 65921 位元組的記憶體洩漏！天啊，我以前可沒有碰到過這麼多！」

「我看看！我看看！」大民的座位有點遠，被堵在了外面，大家讓開一道縫，大民才得以擠了進來。

	類別	數量
必須修復的洩漏	ABR：Array Bounds Read	32
	ABW：Array Bounds Write	13
	ABWL：Late Detect Array Bounds Write	18
	BSR：Beyond Stack Read	5
	BSW：Beyond Stack Write	2
	EXU：Unhandled Exception	19
	FFM：Freeing Freed Memory	21
	FIM：Freeing Invalid Memory	13
	FMM：Freeing Mismatched Memory	8
	FMR：Free Memory Read	31
	FMW：Free Memory Write	12
	FMWL：Late Detect Free Memory Write	4
	IPR：Invalid Pointer Read	25
	IPW：Invalid Pointer Write	16
	NPR：Null Pointer Read	11
	NPW：Null Pointer Write	8
有待確認的潛在洩漏	COM：COM API/Interface Failure	2
	HAN：Invalid Handle	7
	ILK：COM Interface Leak	4
	MLK：Memory Leak	56
	PAR：Bad Parameter	33

	類別	數量
	UMC：Uninitialized Memory Copy	26
	UMR：Uninitialized Memory Read	12
	MPK：Potential Memory Leak	78
	HIU：Handle In Use	41
可以忽略的潛在洩漏	MAF：Memory Allocation Failure	68
	MIU：Memory In Use	27

大民坐在阿紫的椅子上，熟練地操作著 Purify 觀察器。「嗯，這幾個錯誤必須得解決，有 3 個錯誤很明顯，應該比較好解決。可剩下的 15 個，從表面上看，似乎是不應該發生的。其他的記憶體洩漏嘛，還得仔細看看，有時候 Purify 雖然報記憶體洩漏，但並不一定是真的記憶體洩漏。這樣，大家先回去忙自己的，我跟阿紫仔細核心對一下。」

大家懷著忐忑的心情，回到自己的座位。大家都很清楚，為了這個 Agile OSS 5.0 奧運版，最近一段時間以來，增加、修改、刪除的程式行數應該有十幾萬了，可一直沒有做過 Purify 測試，系統裡面存在記憶體洩漏是很一定的，但一下有這麼多，可就不妙了！阿捷更是擔心。本來也想跟大民、阿紫一起看看，畢竟離發佈時間不到一個月了，要是程式還要大改動的話，就真的來不及了！可為了讓大民他們能專心研究結果，阿捷還是耐住性子，回到了自己的座位。

11：00，是大家約好的站立會議時間。在站立會議上，大民把列印的 Purify 歸納結果拿給大家看。正如大家所預料的，後果真的很嚴重！

阿捷倒吸了一口冷氣，真是越怕什麼越來什麼，墨菲定律真不可忽視啊！不過，阿捷表面上還是裝得很鎮靜。

等大家驚呼聲差不多過去的時候，阿捷加強聲音說：「嗯！看來問題還真不小啊！不過俗話說得好，沒有爬不過的山，沒有過不去的河，只要我們努力，這些問題一定是可以解決的。同時呢，這也是一個很好的契機，給了我們更多的鍛煉機會。我們先討論一下，實際應該怎麼分工。大民，你先把你的想法跟大家說說。」

「關於必須修復的洩漏部分，我粗略看了一下相關的程式，類似 ABR/ABW/FMR/FMW/NPR/NPW 等洩漏問題比較直接，相對而言比較容易修正，而 FFM/FIM/FMWL 等剩下的定位比較困難，修復需要更多的時間；關於有待確認的潛在洩漏，不確定性最大，沒有一天半天的時間，是根本看不出來的；剩下的一些，譬如 HIU/MAF/MIU 等，根據時間安排，可以暫時忽略，不要管它。」

「嗯，要不這樣。大民接著看那些有待確認的潛在洩漏，章浩負責 FFM/ FIM/FMWL 等必須修復但還沒有定位的洩漏，找出實際位置和修復辦法，王燁和小寶先把那些洩漏問題比較直接、已經定位的部分修復一下。爭取今天做出來一個 Hot Fix（緊急修復版本），今天晚上再跑，明天上午我們再碰頭，看看結果如何？」

「好的！」
「沒問題！」

大家紛紛回應，這種時候是不需要任何動員的，大家都知道問題的嚴重性。

「散會！大家回去抓緊吧！」

當天晚上，幾乎所有的人都在加班。阿捷幫大家點了外賣，看著大家一邊吃披薩，一邊忙著敲鍵盤的樣子，阿捷知道這樣雖然可以短期加強生產力，但絕對不能持續，不然對長期的生產力將有很大的傷害。還沒到晚上 9：30，阿捷就開始把在加班的每一個人往家裡趕，並要求大家第二天 10：00 後再來公司。阿紫是最後一個離開的，她要把剛剛完成的 Hotfix（熱修復）安裝到 Lab 中，啟動 ATE，利用晚上的時間跑一遍 Purify。阿捷回家時開車稍微繞了一下，把阿紫送回家。

第二天早上，9：30 前，大家都已經到了公司，阿捷更是沒有沉住氣，8：30 就到了。大家相互打趣著，不是說好要 10：00 以後才來的，來這麼早做什麼，回去回去。雖然大家都感覺到了壓力，但還是努力維持著一種輕鬆的工作氣氛。昨天大家的努力還是非常有效果的，從今天的 Purify 結果看，已經解決掉了 62% 的記憶體洩漏，這令大家非常振奮。不過，阿捷明白，越是後面，一定越難。

連續幾天下來，解決的記憶體洩漏比例從 79% 和 91%，逐步上升到了 96%。剩下的 6 處，大民和章浩一起攻關了一個下午，也沒什麼效果。阿捷跟他們做了一次風險分析後，決定暫時放棄對這幾處的更改，因為這幾處都跟動態連結程式庫載入相關，洩漏的位元組數都很固定，也不多，且只發生一次，沒必要、更沒時間再花力氣去解決這幾個洩漏了。這樣一來，關於 Purify 測試發現的記憶體洩漏問題總算解決了，大家也都鬆了一口氣！

可一波剛平，一波又起！上午才算是解決了 Purify 發現的記憶體洩漏問題，下午阿朱就打電話把阿捷和大民叫進了實驗室，而且還表現得非常急，搞得阿捷和大民都丈二金剛摸不著頭腦。

「什麼好事啊？還用電話通知，是不是公司要加薪了？」大民剛邁進實驗室，就跟阿朱開了個玩笑。

「什麼呀！想得美，今年不扣你獎金就算燒高香了，出了那麼多的記憶體洩漏，還美呢！」阿朱反擊道。

「沒事，今天上午我們就都解決了！不信，你可以去看阿紫的最新 Purify 測試結果。」

「哼，我才不管呢！那是你們開發人員應該做的，程式寫得好，就不應該出現記憶體洩漏。」

阿捷知道手下的兩名幹將經常這樣相互開玩笑的，這是他們自己的特殊的一種團隊語言。阿捷還是打斷了二人，要不然來回回不知有多少故事呢。

「阿朱，還是說說你為什麼叫我們過來吧。」

「好！」阿朱瞪了一眼大民，意思是這次先記著。「這次的問題可比記憶體洩漏嚴重得多！我剛剛完成效能測試，從效能測試結果看，非常非常不理想！」

「啊？」阿捷和大民相互看了一眼，沒有說話，等阿朱繼續。

「你們知道嗎？我們的效能下降了 20%！」阿朱把這次效能測試的詳細過程說了一遍。

原來，阿紫在做 Purify 測試的同時，阿朱一直在準備 Agile OSS 5.0 奧運版

的效能測試。這次的效能測試不僅要列出系統在正常、峰值及例外負載條件下的各項效能指標，更關鍵的是要判斷系統是否還能夠處理期望的使用者負載，以預測系統的未來效能。透過發現系統的效能瓶頸，找到加強辦法。為此，阿朱將效能測試分為三個方面：應用在用戶端效能的測試、應用在網路上效能的測試和應用在伺服器端效能測試。將這三個方面有效、合理地結合，就可以達到對系統性能全面的分析和瓶頸的預測。

對任何一個奧運場館而言，比賽時刻將是人群高度集中、行動網路使用最頻繁的時刻，這時候對 TD-SCDMA 網路和 Agile OSS 5.0 的衝擊最大。一個使用者看起來簡單的操作，如打電話或發送簡訊，演繹為成千上萬的終端同時執行這樣的操作，情況就大不一樣了。如此許多的操作同時發生，對應用程式本身、作業系統、中心資料庫伺服器、中介軟體伺服器、網路裝置的承受力都是一個嚴峻的考驗。為此，阿朱專門設計了平行處理效能測試、疲勞強度測試、大數據量測試和速度測試等，並設平行處理效能測試為重點。

平行處理效能測試的過程是一個負載測試和壓力測試的過程，即逐漸增加負載，直到出現系統的瓶頸或不能接收的效能點，透過綜合分析交易執行指標和資源監控指標來確定系統平行處理效能的過程。負載測試（Load Testing）確定在不同工作負載下系統的效能，目標是測試當負載逐漸增加時，系統組成部分的對應輸出項，例如透過量、回應時間、CPU 負載、記憶體使用等來決定系統的效能。負載測試是一個分析軟體應用程式和支撐架構、模擬真實環境的使用，進一步來確定能夠接受的效能過程。壓力測試（Stress Testing）是透過確定一個系統的瓶頸或不能接收的效能點，來獲得系統所能提供的最大服務等級的測試。

為了做好平行處理效能測試，阿朱以真實的業務為依據，選擇有代表性的、關鍵的業務操作設計測試案例，以評價系統的目前效能。測試的基本策略是自動負載測試，透過在幾台高性能 PC 上模擬成千上萬的虛擬使用者同時執產業務的情景，對應用程式進行測試，同時記錄下每一個交易處理的時間、中介軟體伺服器峰值資料、資料庫狀態等。透過可重複的、真實的測試以度量應用的可擴充性和效能，確定問題所在及如何最佳化系統性能，通過了解系統的承受能力，為客戶規劃整個執行環境的設定提供依據。

阿朱曾做過這樣的效能測試，對一些關鍵資料特別敏感，所以當阿朱看到螢幕上出現的效能測試結果時，就知道出了問題。

看到這個結果，阿捷再也沉不住氣了。這個結果怎麼能拿出去安裝啊，不僅無法跟客戶交代，就是跟公司市場部這關也過不去。因為在之前的標書上，列出的效能指標可是在奧運版之前的基礎上，又多提了 20% 的。這樣上下一差，離目標差了近 40%！

「是不是測試環境不對？或用的伺服器 CPU 不行？記憶體不夠？測試前，你的伺服器重裝了嗎？會不會有些垃圾處理程序影響了效能？還是網路頻寬不夠……」阿捷問了一連串的問題，最後，連阿捷自己也意識到這些情形一定不會發生的，因為阿朱做事非常嚴謹，不會出現這些紕漏的。

果然，阿朱苦笑了一下，搖了搖頭，「你問的這些我都仔細核心對過了，跟以前做效能測試的環境相比，不能說 100% 一致，但我敢保障 95% 一致。所以，為什麼效能下降得這麼厲害，還要拜託我們旁邊這位程式設計高手了。」阿朱故意把最後這句意味深長的話拋給了大民。

大民抓了抓頭，清了一下喉嚨。「嗯！這個問題嘛……估計比較麻煩，我一時半會兒也想不通，給我點時間，讓我仔細想想再說？」

「嗯，不要有壓力！反正差的也不是一點半點，慢慢來。你把章浩也叫上，一起討論討論，他在這方面應該也有經驗！」

「好！我這就去。」大民可是真的有點著急，轉身就跑出去了。

接下來的兩天，大民、章浩、阿朱和阿捷組成了一個臨時四人組，為了減少對其他人的干擾，佔據了一個小會議室，專門討論 Agile OSS 5.0 的效能加強問題。第一天進展不大，只是定位到造成效能下降的根本原因是由於增加對 TD-SCDMA 網路的支援後，Agile OSS 5.0 需要分析和交換的資料量激增，而針對這個特性的實現方案在效能上已經不錯了，加強的空間不大。而這個特性是必須支援的，也沒有辦法裁減，大家只能從其他方面著手。

第二天還是非常有成果的。阿朱和阿捷對伺服器的核心、網路、虛擬儲存等設定進行了最佳化後，系統性能已經恢復到了 95%。章浩則準備升級新編譯

器,據 HP 方面的專家說,這種新編譯器可以使軟體在 HP-UX 11i v3 上執行時期的效能加強 25% ～ 30%。雖然是否可加強這麼多還有待檢驗,但無論如何,一定會有加強的。大民則從系統架構著手,建議採用一種更靈活的負載分擔技術,這種技術在原有方案的基礎上,不需要花費多少時間就能實現,這樣就可以把負載從一台伺服器動態分配給其他機群,解決主要伺服器的瓶頸問題。

第三天中午吃飯前,章浩已經升級完了新編譯器,透過不斷嘗試修改編譯選項,終於把原有的程式成功編譯了;而大民那邊,也已經完成了對新的負載分擔策略的改動,提交到程式庫裡。等阿朱啟動了 AutoVerify,設定好自動建置、自動包裝、自動部署安裝模組後,四個人才一起下樓吃飯!今天的飯菜其實不錯,不過大家的心思都不在飯菜上,很快就吃完了。阿捷看時間尚早,建議大家到公司外面走走,放鬆一下心情。

他們四個人回到辦公室時,已經是下午 1:30 了。這時,AutoVerify 已經完成了實驗室的自動部署安裝,阿朱立刻開工,其他幾個人在旁邊焦急地等待著結果。

「快來看!快來看!」阿朱興奮的喊聲傳了過來!

三人趕緊聚攏到阿朱身邊,順著阿朱的手指看向螢幕顯示。

「看到了嗎?我們的效能跟非奧運版相比,加強了 40%!也就是說比我們投標的效能指標還高了 20%!」

「耶!耶!」四個人禁不住擊掌歡呼!

本章重點

1. 無論測試人員有沒有發現 Bug,都不能說明他沒有好好工作。測試人員的職責更多的應該是「保障品質」(Quality Assurance),而非「控制品質」(Quality Control)。一個好的測試人員應該在問題出現之前,防止其成為Bug。

2. 對於一個敏捷團隊而言，再單純以測試人員發現的 Bug 數量作為衡量其績效的唯一標準，是非常沒有意義的。

3. 如果有一個核心測試集，能夠覆蓋使用者使用一個產品的常用情形，會更有價值。對所有使用者使用情形都做自動化測試是沒有必要的。

4. 如果想加強測試效率，讓測試敏捷起來，一定要參照科恩（Mike Cohn ）提出的「測試金字塔」。
   - 測試越往下面測試的效率越高，測試品質保障程度越高
   - 測試越往下面測試的成本越低。

關於測試的幾個問題

1. 如何對測試人員進行考評？

   「衡量測試人員的最佳方式就是每個測試人員發現的 Bug 數」，大多數人以及大多數企業還是以產出（Output），而非結果（Outcome）來進行度量。
   應該針對團隊進行衡量，而非個人；正如文中所説，「一個好的測試人員跟差的測試人員相比，最後可能會發現更少的 Bug，但是產品品質整體上升」；我們看的是團隊整體的結果，而非單獨一個測試人員的輸出。
   測試人員的職責是品質保障，而非發現錯誤；測試常常會成為專案的瓶頸。以團隊品質保障為基礎的前提，他們最應該做的是賦能開發人員，AutoVerify 這樣的工具平台，就是測試賦能開發的最好表現。將測試服務化，將測試人員虛擬化，測試的活動無處不在；應該在專案的更早階段發

現問題，而非專案後期由測試來統一發現問題；要統計分析測試的逃逸率，包含逃逸到測試側以及客戶側的缺陷。

2. 什麼是有效的品質控制？
   - 如果有唯一一條對測試的建議，就是快速取得回饋，最好是幾分鐘就能獲得品質回饋；
   - 讓聽獲得炮聲的人做出決策，而非遠離第一線的指揮官；
   - 內建品質，所有人都對品質負責，品質不是 QA 部門的專屬工作；
   - 結對程式設計，結對測試，結對設計，結對上線，讓結對無處不在，讓知識更順暢地流動起來；
   - 要關注非功能性需求，並且提前考慮；
   - 測試與架構相關，包含技術架構以及組織架構；
   - 測試的過程，是從失敗中學習的過程；
   - 盡可能地自動化一切該自動化的測試，但又不要過度追求自動化。

3. 什麼是測試金字塔？
   測試金字塔的核心是從關注測試的數量，轉而向關注測試的品質，尤其是在持續整合下，測試執行時間要求是快速閉環的。金字塔越往下層，隔離性越高，定位問題就越準確，回饋也會越快，應該投入更多的精力，自動化程度應該越高；金字塔越往上層，回饋週期越長，執行效率越低，修復和維護的成本就越高，複雜性也隨之升高，應該做的頻度越少，自動化程度不宜過高。
   事實上，對於能夠接觸到生產環境的企業，我們還有雙層的金字塔結構；在傳統金字塔之上，是針對線上環境的測試，自下而上包含：效能和安全測試，Chaos Monkey（混亂猴子）測試，以及 A/B、灰階等線上測試。

4. 測試要向左走，還是向右走？
   有人說測試應該前移，要投入更多的短週期的活動；也有人說，測試要延展到生產環境，覆蓋發佈和線上的執行時。聽誰的？測試到底應該向左前移，還是向右後移？
   事實上，測試應該向兩端延展。測試活動應該是貫穿在整個產品生命週期的。從這點上來講，測試人員還有必要恐慌麼。

5. （自動化）測試是越多越好嗎？

    測試當然不是越多越好，由 Kent Beck 對產品研發模式的 3X 模型的啟示，參考模型中產品在不同階段的不同策略，把它對映到測試上也一樣奏效。處於探索階段的產品，不確定性極高，此時投入過多精力去搞測試，一味地追求測試覆蓋率指標，最後發現市場方向不對，要推翻重做，那麼前面投入的測試就是浪費。此時應該以手動測試為主；當發現市場正確，快速投入人力和物力，此刻需要的是產品的快速增長，需要開始引用關鍵的自動化測試來保障效率和品質；到產品穩定階段，自動化測試的目的是回歸，保障品質的穩定。

6. 測試能防範所有的問題嗎？

    當然不能，有兩種安全性原則，一種是試圖發現盡可能多的問題，甚至是消校正誤的部分，達到絕對的安全，這過於理想，不可實現；所以我們推薦的是第二種，彈性安全。彈性安全適用於當今快速變化的場景，即使是發生了錯誤，我們也要具備快速恢復的能力，即我們說的構築反脆弱的能力。

18

DoD，真正把事做完

阿捷至今很難表述自己第一次走進鳥巢時的感受。

2008 年 1 月下旬的一天，銷售 Jimmy、產品經理李沙、阿捷、大民帶著安裝有 Agile OSS 5.0 奧運特別版的伺服器和一大堆裝置儀器，來到了位於北京北四環的奧運主場館區。在經過層層安檢之後，阿捷、李沙和 Jimmy 進入了北京奧運會主場館區。第一次近距離接觸鳥巢和水立方的阿捷，立刻被它們的氣勢所震動。阿捷眼前的鳥巢外部最具特徵的巨型鋼架結構已經完成，而藍色的水立方，則安靜地坐在鳥巢西側，再往北，就是阿捷他們要去的北京數位大廈。

當阿捷走進作為奧運技術支援中心的北京數位大廈時，發現整個樓的水泥牆都曝露在外，身邊的 Jimmy 還和接待他們的客戶主管打趣：「這個樓是不是還沒完成內部裝潢呢？」

主管半開玩笑地數落 Jimmy：「老土了不是？我們這次奧運的主題是『綠色奧運，科技奧運，人文奧運』，這個樓就表現了這三個主題。我們看到的這個牆壁，都是用清水混凝土來做的，剛才樓外面的 FRP 格柵，還有大廳裡的 FRP 裝飾，都是為了減少環境污染。科技奧運不就是要你們這些廠商來幫著我們一起做的嗎？」

「就是就是。大家要一起努力。」Jimmy 接著客戶的話應承著。

阿捷還記得 2001 年那個夏天，當北京申辦奧運成功的訊息傳到北京時，阿捷和一幫兄弟們正在遠離北京市區的昌平某度假村進行封閉開發，那時候阿

捷覺得奧運離自己還很遠很遠。可是今天，自己竟然已經在為奧運會做事情了，像做夢一樣。

想著往事，阿捷已經跟隨著 Jimmy 他們走到了機房。阿捷帶著大民和其他幾個硬體工程師開始了架設測試環境的工作。

Agile OSS 5.0 北京奧運 Beta 版本在北京數位大廈機房裡初次安裝聯調，且效果不錯的訊息讓 Charles 非常高興。第二天，阿捷剛到辦公室，就被 Charles 叫過去狠狠表揚了一頓，這讓坐在 Charles 不遠處的周曉曉很不舒服，心想，「不就是個敏捷開發嗎？有什麼了不起的啊，我們組沒用敏捷，不也一樣按時完成了中介軟體的開發工作嗎？雖然說加班是多了一些，多放點人有什麼搞不動的！」

阿捷並沒有留意到周曉曉充滿敵意的眼神，在 Charles 表揚他的時候，阿捷想的更多的是 Agile OSS 5.0 北京奧運 GA 版的工作。離最初制定的 GA 版發佈計畫，只剩下 3 周。

雖然在過去的幾個月中，大家都非常努力地在每個 Sprint 的結束時列出一個可以發佈的版本，但最後發現了一堆的 Bug 需要修復。不然整個產品的效能和穩定性將大打折扣。幸虧阿捷在做計畫的時候，預留了三周的時間作為緩衝。阿捷和他的團隊在結束了目前的 Sprint 後，下周就將開始準備最後一輪的衝刺，直到春節前的最後正式發佈。

這天晚上回到家，遛過小黑，阿捷就坐在電腦前等趙敏上線。自從趙敏上次來了北京，兩個人的關係變得特殊起來。阿捷聽從趙敏的建議，每天不僅按時下班，還利用有限的時間做一些運動，工作效率也加強了不少。而趙敏也養成了每天上班前先開啟電腦和阿捷聊一會兒天再去公司的習慣。兩個人都在不經意間改變著對方的生活習慣。

晚上 8 點，趙敏像往常一樣準時出現在阿捷的 MSN 中，「晚上好啊！阿捷，今天的工作忙得怎麼樣？」

「還不錯。我們按照計畫，今天結束了發佈前的最後一個 Sprint，正準備利用最後的一點時間，專攻 Bug。」

「是啊，這是軟體開發中的必要一環，雖然 90% 的程式設計師都不喜歡這樣的工作。你們每日 Scrum 站立會議的氣氛如何？」趙敏關心阿捷的專案。

阿捷不解地回道：「嗯？現在還要開每日 Scrum 的站立會議嗎？我覺得應該可以告一個段落了吧。我們正在忙著做整合和修正 Bug。我從網上的一些文章看到說，專門修正 Bug 的 Sprint 是一種反 Scrum 模式。不是你也贊同 Scrum 僅適合於新功能的開發嗎？所以我們原來計畫的兩個短的 Sprint，就不準備再開每日 Scrum 的站立會議了，而只是套用短 Sprint 的模式來完成我們修改 Bug 的工作。」

「嗯？不是你從別人那裡聽到的這句話，就是你誤解了我的原意。首先，我部分同意關於修復 Bug 的 Sprint 是一種反 Scrum 模式的說法。實際上，大多數的 Scrum 同好也會贊同這一點的。但是過去的經驗和軟體開發的現實告訴我，對一個實施敏捷的系統相比較較大的複雜產品，專門修正 Bug 的 Sprint 是相當必要的。」趙敏又開始充當起「敏捷聖賢」的角色了。

「為什麼？」

趙敏一條一條地解釋道：Scrum 最重要的概念之一，就是對每個 Sprint Backlog 項目要有非常明確的 Done 的定義。譬如，對一個典型的程式設計工作而言，對其 Done 的定義應該有關以下幾個方面。

- 設計文件必須經過評審。
- 功能應該完全實現（包含錯誤處理、效能、可用性、安全性、可維護性及其他品質標準）。
- 程式符合程式設計標準。
- 有 UT 並測試成功。
- UT 的程式覆蓋率（Code coverage）> 80%。
- 至少有一個人做過程式評審（Code review）。
- 程式已經提交。

阿捷聽了有些頭大，說道：「這也太細了吧？真的有必要嗎？我們現在並沒有做到這個地步。而且留給我們的時間也不多了。」

趙敏很肯定地說：「很有必要。只有這樣，我們才容易對以下兩個事情達成共識：其一，如何做才算完成一項程式設計工作？其二，shippable quality（可發佈的品質標準）到底表示什麼？如果這些定義不清晰，以後你會花更多的時間和精力，並且修正會更難。透過敏捷，我們期望在較早的階段就列出高品質的發佈，而非依賴於最後階段的長期『穩定』，如果我們在前期就盡一切努力預防 Bug，長遠來看，我們會更省時間，發佈得更早。對每一個工作都明確定義 Done 是十分重要的。」

「哦？」阿捷還是有些糊塗。

趙敏接著說：「如果一切遵循計畫，並能對每個元件持續整合，那麼，專門的 Sprint 用來做 Bug 修復將是某種意義的反模式。但是我們應該面對現實，大型軟體專案通常都需要複雜的整合，存在後期發現的未知因素。對於一個幾千行程式的小專案，您可以不需要專門的錯誤修復階段。據我以前的經驗，對大型專案卻不可避免，都需要一個所謂的 Quality Sprint（品質衝刺），集中在修復 Bug 上。在這個 Sprint，要繼續沿用敏捷方法，在產品發佈之前不再開發任何新功能，直到 ZBB。」

「嗯？什麼是 ZBB ？」阿捷問道。

趙敏說道：「ZBB 就是 Zero Bug Bounce（零缺陷反彈）的縮寫。是產品不再有 Bug 的時間點。在這個點，開發團隊可以聲稱他們的產品品質達到最高，從此以後，才可以開發新功能。對了，你之前提到的 Beta 版達到這個要求了嗎？」

「哎，沒戲。對我們來說，這個要求太苛刻了！不僅是我們，我估計整個 Agile 公司至少有 90% 的團隊都達不到。我感到很絕望。:-(」阿捷打出來一個哭臉。

趙敏呵呵笑道：「是的！不過你別著急。所以有一些團隊做了一個折衷，那就是對 Bug 進行分級，例如分成 Critical（關鍵）、Major（重要）和 Minor（次要）等等級，然後要求能夠發版的軟體必須是 Zero Critical，no more than 5 Majors.（零關鍵缺陷，不超過 5 個重要缺陷）。」

阿捷點頭道：「嗯，我能了解你說的這個方法。你把它稱為 Quality Sprint（品質衝刺），但我更偏好稱它為 Integration Sprint（整合衝刺），因為我覺得我們整合的工作更多一些。」

趙敏回道：「嗯，叫什麼不重要，完全取決於你們的工作內容。在你現在修復 Bug 的階段，你是可以不採用 Scrum 的實作，但是以我的經驗看，如果你採用，會更有價值。你看，你們的發佈週期很長，歷史累積下來的 Bug 一定不少，對每個 Bug 根據其重要性設定優先順序，並放到 Sprint Backlog 後，開發人員和測試人員可以協作工作，確保固復較高優先順序的 Bug。」

「真的有必要嗎？ Agile 公司有對應的 Bug 資料庫清單，為什麼還要額外複製一份呢？」

趙敏耐心地給阿捷解釋道：「我通常不認為 Scrum 是一種『額外負擔』，Scrum 本身是一個輕量級的架構過程，儘管我承認任何過程都會帶來某種程度的『額外負擔』。單就修復 Bug，並仍採用 Scrum 而言，可以帶來幾個好處：第一，每天站立會議可以確保更好的交流與合作。第二，收集 Bug 修復統計資料，有利於在未來做出更好的計畫（如平均每個 Bug 的修復時間，用到未來的 Bug 修復時間估算）。第三，經常回顧，讓團隊不斷加強。第四，團隊可以在 Sprint 內部根據情形，自主調整優先順序。第五，團隊繼續把注意力放在重點事情上，並且可從 Scrum Master 處獲得幫助。」

阿捷漸漸明白了趙敏的意思：「嗯。有道理！我現在懂了你的意思。這樣，我會按照你的建議在最後一個 Sprint 中實作一下，看看效果如何。說實話，過去我們經常會對某個人正在修正的 Bug 的進展情況不明，每天的站立會議一定會有幫助的。」

「嗯，我是理論派，你是實作派。就是喜歡你這種想到了就做的性格。我要去辦公室了，回頭聊吧。」

阿捷打了一個笑臉，說道：「加油啊，再過兩周就可以回來過春節了。拜拜。」

今天是 2008 年的 2 月 2 號，農曆臘月二十六。因為調休，儘管這天是週六，阿捷他們也都要上班。阿捷把今天選擇為最後一個 Sprint 的最後一天，按照計畫，Agile OSS 5.0 北京奧運 GA 版將在今天發佈。

路上的車因為臨近過年而變得稀少，今天阿捷只用了 25 分鐘就從家裡到了公司，早晨 8：30，阿捷就出現在辦公室了。不光是他，大民、阿朱、章浩、阿紫，甚至平時最愛遲到的小寶，都已經來到了辦公室。大家仿佛知道今天將是一個大日子，都在有條不紊地工作著。

確實，昨天下午大民就已經將所有的程式提交到程式庫中，並且在 Agile OSS 5.0 的分支上打好了 GA 的標籤。章浩、小寶、王燁他們也都將各自負責的模組查了又查，測了又測，就等著今天阿朱包裝、燒錄 Agile OSS 5.0 北京奧運 GA 版的光碟了。

阿捷走了一圈，看到大家都按部就班地進行著最後的發佈工作，一切都按照計畫正常進行，沒有什麼需要自己親力親為的，就回到自己的位子上，泡了杯茶，回想著以前軟體發佈的情形。

在阿捷的印象中，還沒有採用 Scrum 的時候，軟體版本發佈都是一個手忙腳亂的階段，大家總需要加班才行，忙著處理各種各樣的突發性問題，尤其是修復不斷湧出來的 Bug。在去年的這個時候，阿捷記得阿朱為了 Agile OSS 4.4 的測試，整整做了一個通宵，等到第二天早上阿捷、大民他們來到辦公室的時候，阿朱才黑著兩個大眼圈從實驗室裡搖搖晃晃地走出來。而阿捷和大民也曾經為此連續加班一周，甚至連續地工作過 15 ～ 16 個小時，就為了能夠趕上發佈。那時，每當軟體發佈後，阿捷回到家裡，倒頭就會睡上一整天，什麼電話都叫不起，體力極度透支。

可是今天，阿捷卻感覺格外輕鬆。這一切都應該歸功於之前大家的努力工作。事實上，阿捷按照趙敏的建議，讓團隊充分利用了發佈前的剩餘時間，計畫了兩個專門修復 Bug 和整合測試的短 Sprint。這兩個 Sprint 跟以前的任何一個 Sprint 都不一樣，首先，時間只有兩周，其次，沒有任何新功能的開發。現在，第一個 Sprint 已經結束，第二個 Sprint 的工作也已基本完成。一切都準備就緒，Bug 修改也到了尾聲。程式已經凍結，不僅做到了零關鍵性 Bug，零重要性 Bug，而且其他所有 Bug 也不超過三個，這三個其實屬於可做可不做的小的 Enhancement（改進）；整個系統整合得非常好，不僅安裝 / 移除沒有任何問題，而且能跟以前的版本無縫切換。此外，從中英文的安裝手冊到使用說明，連發佈通知也都評審了兩遍。

看著別人都在忙碌著，阿捷給自己找了點事做，開啟了 Excel，準備根據每個 Sprint 實際完成的點數和需求範圍（Scope Change）的變化，更新一下 Agile OSS 5.0 產品的發佈燃盡圖（Release Burndown Chart）。

Sprint	Rest Point	Scope Change
0	596	0
1	506	9
2	386	302
3	586	27
4	430	22
5	298	15
6	155	9
7	35	7

從拿下 2008 北京奧運會 TD-SCDMA OSS 的大單後，阿捷召集 Product Owner 李沙和全體開發人員一起做了一次發佈預測，當時估算的總工作量是 586 點。而之前大家的 Sprint 工作速度平均是 105 點，按照 105 點 /Sprint 的速度，每 3 週一個 Sprint 來算，從計畫會議開始到春節前發佈，只可以做 5 個開發的 Sprint，外加 2 個短的為真正的發版做準備的 Sprint，是不能完成全部 586 點的工作量的！

阿捷和大民、李沙等人透過集體討論，及時調整策略，經 Charles 協調，從周曉曉的團隊中借過來了王燁，再加上大家憑藉拿下單子的那股衝勁兒，幹勁十足地在計畫會議後的第一個 Sprint，一下完成了 156 點，真是不可思議！這樣一次衝刺後的後果馬上顯現出來了，團隊有些疲勞，在 Sprint 2 中，就只完成了 132 點。雖然在接下來的 Sprint 3 中，大家又完成了 144 點，但這個 Sprint 跟之前的 156 點相比，還是有水分在內的，因為有近 15 點的功能跟之前的實現有重複，如果去除這 15 點的話，實際工作完成的點數是 129 點。跟前面一個 Sprint 的 132 點還是比較接近的。在接下來的 Sprint 4 中，再次證明瞭這一點，因為大家只完成了 120 點；Sprint 5 則再完成了 129 點。最後留下來差不多 40 點左右的修復 bug 和整合測試。平均算起來的話，從 Sprint 4 到 Sprint 7 的 Sprint 平均速度是：

（156+132+129+120+129）/ 5 = 133（point/Sprint）

很明顯，王燁的加入將團隊的工作速度從 105 加強到了 133 point/Sprint，進一步確保了這次順利的發佈，證明當初團隊的集體決策還是非常正確的，而下面的發佈燃盡圖（Release Burndown Chart）也再次證明瞭這點。

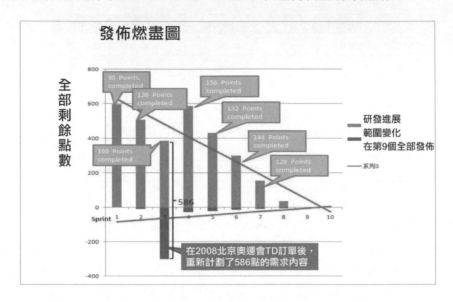

看到這些，阿捷禁不住笑了。從國慶前拿下 TD-SCDMA 北京奧運會這個大單後，阿捷就沒有真正放鬆過，現在終於可以輕鬆一下了，這多半要歸功於合理的計畫和控制。其實，想想應用敏捷開發之前，最後期限並不是合理規劃出來的。事實上，大多數情況下，對於要做什麼，以及這些工作的工作量究竟有多大，不可極佳地估計，所以，常常就是指定一個發佈的日期，剩下的就靠人了，其結果就是為了趕上發佈日期，拼命地加班加點，那種透支需要很長一段時間才能恢復過來。而現在做專案，計畫都是經過市場團隊和開發團隊一起做出來的。特別是經過這個 Agile OSS 5.0 奧運版產品的開發後，大家對於敏捷軟體開發的實質認識得更加清楚了。在這個過程中，沒有為了短期生產力的加強，而做一些殺雞取卵的事情。一切回歸自然，按照事物本身的發展規律去做：開發團隊也不會為了追趕進度，而犧牲軟體的內在品質；市場團隊也會重新認識客戶需求的價值所在，做好優先順序排序，而不會不明就裡地要求全部完成。這樣的開發過程才是合理的，才是軟體開發的本質。而這一切，沒有敏捷聖賢的幫助，阿捷是絕對不可能完成的。

想到這裡，阿捷不禁又想起趙敏了。其實今天不光是 Agile OSS 5.0 Beijing Olympic GA 版產品發佈的日子，也是趙敏回國的日子。上週末，趙敏就打電話告訴阿捷她訂了 2 月 2 號飛北京的機票，然後再從首都機場轉機去成都，回都江堰過年。阿捷當時聽到後第一反應就是：「那我來機場接你吧。」趙敏呵呵一笑，對阿捷說：「難道你們的軟體不是 2 號發版嗎？沒關係，反正我只是轉機，待不了多久就要走的。等我從四川回美國的時候，在北京停下找你玩。」阿捷想到這裡，出神地看著窗外飄下的雪花，「我的聖賢啊，你現在在哪呢？」

阿捷站起來到阿朱的座位看看包裝發版工作做得怎麼樣。其實阿朱做事阿捷非常放心，看著阿朱在實驗室和座位之間忙碌的身影，阿捷想到，等忙完這陣子真應該找 Charles 好好談談，TD 專案小組 Test Leader（測試帶頭人）的職務已經空了很久了。

吃過中午飯，阿朱已經完成了包裝發版工作，並且把阿捷、李沙評審過的 Release Notes（發版通知）發了出來。看到自己這幾個月的辛勤工作終成正果，大家都非常高興，拉著阿捷跑到一層餐廳的小賣部給大家買霜淇淋吃。阿捷很高興可以和大夥一起分享專案發版的快樂，抱著一大箱捲筒霜淇淋分給大家。突然，手機就響起了，阿捷邊讓小寶幫著自己發霜淇淋，邊接起手機。

「嗨，傻小子，軟體發佈做得怎麼樣呢？」阿捷朝思暮想的這個聲音出現在手機聽筒裡。

阿捷壓住自己的興奮，一邊朝遠離大家的地方走一邊說道：「多謝聖賢惦念。軟體套件都已經做 Release Notes（發版通知）也已經發出去了。你到北京了嗎？」

「嗯。晚上 5 點國航北京飛成都，已經換完登機牌，把行李托運完，抽空給你打個電話。嘻嘻，我們兩個現在終於在同一個時區了。」趙敏顯得很高興。

「嗯，那就好。還怕你飛機會晚點呢。你看見北京飄著的雪花了嗎？聽說南方下大雪了，不知四川會不會被大雪影響呢。」

趙敏顯然沒有想到這個問題：「啊，這樣啊，我剛剛也看見飄雪花了，但是既然北京能落地，就應該可以起飛吧。我還沒來得及給家裡打電話呢，我先給他們打個電話報平安，然後問問情況吧。」

互道了拜拜。接到趙敏的電話，阿捷的心裡甜滋滋的，但是南方的大雪又讓阿捷的心裡感覺到一絲擔憂。阿捷馬上在網上查詢了成都雙流機場和北京首都機場進出港班機的資訊。雖然首都機場的進港班機並沒有受到多少影響，但是部分飛往南方的班機由於目的地降雪的原因而延後起飛，這其中就包含成都雙流機場。阿捷更為趙敏是否可按時起飛擔心起來。

果然，下午 4 點半，趙敏又給阿捷打了個電話，飛機因為天氣原因延後了。阿捷告訴趙敏，不光是成都，中國南方大部分地區都在降雪。5 點的時候，阿捷看到新聞說大多數飛往南方的旅客都滯留在機場大廳，新浪網還貼上了一張旅客席地而坐的照片。阿捷再也忍不住了。5 點半剛過，阿捷謝絕了大民和章浩等人說下班一起去飯店慶賀發佈的提議，開車直奔首都機場。

當阿捷在首都機場的大廳找到趙敏的時候，她正坐在地上背靠著機場大廳的牆壁看書。四周的人有的正氣急敗壞地打電話抱怨著，有的則唉聲歎氣地苦著個臉，只有趙敏，安安靜靜地坐在地上，一頭黑黑的秀髮中露出兩條白白的 iPod 耳機線，全然沒有注意到阿捷已經走到她身旁。

「嗨嗨嗨，我的大小姐。還真有你的，怎麼就坐在地上了？不怕受涼啊。」阿捷蹲下來，一手就把趙敏的耳機摘了下來。

「你這臭小子幹嘛摘我耳機啊。你怎麼來了？你沒看見那邊椅子上都是老弱病殘嗎，我怎麼好意思去佔他們的位子呢？」趙敏顯然沒有想到阿捷會跑到機場上來，剛想站起來，可能是坐得太久腿麻的關係，還沒起身就又坐了下去。

阿捷趕緊一把拉起趙敏，一邊把黏在趙敏大衣上的報紙撕下來，一邊取笑說：「你站都快站不起來，還說什麼別人老弱病殘，我看你就是了。都餓了吧？這裡人多，先跟我去停車場我車裡休息會兒吧。我已經要了國航這邊的電話了，如果飛機能夠起飛，他們會隨時通知我們的。」

趙敏嘟了嘟嘴，跟在阿捷後往停車場走去。上了車，阿捷像變戲法一樣從背包裡拿出五香牛肉、辣鴨脖、醬鴨翅、燒雞、麵包、香蕉，還有趙敏最愛吃的成都豆干，最後居然還誇張地拿出來一瓶大香檳。看得趙敏在邊上一個勁地笑，說你這哪兒是到機場接人啊，整個兒一個郊遊野餐會。其實趙敏並不知道阿捷背著這麼一大堆吃的在首都機場轉了差不多半個小時，才從茫茫人海中找到她。

阿捷一笑，說道：「我後備箱裡還有帳篷睡袋呢，要不我在停車場裡給您搭個帳篷鋪個床？絕對能上北京晚報頭條，題目就叫『大雪封了回家路，歸國女白領搭帳篷夜宿首都機場』。」

「免了吧。先給我點水喝，都渴死我了。」趙敏邊吃著辣豆干邊管阿捷要水喝。兩個人邊聊著邊坐在車裡吃著這簡易而又豐盛的晚餐。

入夜，阿捷從後備箱裡拿出一條羽絨睡袋，幫趙敏在捷達車的後排座上鋪好。看著趙敏呼呼睡去的樣子，阿捷輕輕歎了口氣，轉身走回機場大廳，去守望班機的訊息。

清晨 6 點，廣播裡終於通知飛往成都的旅客登機的訊息。阿捷趕緊回到停車場把趙敏叫醒。經過長途飛行的趙敏顯然還沒有緩過勁來，迷迷糊糊地問阿捷自己在哪兒，美人初醒似水雙眸滿是輕霧的樣子讓阿捷一時都忘了回答，以至於當阿捷送走了趙敏，開著車從機場回公司的路上，腦海裡一直都是趙敏初醒的可愛模樣。

本章重點

1. 為 Sprint 中工作列出明確的 Done 定義是非常重要的。不過即使遵循這個最佳做法，但最後仍然會有整合問題，會存在 Bug，還有後期的需求變更。所以，對於大型複雜產品，在正式發佈前，單獨計畫 1 ～ 2 個 Sprint，專門做 Bug 修復，也是合理的。

2. 關於完成 /DoD 的實例，通常需要從以下幾個維度考慮。

- 需求 / 使用者故事 DoD
  - 使用者故事的描述及拆解符合 INVEST。
  - 使用者故事有驗收標準 AC（Acceptance Criteria）

- 開發工作 DoD
  - 程式已經提交到程式庫
  - 程式透過單元測試
  - 程式經過 Code Review
  - 程式透過整合測試

- 反覆運算 DoD
  - 所有程式透過靜態檢測，嚴重問題都已修改
  - 所有新增程式都經過 Code Review
  - 所有完成的使用者故事都透過測試
  - 所有完成的使用者故事獲得 Product Owner 的驗證

- 發佈 DoD
  - 完成發佈規劃所要求的必須具備的需求
  - 至少完成一次全量回歸測試
  - 符合品質標準（Quality Gate），所有等級為 1、2 的缺陷均已修復；3、4 級缺陷不超過 10 個
  - 有發佈通知（Release Notes）
  - 有使用者手冊
  - 產品相關文件已全部更新
  - 程式已部署到發佈伺服器上，並冒煙通過
  - 原始需求提交人完成 UAT
  - 對運行維護、市場、客服的新功能教育訓練已完成

3. 完成的定義（DoD）及團隊工作協定必須是團隊共同討論出來的，團隊願意共同遵守的原則，一旦確定，團隊就應共同遵守。

冬哥有話說

DoR 與 DoD

除了文中提到的「完成的定義」（Definition of Done，DoD），還有「就緒的定義」（Definition of Ready，DoR），兩者有什麼區別呢？

DoR 是一個是否能夠被團隊接受的待辦（backlog），認為可以作為開發候選所需要達到的最小要求，是團隊針對 PO 的要求。實際如下。

- Clear（清晰），使用者故事描述清晰。
- Feasible（可行），使用者故事可以放入一個反覆運算。
- Testable（可測試），驗收條件獲得定義。

需要注意的是，DoR 只需要針對產品待辦清單 PBL 中高優先順序的需求進行，通常是準備能夠滿足兩個反覆運算的即可。PBL 中，越是近期會做的，需求越應該清晰，越是要符合 INVEST（寫好使用者故事的一種標準）標準；暫時不用做的，則不需要花太多精力去澄清和拆解。

DoD 則相反，是 PO 針對團隊產出進行驗收的最低驗收標準，文中已經列出了範例。

最初 DoD 只有一級，即研發反覆運算完成，使用者故事可以被視為完成的標準。逐漸出現了多級的 DoD，針對每一個研發階段，有了這一階段的 DoD 標準，例如從亨利克・克里伯格（Henrik Kniberg）的看板啟動範例（Kanban kick-start example）圖中可以看到，有分析階段的 DoD，開發階段的 DoD，接受度測試階段的 DoD 等；典型的 Kanban 是推動的過程，後一階段拉取上一階段完成（Done）的工作時，會檢查對應的 DoD 是否完成，因此上一階段的 DoD 事實上就是下一階段的 DoR。越往前的 DoD 越偏業務，然後是偏技術實現，越往後的越要加入運行維護和非功能性要求。

無論是用物理看板，還是電子看板，建議將定義清晰的 DoD，顯性地張貼出來，便於所有人統一想法，並且在板子上進行挪動時，無論是挪到 Done 的狀態，還是拉到下一個狀態，都可以隨時看到 DoD 的標準，提醒所有人遵守並

檢查。保障每個人對一件工作是否完成有一個統一的認識，發佈和接納時也保持清晰的交接介面。

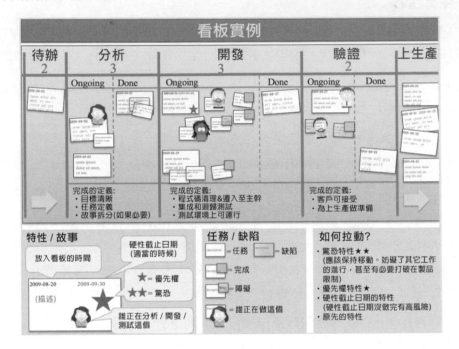

19

跨團隊協作的 SOS 模式

2008 年的春節阿捷過得很充實。按照慣例，大年三十，阿捷帶著小黑回到了西四環附近父母的家。每次回家，小黑表現得都比阿捷還高興，先不說有那麼多好吃的，阿捷父母家的花花草草都夠讓小黑興奮一陣子的了。小黑最開心的事情就是吃飽喝足之後，趴在陽台上面曬太陽邊盯著透明魚缸裡的魚兒發呆。

阿捷有一個姐姐，早就出嫁了，姐夫也是做軟體的。按照阿捷姐姐的話說，如果一個家裡有兩個男人是做軟體的，那麼這個家裡一定三句話離不開程式。過了春節，阿捷就要進入而立之年了，春節期間少不了又要被長輩們關心一下個人問題。每次被問及阿捷總是嘴上說著「不急，不急，先忙完工作再說」，而心裡卻想著遠在千里之外的趙敏。

此時，趙敏已經回到了都江堰的家中。作為家裡的獨生女，趙敏非常珍惜能夠守在父母身邊的時間。每天不是陪著父母去茶樓喝喝茶聊聊天，就是陪他們打打麻將。看著老人們「血戰到底」開心的樣子，趙敏心裡盤算著是不是真的應該考慮從國外回來的問題了。趙敏知道，其實這也並不僅為了父母，還有那個讓她心動的男人。

這麼多年漂泊在外，趙敏見過了太多形形色色的人，之間也有過幾次失敗的感情。工作的忙碌雖說能夠麻醉感情的創傷，但隨著時間的演進，趙敏越來越感覺到工作上成績並沒有讓她的感情生活獲得滿足。每天下班回到冰冷的公寓，趙敏也希望能有一個人為她溫暖房間。阿捷的出現是趙敏從未想到的。從不經意間留下的 MSN 到「敏捷聖賢」的角色，從 Scrum 開發到第一個

電話，從耶誕節的滑雪到被困首都機場，阿捷的直率、真誠、負責和對待問題永不放棄的那股勁兒，讓趙敏漸漸喜歡上了這個比自己小兩歲的男人。

由於地域、年齡和背景的差異，趙敏起初並沒有想太多，只是覺得和阿捷聊天很開心，能夠幫助阿捷從對敏捷開發一知半解到成功完成軟體發佈，自己也很有成就感。漸漸地，每天忙完自己的工作，晚上回到家裡給阿捷發個郵件，詢問阿捷的專案進展，看看是不是又遇到了什麼難題，成為趙敏生活的一部分。這次轉機回家被困機場，趙敏又看到了阿捷細緻體貼的一面，這讓她感動不已。

7 天的長假轉眼過去了。初八早上 8 點剛過，阿捷就出現在 Agile 中國研發中心的辦公室裡。除了打掃的阿姨還在打掃衛生，四處空空蕩蕩的，阿捷準備處理一下春節期間積攢下來的電子郵件。一貫早來的老闆 Charles 走了過來，笑眯眯地對阿捷說：「春節過得如何？怎麼這麼早就到辦公室了？」

阿捷趕快從椅子上起來，報告似的回答道：「節過得挺好的。這不奧運版剛剛做出來，阿朱在春節臨放假前又『跑』了幾天的自動化回歸測試，所以今天想早點過來看看都有什麼結果。嗯，您找我有事嗎？」

Charles 對阿捷的回答很滿意，說道：「嗯，你現在有空嗎？我們找個會議室吧。」

走進並不常來的縹紗高峰會議室，阿捷忐忑不安地坐了下來，阿捷知道，作為 Agile 中國研發中心電信事業部老大的 Charles 向來都是無事不登三寶殿的。

「恭喜你們 TD 團隊！」Charles 把一份列印出來的電子郵件遞給阿捷，然後說：「這是從美國發過來的，你看一下。」

阿捷大致掃了一下，上面寫的是關於這次 Agile 中國研發中心成功完成 Agile OSS 5.0 北京奧運 GA 版發佈工作的內容，對這次參與北京奧運專案的所有同事給予表揚和嘉獎。阿捷心裡一陣激動，畢竟這可是北京研發團隊第一次獲得美國總部的嘉獎啊！！

「這次，美國方面對你們所做的工作非常讚賞。我已經把這封信轉給我們北京整個部門了。從你管理 TD-SCDMA 研發團隊以來，能夠看出你給 TD-

SCDMA 研發團隊帶來了非常好的變化，從發佈結果來看，也是這幾年以來，我看到過的最好的結果！」Charles 實事求是地說。

「你覺得你們最大的改變是什麼？」Charles 問得非常誠懇，這很少見。在平時，特別是開會的時候，Charles 從來都是一副不易親近的老大樣子。

「自我組織，自我管理！」阿捷不假思索地回答。

「怎樣的自我組織和自我管理呢？你可以詳細講一講嗎？」Charles 李繼續問著。

阿捷回答道：「其實很簡單，這裡很重要的前提就是信任。要相信每一個員工都會盡自己的最大努力，為團隊做出自己的貢獻！」

阿捷看了看 Charles 的反應，又繼續說著：「在現在的 TD Team，大多數決定，譬如該採用什麼工具、採用什麼開發方法等，都是經過大家的討論、權衡後才做出的，這樣大家的參與感強，而且執行起來也不會打折扣，因為這是自己的決定。當然，有些關鍵性的問題，可能還是需要上層管理團隊來定。遇到一些相互依賴或阻塞的事情時，每個人都會主動嘗試自己解決，自己解決不了的提出來，大家會一起想辦法，看看如何解決。」

「另外，我們已經不再採用工作指派的方式，而是自己認領，每個人從需要做的工作清單中選擇自己想做的工作。這樣不僅加強了大家的興趣，更重要的是有了承諾。這個承諾不再是對專案經理一個人，而是對整個團隊做出的。進一步，工作延誤或做不完的情形，基本上不會出現。而作為專案管理人員，不再需要追蹤每個人的工作進展狀況，也就不再需要微觀管理。」阿捷侃侃而談。

「認領工作？工作列表自己選擇？這些都是你上次跟我講到的 Scrum 所帶來的嗎？」Charles 李顯然對敏捷開發中的一些術語還不太熟悉。

「對！就是這個 Scrum，敏捷開發讓我們工作的方式有了根本性的改變。」阿捷肯定地說道。

「嗯。很好。我今天找你來，就是想和你討論一下如何在我們整個部門內推廣 Scrum 的問題。從你們的實作，以及我從外部獲得的資訊來看，中國研發中心

的電信事業部現有的開發方式確實到了一個需要變革的時候，而你們所採用的敏捷開發方法，從 TD 專案的實施效果上來看，確實不錯，值得推廣。你可以幫我來做這個 Scrum 方法的推廣嗎？」Charles 李終於拋出了自己真正的目的。

「有主管支援，從上往下來推廣，我覺得問題不大。不過我想提個建議，推廣不要搞成行政命令似的，硬性要求所有的專案、所有的團隊都要上。您看可不可以是建議性的推廣，讓有興趣的團隊試驗上 2 ～ 3 個 Sprint，然後再做做研究，由這個團隊自己決定是否繼續採用 Scrum。這也符合我之前提到的『自我組織，自我管理』的原則」，阿捷直接把自己真實的看法說了出來，「如果他們覺得好，自然會堅持下去。如果感覺不好，而迫於壓力被動實施，反而起不到 Scrum 的效果，意義也不大，畢竟『強扭的瓜不甜』，您覺得呢？」

「嗯，這個建議不錯。」Charles 贊許地點了點頭。「那如果 Rob 和周曉曉的開發團隊都實施 Scrum，再加上你的 Team，我應該怎麼管理呢？」Charles 問的問題都很實際。

「可以用 Scrum of Scrums ！」
「Scrum of Scrums 是什麼？」

阿捷站起身，從筆筒裡選了幾種顏色的白板筆，在白板上畫了一個關於 Scrum of Scrums 的圖。

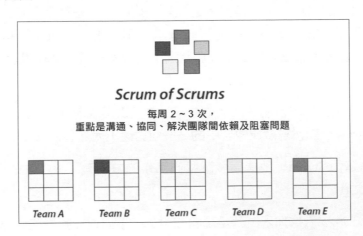

「簡單講，這是組織架構圖，就是由每個團隊的代表組成一個虛擬的 Scrum 團隊，這個團隊可以叫 SOS（Scrum of Scrums）團隊。每週增加一個會議，讓所有的 SOS 人員聚到一起交流。會期可以根據專案的實際情形，採用每日開會，或每週開 2 ～ 3 次會，這是非常靈活的。」

Charles 顯然對這個 Scrum of Scrums 很有興趣，繼續問道：「電信事業部在北京現在有三個產品，你負責 TD-SCDMA 產品，周曉曉負責中介軟體產品。你們這兩個團隊人員都不超過 10 個，按照你的方式，你們兩個組可以組成單獨兩個 Scrum 團隊。但 Rob 負責的通訊協定產品下面有個 25 個人，按照 Scrum 建議的 5 ～ 8 人的團隊規模，Rob 手下的團隊一定是要組成三個或更多的 Scrum 團隊了，這樣又該如何組織你剛才說的 Scrum of Scrums ？」

阿捷發現 Charles 顯然是做過功課的，對阿捷之前講過的 Scrum 分組還記在心裡。對於這種情況如何進行 Scrum of Scrums，阿捷剛好和趙敏討論過這個問題。當時阿捷問趙敏，如果要把 Scrum 推廣到整個 Agile 中國研發中心的電信事業部，更高層次的管理者該如何組織好 Scrums。看來，未雨綢繆總是有好處的。

「我們可以組織兩個層次的 Scrum of Scrums。一個是『產品層次』的 Scrum of Scrums，例如通訊協定組，可以由 Rob 負責的通訊協定產品中的所有團隊組成，另外一個是『團隊層次』的 Scrum of Scrums，按照所有的產品來組織。」

「嗯，你說的這個『團隊層次的 Scrum of Scrums』，感覺跟我們現在的部門管理者的會議差不多。」Charles 李不愧是老道的職業經理人，一針見血地點出來。

「是的。只是形式做一個改變就可以了。」阿捷坦白地說道。

「Scrum of Scrums 每次討論的議題也跟小 Scrum 團隊每天的 Daily Standup Meeting 一樣嗎？」Charles 李想起了阿捷早先開 Scrum 站立會議時的事情。

「基本上是大同小異的。首先還是由每個團隊的代表描述一下上次開會以來各自的團隊做了什麼事情，下次開會前計畫完成什麼事情，目前遇到了什麼障

礙。除了這些正常話題外，還應該交流一下跨團隊協作的相關問題，例如整合問題，團隊間依賴、協作問題。」阿捷細緻地講著。

「根據我開部門例會的經驗，好像 15 分鐘是完不成的。這個由每個 Scrum 團隊的代表參加的 Scrum of Scrums 可不可以延長？」

「我覺得問題不大，反正也不是天天開。因為天天開的話，意義也不大，畢竟團隊間需要天天交流的東西並不多。所以時間長短不用硬性規定，我們自己掌握就行。」阿捷根據經驗列出自己的判斷。

「嗯，我們可以慢慢來，逐步調整，一定能找到最佳的方式。」Charles 接著問道：「如果電信事業部要全面實施 Scrum 的話，除了你談到的這些，還有什麼準備的嗎？」

「我覺得教育訓練是必需的，要慢慢改變我們開發人員的思維方式，真正做到『自我組織，自我管理』。」

Charles 聽得很高興，拍了拍阿捷的肩膀，説道：「那你辛苦一下，有關敏捷開發的教育訓練你來給大家做。對了，除了介紹 Scrum 外，也重點講講你們團隊是如何應用 Scrum 的，還有是如何採用其他 XP 實作的。」

阿捷沒有想到會以這種形式獲得 Charles 的贊許和認可，整整一天都非常興奮，真想馬上把這種心情跟趙敏一起分享。可惜，趙敏現在已經在飛回美國的飛機上了。阿捷回顧了一下自己的「敏捷軟體開發隨筆」，發現自己沒有記錄關於 Scrum of Scrums 的內容，趕緊補全。

幾天後，阿捷在全部門做了一次關於 Scrum 的基礎教育訓練，同時介紹了自己的團隊實施 Scrum 以來所取得的成果，以及經驗教訓。在介紹會上，大家對 Scrum 的開發模式都非常有興趣，提出的問題也五花八門，有些還非常尖銳，最後阿捷算是勉強應付下來了。畢竟將近一年的 Scrum 實作和理論累積讓阿捷已經成長為一個合格的 Scrum Master。

在回答同事們提出的問題時，阿捷想起當初自己剛接觸 Scrum 時每晚守候在網上等著敏捷聖賢的日子來。阿捷知道，對於大家的問題，如果趙敏在，列出的答案一定會比自己的要好，更有説服力，更能加強大家的信心。

阿捷回到家裡，開啟電腦，就看見趙敏出現在 MSN 上。

「嗨，還好嗎？」過完年，趙敏本來想在北京轉機去美國時在北京停留一天，和阿捷聚聚，結果因為公司派她去參加一個美國軍方的軟體諮詢專案，臨時被徵調趕回了美國，之後已經好久沒有出現在 MSN 上了。

「挺好的。我們的 Agile OSS 5.0 產品已經安裝到奧組委的資料中心了，這兩天在鳥巢和水立方舉行的『好運北京』奧運測試賽上正用著呢。現在正在收集客戶對我們產品的回饋意見，看看還需不需要做最後的修改和增強。不過我們奧運一定是要留人 7×24 小時進行值班了。對了，老闆決定要在全部門內推廣 Scrum 方法呢，今天我還在全部門做了一天的 Scrum 教育訓練。可惜你不在，要不你講得一定比我好多了。」

「恭喜恭喜啊，阿捷你什麼時候嘴巴這麼甜了，現在你可是 Scrum Master 了。你剛才提到你們準備大規模推廣 Scrum 了嗎？」

「是啊！我們準備按照上次你給我講的，分產品層次和團隊層次做 Scrum of Scrums。」

「嗯，團隊層次會比較好組織一些，產品層次通常會比較難一些，因為這樣的產品通常比較複雜。」

「沒錯，我們部門有一個很重要的產品，是從美國那邊移交過來的專案，有 25 個人，專案經理是一個美國人。今天我介紹 Scrum，這個老外就過來跟我探討如何組織他的 Scrum 團隊，我覺得真的很複雜。」阿捷想起白天 Rob 的種種問題。

「嗯。你說說看，是怎樣的情況呢？」趙敏顯然對這個很有興趣。

「他們這個產品，分為三個層次：底層是平台，有 7 個人負責；中間層是內容層，有 8 個人負責；最上層使用者介面，有 6 個人負責。另外還有一個 Learning Product（產品教育），負責撰寫使用者手冊，有一個 Product Planner（產品規劃），我覺得如果實施 Scrum，這個人適合擔當 Scrum 裡面的 Product Owner。還有一個架構師，負責整個產品的架構。」阿捷嘗試著在不違反 Agile 公司標準商業行為準則的情況下儘量把他遇到的情況描述清楚。

「我可以認為三層就是三個不同的元件嗎？」趙敏問著。

「可以，這個產品的架構非常清晰，三層之間的耦合非常小。」

「這個產品是剛開始開發，還是已經進行了一段時間？」趙敏問得很細。

「已經初具雛形了。這有關係嗎？」阿捷不解地問。

「有！如果是剛剛開始開發，那比較簡單，完全可以按照三個產品組織 Scrum Team，這是以產品為基礎的 Scrum Team 模式。讓每個團隊把精力集中在自己的產品層上，這在專案初期還是非常適合的。因為每個產品元件跟其他產品元件的互動都相當少，都能獨立完整發佈。」

「這種情形下，那 Product Owner 該維護幾個 Product Backlog ？」阿捷很關心細節。

「理想的情況是 1 個，讓所有 Scrum 團隊工作在一個 Product Backlog 上。」

「嗯，可惜他們現在不是這個情形。」阿捷插了一句。

「沒關係，Scrum 可以很好地適應不同的專案、不同的團隊組織。你可以推薦他們採用跨產品元件的特性團隊組織結構，即團隊的職責不要束縛在任何特定的元件上。如果大多數 Product Backlog 項目都有關多個元件，那這種特性團隊劃分方式的效果就很好。每個團隊都可以自己實現包含三個層次的完整故事。」

阿捷漸漸領悟了趙敏的意思，繼續問：「這樣的話，還是三個 Product Backlog 嗎？到底有沒有什麼實際的策略？」

「通常有這樣三種策略。策略 1：一個產品負責人，一個 Backlog；策略 2：一個產品負責人，多個 Backlog；策略 3：多個產品負責人，多個 Backlog。對於你所描述的團隊，我建議採用策略 1。」

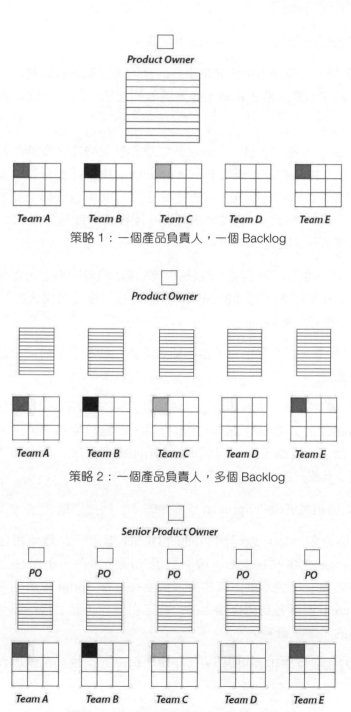

策略 1：一個產品負責人，一個 Backlog

策略 2：一個產品負責人，多個 Backlog

策略 3：多個產品負責人，多個 Backlog

「這跟我的直覺是一致的。：）」阿捷高興地說。

「相信你的直覺！這是管理中的非常重要的原則。因為管理有關心、腸胃、靈魂和鼻子。因此，要用心去感知，建置團隊的靈魂，訓練一個能嗅出謊言的鼻子。」

「哈！真有你的！！不過，話說回來，該怎麼開計畫會議？我猜想是三個團隊順序開，第一個團隊在第一天從 Product Backlog 選擇一些項目，進入自己的 Sprint Backlog；然後依此類推，需要整整三天。」Rob 白天問阿捷的第一個問題就是如果召開計畫會議，應該怎麼樣做。阿捷當時就是這麼和 Rob 講的，其實阿捷的底氣不是很足。

趙敏解釋道：「這也是一種模式。在任何一個指定的時間點上，都有一個正在進行的 Sprint 接近結束，而新的 Sprint 即將開始。產品負責人的工作負擔會隨著時間的演進逐步攤開。」

「這樣的話，我總覺得有點問題，但不知道問題在哪裡？」阿捷對這個模式有一種不安的感覺。

「這次你的直覺又對了！依我的經驗，這種模式會帶來兩個問題：第一，交換覆蓋的 Sprint 帶來了更多的 Sprint 計畫會議、示範和發佈；第二，要想重新組織團隊，就必須打斷至少一個團隊的 Sprint 處理程序。最佳做法就是把多個 Sprint 同步起來，讓它們在同樣的時間啟動和停止。」

「你以前是如何組織這樣的 Sprint 計畫會議的？」阿捷問道。

「在會議開始之前，你可以建議 Product Owner 指定一面牆壁用做『Product Backlog 牆』，把故事貼在上面，按相對優先順序排序。不斷往上面加貼故事，直到貼滿為止。通常貼上去的東西都要比一個 Sprint 中所能完成的項目多。每個 Scrum 團隊各自選擇牆上的一塊空白區域，貼上自己團隊的名字，那就是所謂的『團隊牆』。」

「嗯，這種方式我原來也採用過。」阿捷想起自己在之前的衝刺中採用過這樣的方法。

「對！這種方式簡單而直觀！雖然過程顯得嘈雜混亂，但效果很好，很有趣，也是個社會交往的過程。結束時，所有團隊通常都會獲得足夠的資訊來啟動他們的 Sprint。」

「回顧也要把所有幾個團隊放在一起嗎？那樣人就太多了。」阿捷接著問道。

「不需要都放到一起，每個 Scrum 團隊進行自己的回顧就可以了。只是在下一次 Sprint 計畫會議的時候，讓每個團隊出一個代表，進行不超過 5 分鐘的歸納發言。然後，大家再來個 20 分鐘的討論，就可以了。啊，對不起，阿捷，我這裡有事了，我們回頭再聊，好嗎？」

「好。多保重。嗯，今天收穫真多！」阿捷和趙敏告別後，阿捷又在網上檢視了一些關於團隊劃分原則的文章。

又是一個星期一的早晨，周曉曉來到阿捷的座位上。阿捷雖然不喜歡這個人，但還不能不應付。

仗著自己資歷比阿捷老，周曉曉上來就毫不客氣地說：「在 Scrum 裡面，Scrum Master 到底做些什麼呢？我上次沒參加你的教育訓練。」

阿捷雖然心想著「教育訓練那天你做什麼去了？」，嘴上還是耐心說：「簡單來講，組織 Sprint 計畫會議，組織 Sprint 示範和回顧，以及每日立會。」

「就這些啊，好像也沒太多的事情，那我們不用這個角色也行啊。」周曉曉好像對這個 Scrum Master 很感冒，也許是因為阿捷自己就是一個 Scrum Master。

阿捷看見周曉曉這個態度，敷衍道：「嗯，那隨你了。反正你是中介軟體的專案經理。不過還有最關鍵的是，Scrum Master 需要解決團隊遇到的任何問題！這裡的解決，不一定是真的要求 Scrum Master 自己親身去解決，因為有些技術性問題，並非他所長，他只要找到對應的資源或人即可。另外，就是要保護自己的 Scrum 團隊，在一個 Sprint 中不受任何外部打擾。」

「噢？這樣啊。原來 Scrum Master 只需要找人來解決問題就行了，看來 Scrum Master 也挺好當的啊。好，我知道了。」周曉曉一聽到 Scrum Master 不用自己親身解決技術問題，馬上態度就不一樣了。

「嗯，其實也並不完全像你想像的那樣。我這裡有些關於 Scrum 的基礎資料，你有興趣可以拿回去看看。」阿捷善意地建議道。

周曉曉拿起來翻了翻，嘴上說道：「嗯，不錯。不過我現在也沒什麼時間看這些，先放你這吧。反正不是有你嘛，我還是隨時過來問你好了。」

「噢。」阿捷皺了皺眉頭，心想：對這種人，實在是沒辦法，自己作為團隊帶頭人，不好好了解 Scrum，以後實施的時候一定會搞成四不像的。

周曉曉好像又想起了什麼，問道：「你們現在用什麼工具呢？」

「ScrumWorks。」阿捷一五一十地說著。

周曉曉對阿捷毫不見外地說道：「那我們可以用嗎？」

「當然可以，只要你願意。」說實話，只要是喜歡敏捷開發的 Agile 同事，阿捷都會一視同仁，包含周曉曉。

「那好啊！你給我們組的每個人都建一個帳號吧。老闆說要搞 Scrum，我得抓緊才行。你們搶了頭彩，我怎麼也得做個老二才行。」周曉曉終於說出了自己的心裡話。

「周曉曉，你覺得現在你們的中介軟體專案適合用 Scrum 嗎？」阿捷知道他們剛剛完成 Agile OSS 5.0 中介軟體模組的開發，現在正處於專案調整和修復 bug 階段。

「沒關係，老闆說試驗一下 Scrum，我就得上，一定沒問題的。」周曉曉一點都不掩飾自己的想法。

「……」阿捷沒有說話。

看到阿捷的反應，周曉曉自覺有些失言，打著圓場說道：「你們的適合，我們的也應該適合，都是一個部門內的嘛，差不了多少的。今天就先謝謝了，我回去準備準備，有問題再找你。」

「嗯，好的。」阿捷雖然不情願，但也沒辦法。

幾天後，當阿捷照常登上 ScrumWorks 的時候，發現多了一個新的專案，看到

中介軟體的標題，阿捷知道這是周曉曉他們的。「看來他們已經開工了，速度果然很快啊。」阿捷心裡想著，出於好奇，阿捷開啟了周曉曉建立的專案。令阿捷吃驚的是，他們的 Product Backlog 空空如也，沒有一項內容，而 Sprint 卻已經計畫到 16 個。哇！真正的瀑布模式的 Scrum 啊！這麼早，就定下了每一個 Sprint 要做的內容，根本沒有考慮如果環境發生變化，一定會影響到 Backlog 的優先順序，到時候又需要調整對應的開發計畫了。周曉曉這種不定 Product Backlog，光寫 Sprint 計畫的做法完全拋棄了敏捷的關鍵核心，即靈活應對外界變化。

吃午飯的時候，阿捷特地拉著章浩，想跟他了解一下中介軟體組實施 Scrum 的情況。在 Agile OSS 5.0 奧運特別版 GA 發佈之後，周曉曉就藉口 TD-SCDMA 組的專案已經做完，把章浩和王燁要了回去。阿捷其實非常想把章浩和王燁留在自己團隊裡，他們兩人更是願意留下來，但是又苦於沒有什麼藉口可以反駁周曉曉，即使是 Charles 李也無能為力。

「最近在忙什麼呢？我看到你們組也在搞 Scrum 了。」阿捷端著餐盤剛坐下，就問起章浩來。

「是啊！最近就忙周曉曉版的 Scrum 呢。不過我覺得周曉曉的 Scrum 跟我們在奧運版開發專案上的做法完全不一樣，周曉曉弄的絕對是一個山寨版的 Scrum。」作為中介軟體團隊僅存的老員工，章浩的資歷完全可以比得上周曉曉，所以對周曉曉的這種做法說得一點都不客氣。

「山寨版的 Scrum？不至於，你覺得都哪裡不一樣？」阿捷聽到章浩說周曉曉弄的是「山寨 Scrum」，差點一口飯噴出來。

「首先，我們那天開 Sprint 計畫會議的時候，一下子就計畫完了所有的 Sprint。如果以後需求有變化怎麼辦？遇到人員調整怎麼辦？其次，我們的每日立會也有問題。」章浩對周曉曉的做法很有意見。

「每天的站立會能有什麼問題呢？不是有三個問題的指引嗎？」阿捷對這個問題有點不解。

章浩解釋道：「我覺得周曉曉並不了解什麼是 Scrum，他把大家的每日立會變成了給他的每日報告，雖然也是固定時間。他首先問我們誰沒完成昨天的工

作？誰如果說沒有，他就要追根究底地問為什麼？搞得大家都很緊張。然後他再讓我們每個人在會上把當天的工作告訴給他，讓他來決定工作是不是飽滿。不飽滿，他就給你加工作。哪有這樣做的啊。」

「哎，確實有點那個。」阿捷沒有想到周曉曉是這麼做的。

「另外，我們開會的時間也有問題，不是在早上。」章浩接著說。

「這又是為什麼？」阿捷不解了。

「我們的 Agile OSS 5.0 不是做完開發了嗎？現在還屬於調整期。你知道的，我們現在做的中介軟體專案是從美國那邊移交過來的，現在還有一部分由美國那邊開發，老闆想把美國那邊所有的開發都移交到英國的 R&D Centre（研發中心）去。周曉曉為了討好英國公司，要求我們在每天快下班的時候開這個會，這樣好與英國人對接上。」阿捷在 Charles 李召開的部門例行會上聽過美國大老闆想把中介軟體部分移到英國的分公司去做，可是沒想到周曉曉能夠拍馬屁拍到英國去。

阿捷問道：「嗯，移交到英國的事情我知道，可是，你覺得跟英國那邊溝通是必要的嗎？」

章浩實事求是地說著：「溝通一定是有必要的，但我覺得沒必要採用這樣的形式，而且也不用這麼頻繁。首先，英國那幾個同事根本不關心這些細節的東西，其次，那邊一上班，這邊就快收拾東西走人了，就這樣還要講自己今天要做什麼，有什麼意思啊。」

「這倒是。你們沒跟周曉曉提這些問題？」阿捷奇怪中介軟體組的其他同事就這麼能忍。

章浩歎了口氣，說道：「別提了，就周曉曉這個人，根據過去的經驗，我們大家的共識是：你提了他也不懂，他也不想懂，還會被扣上一頂不支持他工作的帽子，到年底考評績效的時候再給你一下子。何必呢？」

「哎，兄弟，別這樣，該提的還要提，這對整個組織的發展還是很重要的。」阿捷知道其實能夠進入 Agile 公司的每一個員工都絕對不是等閒之輩。

很明顯，章浩在受到了多次打擊後，已經沒有了說出實話的動力和勇氣，阿捷知道，這對於一個開發團隊而言，可不是什麼好現象，如果最後演變成了專案經理的一言堂，那對於整個團隊必將是一場災難。阿捷暗暗告誡自己無論如何也不能犯這種愚蠢的錯誤。

本章重點

1. 產品內部的 Scrum of Scrums 同步會
   議程安排：由每個團隊的代表描述上次開會以來各自的團隊完成的工作，下次開會前計畫完成的工作，遇到了什麼障礙。除了這些正常話題外，尤其應該交流與跨團隊協作相關的問題，例如整合問題、團隊平衡問題。

2. 跨產品層次的 Scrum of Scrums 同步會
   會議形式：
   ● 開發主管介紹最新情況。例如即將發生的事件資訊。
   ● 大循環。每個產品組都有一個人同步他們上周完成的工作，這周計畫完成的工作，以及碰到的問題。
   ● 其他人都可以補充資訊，或提問問題。
   會議組織：
   如果每週開一次，建議全體開發人員都來參加，讓每個人了解其他團隊在做些什麼。主要以報告形式進行，由每組的 Scrum Master 可以負責自己團隊的報告，代表也行。會議主持人要嚴格控制會議的時間，儘量避免出現大討論。

3. Scrum of Scrums 的議程無關緊要，關鍵在於要有定期召開的 Scrum of Scrums 會議，進行溝通交流。

4. 同步進行的 Sprint 有以下優點。
   ● 可以利用 Sprint 之間的時間來重新組織團隊。如果各個 Sprint 重疊的話，要想重新組織團隊，就必須打斷至少一個團隊的 Sprint 處理程序。
   ● 所有團隊都可以在一個 Sprint 中向同一個目標努力，可以有更好的協作。
   ● 更小的管理壓力，即更少的 Sprint 計畫會議、Sprint 示範和發佈。

5. 在 Scrum 中，團隊分割確實很困難。不要想得太多，也別費太大勁兒做最佳化。先做實驗，觀察虛擬團隊，然後確保在回顧會議上有足夠的時間來討論這種問題。遲早都會發現適合你所在環境的解決方案。需要重視的是，必須要讓團隊對所處環境感到舒適，不會彼此干擾。

6. 寧可團隊數量少，人數多，也比一大堆總在互相干擾的小團隊強。要想拆分小團隊，必須確保他們彼此之間不會產生干擾。

7. 在 Scrum 團隊中包含有兼職成員一般都不是什麼好主意。如果有一個人需要把他的時間分配給多個團隊，就像 DBA 一樣，那麼最好讓他有一個主要從屬的團隊。找出最需要他的團隊，作為他的「主隊」。如果沒有特殊情況，他必須參加這個團隊的每日 Scrum 會議、Sprint 計畫會議和回顧等。

8. 每日立會還是為了加強團隊交流和資訊共用。互相了解彼此都在做什麼工作，完成了什麼工作。這樣每日的資訊傳遞，可以讓每個人更多地了解整個專案的業務和技術狀況。如果在工作中遇到障礙或問題，也可以在這個時候提出來，請求大家的幫助。

9. 每日立會不是每天的工作報告，更不是專案經理進行工作檢查，甚至關注會議。所有人有責任營造一個安全的會議氣氛，讓每個人都樂意說出真正發生的事情，就算是昨天遇到技術問題，沒有任何的工作成果，也能獲得諒解，而非膽戰心驚。

10. 敏捷方法需要有一個睿智開明的主管（也許就是 Scrum Master）以身作則，帶領著團隊向前衝鋒，大家齊心協力，以專案的成功作為最高奮鬥目標。只有這樣，才能發揮敏捷方法的威力，只有這樣，專案才可能獲得成功。

11. 明確的短期目標。如果讓一個團隊做半年的詳細工作計畫，一定非常困難，但如果是 2 周，那就完全不一樣。

冬哥有話說

用管理球隊的方式管理員工

團隊的管理，與球隊管理有異曲同工之處。球隊原本就是一支團隊，都有各

種角色，教練／主管／球員／員工，都有一個完成工作的終極目標，只是所處的背景不同而已。

■ 最好的球隊要擁有一流的球員，良好的工作環境是擁有一群超級棒的同事；設想一下，如果公司裡的任何一個員工，你都發自內心地尊重，而且能夠從他們身上學到東西，你將有更大的幹勁。

■ 每個人都想加入夢幻隊。在一支夢幻隊裡面，你的同事在各自領域卓有建樹，同時他們也是非常高效的合作者，身處夢幻隊的價值和滿足感是十分極大的。如果你招進來的員工足夠優秀的話，後期人力資源管理上 90% 的問題都可以避免了。

■ 在夢幻隊裡，沒有等級概念，大家都是為球隊統一目標而努力；你極力保持狀態，把自己變成最好的隊友。

■ 在球隊裡，每個人都知道自己並不會在隊裡待上一輩子。在團隊中，如果一個員工不再適合自己的職位，作為成年人，應該能夠接受並離開。

■ 每個球隊都會有這樣的「天才球員」稱之為不羈的天才，教練需要考慮他是否可融入球隊，是否能與別人配合。技術團隊也有這樣的人，技術超強，卻目空一切，無法與他人溝通配合，團隊成員保持多樣性的風格固然很好，但前提是要表現出團隊集體認同的價值觀。

■ 頂級球員的表現會遠遠超出普通球員；對於創新型的工作，頂級員工的輸出量是一般員工的 10 倍。

■ 無法想像一支球隊會對球員隱瞞球隊的目標和實際戰績，每個人都知道球隊的目標；技術團隊更應該建立起透明，坦誠的文化，主管要自問，對於目標和策略，你是否已經做到了足夠清晰和足夠鼓舞人心。

■ 公司真正的價值觀和動聽的價值觀完全相反。對於團隊，透明的薪酬與激勵機制讓每個人都知道企業期望什麼樣的人才，鼓勵什麼行為。員工知道自己的市場價格，對員工本身和企業而言都是好事，不要等到因為薪資而無法留住一個人的時候才加薪，保持薪資的市場競爭力，如果暫時無法做到，至少讓員工知道原因。

- 高階管理層常常容易介入太多小事的決定，球隊的教練不會也無法做到事無巨細，你無法控制球場上的每一個變化，需要球員現場隨機應變團隊管理應放手讓員工做好自己的事；你所需要的，只是保障讓大家和對的人一起做事，而非用流程控制他們。

- 球場上沒有太多溝通的時間，靠的是訓練出來的默契，企業中，存在很多跨部門的溝通以及團隊內部開發人員之間的溝通，溝通並非越多越好，要消除不必要的溝通環節，靠的是統一的目標和價值觀，以及紀律和自律。

- 偉大的球隊為了偉大的目標，偉大的團隊為了完成偉大的工作，招募正確的人，組建菁英團隊是主管的首要工作。鼓勵球員做一切最合乎球隊目標的事，同樣的，鼓勵員工做出「最合乎公司利益」的選擇。

- 不是每個位置都需要喬丹，但每個位置都需要合適的人，有的位置需要工兵型球員，勤勤懇懇兢兢業業，他同樣可以是這個位置的明星；不是每個職位都需要愛因斯坦，但每個職位都需要最適合的員工，每個職務都可以做成明星員工；

- 球員要為自己的職業生涯負責，員工要管理他們自己的職業發展負責，而不能僅依賴於公司「規劃」他們的職業生涯；

- 自由、責任與紀律。球隊是建立在戰術規則與球員自由發揮基礎之上，團隊中的自由也不是絕對的，創新與自律，自由與負責，都無法脫離開彼此獨立存在；打造以自由與責任為核心的企業文化；自由＋責任，帶來的是：自律，自主，自願，自立，自勉，自知，自治，以及任何你能想到的美好詞彙。

- 如果員工做得好，應該及時鼓勵；如果員工的表現不夠好，也應該有人及時告訴他們，而非等到年底績效出來給差評。

分散式開發的喜與憂

從 2006 年起，Agile 公司開始著手在成都建立新的研發基地。經過兩年的發展，已經有了近百人的規模。但阿捷所在的部門並沒有在成都設立研發團隊，其中一個重要的原因，就是阿捷這個部門的美國方面對中國的研發實力一直不是很認可。自從阿捷帶領的 TD 團隊，順利完成了北京奧運大單，並保障順利實施後，美國方面終於改變了想法，認為中國人完全有能力主導一個產品的研發。於是，在成都設立新的研發團隊被提上了日程，並迅速付諸實施。對此，Charles 心中一直不平，本來這是北京、更是自己擴大勢力範圍的最佳機會，而且這個機會還是自己手下的研發團隊做出來的，要説擴大研發團隊，怎麼也應該從北京開始啊！對此，Charles 還專門跟美國方面開了幾次的電話會議，但最後還是胳膊擰不過大腿，北京的研發費用那麼高，人民幣又在不斷升值中，再投資北京，肯定不如找一個中國的二線城市，美國方面自有自己的小算盤。Charles 雖然沒有能把這次擴大研發的名額爭取到北京來，但美國方面還是給了 Charles 一絲安慰，那就是北京和成都進行分散式開發，而不再是公司層面上的軟體外包。雖説兩地團隊是出於平等關係的，但北京將是 On-Site，成都屬於 Off-Site.

説起 On-Site 與 Off-Site，雖然一詞只差，意義卻迥然不同，這些名詞真是讓人費解，阿捷也是花了半天的時間才算弄清楚。其實，無論是異地分散式軟體開發或是外包，可以接觸到實際客戶的一端稱為 On-Site，另一端則稱為 Off-Site。而 Off-Site 又可以根據地理位置分為三種：On-Shore（在岸，指在同一個國家或同一個時區內），Near-Shore（近岸，在接近的國家和地區中）和 Off-Shore（離岸，通常在時差 6 小時以上），以下表所示。

Off-Site	On-Shore	Near-Shore	Off-Shore
分散式開發	北京辦公室： 成都辦公室之間	印度分公司： 中國分公司	矽谷總公司： 中國或印度分公司
軟體外包	北京某公司： 成都另一公司	東京某公司： 大連另一公司	歐洲某公司： 中國另一公司

雖然説美國方面定下了異地分散式開發的基調，但是實際怎樣組織架構，並沒有定，而是把這個燙手的山芋扔給了 Charles。Charles 召集手下的幾員幹將 Rob、阿捷、周曉曉針對兩種常見的組織架構，進行了一次 SWOT 分析後，列出了新的組織架構。

常見的 A 架構，是公司將完整的團隊組織結構分佈在兩地，每個團隊都設有本地專案經理、需求分析師、開發人員及測試人員。同時公司設有一個專案總負責人角色，負責兩地的溝通與協調。這種組織架構，北京和成都的兩個團隊相對獨立，成都團隊可隨時將北京團隊拋開，自立門戶了，這可不是注重權力控制的 Charles 所願意看到的。

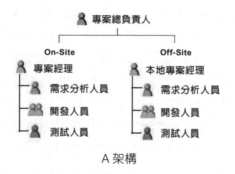

A 架構

B 架構

而 B 架構同 A 架構相比，On-Site 方不進行任何實際開發，而把所有的開發放到 Off-Site 方，這種架構看起來有點像外包。Charles 最初覺得在成都設立需求分析人員和專案經理意義不大，非常偏好這個架構，由北京同時管理兩地的專案活動。Rob 本來事不關己，反正自己就要回美國了，對這種權力爭鬥沒任何興趣，所以 Charles 說什麼就是什麼。而周曉曉呢，因為馬屁拍慣了，從來也不會提出跟老闆不一樣的想法，即使明顯不對，還是會附和。

但阿捷不一樣，首先阿捷屬於那種是非分明的人，看見問題，一定會指出來，而不會輕易妥協；其次，阿捷知道，這次的分散式開發，也許以後就得靠自己去管理的。所以，阿捷針對 Charles 的提法，據理力爭，指出這樣做存在很大的弊端，根本沒法解決微觀管理（Micro-Management），必須在成都設立專案經理或專案協調人員，以加強成都本地團隊的專案管理和協調，才能觸發自我管理、自我組織。Charles 最後權衡利弊，還是同意了阿捷的提案，畢竟要是管不好成都，自己對美國老闆也沒法交代。所以對 B 架構進行了一次變更，最後有 C 架構。

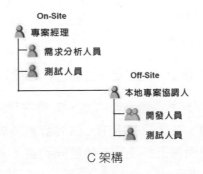

C 架構

正如阿捷所預想的那樣，管理和籌備北京、成都進行分散式敏捷開發的重擔落在了自己頭上。阿捷是一個喜歡挑戰的人，事情越難，越能觸發起自己的鬥志。不過，阿捷還是向 Charles 提出了一個條件，就是讓大民、阿朱一起參與進來，Charles 非常爽快地就答應了。這樣，這支 Agile 中國研發中心的 Scrum 夢幻隊又聚在了一起，準備向更艱巨的工作發起衝鋒。

清明節假期的前兩天，阿捷從公司下班後，正準備上網尋找一下小長假出去遊玩的線路，沒想到久違的趙敏居然也在網上。

「下個月我可能要到成都去呢！」阿捷為了讓趙敏高興，把自己可能要去籌備成都 Team 的事情說了出來。

「真棒。這回是個什麼專案呢？」趙敏聽了阿捷要去成都，顯得非常高興，就像自己也能回去一樣。

阿捷說道：「這回是一個全新的專案，不過要分散式開發。計畫由我們北京自己的研發中心主導，實際開發會放到成都去。」

「哦！你們算是 On-Site？成都是 Off-Site？」趙敏對美國人的那一套說法很熟悉。

「對。北京負責需求分析、計畫協調、品質控制、驗收等，成都要完成開發與測試。」

「這真是一個好機會。」趙敏很為阿捷高興。

可是阿捷卻有些躊躇，不自信地說：「機會雖然說不錯，不過也困難重重，我這次又被趕鴨子上架了。」

「很正常啊！這就是彼得原理。」

「彼得原理？」阿捷發現趙敏總能提出一些自己從未聽過的名詞。

趙敏解釋道：「彼得原理是美國學者勞倫斯‧彼得在對組織中人員晉升的相關現象研究後得出的結論。在各種組織中，由於習慣於對在某個等級上稱職的人員進行晉升提拔，因而員工總是趨向於晉升到其不稱職的地位。彼得原理有時也被稱為『向上爬原理』。」

「噢。」

「彼得指出，每一個員工由於在原有職務上工作成績表現好（勝任），就將被提升到更高一級職務；其後，如果繼續勝任，則將進一步被提升，直到到達他所不能勝任的職務。由此匯出的彼得推論是，每一個職務最後都將被一個不能勝任其工作的員工所佔據。層級組織的工作多半是由尚未達到不勝任階層的員工完成的。」

「如果這樣，那豈不是最後會很恐怖？」阿捷好奇地問道。

「是啊！因為這個過程常常是單向的、不可逆的，也就是說，很少被提升者會回到原來他所勝任的職位上去。因此，這樣『提升』的最後結果是企業中絕大部分職務都由不勝任的人擔任。這個推斷聽來似乎有些可笑，但絕非危言聳聽，甚至不少企業中的實際情況確實如此。這樣的現象還會產生另外一種後遺症，就是不勝任的主管可能會阻塞了勝任者提升的途徑，其危害之大可見一斑。」

「那他既然提出了這個理論，一定也有對策了吧？」

「是的！因為這種情況最後會把一個晉升的梯子擺在每個管理人員面前，讓每個人都成為排隊木偶。為了避免人們都成為排隊木偶，扭轉『系統蕭條』的頹勢，彼得博士提出了『彼得處方』，提供了 65 條改善生活品質的秘訣，你有興趣可以看看。」

「好！是不是有書？」

「有，就叫《彼得原理》。」

「多謝！明天去買一本看看，正好利用假期充實一下。」

「嗯，那你們這次在成都是不是需要招人？」趙敏好奇地問道。

「是啊！那邊已經有 100 多人了，但都不是我們部門的。會有一個成都研發分部的員工直接交付到我們這邊，這個人能力、資歷都不錯，我們會讓他負責成都本地的專案協調工作，再招上幾個開發、測試人員。你有人要推薦嗎？」阿捷以為趙敏有在四川的朋友想推薦。

結果沒想到趙敏居然會說：「我可以嗎？」

「不可以……那不是大材小用嗎」阿捷呵呵笑道。

「唉，真的好想回家。在國外再舒服心裡也有一種沒著沒落的感覺。你能體會嗎？對了，你對員工應徵有什麼看法？怎麼選擇你需要的人？」

「嗯，我了解。從前做封閉開發的時候我也有過那種感覺，只不過我封閉完了

就可以回家，比你在國外好一些。想回來就回來吧。一個人總不能老飄在外面啊。你說應徵啊，我比較推崇這樣一個觀點，就是 hiring attitude，training skill。」

「哦？這是個什麼説法？」

「好像來自沃爾瑪，全稱應該是 hiring for attitude，training for skills，即『聘之以態度，授之以技能』。我相信態度最重要，而技能是可以透過教育訓練來解決的。」

「這點我贊成！」

「也就説一個偉大的公司不需要 hand，要 head。簡而言之，應該青睞有頭腦、有想法的員工，而非人手，不能簡單地看文憑、學歷，要真正任人唯賢！

「在任何情況下都應該堅持這一點嗎？」

「哦」，阿捷還真沒仔細考慮過，停了一下，「嗯，對於一個迫切的專案，可能就得多關注技能啦。」

「嗯，此外，我覺得對於一個新創立的公司，在急需人才的時候，可能也需要更多地關注技能。」

「對，應該是這樣的！不過要想建立一個偉大的公司，一定要堅持這一點！」

「有了人，就會面對團隊建設，你是怎麼看待這個問題的呢？」

「嗯，等一下。我看過一個關於團隊建設的圖，我畫給你。」阿捷馬上手繪了一張關於團隊建設的圖，發給趙敏。

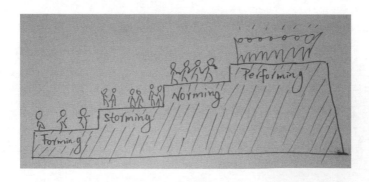

「你看，團隊建設也是有生命週期的。必然要經歷組建期（Forming）、風暴期（Storming）、標準期（Norming），然後才是高績效期（Performing）。我覺得管理到某種程度後，一定是全生命週期的管理，應該是一個閉環和持續改進的過程！」

「哦，還真挺複雜的！」趙敏回覆到。

「其實也很簡單，第一步選人。千里馬常有，而伯樂不常有。因為我們都不可能是專職的伯樂，所以要打破應聘要求的條條框框，多花時間在簡歷分析和面試溝通上。要親自參與面試，而非簡單地列出需求，全部交給 HR 部門來完成。更重要的是換位思考，選擇一個人才進入團隊的時候，首先要考慮他能夠帶給成員的是什麼，是否適合這個團隊。如果團隊中每個成員的勝任力都很優秀的話，自然能夠帶來優秀的業績和團隊績效。」

「說得不錯，下一步呢？」

「在找到了合適的人後，第二個重點就是為合適的人分配適合的工作。我們需要看到每個人的短處，但是我們關注的卻是各盡所能地發揮每個人的長處。所以要對人員的技能做評估，對團隊角色的職責做出明確定義和劃分，定義好團隊之間的操作規程和流程。」

「嗯，然後呢？」趙敏對阿捷的論斷很有興趣，鼓勵他說下去。

「第三步透過團隊建設來保持整個團隊的積極性和熱情。首先是要建立團隊願景，很重要，是樹立團隊精神和建立大家共同價值觀的基礎。然後是制定團隊的規則和紀律，這應該是大家共同制定出來的、必須要遵守的。對於團隊的建設，一方面是偏重應用的，主要是指團隊學習和教育訓練組織等，提升團隊的知識技能；另一方面是關於價值觀，時間管理，心態，職業精神等方面的教育訓練，便於形成團隊共有的價值觀。」

阿捷頓了一下，接著說：「團隊之所以不同於團夥，正在於團隊中所有成員的價值觀都是和團隊價值觀同向，共同的願景才可能產生共同的合力。

「嗯……」趙敏等待阿捷繼續說下去。

「第四步就是要建立競爭機制。在團隊內營造一份良好的、積極向上的競爭氣氛。第五步，建立獎懲制度。驅動人們的理由無非有兩個，一個是贏得歡樂，另一個就是逃離痛苦。這也就是管理大師們常說的 X/Y 理論。」

「最後就是回顧並不斷地調整團隊，重新回到起點！」

「嗯，非常不錯！作為一個團隊的主管，從你的實作來看，你是怎麼看待主管力？如何才能成為一個合格的主管呢？」

「考我？」阿捷打趣道：「首先，我覺得主管力應該表現在他的影響力上，而非依靠組織指定的地位權利（Position Power）。在一個團隊中，影響力和說服力要比權力更重要，團隊成員之所以相信你，願意跟隨你，不是因為恐懼，而是因為真的愛你、相信你！有些人可能不是一個團隊主管，但卻有無比的影響力和號召力，這尤其說明瞭這一點。」

「繼續。」

「作為團隊主管，很關鍵的一點就是看你是不是真的『用心去主管』。」

「用心去主管？還是第一次聽到，實際怎麼做呢？光有這個想法是不行的吧！」趙敏故意刁難。

「嗯，我覺得關鍵的一點就是要去了解團隊每一個成員的需求與渴望，去跟他們進行心與心的溝通。這一點也是符合馬斯洛的需求層次理論的。實際可以看這個文件。」阿捷把一個文件發給趙敏。

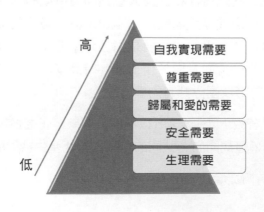

等了一會兒，估計趙敏已經看完了，阿捷接著說：「我相信你以前也看過這個理論！我覺得作為團隊領導人，首先需要了解你的團隊成員在每個階段的需求，然後盡可能地滿足。要跟 X 理論和 Y 理論有機地結合起來。」

「嗯，這個理論了解起來簡單，真正做到的主管卻少之又少啊！」

「嗯！如果你們跟成都進行分散式開發，還採用 Scrum 嗎？」

「採用！為什麼不呢？光從我們的 TD 專案來看，我覺得這個 Scrum 非常好！非常符合目前軟體開發的趨勢。」

「嗯，透過 Scrum 管理和協調兩個不同地理位置的團隊，是一個非常有挑戰性的工作。」

「是啊！對此你有什麼建議嗎？」

「最高指導原則就是溝通、溝通、再溝通。對於一個分散式團隊，最重要的就是解決溝通的問題。因為缺乏面對面的溝通，還由於時間、文化、語言的不同，需要付出更多的人力和財力才能獲得預期的結果，而且小的誤解也會迅速放大。這需要在團隊建立之初，就考慮好這個問題。溝通不要怕多，一定要充分才行。對這個問題，有一個非常著名的康威定律（Conway's Law）」。

「康威定律？」阿捷還真沒聽說過。

「原始表述是這麼說的：讓四個人開發編譯器，你就會獲得四個編譯器。」

「有點繞圈子，到底什麼意思？」

「這個表述更具有一般性：『產品必然是其組織通訊結構的縮影』。簡言之就是『方法決定結果』或是『過程變為產品』。這個定律無非在告訴我們開發人員間的高效面對面的溝通，對於好的產品和設計是非常重要的，由於溝通不順暢，分散式的團隊常常會損害到軟體設計。」

「嗯，你們都是怎麼做的？」

「堅持每日站立會議。因為你們只是北京和成都兩地，沒有時差，可以很容易地同步。我從前的團隊在上海，需要跟芬蘭的開發團隊進行溝通，因為

時差，我們不能讓所有的人在同一時間參加站立會議。我們就進行了一次變通，上海和芬蘭的團隊分別開自己的每日例會，然後由兩邊的專案協調人員進行溝通，這個溝通可以是電話會議，也可以是郵件或 IM。」

「噢，如果雙方的團隊總人數較多，一定也不適合一起開，需要分開吧？」

「對啊！有條件的話，最好進行可視會議，這樣雙方都可以看到對方的表情，感受到對方的情緒變化。透過 Skype，外加一個攝影機就完全可以了。」

「嗯。」

「此外，要鼓勵成員之間採用各種方法進行溝通交流。電子白板、MSN、QQ、Skype 等工具，只要有助雙方進行溝通交流的，都可以拿來用。要相信員工，這些工具並不只是用來聊天的。」

「是啊！不過，這也跟員工的素質有關。」

「無論如何，面對面地交流才是最有效的方式。如果你們有條件的話，要讓處於兩地的團隊到對方出差，互相熟悉，特別是 Off-Site 一端要到 On-Site 一端去，去與客戶進行交流，了解客戶需求與環境，這樣才能更容易了解 On-Site 一端的語義上下文和環境。」

「這個我們也想到了。我們北京人少，只有三個，我們會先去成都。然後再邀請成都的人員過來，定期進行交流。」

「方式方法會有很多，關鍵還是要建立好一個溝通交流機制與規則，如每天立會的時間、是否可準時開會、問題的追蹤解決機制等。我記得你們以前曾經歸納了一些 Scrum 團隊規則，不妨根據分散式開發的要求，進行一下補充。」

「好的，我們會隨時進行調整的。」

「指導原則之二是使用正確的實作和工具。成功的軟體開發團隊所使用的實作中，眾所皆知的有：共同的程式設計標準、原始程式碼控制伺服器、一鍵建立和部署指令稿、持續整合、單元測試、錯誤追蹤、設計模式以及應用區塊。與本地團隊相比，分散式團隊必須以更嚴格的標準應用這些實作。」

「好的。」

「分散式開發,如何讓對方知道對方、乃至整個團隊工作的最新進展,單單靠每日的立會是不夠的。最好採用一些線上工具進行專案追蹤,現在已經有了一些很好的線上敏捷專案管理工具。另外,Wiki 也是一個很好的知識共用工具,你們不妨考慮一下。」

「我們一直在用 ScrumWorks,還不錯。」

「嗯,我想你們公司一定會有版本控制系統了,除了 Clearcase、VSS 等商業工具外,一些開放原始碼工具如 SVN、Git 等,也都很好用。採用這樣的工具進行程式管理,才能保障雙方的每日提交,更容易整合起來。持續整合對於異地團隊非常重要。對於持續整合,可以用 Jenkins 或其他架構。」

「我們用 Clearcase,美國人搞的全球統一軟體設定環境真的值得稱讚。我們這方面問題不大。」阿捷提到這裏,自豪感油然而生。

「嗯,你真的很幸運。能在 Agile 這樣一個公司工作,有這麼好的軟硬體條件。好多公司都在這上面栽過跟頭。對了,你們準備怎麼做測試?」

「作為 On-Site,會由 Test Leader 根據需求,制定好驗收條件,發給成都那邊的 Off-Site,最後根據這個進行驗收。而成都那邊,也要根據需求及我們定好的驗收條件,進行本地測試。最後的整合測試由北京總負責。」

「可以,記得要把需求和驗收條件描述清楚、簡單明瞭,盡可能地減少誤解。做到 DoR(Definition of Ready,就緒的定義)」

阿捷突然又想起來一個問題:「關於 Sprint 的計畫會議、示範與回顧,還有什麼要注意的嗎?」

「Sprint 的計畫會議一定要一起開,最好是一方的人員到對方去,大家坐在一起,面對面地制訂計畫。而示範,可以遠端進行,但也要所有的團隊成員都參加才好,因為這是一個很好的分享成果的機會。而回顧呢?完全可以分別進行,然後再相互交流回顧結果與改進計畫。」

二人又隨便聊了些四川的風土人情,約好如果有時間一起出去旅行。

本章重點

1. 應徵員工準則：聘之以態度，授之以技能，即 hiring for attitude，training for skills。

2. 團隊建設的生命週期準則如下。
   - 選擇合適的人才。
   - 設立清晰的願景、明確的目標。
   - 合理用人。人盡其才，才盡其用，充分發揮每個人的優勢。
   - 建立良性競爭機制。
   - 建立獎懲與監督制度。
   - 建立完整的教育訓練系統，關注員工的個人發展。
   - 評估並不斷改進團隊。

3. 主管力應該表現在他的影響力上，而非依靠組織指定的 Position Power。

4. 用心去主管。要了解團隊每一個成員的需求與渴望，去跟他們進行心與心的溝通。按照馬斯洛的需求層次理論進行針對性的激勵。

5. 情境主管力。根據情境去主管（Situational Leadership）。沒有最好的主管力，只有最適合的主管風格，管理者要根據員工的不同情境靈活調整自己的主管風格和主管形態。

6. 儘管一個組織必須重視管理人員成長可能性，並透過提供更大的發展空間等方法來觸發他們的潛能，但彼得原理可以身為告誡：不要輕易地進行選拔和提拔。解決這個問題最主要有以下三大措施。
   - 提升的標準更需要重視潛力而不僅是績效。應當以是否可勝任未來的職位為標準，而非僅在現在職位上是否出色。
   - 能上能下絕不能只是一句空話，要在企業中真正形成這樣的良性機制。一個不勝任經理的人，也許是一個很好的主管，只有透過這種機制找到每個人最勝任的角色，採擷出每個人的最大潛力，企業才能「人盡其才」。
   - 為了慎重地檢查一個人是否可勝任更高的職務，最好採用臨時性和非正式性「提拔」的方法來觀察他的能力和表現，以儘量避免降職所帶來的

負面影響。如設立經理助理的職務，在委員會或專案團隊這種組織中指定更大的職責，特殊情況下先讓他擔任代理職務等。

7. 成功企業有以下兩大用人之道。
   - 適當引進外來人才，避開「彼得原理」所有關的後果。
   - 在企業內部逐步提升，重視潛力，重要的職務大多數由勝任的人擔任。

冬哥有話說

用經營產品的方式經營團隊

產品面臨的環境是複雜的，培養一個團隊也是。產品需要經營和維護，培養一個團隊也是。經營產品，與經營團隊有許多異曲同工之處。用經營產品的方式來經營團隊，我們來看看這裡有哪些可以參考之處。

1. 產品需要不斷探索和嘗試，去發現產品被客戶認可的點，並將其發揮到極致；管理中，識別你希望看到的行為，讓其變成持續不斷的實作，然後用紀律來保障這些實作順利進行。

2. 產品會做 A/B 測試，同樣的，領導者也可以嘗試用不同的方式來管理團隊流程，不斷設定方向，獲得回饋，主動試驗，持續最佳化。循序漸進的試驗，正如和產品演進一。

3. 偉大的產品，會讓每個參與在內的人激動不已；偉大的團隊，會讓成員願意和團隊一起解決問題，共同奮鬥，取得成功。

4. 大而全的產品未必人人喜歡，小而美但解決實際問題的產品會更受歡迎；團隊也是一樣，人多力量大是錯覺，要意識到小而精的團隊的威力。

5. 不要違反人性，產品如此，團隊也是如此。

6. 產品操作要簡單，步驟要簡潔，不要讓使用者思考，不要設定障礙；團隊管理要遵循盡可能簡潔的工作流程，不要束縛團隊成員的動力。

7. 做正確的產品，比正確地做產品更重要；公司建立起各種規章制度，目的是讓人正確地做事，而員工通常更需要知道的是，他們最需要完成的工作

是什麼，即什麼是正確的事情。用正確的人，做正確的事，然後才是正確地做事。

8. 尊重使用者，不要試圖控制和欺騙；遵循成年人法則，像對待成年人那樣對待員工，尊重、坦誠、透明，而且他們很喜歡這樣。

9. 商業環境瞬息萬變，產品需要小步衝刺，快速反覆運算；經營團隊，不要再制定什麼年度計畫，而是更多的時間來做季計畫。

10. 偉大的產品自己會說話；偉大的團隊員工能講（真）話。

11. 站在使用者的角度設計產品，以同理心去共情；要培養基層員工的高層角度，員工需要以高層管理者的角度看事物，感受到自己與所有層級，所有部門，必須解決的問題建立真正的聯繫，公司才能發現每個環節上的問題，員工才是真正的合夥人。

12. 不要質疑使用者的問題，每一個回饋，每一個無法滿足的訴求，都可能是產品改進的點。領導者不要把員工的提問當成挑戰，永遠不要低估問題與想法的價值，回答不上來的問題，是最好的改進機會，而非尷尬的事情，把每一次問答，當作學習的機會。

13. 把員工當客戶，重視員工的體驗和感受；不要想當然的主觀臆斷使用者如何使用產品；員工對業務的無知，是領導者的失職，用簡單直白的方式對業務進行解釋並非一件易事，公司和全體員工分享的資訊通常不是太多，而是少得可憐。

14. 簡單，勇氣，溝通，透明，回饋，對產品和員工都適用。

15. 如果你想知道使用者怎麼想，去現場研究；如果你想知道員工在想什麼，沒有比直接詢問他們更好的辦法了。

21

大地震

5月12號一早，阿捷精神飽滿地出現在 Agile 公司成都分公司辦公室裡。開啟筆記型電腦，連上網路，阿捷看到 Outlook 裡塞滿了未讀郵件。阿捷趕緊大致看了一下，有一大部分是 AutoVerify 自動每天發的，也有別人副本給阿捷的，阿捷還在 Manager Mail Group（管理者郵件群組）裡看到一封郵件的標題寫道：「[Urgent] Telecom Solution Division - Cost Control From May 12008.（【緊急】電信系統部——自 2008 年 5 月 11 日起經費開始控制）」。阿捷並沒在意，因為費用控制在 Agile 公司每年都有，無非就是為了限制在美國和歐洲的銷售出差和其他的一些花費，阿捷有些習以為常了。

上午 10 點鐘，阿捷撥通了北京 Office 的電話，準時參加了 Charles 召開的管理層會議。照例是 Charles 大致詢問了一下各個團隊的相關事宜，然後是 Rob、周曉曉分別報告一下本周的計畫，等到 Rob 和周曉曉都講完，阿捷剛開口講了一下自己這周準備要在成都開展的工作，就被 Charles 打斷了，他毫不客氣地問阿捷，難道沒有收到電信事業部暫停成都部門組建工作的郵件嗎？阿捷一怔，感覺像被電了一下。Charles 講，從 5 月 11 日起實行的費用控制中就包含暫停成都團隊的組建，阿捷想起之前看到的那封郵件，後悔沒有在開會之前把那個帶有 Urgent（緊急）標識的郵件讀完。

還好 Charles 很體諒阿捷今天是休假後第一天上班，並沒有多說什麼，只是讓阿捷訂一下明天的機票回北京。阿捷意識到，暫停電信事業部成都團隊的組建對於 Agile 中國研發中心絕對是一場大地震！因為能夠決定在成都建團隊的人絕對不是一般層級的人，一定需要 VP（副總裁）這個等級以上的大老闆拍

板才行，而取消或暫停這項工作，就更是如此了，這其中一定有很多故事。沒辦法，只能等到回北京慢慢向 Charles 打聽了。

吃過中午飯，阿捷給在都江堰休假的趙敏打了電話，對她說了成都團隊籌備暫停而老闆讓自己明天就回北京的事情。趙敏勸阿捷別想太多，先回北京好好休息休息，等她回美國的時候去北京找他。

掛了電話，阿捷準備認真清理一下郵件。突然間，會議室裡的桌子椅子劇烈地搖動起來，桌子上的筆筒、紙張都掉在了地上，立在牆邊高大的巴西木居然也倒下了，還好沒有砸到阿捷。

阿捷腦海裡突然呈現出多年前在西安讀大學時經歷過規模不大的幾次地震。但是阿捷明顯地感覺到這次的地震要比以往任何一次來得都要強。

晃動停止之後，阿捷跑出會議室，看見外面滿是驚慌失措的同事，有的仍坐在地上，有的在椅子上發呆，有的驚恐地扶著身邊一切可以扶的東西，還有的居然鑽到了電腦桌下面。阿捷趕緊招呼大家沿著緊急疏散通道跑去公司大樓外面的停車場。作為經過 SOS 組織教育訓練過的急救員和具有豐富戶外經驗的阿捷，盡一切可能幫助著身邊的每一位同事，當阿捷看見市場部一位穿著高跟鞋的女同事準備去按電梯時，阿捷趕緊跑過去阻攔了她，讓她脫去高跟鞋跟隨大家走樓梯下樓。阿捷最後離開辦公室的時候，還招呼了兩個行政部的男同事，讓他們幫忙把三箱放在會議室裡的飲料和礦泉水搬下了樓分發給大家。

在 Agile 公司所在的成都高新區科技園的地面停車場上，聚滿了周圍各個公司的員工，大家都在相互打聽著到底發生了什麼。阿捷嘗試著用自己的手機和停車場保安的固定電話給位於北京的家裡和在都江堰的趙敏打電話，手機訊號雖然是滿格的，卻總是無法接通，而固定電話乾脆斷線，連提示音都沒有了。作為通訊技術人員，阿捷知道，能夠使這麼大範圍行動基地台和固網同時癱瘓的地震一定不是小地震。阿捷沒有辦法，只能嘗試著給北京家裡發了簡訊報了平安，然後一次又一次地撥打趙敏的手機。

又經歷了兩次小規模的餘震，漸漸地，聚集在停車場裡的人開始散了，都在用各種方式向自己的家中奔去。阿捷和幾個同事告別後也回到了位於高新區

裡所住的賓館。回到房間，阿捷發現雖然賓館內的電話還是無法撥打，但是網路居然是通的。阿捷趕緊開啟網頁，發現網上早已被這次地震「更新畫面」，有的說震中在成都，有的說震中在都江堰，終於阿捷還是在中國地震台的網站看到了地震的中心在四川省汶川縣境內，震級為裡氏 7.8 級。

看到這筆訊息，阿捷的心一下子涼了半截，阿捷知道，汶川到都江堰只有短短的幾十公里。在前年，阿捷和幾個朋友自駕車從甘南去成都的時候，走的就是從汶川經都江堰，回到成都。在阿捷的印象裡，從汶川翻過了幾座山之後，就能看見浩蕩的岷江水從都江堰水利工程的魚嘴處分流為二。

越想心裡越慌，阿捷再也坐不住了，先給家裡打了一個電話，說了自己很安全，可能還要在四川待幾天再回北京，然後發郵件給 Charles，說想請幾天假看望一下自己在四川的朋友。隨後，阿捷就背起還沾有雀兒山冰川泥土的行囊，毅然走出了賓館的大門，去都江堰找趙敏。

阿捷在馬路上攔了很多輛計程車，可是聽見阿捷要去都江堰都無奈地對阿捷搖著頭。當阿捷幾乎絕望的時候，又一輛計程車被阿捷攔下，這個司機一聽說阿捷是想去都江堰的，馬上把車後備箱開啟，讓阿捷趕緊把登山包放進去。原來這個司機的家就在都江堰，他也正準備趕回去看看。

一路上，阿捷和這位叫老李哥的師傅聊著。老李哥對阿捷講，從他出生記事起，四川就沒有過這麼大的地震，阿捷也向老李哥打聽著都江堰的情況。知道阿捷的朋友是住在都江堰中醫院後，老李哥說這個中醫院就在建設路上，他家在幸福路，離得非常近，就幾百公尺，剛好可以把阿捷送過去。

在離都江堰還有一段路時，開始堵車了。阿捷和老李哥下了車焦急地詢問前面的司機，才知道是交通管制了，在等待軍車通行。阿捷和所有的人一樣，都急切著盼望著能夠早點到達都江堰，儘管他們都不知道等待著他們的將是什麼。

直到太陽已經落山了，前面的長隊終於開始慢慢前行了。阿捷和老李哥趕緊鑽進車裡，緊緊地跟隨著宛如長龍的車隊前行。在晚上 9 點的時候，阿捷他們終於開進了都江堰市區。

太平街兩側的房子有的整片倒下，有的被震裂開來。阿捷和老李哥越往前開，心情越絕望。兩個人一句話都不說，眼睛只往道路兩邊看。建築物損壞的太多了，從小在這個城市長大的老李哥都快認不出自己的家了。突然間，老李哥哭喊了起來，「那，那，那，那是我們家的樓。」阿捷順著老李哥指去的方向，看見一座 6 層的小樓安然屹立在右前方，阿捷知道，如果樓不倒，人就還有希望。

老李哥嘴裏面念叨著「老天爺保佑，老天爺保佑」，邊把車停在路邊，臨下車前，還不忘告訴阿捷，這個路口向右轉 200 公尺就是都江堰中醫院。阿捷道過謝，從兜裡掏出 500 元錢遞給老李哥。老李哥推開阿捷遞錢的手，發自肺腑地說：「兄弟啊，這錢哥不能收。真的不能收。你為你朋友來，我為了我家人回來，我們都不容易。自己一路保重。哥不再送了。」阿捷的眼睛也紅了起來，上去緊緊地擁抱了一下老李哥，道了一句：「老哥！保重！！祝你全家平安！！」

阿捷背起背包，沿路口向右拐去。「是這條街嗎？怎麼和上週六過來的時候不一樣？」阿捷邊想著，邊疑惑地往前走去。阿捷記得上次趙敏帶他出來時，曾經在離醫院不遠的小賣鋪裡給阿捷買過水，難道就是這個小賣鋪？阿捷看到一座倒塌的建築前有一塊寫著「幸福小賣鋪」的招牌。阿捷加快了腳步，越發著急地向著街裡走去。

果然，都江堰中醫院就在前面。當走到醫院門口的時候，阿捷完全呆住了。那座 6 層高的住院部大樓已經完全倒塌了，廢墟中，有數十個武警戰士正在徒手搶險。阿捷一下子愣在了原地。趙敏呢？趙敏的父母呢？天啊，怎麼會這樣！等阿捷反應過來，趕緊把背包裡的頭燈和登山時用到的防滑手套拿了出來，將背包扔到一邊，就幫著武警戰士們一起在廢墟上忙了起來。因為整棟樓都是磚混結構的，如果大型主機械進行採擷，將導致再次坍塌，所以，所有的工作都得靠雙手來完成。阿捷記得趙敏母親的病房是在 4 層，就邊幫著武警戰士救人邊詢問這已經是第幾層了。

現場，參與救援的人搭起人牆，採取人手傳遞碎磚碎瓦這種最原始的方式進行著救援，一個又一個的倖存者從廢墟下被救出，但更多的是遇難者的遺

體，有的穿著病號服，還有的則穿著護士服，還有……阿捷從來沒有如此近距離地接觸過遺體，阿捷還知道，幾個小時前他們還都是一條條鮮活的生命。

時間已經過了夜裡 12 點，可是完全沒有任何趙敏的訊息。正當阿捷幫助一名武警戰士搬運一位傷患的時候，一個嬌小的身影出現在了阿捷的面前。頭燈閃亮的 LED 燈光刺得她睜不開雙眼，一頭順滑的秀髮上沾滿了灰塵，白淨清秀的臉上佈滿了汗漬和淚痕，一道還滲著血的劃痕從耳邊一直延伸到下巴，身上那條牛仔褲的膝蓋處也被掛出了一個丁字形的口子，黑色的鞋上還沾有不知道從哪裡蹭來的血漬。當阿捷目瞪口呆地摘下頭燈的時候，趙敏一下子就撲到了阿捷的懷裡，差點把不知所措的阿捷撞倒在地。趙敏抱著阿捷的脖子放聲大哭，阿捷一隻手摟住趙敏的腰，另一隻輕輕地拍著趙敏的後背，低下頭輕輕地在趙敏耳邊說道：「不怕，不怕，有我在，我在這裡，不怕，不怕。」

趙敏聽了阿捷的話兩隻手抱得更緊了。過了好久，才從阿捷的肩頭釋放自己的臉，腫著一雙大眼睛看著阿捷，眼淚充滿了整個眼眶。阿捷看到趙敏臉頰處的那道劃痕，剛想撥開頭髮仔細檢視，趙敏卻下意識地躲開了。

「你爸還好嗎？你是怎麼從醫院脫險的？」阿捷拉著趙敏的手，走到自己放背包的地方，搬來兩塊磚頭坐下。

趙敏的父親很幸運，在地震中僅是右手臂骨折，並沒有什麼大礙，打上石膏之後就已經可以坐在椅子上打點滴了。在等待打點滴時，父親讓趙敏回家取些衣服並且看看家裡那個二層小樓還在不在，就在趙敏回家取衣物再次路過中醫院的時候，在一片廢墟上看見了阿捷那穿著鮮豔的紅色衝鋒衣的身影。

阿捷背起背包，跟隨著趙敏來到了這所簡易的帳篷醫院時，趙敏的父親正在和旁邊一位腿部骨折的中年男子談著什麼。趙敏的父親見到阿捷百感交集，讓他們兩個坐在自己身邊，對阿捷和趙敏說道：「這是川大的美術老師吳老師，他們今天組織學生去青城山寫生，上午的時候因為他身體不舒服就留在了前山，而讓班長帶著 30 多個學生進了後山寫生。沒想到下午就發生了大地震。唉，真是可怕。」

那位美術老師的家在成都，聽説阿捷是地震後從成都趕過來的，趕緊詢問了成都的情況，聽到阿捷説並沒有看到成都市區有什麼樓房倒塌，路面也基本完好的訊息後，才長長地出了一口氣，對阿捷説道：「現在就是擔心在後山的那 30 多個學生。剛剛我已經和這邊的醫院和武警都反映過了，可是他們説現在都江堰市區裡的人都還救助不過來，實在是抽不出人手去青城山檢視學生們的情況，只能看他們能不能自救了。可他們才是大二的學生啊，能有什麼自救經驗呢？唉，怎麼辦？怎麼辦啊？我怎麼和學生們的家長交代啊！早知道會這樣，無論怎樣我也會跟著他們進山了。」

阿捷和趙敏幾乎不約而同地站起來説：「要不，我去看看？」説完之後，兩個人都驚訝地看著對方，而趙敏的父親和吳老師也都為他們兩個的舉動而驚詫。沉默了片刻，阿捷首先對吳老師和趙敏的父親説，「我去，我去沒問題，我剛剛從雀兒山登山回來，登山的裝備都還在這裡，況且我還參加過 SOS 的專業教育訓練，對戶外救援有一定了解。」趙敏也對父親説：「爸，青城山后山我路熟，只要不再地震，我一定沒問題。」然後又看了阿捷一眼，接著説：「況且有阿捷在，我不會有事的。」趙敏的父親看著自己的女兒和阿捷，又看了看邊上的吳老師，點了點頭。

為了減少負重，阿捷把背包裡的帳篷和羽絨睡袋留在了醫院，讓趙敏的父親送給有需要的人，留下從成都帶過來的水和食品裝到了自己 25L 的沖頂包裡，交給趙敏背。自己則把兩個人禦寒的衣服、防雨罩、登山杖、安全帶、八字環、上升器、主鎖等技術裝備和一根 55 公尺長的主繩整理到自己的大背包中，臨走前，阿捷非要趙敏戴上他那頂戴了多年的岩盔。清晨 5 點，天剛濛濛亮，兩個人向趙敏的父親和吳老師告別，就冒著小雨，踏上了去往青城山的路。

出城的時候，阿捷和趙敏遇見了一位好心的過路司機，在聽説他們是要去青城山救援之後，一直把趙敏和阿捷送到了青城山后山腳下的泰安鎮。分別時司機師傅對他們説道：「年輕人啊，接下來的山路就只能靠你們自己了。千萬小心。」謝過師傅，阿捷把包裡的防雨罩拿出來包裝好，便背著包開始打聽起山上的情況，四處詢問有沒有見過一群背著綠色畫布的學生。當地有人告訴他們，昨天下午的地震很厲害，但是在鎮上的人都很幸運，沒有一個人死

亡，不過聽說山上的人很慘，特別是在五龍溝和紅岩的，山體滑坡埋了很多人。至於有沒有學生，他們也不曉得，反正從昨天到現在為止，還沒有看見背著畫布的學生出現在鎮子上。

聽了這些，阿捷心情格外沉重，趙敏鼓勵阿捷說：「別害怕。還記得那句話嗎？不拋棄，不放棄，對不對？走，我們先順著小路進山去看看。」阿捷被趙敏的話說樂了，一邊好奇地追問她在美國那麼忙怎麼還會知道許三多，一邊緊接著她走進了大山。

雨越下越大，崎嶇的山路上格外濕滑。阿捷的那雙登山鞋還好，可憐趙敏穿的那雙，早已被雨水浸透了不說，還沾滿了泥巴，三步一小滑，五步一大滑地往前走著，還好阿捷在後面，一直揪住趙敏的背包。

後來阿捷和趙敏才知道，大地震時，青城山后山的山脊地面被震得從中間開裂，極大的泥石流瞬間湧向兩側的山谷。在後山的千年古剎泰安寺內，佛像倒地，大殿移位，三分之二的上山道路被毀，架於山腰的龍隱峽棧道全部被毀，百餘處觀景亭被泥石流淹沒得僅剩簷角。五龍溝內，著名景點三潭瀑布水流斷絕，瀑布的水潭被完全填平。

阿捷和趙敏艱難地行走了近 3 個小時，快到中午的時候，終於在一處峭壁上發現了那群被困的學生。看見阿捷趙敏向他們走來，崖壁上的三十幾個學生都忍不住叫喊起來，有的還拿起手中的畫布向阿捷他們招手。而走到崖壁下面的阿捷卻不禁倒吸了一口冷氣。原來這三十幾個學生所在的不足 10 平方公尺的小平台居然是被山上的泥石流生生沖出來的，這裡原本可能就是一個背靠大山的小斜坡，當地震襲來的時候，這群學生剛好跑到這裡，地震產生的極大泥石流將這個原本的斜坡沖刷得只剩下背靠大山的小平台。小平台三面，都是泥石流沖刷出來的深溝，最淺處也有 30 多米深，而阿捷他們此時就站在這樣一條深溝裡。

趙敏放下自己的背包，然後走過來幫助阿捷把他的大背包卸下，看著眼前的情況，趙敏一時沒了主意，況且兩個人也已經一夜未眠，又趕了 3 個小時的山路，已經疲勞之極。阿捷先對被困在上面的讀者喊著，說他們的吳老師很好，讓他們都先別著急，一會兒一定都會把他們平安地救下來。

阿捷先用防雨罩利用邊上的幾個樹枝，做了一個簡易的防雨棚，兩個人背靠著背擠坐在一起，簡單地吃了點東西。阿捷知道，留給他們的時間不多了，根據觀察，如果再來一次地震，這個 10 平方公尺的小平台很可能就會保不住了，那時這三十幾個學生將隨之跌入溝底，而阿捷和趙敏也有可能被隨之而來的泥石流沖得不知所蹤。

吃了兩塊巧克力，阿捷走到了這個小平台的另一側檢視，這邊的溝要比阿捷剛過來時的那條還要深，但是在這側的山體峭壁上卻有很多樹，阿捷看到這裡心裡一動，趕緊把趙敏叫過來，說出了自己想法。原來，阿捷是想先徒手攀上距離小平台最近的樹，將繩索掛扣在結實的樹上，組織學生沿著繩索下降。

時間就是生命，說做就做。阿捷穿好安全帶，將主繩的一頭系在自己的腰後，八字環、上升器、主鎖掛在左右兩側，趙敏想讓阿捷戴上岩盔，阿捷卻死活不肯，其實阿捷知道，一頂岩盔有時候就能救一條生命，阿捷再也不能讓趙敏有任何閃失了。

在經歷過幾次短暫的休息之後，阿捷終於攀上了距離小平台右側 1 公尺左右的一棵大樹上。當把主繩牢牢地綁在大樹上後，阿捷抓住主繩輕輕一蕩，就在一片驚呼中站在了小平台上。阿捷首先找到班長，詢問了學生們的情況，在得知有一位男學生的前手臂被落石砸得抬不起來時，阿捷趕緊用隨身攜帶的軍刀割了一塊畫布，做了一個簡易的夾板幫助那個學生將胳膊保護好。然後，又將自己身上的巧克力讓班長分給大家，每人一小塊，並半開玩笑地指著下面自己的大包說：「下面還有更多的好吃的等著呢。」把餓了 24 個小時的學生們都逗樂了。

阿捷仔細教給學生們用安全帶、八字環和主鎖最基本的下降方法，並讓趙敏在下面用手拉好主繩做保護，然後讓一個最大膽的男學生先下，當那個學生安全地下降到地面之後，所有的人包含阿捷和趙敏都開心地歡呼起來。阿捷讓趙敏取下那個學生的裝備，在主繩上綁定好之後又拉上平台，讓下一個學生下降。這樣周而復始，一個半小時後，小平台上就只剩下阿捷、班長和那個胳膊受傷的男孩了。阿捷在確定班長能夠自己穿戴好安全帶完成下降之後，決定冒險帶著那個手臂負傷的男孩下降。在幫助負傷男孩穿戴好安全帶

後，阿捷自己用隨身攜帶的一根長細繩做了一個簡易的安全帶，並用一根扁帶和那個男孩的安全帶相連，然後慢慢地帶著那個男孩下降。就在阿捷帶著那個男孩馬上到溝底的時候，突然間，一塊大石頭隨著山體滾落下來，阿捷本能地伸手擋了一下落石，就覺得眼前一黑，什麼都不知道了。

「真疼，嘴巴裡很苦，感覺很累很冷。嗯？遠處有人在叫我的名字？！」阿捷慢慢地睜開眼睛，發覺自己正躺在趙敏的懷裡。趙敏一邊努力強忍著自己不哭，一邊用一塊方巾捂住阿捷的額頭，一片血跡滲過了方巾。這時，最後一個降下來的班長已經把全部學生都帶到了深溝邊上的小樹林中，返回到阿捷身邊，指了指那根救了全班讀者性命的主繩，問道：「那根繩子怎辦？我取不下來。」阿捷看著那根曾經跟隨他上雪山下岩壁的繩子，搖了搖頭。

趙敏把阿捷靠在一棵樹旁，將那個大背包和沖頂包騰空後用肩帶連成一體，做了一張簡易的擔架床，又找了 4 個身體強壯的男生分別拎著背包帶的兩邊，將阿捷慢慢地放在了上面，並脫下自己的衝鋒衣給阿捷蓋好。阿捷就這樣晃晃悠悠地被學生們抬下了山。

敏捷與反脆弱

7 月的北京變得炎熱起來，整個城市都已經進入了奧運倒計時，人們開始意識
到總是掛在嘴邊的奧運會終於到來了，紛紛進入了自己的奧運時間。有的公
司開始鼓勵員工休假，

兩個月過去了，關於成都為何在這次費用控制中暫停的原因，Charles 最後也
無法給阿捷一個可信服的說法，只是阿捷能夠感受到，Charles 能夠控制的資
源越來越少了。但是，Charles 還是在阿捷代理 TD-SCDMA 組專案經理一年
零兩個月之後，將阿捷正式升為了第一線經理。在 Charles 和阿捷談話的時
候，阿捷表示了 TD 組人員一直都不夠的老問題，並且希望能夠把大民升為
TD 組的 Technical Leader，阿朱升為 Test Leader，因為他們兩人在日常的專
案工作中展現出足夠的能力。Charles 想了想，同意了大民和阿朱的事情，但
是對於增加 TD 組的人員名額，他實事求是地對阿捷講這已經超出了他能夠審
核的許可權了。

阿捷有時會摸摸自己額頭殘留的那一塊疤，還是有些心有餘悸。如果那塊石
頭再大點，如果當時沒有人及時救護，那今天的阿捷將完全是另外一個樣子
了，那天，趙敏指揮著學生們剛離開深溝沒多久，又一次餘震襲來，產生的
極大泥石流瞬間就將那小平台沖得無影無蹤，這讓剛剛鬆一口氣的學生們都
沉默了下來。

當讀者們跟著趙敏抬著阿捷來到小鎮上的時候，時間已近下午 5 點，趙敏把
精疲力竭的學生們帶到了鎮醫院，交給了當地政府，就趕緊請醫生來看阿捷
的傷勢。醫生先看了看阿捷頭上的傷口，將傷口清理乾淨後又測了測阿捷的

血壓和心跳，然後笑著對趙敏說：「你是他女朋友？這小夥子運氣不錯，基本沒有什麼事情，一會再給他打一針破傷風，就可以出院了。」趙敏聽了臉上一紅，卻還是很擔心：「真的沒事嗎？那他怎麼還是昏迷不醒？」

醫生很肯定地說：「沒事。如果你不放心，可到成都再讓他拍個片子看看。他這哪兒是昏迷啊，他在睡覺，可能是太累了吧。你聽聽，這不都打上呼嚕了嗎？」

果然，趙敏隱約間聽見阿捷的小呼嚕打得很有節奏。趙敏看著躺在病床上的阿捷，又恨又想笑，原來這小子去找周公去了，害得自己一路上擔心得不輕。

每次當阿捷想起趙敏告訴自己這些故事時的樣子，都忍不住想笑。隨後阿捷又在都江堰陪著趙敏和她父親待了幾天，5 月 19 日才回到了北京。阿捷並沒有把青城山的事情告訴任何人，但是沒有想到的是，等那些學生回到了成都，學生們把當時用手機錄下來的阿捷和趙敏救人的視訊掛在了學校的網上，隨後視訊又被天涯、新浪等網站紛紛轉載，最後還居然上了四川衛視和 CCTV 的新聞專欄。阿捷和趙敏一下子成了英雄人物，還有人在天涯上把阿捷和趙敏比作楊過和小龍女。

在電視播出的第二天，就有 Agile 公司的同事笑著跑過來問阿捷什麼時候新交的女朋友，真夠漂亮的啊，然後還關懷了一下阿捷的傷勢。一傳十，十傳百，最後連 Charles 李都跑過來，對阿捷說，要是傷還沒好在家裡多休息兩天也沒關係。阿捷趕緊表示自己的傷真的沒事。又剛好趕上 Agile 公司要為地震災區捐款捐物，本來就是工會成員的阿捷責無旁貸地承擔起 Agile 中國研發中心的募捐事情。

當天中午，阿捷來到中國銀行捐出了自己當月的薪水。正準備轉身離開櫃檯時，突然被一雙大手有力地拍了一下肩膀。

「嗨，哥們兒，來捐款啊？」

阿捷回頭一看，居然是李沙。「是啊！你怎麼到這來了？你不是去深圳華為出差了嗎？」

「嗯，剛回來！我也來捐點。」

「在網上看到每個企業的捐款數額，現在徹底明白支援國產和支援同胞的意義！」

「沒錯，深有同感，這兩天一直待在深圳華為，他們僅用了 2 天時間，員工內部捐款就達到了 2 千萬元，公司在地震後第二天上午就成立了救災委員會，並決定向災區捐獻 1 億元的通訊裝置，並派人去現場協助電信業者修復通訊網路。」

「真的？這麼猛啊！」阿捷由衷地讚歎道。

李沙一臉凝重地說：「是啊，儘管我覺得在華為工作會比較辛苦，但是我一直很尊重華為和華為的員工，正是由於有了他們和像他們一樣的中國企業，當我們走出國門和老外聊天的時候，除了四大發明和大熊貓，我們還可以說點別的。」

7 月下旬的周日，阿捷開著車把趙敏送到首都機場。兩天前，當阿捷在首都機場見到闊別兩個月的趙敏時候，發現趙敏臉頰處的傷痕已經變成一條細細的紅線，如果不仔細看已經快看不出來了，心情也從最初母親離世時的傷心變好了很多。只是整個人明顯地消瘦了一圈。在這兩天的時間裡，阿捷和趙敏就像兩個相愛已久的戀人，手拉著手漫步在北京的大街小巷，便宜坊的烤鴨，西單的烤雞翅，簋街的烤魚，都留下了他們的身影。在 T3 航站樓國際出發口，阿捷擁抱過趙敏將她送入安檢門的時候，趙敏突然又返回身，在阿捷的臉頰上親了一口，然後輕聲說了句：「I love you，my dear ！」留下傻乎乎、已經如醉如癡的阿捷去了。

奧運會的盛大開幕式讓阿捷和無數中國人一樣為之自豪，而最後 Agile OSS 5.0 奧運版的穩定執行，則讓阿捷的 TD Team 在 9 月份殘奧會結束後受到了 Agile 公司的嘉獎，阿捷再次感受到了敏捷開發帶給他們的收穫。9 月 15 日，美國那邊傳來了第四大投資銀行雷曼兄弟破產的訊息讓阿捷吃了一驚。阿捷知道趙敏前不久還剛剛給雷曼兄弟公司的軟體部門做過一次系統安全的諮詢服務，可是沒想到才過幾天，雷曼兄弟就破產了。雖然美國國會很快批准了 7000 億美金的救援計畫，並沒有能阻止 10 月 7 日的道瓊指數 4 年來首度跌破一萬點大關。而在同一天，冰島政府宣佈了接管自己第二大銀行國民銀行，

冰島也居然陷入了國家破產的邊緣。隨著股票，油價，房價和消費者信心指數的不斷下跌，阿捷越來越感覺到 2008 年的冬天來得有些早。

冬天來了，這句話在 2008 年裡更耐人尋味。在全球經濟的「冬天」裡，無論是尋常百姓，還是超級大國，幾乎所有人都能感受到襲來的陣陣寒意，對於阿捷他們最大的影響就是，無論是管理人員還是普通員工，一律降薪 10%，小寶自嘲地說，降薪降到跌停板。不過，大夥兒也都知道，只有在這個時候與公司同甘共苦，才可能早日看到春天的到來，所以每個人都在努力地工作。阿捷作為 TD 產品的第一線經理，天天起早貪黑地工作著。在阿捷、大民和阿朱等人的帶領下，TD 組做得 Sprint 日臻成熟，Rob 組在幾個 Tech Lead 的帶領下，Scrum 也漸漸步入佳境，只有周曉曉的團隊，繼續著自己的山寨版 Scrum 之路。好在中介軟體組的幾個骨幹個人能力都不錯，透過加班和自己私下協商，也都完成了工作。

農曆己丑年的春節比往常來得都要早。春節前的最後一個週末，北京又開始了大風降溫，因為還有一些工作沒有處理完，阿捷一早頂著呼呼的西北風，開著車來公司來加班。在路過黑木崖會議室時，阿捷突然看見裡面亮著燈，端坐著幾個人，其中一個居然是 Agile 公司美國總部主持電信事業部的總經理美國人 Richard，也就是 Charles 的老闆，另外一個則是阿捷並不太熟悉的電信事業部美國的 HR 經理 Jacobson，Richard 的對面還坐了一個，阿捷從玻璃門外看不出是誰，但一定不是身材魁梧的 Charles 李。

阿捷一邊開啟電腦，一邊想著 Richard 怎麼會突然來到北京，尤其是在春節臨近的時候。為什麼事前的部門會議上沒有聽 Charles 提起來呢？按照慣例，Richard 要來中國，首先就會通知 Charles。

下午 4 點，阿捷終於做完了專案統計資料，明天的部門會上就可以用了。收拾好電腦，阿捷沿過道走向電梯。突然間，黑木崖會議室的門開了，呼啦啦出來幾個人，一臉興奮的周曉曉居然少見地穿著西服跟在 Richard 和 Jacobson 的後面，怪不得阿捷剛才沒有把他認出來。周曉曉看見阿捷也愣了一下，他也沒想到會在周日的辦公室裡撞見阿捷。Richard 熱情地和阿捷打著招呼，Richard 問過阿捷為什麼周日還在公司加班之後，很高興地對阿捷說他很喜歡阿捷的這個 Scrum，希望阿捷能夠繼續下去。阿捷笑了笑，説了句 Thanks，

就和 Richard 他們告別了。一年多沒見，Richard 的頭髮又白了不少。

第二天早上，儘管實行了每週停開一天車的禁行輪換制度，阿捷還是經歷了標準的北京周一早高峰，9：50 才趕到辦公室。還沒坐穩，大民就出現在阿捷的座位旁，壓低聲音地說：「出事了。」

阿捷心裡一怔，立刻聯想到昨天周曉曉和 Richard 與 HR 經理 Jacobson 的突然出現，趕緊追問大民怎麼了。大民也不知道，只是感覺到整個部門的氣氛不對，Charles 李不僅取消了今天的部門會議，而且早上一來就和 Richard、Jacobson 進了會議室，到現在也沒出來。不光是阿捷他們，Rob 和周曉曉 Team 的同事們也很不安。

快到中午，會議室的門終於開啟了。最先走出來的是 Richard，他的神態和阿捷昨天見到的判若兩人，表情嚴峻而凝重；接著出來的是 Jacobson 和 Agile 公司中國區 HR 經理 Nevin 陳，奇怪的是，Nevin 的手裡居然拿有兩個筆記型電腦，眼尖的同事發現，其中一個居然是 Charles 的電腦；當 Charles 走出會議室時，他沒有對任何人說一句話，徑直走回自己的座位，將並不多的個人物品收拾到已經空空的筆記型電腦包中，轉身離開辦公室。在離開辦公室的那一剎那，Charles 轉頭看了看一直在注視著他的阿捷，那只是一個眼神，阿捷卻從中讀到了失望與無奈。

吃過午飯，大家心照不宣地趕緊回到座位上，都在等待著什麼。果然，部門秘書發了一個下午兩點要求全部門員工參加的會議通知。

會上，Richard 首先宣佈了 Charles 的離職，面對下面的一片譁然，Richard 幾次要求大家安靜，才得以繼續下去。

在 Richard 的發言裡，首先老套地說了些「在這裡感謝 Charles 對於 Agile 公司中國研發中心的貢獻」的話，然後轉入正題，Richard 解釋是：電信事業部將實行扁平化管理，以在全球金融危機的形勢下，更快地幫助管理層做出正確的決策，並減少薪酬方面的開支。

阿捷知道，理由聽起來非常正確，但其實完全不可靠。如果說都讓 Rob、周曉曉和阿捷這樣的第一線經理直接報告給總經理 Richard，那 Agile 公司的整

個電信事業部差不多得有來自中國、印度、英國、美國不同地區不下 20 個第一線開發經理,都向 Richard 報告。除非 Richard 生得三頭六臂,還要 24 小時工作。在這樣一個情況下怎麼可能談得上「更快地做出決策」?!對於減少薪水開支的說法更是荒謬,雖然阿捷並不知道 Charles 的年薪是多少,但阿捷知道,按照 Charles 在 Agile 公司工作的年限來看,這樣的裁員至少要賠償 Charles 一年的薪水。真不知道他們所說的減少薪水開支是怎麼想的。要知道,2009 年裡大家都已經減薪 10% 了。

開完這個說明會後,Richard 又召集 Rob、阿捷和周曉曉這三個第一線經理以及每個組的 TechLead 與 Test Leader 開了一個小會。小會上,Richard 又透露了一些 Charles 被裁的原因。Richard 首先坦誠地說 2008 年電信事業部的業績不好自己有責任。阿捷心想:「可是 Charles 與中國這邊的銷售團隊拿下奧運這個大單,雖然沒有達到增長目標,也應該算是收支平衡了。

Richard 接著又對阿捷、Rob 和周曉曉三個組的情況進行歸納。阿捷突然發現,周曉曉的中介軟體組在 Richard 眼裡是最優秀的,其次是 Rob,而 TD 專案的成功在 Richard 眼裡,只是中國公司在奧運專案上的特例。例如 Richard 多次談及中國團隊和英國團隊的配合問題,提出有的專案經理主動調整作息時間來與英方溝通,這個做法非常好,就是明顯在表揚周曉曉。大家聽到這裡,眼睛都向周曉曉看去,Rob 邊看著周曉曉還邊搖著頭,而周曉曉卻是一幅全然不知的樣子,安然自得。

最後,Richard 談到了 Charles 的一些管理不善的問題,比如說專案資源轉換不合理、員工缺乏動力與創新能力、員工流失率過大等問題。這時,阿捷腦海中再次閃過周曉曉和 Richard 與 HR 經理 Jacobson 三個人在黑木崖會議室的一幕。很顯然,Charles 這次是遭人暗算,被自己身邊的人從背後捅了一刀。按理說,以 Charles 的精明,應該不難看出來周曉曉上次從美國回來之後對他的不滿。只是 Charles 想不到周曉曉會如此算計自己。周曉曉怎麼能夠把自己團隊員工流失的罪名讓 Richard 認為是 Charles 李的過錯呢?阿捷怎麼也想不明白。

會議結束之後,大民、阿朱跟在阿捷身後回到 TD 組的座位上,小寶和阿紫一看見他們三個回來,立刻湊過來想聽聽有什麼訊息,阿捷卻無奈地擺了擺手。

阿捷突然感覺到自己很累，從未有過的累。阿捷剛加入 Agile 公司時，Charles 就像一座山，高高在上；當阿捷晉升第一線經理的時候，Charles 就像在前面的領路者，自己這一年多來取得的成績與 Charles 的支援和了解是分不開的。在心中，阿捷曾經想過要成為一個像 Charles 李那樣的高階經理，帶領著自己的部門在這個瞬息萬變的市場上乘風破浪。而今天的阿捷卻又感到如此迷茫。儘管阿捷知道，在這個社會上沒有絕對的公平和正義，但是阿捷一直相信成功來自 99% 的努力和 1% 的運氣。

而今天，突然變得迷茫起來，將來，自己的路究竟會怎樣？

突來的變故，讓阿捷想起了塔勒布的《反脆弱》：「脆弱的對立面不是堅強，而是反脆弱，殺不死我的，使我更強大。既然黑天鵝事件無法避免，那就想辦法從中取得最大利益，每一件事情都會從波動獲得利益或承受損失。」既然選擇了敏捷，不但要在工作中靈活應用，在生活中也要讓自己變得敏捷起來，面對黑天鵝事件，雖然我們無法阻止它的發生，但我們一定要具備反脆弱能力，把變化轉變為機會，並從中收益，這不就是敏捷的初衷與精髓嗎？！

冬哥有話說

一切殺不死我的，讓我更堅強

《反脆弱》是納西姆‧尼古拉斯‧塔勒布的作品，塔勒布還有一部更出名的著作《黑天鵝》，汶川大地震、Charles 離職以及雷曼兄弟破產，都是黑天鵝事件。黑天鵝事件是指發生機率極小，但一旦發生就會造成極大影響的事件。《反脆弱》是塔勒布針對黑天鵝事件列出的應對建議。脆弱是指因為波動和不確定而承受損失，脆弱的反義詞不是堅韌，堅韌只是能夠抵抗震撼和維持原狀，反脆弱則是讓自己避免這些損失，甚至因此獲利。反脆弱超越堅韌或強固，能夠從波動中獲益成長。尼采說：「殺不死我的，使我更強大。」反脆弱理論說，不確定是必然，甚至有其必要，並且建議我們以反脆弱的方式建立各種事物。我們不但要構築一個堅韌的能力，更要去鍛煉反脆弱的能力。

23

餐館排隊與多專案管理

比阿捷想像的還快，幾周的時間就已抹平了 Charles 的離開帶來的變化，Charles 很快就被人們淡忘了。

成都研發基地的事情被擱淺後，從 Agile 美國總部帕羅奧多傳來的新訊息是重新啟用蘇格蘭 SQF（South Queens Ferry，南皇后渡口）的研發基地，高層希望把 OSS 的一部分研發工作從美國交付過去，雖然阿捷和大民他們一直搞不懂到底是美國還是英國人工成本更高，只是知道對中國團隊來說，異地協作開發一定是在所難免的了。阿捷團隊因為在奧運大單上做得特別漂亮，加上在敏捷開發落地的實作上為公司做出了非常好的示範，因此拿到 Agile 公司 CEO 特別頒發的 Merit Award（超級大獎），所以，當確定要在蘇格蘭 SQF 重新啟動研發基地，與中國建立協作研發部門後，阿捷理所當然地被總部要求赴 SQF 協助蘇格蘭研發部門的建立和專案實施，這樣的美差一些人看著眼紅，但阿捷知道，事情絕不是那麼簡單，裡面一定有很多不為人知的內幕，只是他現在不知道而已。

SQF（南皇后渡口）在愛丁堡機場西北方，一座公路橋、一座鐵路橋將它跟海峽另一面的 North Queens Ferry（北皇后渡口）連接起來。SQF 是一個安靜到讓人會忘記時間的小城鎮，Agile 英國研發中心就設在這裡。

Kent Lerman（肯特·納曼）是一名在 Agile 公司工作了二十年的老 Agile 人。在愛丁堡大學畢業後在 SQF 工作了幾年就被派到 Agile 美國總部帕洛阿爾托，在那裡娶妻生子待了近十年才又回到蘇格蘭，是他一手建立起 Agile SQF 的研發中心，也見證了 Agile 公司的起起落落，對 Agile 公司所存在的問題非常了解。Ian（伊恩）是他手下負責重新籌建 Agile OSS 研發團隊的技術主管，而 Scott（斯科特）則是從帕洛阿爾托過來移交專案的負責人，阿捷則代表中國研發團隊與 Kent、Ian 和 Scott 一起，共同完成交付工作。

三個國家，三個團隊，訴求截然不同。Scott 是希望越快越好地把美國帕洛阿爾托的所有專案一次性移交給 Kent 的蘇格蘭研發團隊與阿捷所在的中國研發團隊，自己就可以轉職到 Agile 美國總部的銷售團隊繼續自己的產品管理；而 Kent 則認為帕洛阿爾托的專案至少一半沒有價值應該被砍掉，而另外一半專案也因為種種原因不是發佈延期就是遇到各種技術問題疲於應付。如果將此專案接受下來又做不好，很可能 SQF 又要面臨被關門的危險。

阿捷所在的中國團隊在 Agile 公司裡原本是最沒有什麼發言權，人員較新人數又少，但隨著阿捷他們透過應用 Scrum 流程和一些富有創新精神的 XP 敏捷實作，讓中國團隊的發佈品質和效率都獲得了明顯的提升，完全改變了美國總部對中國研發團隊的印象。總部希望在這次交付的過程中，阿捷的團隊可以和 Kent 攜手把美國帕洛阿爾托的專案承接下來。

兩周的時間很快過去了，Kent 和 Ian 蘇格蘭式的嚴謹和 Scott 美國式的踢皮球讓帕洛阿爾托的 24 個專案連一半都沒有完成專案切割。阿捷感覺已經有些心

力交瘁了。8 月最後一個星期六的清晨，第一束陽光還來不及照進房間時，阿捷就已經醒了過來。阿捷決定今天去離 SQF 不遠的愛丁堡藝術節逛逛，放鬆一下，也理一下自己的想法。

藝術節的文化之旅讓阿捷流連忘返。傍晚分時，阿捷才乘火車從愛丁堡返回 SQF。從車站走回住所的路上，阿捷遠遠地看到臨近的一條小街上一個餐館門口排坐了很多人。阿捷心生好奇，雖説藝術節期間愛丁堡聚集了許多的藝術家和遊客，按理也不會影響到 SQF 這條不知名小街上的無名小館吧？

阿捷揣著好奇心，來到了這家名叫 Boat House 的餐館門口從三三兩兩聊天的圈子看，應該都是當地人！阿捷探著腦袋從餐館的窗戶看進去，餐館裡面居然還有一些空位的，而排隊的人仿佛沒有看到這些空位，讓阿捷更覺得難以了解。難不成排位的人只是為了聊天而非來吃飯的？

看著飯店門口來了一個「外國人」，餐館服務生善意地提醒阿捷，大概要等 40-50 分鐘。鑑於對這家特立獨行餐館的深度好奇，阿捷就排在隊伍最後面，一邊向服務生表示自己會耐心等待，一邊思考著怎麼解決美國帕洛阿爾托要遷移到 SQF 和北京的 24 個研發專案。

透過這兩周的接觸，阿捷了解到 Agile 公司在 SQF 的部門，Kent Lerman 手下有 500 多人，不僅有與 Scott 對接的 OSS 產品線，還有好幾個較大的產品線已經在為 Agile 全球的客戶服務。Kent 的團隊一年內要做的專案有 60 ～ 70 個左右，但專案延期比率高達 70%，最長的延期竟然達到半年以上。這也是 Kent 不願意承接美國要交付過來專案的主要原因。

但美國總部卻不這麼了解，畢竟 Kent 的 SQF 有 500 多人，是除了美國總部以外最大的研發中心，而剛剛上任的 Agile 總經理 Gavin Ross 又是 Kent 在美國 Agile 總部時期的好友。阿捷推測，Gavin 是一方面想消減老 CEO 舊部的實力，一方面希望 Kent 幫他把那些在美國做不下去的專案盤活，顯示自己卓越的主管力。而 Kent 也是有苦難言。

終於輪到阿捷了，阿捷看到，這期間，那幾個空位一直沒有人坐，桌子上也沒有預留的牌子。

阿捷剛剛落座，一位五十多歲，高高壯壯滿臉花白鬍子的男士走了過來。他一手拿著一瓶威士忌酒，一手拿了兩個加過冰的杯子，用標準的美國口音向阿捷說道：「你 - 好！我是 Gordon，這裡的老闆！很抱歉，讓你等了這麼久，為表示歉意，這瓶蘇格蘭本地產的單麥芽威士忌送給你，先喝一杯開開胃吧！」

說罷，Gordon 也不管阿捷會不會喝酒，就倒了一杯酒遞給阿捷，在替自己也倒了一杯的同時，無比自然地坐在了阿捷對面的椅子上。這還真有點出乎阿捷的意外，沒想到這家小店的老闆如此好客。

「謝謝，沒有關係的，我剛從愛丁堡城裡的藝術節回來，我就住在附近。」阿捷回應道。

「小夥子你來得正是時候，告訴我，喜歡愛丁堡藝術節還是喜歡 Royal Mile（皇家英哩）[1] 大街上的蘇格蘭美女？」Gordon 一邊和阿捷輕碰一下酒杯，一邊對阿捷眨了眨左眼。

阿捷被問得臉上一熱，抿了一口杯中的威士忌回應道：「音樂不錯」，然後像想起什麼似的說道：「Gordon，我可以問一個問題嗎？」

Gordon 放下一飲而盡的酒杯，回道：「Okay，請講。」

---

1 編注：早在 1724 年，《魯濱遜漂流記》的作者笛福就如此描述這條大街：「從兩旁的建築來看，這裡不僅僅是英國，而是全世界最寬闊、最漫長和最漂亮的街道。」這裡有大衛・休謨和亞當・斯密的雕像，有中世紀的建築，是世界上最有吸引力的街道之一，雖然只有一英里長，卻有威士忌文化遺產中心、城堡廣場和聖吉爾斯大教堂。

「我看到那邊有幾個空桌子，也不像已經預訂的樣子，為什麼一直沒有安排客人呢？為什麼不讓客人進來，而非得讓客人在外面排隊等待呢？」阿捷一開始覺得是 Gordon 有意在玩饑餓行銷，但不好意思直接說出來。

「哈哈，」Gordon 爽朗地笑起來，「是這樣的！我們有兩個廚師今天請假了，我們沒法像以前那樣提供足夠的服務來保障我們的品質，所以就只好把那幾張桌子空了起來。」

「但是，為什麼不讓大家坐進來等呢？坐著等不是更好？空著也是空著。」阿捷還是滿腹疑問。

「你看，如果我們讓你坐進來，那就表示我們的服務就開始了！我們得讓你開始點餐，但是你點了菜，我們卻沒有提供對應服務的能力，你可能要為一道菜等上 20 或 30 分鐘，你是不是覺得很不耐煩？你會不會覺得我們的服務很差？」

「嗯！我想是的！如果這是我第一次來你們餐廳的話，應該以後不會再來了！」

「這就是我為什麼不讓你們進來用餐的原因，也是想保持我們的服務水準與飯菜品質而不得不採取的一項限制措施。」

「噢？」阿捷示意他繼續。

「你看，如果我讓你們都進來，我的廚師們即使努力工作，但也一定會超出他們日常的能力。正常來講，一個廚師團隊平均可以服務 5 桌客人，每桌客人的飯菜服務平均需要耗時 30 分鐘；如果我們額外增加 3 桌客人的服務，而廚師的服務能力有限，就需要把每桌客人的正常服務時間各自延遲 10 ～ 15 分鐘，客人一定會因此有所抱怨。」

「這也會導致廚師們為了趕時間，飯菜的品質就會打折扣，這樣一來，你們顧客就會不滿意，而我的廚師因為勞累也會不滿意，我自然更不會滿意！這樣，豈不是造成客戶、員工、老闆三方都不滿意的狀況啊！」

「哦！是啊！如果 SQF 研發團隊同時進行的專案太多，每個團隊手頭都有多個平行處理專案，同時開展的專案越多，每個專案的完成時間就越長；而且，

一個專案延誤，就會拖累另外一個，就會造成鏈式反應的。」聽完餐館老闆 Gordon 的話，阿捷茅塞頓開，直接聯想到這些天的工作上，不由自主地說了出來！

「你說的是這裡的 Agile 公司的 SQF 團隊嗎？」Gordon 聽了阿捷的自言自語後，笑著邊斟著酒邊問了一句。

「是的！您怎麼知道？我是從 Agile 公司北京研發中心過來，協助 SQF 這裡的團隊完成從美國總部那邊的專案移交。最近頭疼的問題比較多，一言難盡啊。您，您是 IT 圈裡的前輩？」阿捷已經注意到高高大大的 Gordon 居然具有一雙與其外表絕不相稱的修長雙手，略顯粗壯的食指和中指關節只有常年敲擊鍵盤的老程式設計師才會擁有。

「我啊！我的程式生涯是從 Small Talk 開始，到 Java 結束。」Gordon 悠悠地說道。

「WOW！」阿捷吐了吐舌頭，心中暗想，真是前輩啊！要知道可能很多 IT 人都沒聽說過 Small Talk 的。

在吃完 Gordon 推薦的佳餚之後，阿捷已經知道了，坐在面前的可不是簡單的餐館老闆，這可是一位具備豐富管理經驗的軟體界高手啊！陪著酒量無限的 Gordon，一瓶單麥芽威士忌很快就見了底，也讓 Gordon 開啟了自己的話匣子。

原來，Gordon 從小就生活在美國加州，大學畢業後進了 HP 公司，在 Agile 還沒有從 HP 拆分前就作為經理被美國總部派遣到愛丁堡籌備早期的 SQF 研發中心。在這裡，愛好美食和威士忌的 Gordon 遇見了一位美麗的女品酒師，至此在 SQF 紮下了根。前幾年，看著日漸衰弱的 Agile，Gordon 和妻子一商量，乾脆把妻子祖傳的小酒館承接下來，結合自己多年走南闖北的菜肴，居然讓小酒館名氣越來越大，成為當地餐館榜單的熱門。

晚上回到旅館，阿捷回顧著 Gordon 的做法，對照了目前 Agile 公司的情況，制定出了一份改進計畫：成立產品戰略委員會，降低平行專案數量，確定專案優先順序，再合理安排帕洛阿爾托專案移交週期。

與 Gordon 的餐館類比，同時服務的顧客數目相當於同時進行的專案數目，

為了降低專案週期，減少專案延期，首先應該減少 SQF 同時平行處理專案數量，而非去每個專案挖潛，加強單一專案的發佈效率。Gordon 是餐館的老闆，他可以做出這個決策，那麼對應到 Agile 公司，因為利益關係人太多，應該成立一個能夠造成這個作用的團隊，承擔起這個責任，阿捷就把它稱之為「產品戰略委員會」。

為了能夠更進一步地說服專案移交的雙方，阿捷又在 Google 上花了幾個小時。發現這事還是有理論依據的。

在規模化敏捷 SAFe 網站上，其中 SAFe 的第一個原則是「採用經濟角度」，即「Take an economic view」，在解釋這一觀點時，有一個非常典型實例。假設你有 3 個 Feature（特性需求），每個 Feature 的實現，需要耗時 1 個單位時間，可以帶來一個單位的業務價值。如果平行開發三個 Feature，那會帶來 20% 的額外損耗，最後實現的價值發佈與時間情況如下：

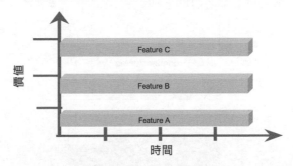

串列情況下，Feature A 的完成時間是 1，Feature B 的完成時間是 2，Feature C 的完成時間是 3。

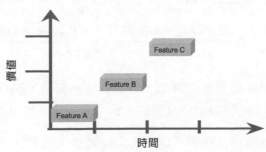

平行情況下，雖然每個 Feature 的開始時間都很早，但需要 3.6 個單位時間才能全部完成，每個 Feature 的完成時間都會被拖延。

那如果是串列工作情況下，每個 Feature 的耗時不同、實現的價值也不同，又該先開始哪個呢？

這時，可以採用加權最短作業優先的演算法來排定優先順序。

$$WSJF = \frac{CoD}{Duration}$$

Feature	Duration	CoD	WSJF
A	1	10	10
B	3	3	1
C	10	1	0.1

其中 CoD 是指 Cost Of Delay，意即「延誤成本」。在上圖的範例中，透過這個演算法，最佳的順序是 ABC，整體延誤成本只有 36；如果開發順序是 CBA 的話，將帶來最大的延誤成本 189。

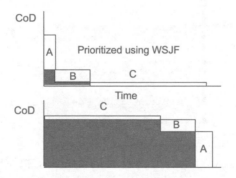

關於 CoD 的實際計算公式，如下：

$$WSJF = \frac{CoD}{Job\ sizc} = \frac{業務價值 + 時間緊迫性 + 風險\ 清除\ |\ 機會使用價值}{相對大小}$$

實際落實時，可以採用相對估算法，分別對業務價值、時間緊迫性、風險消除 / 機會進行估算，估算設定值範圍為：1，2，3，5，8，13，20。

第二天，阿捷用餐館排隊這個實例，再附以理論，去跟大家解釋為什麼要設立「產品戰略委員會」，為什麼要限制「平行處理專案數量」以及如何判斷專案優先順序時，一下子就獲得了共鳴與支持。

本章重點

1. 複雜產品線,可以建立產品戰略委員管理專案小組合,降低平行處理專案數量,降低專案延誤率。可以由部門主管以及各個產品線的負責人,再加上幾位核心架構師、(技術帶頭人)組成產品戰略委員會。

2. 產品戰略委員會定期(譬如每個季)評審新專案以及正在進行的專案,放棄過去每年年初制訂專案計畫的模式,避免因長期決策出現各專案延誤。

3. 根據專案團隊能力,限制同時進行的專案數量。

4. 一個專案立項之前,必須列出針對市場與潛在使用者群眾、預期收入、時間週期和人力規劃等資訊,供產品委員會決策。

5. 如果參與專案立項評審的人,對於被評審專案存在較大爭議,則該專案暫停評審。

6. 所有專案按照 WSJF 劃分成不同的優先順序,進入待開發狀態的專案按照優先順序排序,組成一個大的專案 Backlog 列表。當有某個團隊空閒出來時,直接從這個項目列表中,選擇最上面的專案開始工作。

冬哥有話說

排隊理論、資源佔用、批次大小與價值流動效率

根據排隊理論,我們能夠獲得以下想法。

- 佇列的前置時間遵循利特爾法則,前置時間 = 在製品 / 發佈速率。
- 當可變性增加時,週期時間和佇列工作也會增加。
- 當工作批次增加時,到達時間和處理時間內的可變性就會增加,而週期時間和佇列中的工作也會因此增加。
- 當使用率增加時,週期時間會非線性增長。
- 可變性增加時,週期時間會在使用率非常低的情況下出現非線性增加。
- 平衡到達的需求、小量的工作、平穩的處理速度以及平行處理方式均可減小可變性。
- 與在過程晚期減小可變性相比,在過程早期減小可變效能產生更大的影響。

瑪麗・波彭迪克的《精實軟體開發》一書中,清晰地描述了資源佔用率、批次大小與前置時間的關係,從中能夠看到,資源的佔用越高,等待時間會緩

慢提升，到某一個點開始急劇上升；而大的批次，對資源佔用率的敏感度，遠遠高於小的批次；在大量時，前置時間在 50% 佔用開始就快速上升，而小量時，到 80% ～ 90% 佔用時才開始上升。

這有如高速公路，如果上面全是大車，即使道路佔用率只有一半，但整體的行駛時間都會降低；相比起來，小車就會好得多；除了車型，另一個重要因素是車距，前後車需要保持一定的間距，否則就會擠成一堆，造成擁堵；當高速公路滿負荷時，所有的車輛都只能緩慢行走。如果資源滿負荷，就不可能有短的週期時間；當伺服器滿負荷利用時，處理請求的時間就會顯著延長；而知識工作者更是如此。

所以我們有兩個方法來解決這個問題，一個是降低資源的佔用率，另一個是減小批量大小。

- 降低資源佔用率，我們應該關注價值流動效率，而非資源的使用率或佔用率。
- 資源效率是從組織內部資源角度看問題，關乎企業成本和效益；流動效率從使用者角度看問題，關乎使用者價值和體驗，對於企業來講，這才是根本。

我們習慣於聚焦資源效率，因為資源效率是我們能夠看到的，能不用腦就不用腦，這是人類的天性所致；而開發和運行維護兩個大部門常常也是關注各自的資源效率，因為各自的 KPI 指標不同，而非從企業的整體效益上來制定自己的度量指標。然而，很多時候這種效率的提升是沒有用的，過度的局部最佳化損害的是整體的效率，並帶來全域協調的困難。這是一個非常普遍的情況，所以僅聚焦於資源效率產生的是效率豎井。想要從根本上解決問題，需要從巨觀的角度，去發現在整個開發過程中所存在的瓶頸和問題。首先關注價值流動，在價值流動順暢的前提下，再逐步地加強資源使用率，最後獲得更多更快的價值流動。

24

• • • • •

工作視覺化

自從在 Gordon 的 Boat House 餐館經歷了那次愉快的排隊等位後,阿捷也不知道是被 Gordon 豐富的人生閱歷還是被他的單麥芽威士忌吸引,隔個幾天就去 Boat House 裡吃一頓。在這裡除了能跟 Gordon 扯扯當年 Agile 總部的八卦以外,阿捷還發現,Gordon 不僅在排隊等待的多專案管理上有獨特見解,更是在原材料採購、廚師菜肴控管和菜品更新、服務品質回饋等多個方面有自己的一套,完完全全把在軟體工程管理中累積到的管理經驗應用到自己的小餐館中,讓阿捷每次用餐就像上一堂管理學的 EMBA 課。

Agile SQF 產品戰略委員會的成功運作,讓 Scott 在帕洛阿爾托的專案移交,順利的達成一致,這讓 SQF 研發中心老闆 Kent Lerman 對阿捷刮目相看。

當阿捷把在 Boat House 小餐館頓悟的事情原原本本地告訴了正在法蘭克福為 T-Mobile 做諮詢專案的趙敏,趙敏立刻纏著阿捷,希望在下個週末來 SQF 的時候,也去會會這個充滿神奇色彩的酒館老闆。阿捷自然滿心歡喜地答應了。其實阿捷心裡還有一個大秘密:他想等趙敏來 SQF 的時候向她求婚。

在認識趙敏之前,阿捷也談過幾次並不成功的戀愛。出身工科院校的阿捷是一個不會拐彎抹角的標準直男,率真的性格和天性樂觀是美女們的大殺器,但不會安撫女孩和說話直來直去讓阿捷吃了大虧。趙敏的出現讓阿捷重新動了那顆封閉已久的心,她出國留學和在職場中的老練的經歷,對阿捷有一種說不出來的吸引力,去年汶川地震時的共同經歷,更讓兩個人心走在了一起。只是趙敏這種全球滿天飛做專案的工作,讓阿捷有些擔心。阿捷心想:「男人就要敢想敢做,不管怎樣,先把婚求了再說。」

週五傍晚，SQF 的同事紛紛結束手邊的工作回家了，阿捷準備去 Boat House 品品 Gordon 推薦的新進的單麥芽威士忌，並順便和他商量一下，借 Gordon 的貴寶地求婚的事情。

阿捷剛走進餐館，看見 Gordon 正在一個小黑板上畫著什麼，還沒等阿捷開口，Gordon 朝阿捷招了招手，示意他趕緊過來。

「你能幫我個忙嗎？」Gordon 興奮地問。

阿捷心想，好嘛，看來求人也要禮尚往來啊。「當然可以，需要我做什麼？」

「我有一個新的想法，也是上次排隊之後的啟示，你幫我驗證一下，這樣做是否合理！」

「我？可我一點不懂你們餐館的運作！」

「哈哈！」Gordon 拍了拍阿捷的肩膀，「別擔心，小夥子，我就是需要你從外行的角度，或是客戶的角度來看是否合理。」

「好吧！我儘量！」説實話，阿捷還是一頭霧水，不知道 Gordon 葫蘆裡賣的是什麼藥。

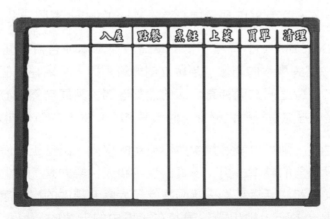

「你看，這裡的每桌服務，其實都像一個專案。我這裡有近 20 桌，就相當於有 20 個平行專案，這麼多平行專案，如何管理好發佈，並讓每一桌顧客都對我們的服務滿意，是很有挑戰性的。」阿捷注意到 Gordon 手邊有些小圓動態磚，每個上面還標著數字。

「每桌服務的流程基本要經歷這麼幾個階段：領客人入座→幫客人點餐→烹飪菜肴→上菜→客人買單→收拾餐桌，為下一桌客人服務。」

Gordon 一邊說，一邊在黑板的上方畫下了這些階段，同時畫了幾道線。

「你看，從客人進入餐館入座開始的那一刻起，一個專案也就啟動了！」Gordon 把 8 號動態磚，放在了領客人入座的專欄上。

「是的！」阿捷點了下頭，心想，這也就是我們常說的專案立項。

「然後就是為客人點餐，點餐應該是一個需求澄清與不斷確認的過程。」Gordon 停了一下，喝了一口手邊的威士忌酒，同時示意阿捷自己隨意享用。

「我們會跟客戶探討需求，看他們今天想吃什麼，這裡的互動媒介就是選單。」

「另外，我們會根據客人人數，建議他們點餐的數量，這樣才不會浪費。還有，我們也還會諮詢客人的個人喜好，向他們推薦幾道菜，當然這不是為了推銷，而是真的把適合他們的東西，推薦給他們。這樣，客人才能對這裡的食物滿意，以後還會再來，當然，他們也會推薦更多的朋友過來。」

阿捷感歎一聲：「這不就是《敏捷宣言》裡面常說的客戶協作勝過合約談判嗎！」

「一旦客戶下單以後，我們會根據客戶點單的食物組合，採用這樣的順序上菜：開胃菜──麵包──湯──主菜──點心──甜品──果品──熱飲，這個上菜順序也就是要把客戶需求重新進行優先順序劃分、分別實現的過程。當然，這些都依賴於我們本身多年經驗，這裡的團隊已經形成了一種約定俗成的做法，我個人從不需要關注細節，他們自我組織和自我管理得很好。」

「然後，後廚就會按照這個優先順序順序完成菜肴，對吧？」

「是的！當然會有不同的分工，不過我們今天也不用關心實際是怎麼做出來的。」Gordon 接著說，「在一道菜做出來之後，服務人員將菜上桌前，必須先核對傳菜待者所傳到的菜是否與菜單上所列相符，確認後方可上桌，上菜時有些菜上桌後方可開蓋，上菜時要檢查器皿無破損、菜量是否符合標準。」

「哇！這可不是就是軟體開發中的接受度測試！」阿捷太佩服 Gordon 了，把

專案管理的方法都用到餐館的日常管理中！

「對，接下來就是發佈。讓客戶品嘗菜肴，進行實際檢驗，就是最好的驗收過程。」Gordon 顯得非常得意，「客戶是否滿意是衡量我們服務是否成功的唯一標準！這個是外向型的指標，前面我們提到的都是內向型指標，要想做到口碑，就得關注外向型指標！我以後得想個方法，可以讓顧客方便地點評我們的服務，甚至到實際的一道菜，你覺得如何？」。

「獲得顧客回饋，並進行對應改進，這是一個很好的回饋環，不過要真的能夠實現這一點，用什麼方式，還是有些挑戰的。」

「對！我們繼續。這之後就是客戶買單，再後面就是收拾餐桌，準備下一次服務。」Gordon 一邊說，一邊把寫著 8 號桌的動態磚在黑板上從左往右挪動著。

「噢！對了，這裡我們應該再加上一列，就是空桌子！所有的空桌子都應該放在這欄！」Gordon 一邊說，一邊把印有不同桌號的動態磚放在這個專欄上，阿捷也趕緊幫忙。

「你看！隨著服務的進行，任何時候，我們都能知道每桌目前處於什麼狀態！」Gordon 隨機拿了一個桌號，放在其中列中。「這樣，我們就能從全域把控所有座位的狀態，不用再去跟每位待者單獨確認了，每個人走過來看一眼就清楚了。你覺得如何？」

「酷！！真酷！」這種讓一切視覺化的玩法，立刻啟發了阿捷！「你上次讓大家在門外排隊，其實只需限制第一列的桌子數目就行了，對吧？」

「贊，這樣我可以根據當天員工上班的情況，隨時調整這裡的桌子總數！」Gordon 向阿捷舉起酒杯，兩人一飲而盡！

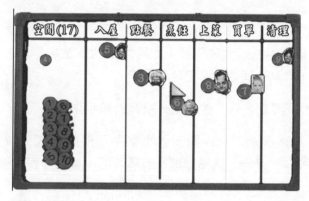

「你還可以再弄些動態磚，上面貼上員工的圖示，誰在提供哪桌的服務，你就把對應的員工圖示貼在對應的桌號旁邊，這樣店裡面所有人員的活動也就一目了然了，而且還知道實際哪桌誰在負責！」

「好建議！」Gordon 點了點頭，「沒錯，我回頭就去弄，而且，我還要放幾個小旗子，哪個桌子出了問題，譬如顧客客訴、服務延誤等，我就貼上去！讓大家引起重視，加速處理。」

從 Gordon 餐館回來的那個周日裡，阿捷花了 10 個小時，在 SQF 辦公室裡一面空牆上，用幾十張 A4 紙做出來一個專案看板牆，將所有從帕洛阿爾托遷移過來的專案進展、專案負責人，以及是否遇到問題、是否延期等資訊做了全面的視覺化展示。

看板的使用，讓 Kent 和 Scott 可以輕鬆對整個專案遷移處理程序一目了然。在週二的時候，Kent 就直接把這個月度專案規劃會放在了看板牆邊上開。

作為 SQF 研發中心的主力軍，Ian 下面有 5 個團隊，每個團隊都包含了產品經理、開發、測試、營運等角色，每個團隊 6 ～ 10 個人不等。在看板牆上，Scott 和 Ian 一目了然地看到，有個 6 人團隊的專案即將完成，剩下的收尾工

作僅需 3 個人就夠了，可以將其中 3 個釋放出來。Scott 要求 Ian 準備啟動一個新的待遷移專案給他們，因為按照產品戰略委員會的要求，這個專案需要在一個半月後發佈，時間還是挺緊的。而 Ian 則是希望釋放出來的這三個人能夠稍微休整一下，再去幫他做一些其他的專案。兩邊鬧得不甚愉快，也沒一個後續的結論。

對於 Scott 這種強勢做法，阿捷也覺得情有可原，自己做專案經理的時候，也是這麼做的。畢竟不能讓大家閒著，總得給他們找點事情做才行。不然似乎也對不起公司，畢竟公司要給員工發薪水的。

但是，這麼做是不是對的呢？說實話，這個問題也困擾阿捷很久了！

畢竟做專案不是做實驗，允許同一個專案用不同的方式同時實現，比較看看，到底是哪種方式最佳。這點還真是羨慕有個「專案管理實驗室」了。

這天晚上，阿捷照例下了班一個人去了 Gordon 的餐廳。週二的晚上客人不多，Gordon 見阿捷一臉心事地望著個烤龍蝦久久沒下叉子，就又拿了瓶酒坐了下來：「想什麼呢？是不是你那個小女朋友這個週末不來 SQF 了？沒關係，週末給你介紹個純正的蘇格蘭美女。」Gordon 打趣道。

阿捷一臉苦笑地回應道：「Gordon ！別，千萬別。我女朋友這個週末一定到，計畫照舊。還是工作上的事情讓我心煩。」

「噢！那你具體說來聽聽。」Gordon 來了興趣。

「一直以來，我都有這樣的疑惑，是不是應該給團隊安排 100% 的工作，不應該讓團隊停下來，這麼做是不是合理。」

阿捷把自己的疑慮對 Gordon 描述了一遍。Gordon 思考了一下，喝了口酒慢慢說道：「你知道我那個菜園，跟你說說我澆灌菜園的一些感悟，或許能對你有所啟示！」

「菜園裡種菜澆水是關鍵，水沒澆夠，菜一定長不好。假設我們是透過水渠澆灌一個菜園，水渠上有個閘門用以控制水的流量，如果把閘門全部開啟，可以 30 分鐘完成澆灌；如果開啟 1/2，那就需要 60 分鐘。整體的工作量實際上沒有任何變化，但實際上工作的完成時間卻延長了一倍。」

「如果開啟 1/4 呢，需要 120 分鐘；開啟 3/4 呢，需要 45 分鐘，對吧？」
Gordon 一邊說，一邊在餐巾紙上寫著。

4/4：1 = 30 * 1/30　　　耗時：30 min

2/4：1 = 60 * 1/60　　　耗時：60 min

1/4：1 = 120 * 1/120　　耗時：120 min

3/4：1 = 45 * 1/45　　　耗時：45 min

「從澆菜這件事來看，如果我們是在 10：00 開始澆地，把閥門全部開啟，可以在 10：30 完成；開啟 1/2 的閥門，如果也想在 10：30 完成工作，那就必須在 9：30 開始，這就表示至少要提前一倍的時間才行，否則還不如等著 10：00 用全流量方式。當然，你可以在 10：00 的時候再啟動全流量，那麼結果就是：

2/4：1= 1/60 * 30 + 1/30 * 15　耗時：45 min 起始：9：30 結束：10：15

「是的！其實，多數情況下，沒有幾個專案會提前一倍的時間就開始的，頂多提前一半的時間。而且，到了正式開始的時候，團隊成員應該也就是可以全部就位了。」

「哦，是的！那我們來看這種情況。就是在 9：45 的時候，提前 15 分鐘。開始澆灌，開始時用一半的流量，到了 10：00 的時候，開啟全部閥門，改用全流量，會是什麼樣的情況呢？」

Half：1= 1/60*15+1/30 * 22.5　耗時：37.5 min 起始：9：45 結束：10：23

「但在實際情況下，會有幾個專案可以提前空出來一半人，允許提前半個專案週期就開始的呢？」阿捷根據現實情況，提出了新的問題。

「是的！那我們再分別看看有 3/4 或 1/4 人力先空出來，並投入工作的情況。」

3/4：1=1/45*15+1/30*20 耗時：15+20= 35 min 起始 9：45 結束 10：20

1/4：1=1/120*15+1/30*26.25 耗時：15+26.25=41min 起始 9：45 結束 10：26

「哇！這個結果證明提前開始，就能提前結束啊！」看到這個模擬結果，阿捷似乎明白了！

「表面上的確是這樣的！但是每個專案的整體耗費時間卻都增加了。」Gordon 看著結果，而阿捷還在思索。

「我們回頭來看一個軟體專案，一旦有專案人員開始某個專案，即使人員不齊整，那就表示這個專案開始了。從外部看來，這個專案的完成週期要比之前的預期長，這會給大家造成一種印象，就是專案似乎比原來計畫的延誤了，但從實際情況來看，這麼做專案是提前完成的。」

「我們的模型可能還是太簡單了！」Gordon 說，「實際上，每次有新人加入專案的時候，都會對原有專案人員造成衝擊，一個是人多增加了溝通協作成本，老人的工作效率會下降，另外就是新人需要時間學習，不能迅速開始工作。此外，大家對需求的了解不一致，這也需要時間的累積。我們試著替剛才的模擬公式增加一個干擾係數，做一個修正。

「嗯！你說得很有道理！」阿捷不得不佩服這個 Gordon。

「我們先來看看 1/4 這種情況，假設干擾係數是 20%，那麼平均速度將下降 80%。」

1/4：1=1/120*15 + 1/30* 0.8 * 32.8　耗時：15+32.8 = 47.8 min　起始：9：45 結束：10：33

2/4：1= 1/60 * 15 + 1/30 * 0.7 * 32.1　耗時：77.1 min　起始：9：45　結束：10：43

3/4：1=1/45*15 + 1/30* 0.8 * 25　耗時：15+20= 40 min　起始：9：45　結束：10：25

「這個結果看起來可就不那麼簡單了！」Gordon 聲音立刻加強了。「只有一種情況，也就是說團隊大多數成員都空出來的情況下，提前投入工作，才能真正地提前完成一個專案！不然大多數情況下，都是會延誤的！」

「你說的對！而且還得考慮另外的情況，就是前一個專案的掃尾工作一旦不能順利完成，需要已經開始新專案團隊成員的支持，這樣就必然會造成這些人員的工作切換，這會影響到兩個專案的完成日期，造成這兩個都可能因此延

誤，這也是經常發生的。」阿捷補充了一句，讓他再次堅定了這樣的想法：我們不應該匆忙開始一個新專案，除非這個團隊完全釋放出來，或團隊的大多數人已經釋放出來，否則就讓團隊一起努力收尾上一個專案，而非讓收尾總是遙遙無期。

「這個模型還需要不斷的修正才行。我想，不同的團隊，不同難度的專案，應該對干擾係數的設定是不一樣的，而且，做專案可能也不只是這麼簡單的線性關係，一定比這還要複雜許多。」

「是的！」

「這是從理論建模上思考這個事情，或許我們把這個事情複雜化了！就拿我的餐館來講，你看我的員工有不同的職責，有負責採購的、有人負責廚房、有人負責餐廳服務，有人負責收銀，工作也分成不同的類型。對於我而言，我只關心有哪些工作沒有人做，而非哪個人沒在工作！」

「嗯？」阿捷突然好像抓著了什麼。

「你看！如果僅是讓大家忙起來，那就得讓每個人不斷地工作！難道就得讓廚師不斷地炒菜，洗碗工不斷地重複洗碗，待者就在不斷地走來走去嗎？哈哈！這聽起來太瘋狂了！這會產生多大的浪費啊！」Gordon邊說邊搖頭，「我可不做這樣的老闆，這樣的老闆也招不到員工的，即使招到也留不住啊！」

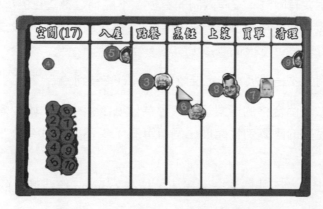

「所以我只要看這個狀態看板，看是不是有哪件事情還沒人做就可以了。你看，理想情況下，我這個狀態看板上的每個桌子，應該在各個狀態之間順暢

地流動起來，中間不應該存在阻礙，這樣才能加強我的流轉效率，我這個餐館才可能有更高的收入。如果，這個流動過程中，譬如買單或收拾桌子這個環節，在需要時卻沒有人在做這個工作，那這個流動過程就被阻塞了。因為不能給尚在等待的客人提供服務，那將是更大的損失，遠遠超過單一服務人員的人力成本啊。」

「是的！這可能就會是 100 Vs 10 的損失！」阿捷補充了一句。

「可能還更糟。所以，價值流動的延誤成本是我們必須考慮的因素。對於我的員工，首先，我一定要確保隨時有人能夠提供任何服務，不能讓每個人都100% 忙起來。如果真的暫時沒有工作，我倒是寧願讓他們思考一下如何加強工作技能，練練內功，或就是簡單的休息。養精蓄銳總比製造無用的浪費要好。」

本章重點

1. 關於看板與視覺化管理，一定要因地制宜。
   - 透過看板牆讓工作視覺化，這裡最關鍵的是定義好起點與終點，以及中間的階段，這樣就能很輕鬆地把工作流對映上去。
   - 物理看板牆比電子看板牆更具備衝擊力，建議都從物理看板牆開始。
   - 看板一定要有限制，沒有限制的看板，不能稱之為真正的「看板」。
   - 一切視覺化後，可以讓每一個相關的人都看到問題，再設立一個好的機制，那麼就有可能很快地修正問題。

2. 看板，看到的才是看板，一定要讓所有人即時看到。

3. 如果你想做一個合格的專案管理者，為什麼不從今天開始改變呢？不要再讓一個不完整的團隊匆忙開展一個新專案了！不要總盯著那些空閒下來的員工了。

4. 關注閒置工作，而非關注空閒員工，這是 Gordon 給我們上的一堂很重要的課。

冬哥有話說

視覺化

戴明說過：「如果你不能以一個清晰的過程來展示你所從事的工作，你就不會真正了解自己在做什麼。」

想要讓價值快速流動，第一步就是視覺化。視覺化一切有必要視覺化的內容，把價值流動的完整過程視覺化出來，確保重要的資訊沒有遺漏，因為浪費常常隱藏在黑暗之中。

視覺化帶來了以下好處。

- 使庫存可見，便於去庫存。
- 使流程可見，便於進行最佳化。
- 管理價值流動，讓前置時間可度量。
- 透過繪製點對點的價值流，識別關係人。
- 便於進行全域最佳化，而非局部的改進。

看板視覺化之後，應該達到以下效果。

- 價值的流動清晰可見。
- 曝露問題，讓瓶頸和約束一目了然。
- 簡潔明瞭地反映真實的協作過程。
- 表現資訊與活動之間的層級關係。
- 將團隊真實的研發過程視覺化，透過看板上狀態的設定，顯示化狀態流轉規則，狀態遷移時的 DoD 完成的定義，需求填充及更新時間等事項。
- 看板能夠把從前寫在文件中的研發流程標準，視覺化地固定在板子上，無論是物理的或是電子的。

看板的每日立會，與 Scrum 的略有區別。相同點是，都在固定時間固定地點舉行，團隊全體參與，實現更新看板工作資訊，以反映團隊最新的狀態和問題。

不同點是，看板是推動系統，因此我們是從右向左走讀看板。

- 從右向左走讀，可以有效地貫徹 Stop Starting，Start Finishing 的原則，並且表現了價值推動的方向，以推動的方向來進行卡片移動。
- 關注的重點是阻塞與瓶頸，而非面面俱到的關注每一張卡片；
- 要關注需求的停留時間，而非關注人的閒置時間；
- 關注重要需求的狀態，長時間停滯的需求，被阻塞的需求，快要到期的需求，相互依賴的需求，返工的工作。

推動系統

看板整體上是一個推動運作的模式。在精實軟體開發中，強調認領而非指派工作，推動而非被動。必須觸發內在的動力。

推動式開發帶來了以下好處。

- 讓團隊成員關注全域，不只是關注自己的工作。
- 需要去關注上下游的活動，尤其是下游，需要為下游而進行工作最佳化，否則就會被阻塞形成堆積，當下游出現問題需要集體合力一起解決。
- 有效地促進團隊關注改進，讓上下流可以更順暢地流動。
- 培養團隊的主動性，主動推動工作而非被動接受工作指派。
- 促進整體自我組織團隊的形成。

同時，推動機制也要求採用短的時間盒機制，否則就會退化為被動系統。如果反覆運算週期過長，就會產生過多的未完成工作或是未上線的工作，這也是精實軟體開發中需要消除的浪費。

WIP 與看板

週五的下午是反覆運算回顧時間。阿捷一邊幫 Ian 的團隊做反覆運算回顧,一邊想著明天去愛丁堡機場接趙敏的事情。桌上的電話突然響起,阿捷一看,居然是 Gordon 的。

「你今晚一定要來!我給你看一個非常酷的玩意,你絕對會喜歡的!」Gordon 顯得非常非常興奮!

「做什麼用的?能對求婚有幫助?」阿捷滿腦子都是趙敏。

「秘密!你來了就知道了!」Gordon 給阿捷賣著關子。

當阿捷下了班飛奔到 Boat House 餐館時,一堆等位的顧客把一台大液晶電視圍個水泄不通,有個身材高大的人站在電視前用手比劃著,而螢幕上的影像居然也隨著 Gordon 的手指滑來滑去。Gordon 這個老頑童又在搞什麼,阿捷想著走了過去。

對 IT 產品發燒的阿捷來說,非常能夠了解人們第一次見到體感控制器(Leap Motion)這種基於硬體感應裝置將動作感應透過虛擬建模與真實世界連接起來的興奮勁兒。

Gordon 在人群中向阿捷揮了揮手,示意阿捷接近一下,然後他用手勢開啟了「切水果遊戲」,在空中揮舞著手,切起水果來,伴隨著「唭嚓唭嚓」聲音,直到 Gordon 切中了個地雷,才在觀眾們的歎息聲中停了下來。

Gordon 把位置讓給身旁躍躍欲試的人,自己擠了出來,把阿捷拉到一張桌子旁。

「這是我今天專門給你預留的位置!我要跟你好好談談。」

「是要談怎麼才能不削中地雷嗎？我看你是要把 Boat House 變成遊戲廳啊？」阿捷難得開 Gordon 的玩笑，「不過這個行銷點子倒是挺能吸引人的！」

「不，不，不，這個就是用來示範功能的！每天這麼搞太鬧了，客人就沒法安靜得用餐了。」

「示範？你準備用它做什麼？」阿捷聽 Gordon 這麼講倒是來了興趣。

「你看，」Gordon 轉身把一個小黑板拿了過來，上面已經貼好了一些人的圖示，還寫好了每人的角色。

「這就是餐廳的做菜流程！我準備把這個過程，以看板的形式視覺化，讓整個做菜過程變得更加可控，具備更好的可預測性，找出瓶頸，消除浪費，更進一步地為顧客提供服務。」

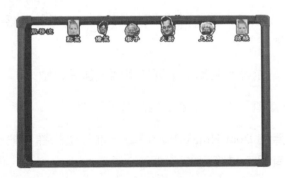

「噢？怎麼做？可以講實際點嗎？」阿捷來了興趣。

「你看，每個工序後面代表了幾個人，每道工序的能力是不一樣的，實際情況可能是這樣的！」Gordon 畫了兩條線，一條是水平線，一條是能力聚合線。

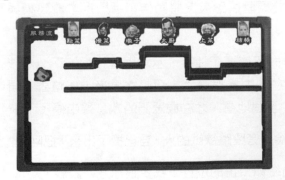

「你看，如果從左側倒水進來，這裡我們把水了解成我們的服務，情況就是這樣的。」

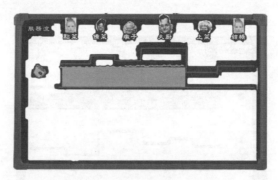

「因為遇到了限制，那麼後續的流動就只能慢下來！」

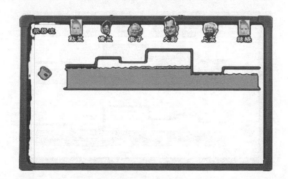

「如果繼續注水，那麼會將所有能力充滿，也就是所有的人都會忙起來，當然可能很多人也就是瞎忙，畢竟系統的產出是一定的！」

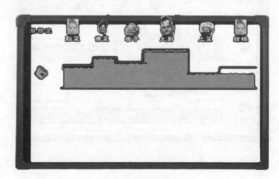

「那你想怎麼解決這個問題呢？」阿捷問道。

「很簡單！」Gordon 一邊說，一邊在下面畫了能力聚合線，「第一步，就是上次我們討論過的，限制輸入串流量，也就是要關注空閒工作，而非關注空閒人員。」

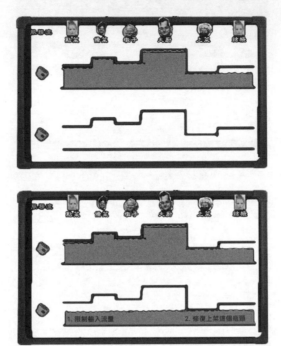

「然後，我們找到瓶頸並修復！擴大他的能力。」

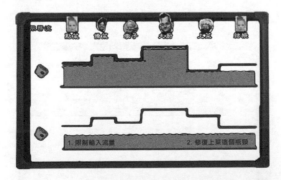

「這樣，當有了新的能力後，我們就可以再次增加流量了！然後再找下一個瓶頸，再修復。」

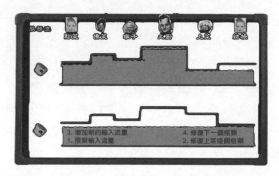

「有點意思啊！」阿捷聯想到這個是否也可以應用到 SQF 的專案管理中。

「還記得我們討論過的在餐館外排隊的服務嗎？」

「記得！那我們應該怎麼做？你的意思是說我們要限制客人點菜嗎？」

「這樣一定不對啦。」Gordon 把黑板上的一部分擦掉，重新畫了一些分隔號，並貼了上一些紙片。

「你看，我們只需要限制幾個關鍵工序的能力就好了。譬如備菜限制為 3，其他幾個限制為 4。這樣，既能充分利用每道工序的能力，又可以讓流程動起來。當然，點菜、結帳我們一定不能限制了，否則客戶會不滿意的！！」

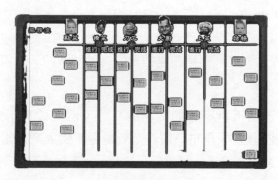

「這樣做是挺好的。就是說，除了要限制輸入佇列外，我們還要在每個狀態列項目中限制工作數目，而且一定是下游從上游處推動一個工作，而非上游不顧下游的能力，一個勁地往下游推動工作！」

阿捷使勁握著 Gordon 的手，「謝謝你，Gordon ！我想我們的 IT 專案也應該採用這樣的方式，這樣就能讓價值流動起來，找到瓶頸，一個一個的解決，同時可以避免每個環節過量生產，造成不必要的浪費！」

「哈哈哈！不用這麼激動。」Gordon 拍了拍阿捷，「這是我一直準備在店裡面實施的！但是一直苦於沒有好的支援方法，你看，我總不能把這個黑板放在廚房，讓廚師們每次用手寫個單子，每次改動，而且也不清晰！如果用觸控式螢幕呢，他們油乎乎沾滿各種調料的大手，觸控幾次，估計黑板上就成了調料板了。而且，這麼做都太不衛生了。現在有了這個神器，他們只要揮揮手，就行啦。」阿捷知道 Gordon 這個人對食物的品質有極強的要求，對衛生更是到了有潔癖的地步。

「能不能明天晚上用你這個神器幫我一把？」阿捷突然想到一個絕妙的點子。

星期六的上午，當趙敏出現在愛丁堡機場的時候，阿捷手捧著一束鮮花給趙敏來了一個大大的擁抱。

「可以呀，臭小子，來了蘇格蘭沒幾天都學會買花哄小姑娘開心了。」趙敏說著把手中的箱子交給一直在傻笑的阿捷，順勢攬著阿捷的胳膊。

在阿捷這個臨時地陪的帶領下，趙敏的愛丁堡休假之旅就這樣正式開始了。

對於同樣喜歡讀書、藝術和逛博物館的阿捷和趙敏，書店、劇院、博物館、畫廊遍佈的這座城市讓他們流連忘返。邊走邊逛，他們來到了一條名叫馬歇爾的街上（Marshall Street）。眼尖的趙敏發現不遠處有一個叫 The Elephant House 的小咖啡館，突然想到了什麼似的對阿捷說道：「考你個問題，你知道 J.K. 羅琳是哪裡人嗎？她最開始在哪裡寫的《哈利波特》？答出來有獎，答錯了認罰！」

阿捷知道趙敏是一個不折不扣的哈利波特迷，但他還真不知道羅琳是哪裡人？只得硬著頭皮猜道：「羅琳？羅琳？就是愛丁堡人吧？當然也是在這裡寫的《哈利波特》。對不對？」

一看阿捷那副沒自信又強裝知道的樣子，趙敏揮手就彈了阿捷額頭，又快速親了一下自己彈過的地方，弄得阿捷又痛又癢還不知所措。

「認罰吧。羅琳出生在格洛斯特郡，親你一下算你蒙對了第 2 個問題，《哈利波特》的前兩部就是在這個咖啡館寫的！」趙敏說罷，右手指向 The Elephant House 的招牌。

趙敏在蘇格蘭的第一頓晚餐被阿捷理所
當然地安排在了 Boat House。主菜自然
是 Gordon 最自豪的海鮮大餐,配上蘇格
蘭當地麥芽威士忌,讓第一次這麼吃的
趙敏大呼過癮。只是趙敏有些奇怪,為
何自己的旁邊放著一個其他餐桌邊上都
沒有的大電視。

看趙敏吃得差不多了,阿捷向熟悉的服務生使了一個眼色,服務生把阿捷和
趙敏的餐盤收走了。就當趙敏以為要上甜點的時候,阿捷向趙敏身邊的那台
液晶電視揮了揮手,電視居然自己開機,伴隨著音樂播放著趙敏和阿捷從相
識、相知到相戀的多張照片。

正當趙敏望著照片發呆時,阿捷站起身,像變魔術似的手中拿著一顆鑽戒,
單膝跪在趙敏的面前,輕聲道:「你願意嫁給我嗎?」

剎那間,趙敏眼眶中噙滿了幸福的淚水。

本章重點

1. 客戶合作勝過合約談判,我們應該超越談判並嘗試提升與客戶的合作。在
   實作中,產品經理、市場或銷售人員在產品開發期間要經常從客戶那裡請
   求回饋並排列優先順序。
2. 在與自己的業務方合作中,應該尋找開發期間增進和改善合作的方法。
3. 產品和開發應該密切合作,而非透過契約約定。
4. 看板如果沒有 WIP(在製品)限制,那就只能稱之為「狀態板」,效果會
   大打折扣。
5. 透過 WIP 幫助識別瓶頸,消除瓶頸,才能大幅地加強流動效率。

冬哥有話說

WIP 限制在製品

在製品是所有已經開始,但還沒有完成的工作,在製品堆積是軟體開發過程

中需要消除的浪費；軟體開發中的庫存是看不見摸不到的，透過視覺化以及推動系統，我們將庫存的堆積曝露出來；同時，在製品會造成延遲發佈，增加沉沒成本，延長回饋週期，增加發佈管線的負荷，降低產品整體品質。

透過限制在製品，可以有效地曝露瓶頸和問題，確保各環節之間的銜接協調，避免推動式的工作堆積，進一步加速價值流動。

根據利特爾法則：前置時間 = 在製品 / 發佈速率。那麼，在軟體價值發佈過程中，對應的有：平均發佈時間 = 平均平行需求數 / 平均發佈速率，所以縮短發佈時間的辦法有兩個，即加強發佈速率和減少平行需求數量，而後者是最有效的，最容易做，但常常難以下決心。

- 暫緩開始，聚焦完成（Stop Starting，Start Finishing）。
- 完成越多才發佈越多，而非開始越多。
- 透過限制在製品，聚焦於發佈中的需求，加強價值的流動率，不是讓每個人只是有事情做，更不是去加強資源的使用率，
- 是讓更多的工作流出，而非讓更多的工作流入。

水落石出。水要降下來，才能看到石頭（阻礙），消除了阻礙，水流自然順暢。透過在製品的限制，降低了開發中容錯的水量，進一步讓真正的阻塞點曝露出來，解決問題的第一步，是發現問題，而這常常也是最難的。

關於在製品數量的限制設定值，建議由寬鬆到嚴格，逐漸降低水量，逐一解決問題，漸進式的改變。

減小批量大小

小批量（Small Batch）是 DevOps 和精實敏捷中我非常喜歡的詞。

在武俠小説中，有「一寸長，一寸強；一寸短，一寸險」的説法；在精實敏捷中，是反過來的，「一寸短，一寸強；一寸長，一寸險」，越長的週期，會帶來更大的風險，競爭能力更弱。

小批量能產生穩定品質，加強溝通，加強資源利用，產生快速的回饋，進一步加強控制力。

大的批次，常常會造成在製品的暴漲，因為每項工作佔用的資源以及時間都較長；同時會導致前置時間增加，進一步加長了回饋環路，導致問題無法及時發現；而每個大的批次發佈，也增加了發現問題的難度，導致產品品質下降。

小的批次，能夠快速流過價值發佈管線，進一步減少在製品，降低庫存，進一步降低資源佔用；它前置時間更短，可以更快地完成一個價值發佈閉環，快速獲得客戶回饋。在提升客戶滿意度的同時，加強了產品的整體品質，小的批次也使得分層分步的進行測試更為便利，整體返工減少；當業務發生變化和調整時，可以更加靈活機動的調整方向。

軟體研發過程中的小量表現在很多方面。例如需求從 Epic 到 Feature 到 Story 的拆分，產品的 MVP，短的反覆運算開發模式，程式層面的持續整合，測試的分工分層，持續的部署，持續的發佈模式，都是小量的實作，而這些最後表現為持續的價值發佈，即 DevOps。

持續識別並消除瓶頸

高德拉特博士說過：「在任何價值流中，總是有一個流動方向，一個約束點，任何不針對此約束點而做的最佳化都是假象」。如果最佳化約束點之前的，那麼勢必在這個約束點形成更快的堆積；如果最佳化約束點之後的，那麼它還會處於饑餓狀態。

約束點即瓶頸，減小量大小和解除瓶頸都可以減少週期時間。瓶頸通常是指在研發過程中傳輸量最小的環節，會減緩甚至停滯價值流動，導致整個系統的傳輸量下降。

溫伯格說，一旦你解決了頭號問題，二號問題就升級了；研發過程是個複雜的過程，導致形成瓶頸的因素複雜多變，因此也需要持續的識別並消除瓶頸。

如何有效的識別約束點 / 瓶頸，是非常重要的。在高德拉特博士的約束理論 TOC 中，定義了 TOC 的五個步驟：識別約束點；利用約束點；讓所有其他活動都從屬於約束點；把約束點提升到新的水平；尋找下一個約束點。

軟體開發中，常見的約束點有：環境的佔用和缺失，部署環境缺乏自動化，測試的準備和執行，緊耦合的架構，以及最重要的組織架構與人員協作。

第二篇

DevOps 征途：星辰大海

26

打通任脈的影響地圖

在阿捷看來，2016 年註定是一個黑天鵝滿天飛的一年。

3 月，Google 的人工智慧機器人阿爾法狗（AlphaGo）毫無疑問地擊敗了圍棋世界冠軍李世石。雖然阿捷知道，機器大腦對人腦的挑戰，一定會在某些領域完勝人類，但對於一個資深的圍棋同好來説，阿捷非常了解圍棋對演算法和運算力的要求遠遠要超出其他的智力遊戲。阿爾法狗卻做到了這一點。

4 月，西安大學生魏則西事件更是讓以搜索起家的百度陷入一場危機中。

本來，6 月份英國脫歐公投和阿捷關係不大，但 7 月份，Agile 公司美國總部突然宣佈將在今年年底完全關閉位於蘇格蘭的 SQF 研發中心，還是讓阿捷和大民大吃一驚。

但 11 月份聽到川普當選總統的訊息，一下子讓阿捷想起了川普投資做的那個著名的真人秀節目《學徒》（The Apprentice）中每集必説的那句片尾語：「You are fired!（你被解雇了）」阿捷不由得心裡一緊。

其實，阿捷並不關心大洋彼岸是川普還是希拉蕊上台，他只知道如果不能夠在今年耶誕節前完成給美國 Sonar 電動汽車公司車聯網中 OTA 通訊元件的方案技術驗證 PoC（Proof of Concept，概念驗證），那他和他的團隊也很有可能就像 SQF 的 Kent 他們一樣，不得不接受 Agile 美國總部的那句話：「You are fired.」

依靠 Agile 公司老字號的招牌和通訊領域深厚的技術累積，Agile 美國總部居然在這次強手如林的 Sonar 新一代車聯網解決方案中贏得了一次 PoC 機會。

本來這件事和阿捷所在的中國團隊關係不大，是帕洛阿爾托的 Agile 公司銷售團隊會同 SQF 的產品研發團隊來進行這次 PoC 驗證。但隨著 SQF 的關閉和人員的解散，這個工作就落到了阿捷研發團隊。於是乎，阿捷第一次有了呼叫美國總部帕洛阿爾托銷售團隊的權力，準確來說，是作為這次 PoC 的技術負責人，具有協調 Agile 公司帕洛阿爾托市場和銷售團隊來完成這次 PoC 的權力。而這次與 Sonar 進行 PoC 測試的銷售團隊負責人居然就是當年和阿捷一起在 SQF 移交專案的老同事 Scott。在把研發團隊的功夫移交給 SQF 的 Kent 後，Scott 轉身成為產品銷售團隊的一員，幾年的打拼下來，Scott 已經把這份工作做得風生水起。Scott 深知這次 PoC 強手如林，對於 Agile 公司的方案他並不看好，但主管層決定要去做，自己只能全力以赴了。

在帶著自己的研發團隊和 Scott 的銷售團隊開了幾次電話溝通會之後，阿捷發現兩個團隊的溝通陷入了一個怪圈。阿捷團隊的開發人員只關注功能的實現，而不會去問為什麼要做這個功能，這個功能究竟能達成什麼樣的業務目標並不清楚；而 Scott 團隊的業務銷售人員，覺得自己對使用者、對市場的了解最深刻，常常直接列出產品功能要求，但從不告訴研發為何這樣做。他們覺得，只要是他們一旦決定好需求，產品開發人員只需照做即可。

在這個工作模式下，業務目標與產品功能的實現可能是脫節的。首先，業務人員適合的是「問題域」，研發人員適合的是「解決域」，但解決方案（功能）卻是由業務人員直接提出，研發人員很少參與，根本不能了解為什麼要做這些功能。當然這也跟以往的「流水線式」管理模式有關，不同部門的責任、KPI 關注各不相同。對於研發部門而言，只需要按時、隨選、保質地做出來就是大功告成，而對於業務目標是否達成，那是業務部門才會關心的事情。同時呢，這種模式也會讓兩個部門的人產生對立，甚至互相指責，無形中的那堵牆也就越來越厚，難以逾越。

阿捷一直覺得這種工作模式存在著問題，但是卻不知如何解。老大們也經常呼籲研發部門在接需求的時候要多問幾次為什麼，但是問多了，業務部門又會不耐心，而且解釋得還非常含糊，或許業務部門自己也沒想清楚。

週末的晚上，阿捷把這個困擾自己許久的問題跟趙敏說了！趙敏高興的並不是阿捷居然又找她詢問技術問題，而是阿捷終於願意和她分享自己所遇到的

困難。趙敏沒有直接告訴阿捷她的想法，反而回問阿捷：「你聽說過黃金圈理論（Golden Circle）嗎？」

「沒有！是說什麼的？」

「這是我在 TED 上聽到的演講。這個人叫西蒙‧斯勒克（Simon Sinek），他的演講題目是『How great leaders inspire action（偉大的領袖如何激勵他人）』。他因發現黃金圈法則而得名，他用黃金圈理論解釋了為什麼蘋果公司的創新能力這麼強，為什麼他們比其他競爭對手更具有創新性？而蘋果公司原本只是一家普通的電腦公司，他們跟其他公司沒有任何分別，同樣的銷售途徑，接觸到同樣的人才、代理商、顧問和媒體。」

「噢，他講了什麼？」阿捷的好奇心再次被激起。

趙敏把一個 TED 演講的連結從手機裡找了出來，直接用 AirPlay（隔空播放）投在家裡的電視上給阿捷看。

【以下部分整理自該演講。】

激勵：需要自內而外

WHY/ 為什麼、HOW/ 怎麼做、What/ 是什麼？這小小的模型解釋了為什麼一些組織和領導者，能夠以別人不能的方式觸發出靈感和潛力。

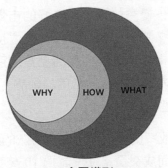

金圈模型

地球上的每個人，每個組織都明白自己做的是什麼（Know What）。其中一些知道該怎麼做（Know How），你可以稱之為「差異價值」或是獨特製程之類的賣點。但是只有極少數的人和組織明白他們為什麼做（Know Why）。

這裡的「為什麼/Why」和「利潤」沒有關係，利潤只是一個結果，永遠只能是一個結果。我說的「為什麼/Why」指的是：你的目的是什麼？這樣做的原因是什麼？懷著什麼樣的信念？你的組織為什麼而存在？你每天早上為什麼而起床？為什麼別人要在乎你？

事實上，絕大多數人思考、行動、交流的方式都是由外向內的，而激勵型領袖及其組織機構，無論其規模大小、所在領域，他們思考、行動和交流的方式都是自內而外的。

當我們由外向內交流時，我們可以了解大量的複雜資訊，例如特徵、優點、事實和圖表。但這些不足以觸發行動。

而當我們由內向外交流時，我們是直接在同控制行為的那一部分大腦對話，然後我們理性地思考自己所說所做的事情。這就是那些發自內心的決定的來源。

有時候你展示給人們所有的資料圖表，他們會說「我知道這些資料和圖表是什麼意思，但就是感覺不對。」為什麼會「感覺」不對？因為控制決策的那一部分大腦並不支配語言，我們只好說「我不知道為什麼，就是感覺不對」，或說「聽從心靈的召喚」。

蒂沃的失敗

成功的要素是充足的資金，優秀的人才和良好的市場形勢。那麼，是不是只要有這些就可以獲得成功？看看蒂沃（TiVo）數位視訊公司吧。蒂沃機上盒自從被推出以來，一直是市場上唯一的最高品質的產品，且資金充足，市場形勢一片大好。蒂沃甚至演變成一個日常用的動詞，例如：「把東西蒂沃到我那台華納數位視訊錄影機裡面。」

但是蒂沃是個商業上的失敗案例。上市初期，蒂沃的股票價格大約在 30 到 40 美金，然後就直線下跌，而成交價格從沒超過 10 美金。後來我發現，蒂沃公司推出新的產品時，只告訴顧客們產品是什麼，他們說：「我們的產品可以把電視節目暫停，跳過廣告，重播電視節目，還能記住你的觀看習慣，你甚至都不用刻意設定它。」

挑剔的人們表示質疑，假如他們這麼說：「如果你想掌控生活的各方面，朋友，那麼就試試我們的產品吧。它可以暫停直播節目，跳過廣告，重播直播節目，還能記下你的觀看習慣。」

也許效果會大有不同，讓我們來看看蘋果公司的做法吧！

蘋果的神話：傳遞信念

如果蘋果公司跟其他公司一樣，他們的市場行銷資訊就會是這樣：

「我們做最棒的電腦，設計精美，使用簡單，介面人性化。你想買一台嗎？」

不怎麼樣，這些推銷說詞一點勁都沒有。不過，這就是我們大多數人的思考方式，也是大多數市場推廣和產品銷售的方式。我們表達自己的商品及業務，述說它們是如何的與眾不同，然後就期待著別人的回應。

事實上，蘋果公司的溝通方式卻是這樣：「我們做的每一件事情，都是為了突破和創新。我們堅信應該以不同的方式思考。我們挑戰現狀的方式是將我們的產品設計得簡潔精美，實用簡單，介面人性化。我們只是在這個過程中做出了最棒的電腦。想買一台嗎？」

感覺完全不一樣了，對吧？蘋果所做的只是將傳遞資訊的順序顛倒一下而已。事實向我們證明，人們購買的不僅是商品，還包含它傳達的信念和宗旨。

我之前提過，蘋果公司只是一家電腦公司。但是，我們從蘋果公司購買 MP3 播放機、手機或其他數位產品時，卻從不感覺不自然。事實上，蘋果公司的競爭對手同樣有能力製造這些產品。幾年前，捷威（Gateway）推出了平板電視，他們製造平板電視的能力很強，但產品推出後卻遭遇慘敗。戴爾也推出過自己的 MP3 播放機和掌上型電腦，他們的產品品質非常好，產品設計也很不錯，但是同樣沒有什麼人購買這些產品。我們無法想像會從戴爾公司購買 MP3 播放機，但是卻樂此不疲地在蘋果購買手機。

那些在 iPhone 上市第一天去排隊等六個小時來購買的人，其實只要再等一個星期，他們就可以隨便走進店裡從貨架上買到。他們並不是因為技術的先進而買那些產品，而是為了自己，因為他們想成為第一個體驗新產品的人。他們買的不只是手機，而是自己的信念。實際上，人們會做很多匪夷所思的事

情來表現他們的信念。所以説，他們購買的不是產品本身；而是透過這樣的行為踐行自己的生活理念。

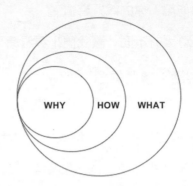

WHY：目的
你的理由？
蘋果：我們相信在挑戰現狀，與眾不同

HOW：過程
實現WHY的特定行動
蘋果：我們的產品設計優美，易於使用

WHAT：結果
你會做什麼？是WHY的最終結果
蘋果：我們在造電腦

如果説明信念，你將吸引那些跟你擁有同樣信念的人。所以，作為組織管理者，你的目標不僅是將你的產品賣給需要它們的人，而是將東西賣給跟你有共同信念的人。你的目標不僅是就職那些需要一份工作的人，而是就職那些與你有共同信念的人。如果你就職某人只是因為他能做這份工作，他們就只是為你開的薪水而工作；但是如果你就職與你有共同信念的人，他們會為你付出熱血，汗水和淚水。

「很有道理！這個世界上所有偉大的、令人振奮的領袖和組織，無論是蘋果公司還是馬丁・路德・金，他們思考、行動和交流溝通的方式都完全一樣，但是跟其他普通人卻完全相反。」阿捷看完不由自主地説道。

「是的！後來，有位敏捷大師叫喬基科・阿德茲克（Gojko Adzic）的，他發明瞭一個架構，叫影響地圖（Impact Mapping）我覺得這個架構跟 Golden Circle（黃金圈）有異曲同工之處。這個工具或許可以用來幫你解決現在的問題！」

「哈哈，太願聞其詳。」阿捷聽到可以解決他的問題就興奮不已。

「我們就叫它『影響地圖』吧！結構是這樣的。」趙敏把一張圖傳了過來。

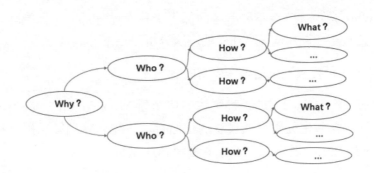

「阿捷,你看我們依然由內而外(Inside Out),是不是也像黃金圈理論(Golden Circle)一樣?只是中間多了一個 Who。」

「這個架構裡面的 Why、Who、How、What 那又分別什麼意思呢?」

「Why 也就是我們通常要面對的業務目標或我們要解決的使用者的核心問題。如果是業務目標,通常跟使用者數、業務量、轉換率、客單價、複購率等指標掛鉤;如果是客戶問題,可以是使用者體驗問題、流程效率問題等。」

「嗯,這個容易了解,應該跟我們經常討論的 KPI 或 OKR 裡面的 Objective(目標)類似吧!應該也要求 SMART 吧!」作為管理人員,阿捷沒少操心這些目標,是否 SMART(Specific 明確,Measurable 可度量,Action-Oriented 針對行動,Realistic 現實的,Timely 有時限的),所以快速補充了一下。

「孺子可教也!」趙敏拍了拍阿捷的頭,表示贊許。

「承讓承讓!那你這裡面多了一個 Who,又是什麼意思?」

「第二層的 Who 呢,就是『角色』。就是說如果你要達成前面提到的目標 /WHY,那可以影響誰的行為來達成,這可能是產品的最後使用者,也可能是你的通道商等合作夥伴或產品的購買決策者,一句話,就是所有的利益關係人,儘量列全!」

「噢,那也得包含我們公司內部的銷售、營運和研發人員吧!」

「錯!這你就大錯特錯啦,傻小子!!」

「啊?你不是說所有的利益關係人嗎?」

「這裡的 Who/ 角色，一定不要考慮內部人，只考慮外部人！因為你一旦把自己人放進來，後面的 How 與 What 就沒法分析了！」

「願聞其詳！」阿捷表現出結婚後少有的謙虛。

「第三層的影響（How），是說我們該如何影響 Who/ 角色的行為，來達成目標。這裡既包含產生促進目標實現的正面行為，也包含消除阻礙目標實現的負面行為。所以一定要切記，How 的主語就是 Who！」

「消除負面行為？⋯⋯」阿捷有點迷惑了。

「是的！譬如第二層的 Who 有可能就包含『競爭對手』，對於競爭對手而言，很明顯，如果你不讓他有機會或消除他對你的不利影響，那你是不是也容易達成目標呢？」

「這倒是！」

「寫好 How 很關鍵，一定要區分出來跟以前的差異！譬如『銷售門票』比較『以 5 倍的速度銷售門票』或『不用客服中心銷售相同數量的門票』」

「嗯！的確不一樣！」

「再來看第四層的 What/ 發佈物。也就是我們要發佈什麼產品功能或服務產生希望的影響。所以 What 的主語一定是我們！你看，如果你在第二層的 Who 裡面列出了我們自己人的話，這個 How 與 What 是不是就沒法寫啦？」

「是的！」

趙敏繼續說：「你再從外往內看，也就是由外及內（OutSide IN）。湯姆‧波彭迪克（Tom Poppendieck）在《影響地圖》一書的序言中說：『影響地圖是由連接原因（產品功能）和結果（產品目標）之間的假設組成的，它幫助組織找到正確的問題，而這比找到好的答案要重要很多』。這裡面存在著兩種假設：其一是功能假設，假設透過設想的功能對角色產生期望的影響。其二是影響假設，假設對角色產生這樣的影響會促進目標的實現。這樣我們就可以逐步地發佈，進一步驗證這些假設。應該先驗證那個假設，就是我們接下來的重要一環，即對所有的 What 劃分優先順序，就像我們在敏捷需求管理的那樣」。

「劃分優先順序，我剛學了價值 - 困難 - 矩陣，用在這裡最合適！」阿捷立刻
興奮起來。

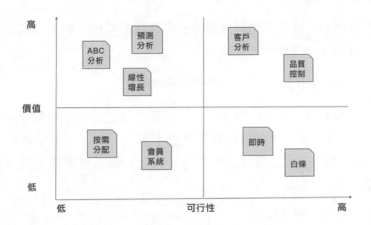

「這個矩陣不錯，可行性高、價值高的，屬於誘人的果實，是我們優先考慮的
事情；而價值低、可行性低的，暫時不予考慮。」

「嗯，這個地圖真不錯！！」阿捷由衷地感歎道：「你看，太多產品的失敗案
例，都是源於產品的方向性錯誤，或以錯誤為基礎的假設，或產品功能與業
務目標 / 價值之間缺乏必然的連結與一致性。一旦做的事與期望的目標南轅北
轍，後果可想而知。我們可以同業務方、產品、研發、運行維護、營運的人
一起來繪製影響地圖，這樣多個角色的協作，不僅可以打破那個部門牆，還
可以讓所有人了解目標與功能的對映關係。」

挑戰一：業務與開發之間的隔閡：溝通、理解、協作

```
┌──────────┐                      ┌──────────┐
│ 業務目標  │───┌──────────┐──────│ 產品功能  │
└──────────┘   │ 影響地圖  │      └──────────┘
               │          │      ┌──────────┐
               │          │──────│ 產品功能  │
               │          │      └──────────┘
               │          │      ┌──────────┐
               │          │──────│   ...    │
               │          │      └──────────┘
               └──────────┘      ┌──────────┐
                          ───────│ 產品功能  │
                                 └──────────┘
```

挑戰二：目標到功能之間映射關係不清晰、不一致

「怎麼樣？用這個影響地圖是不是可以解決你的問題？」

「是啊！那我請你吃大餐！！」阿捷打了一個響指。

「大餐是跑不掉的！但是你要記住另外一個關鍵的事情，就是永遠不要執行完影響地圖中的所有 What!」

「哦？這個考慮是指什麼？」阿捷有些不解地問。

「影響地圖是為業務目標達成服務的，我們應該從最容易達成目標的路徑進行試驗，一旦目標達成，那你就應該及時停下來，思考下一個挑戰性的目標是什麼，重新規劃下一個影響地圖。而非去執行完目前地圖中的所有路徑，這才是真正的精實不浪費！」

「嗯！非常有道理，醍醐灌頂。」

第二天，阿捷帶著自己的研發團隊和 Scott 的市場團隊一起嘗試運用了影響地圖，來分析在 SonarPoC（Proof of Concept，概念驗證）專案中的需求和技術規劃方案，業務、產品、研發和營運多方人員都積極參與，場面熱烈，大家都對這種產品規劃方式叫好，就連 Scott 也對阿捷刮目相看。

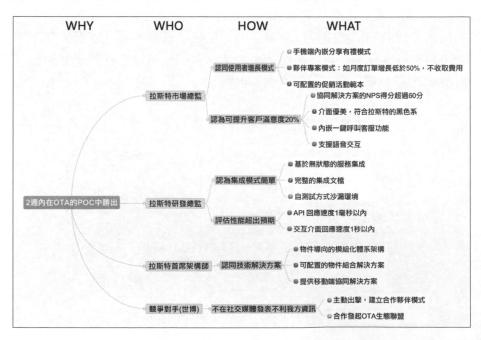

本章重點

1. 透過影響地圖，可以解決以下問題。
   - 業務目標與功能之間對映關係的模糊和不一致。
     - 業務目標常常只在投資方，沒有清晰地傳達給其他人。
     - 業務人員的解決方案常常不是最佳的。
     - 方案執行中商業環境和技術變化太快，沒有及時止損。
     - 在沒有市場驗證的情況聚集大量資源（時間＋資金），等待時機。
   - 業務職能與開發職能之間交流決策的隔閡。

2. 透過影響地圖，打通任脈，你就可以做到以下幾點。
   - 視覺化業務目標到產品功能間的對映關係，以及背後的假設。
     - 對什麼人產生什麼樣的影響可以幫助目標的實現。
     - 提供什麼樣的產品功能（或服務）才能產生這樣的影響。
   - 提供一個多角色共用、動態和整體的圖景，進一步快速適應變化，進行優先等級的調整。
   - 踐行精實，消除浪費。
     - 透過預防需求範圍蔓延和過度開始以減少浪費，找到達成業務目標的最短路徑。

3. 透過影響地圖，實現從「成本中心」到「投資中心」的轉變。
   - 從多少開發工作量？什麼時間要？
   - 到多少價值？怎麼驗證？多少工作量？什麼時間要？
   - 小的預算驗證想法，如果錯誤及時回頭

4. 影響地圖除了可以應用到產品規劃，還可以應用到任何以目標來驅動的事情。
   - 營運目標達成。
   - 產品銷售目標達成。
   - 個人目標達成，譬如職業、生活、情感、育兒等。

冬哥有話說

有的產品還沒有發佈，就已經死了。我們見過太多這樣的失敗案例，源於方向性錯誤，以錯誤為基礎的假設，功能與業務目標和價值之間缺乏必然的連結與一致性，做的事與期望的目標南轅北轍。影響地圖試圖透過結構化、視覺化和協作化的方式來從源頭解決這些問題。

影響地圖是一種戰略規劃技術，透過清晰的溝通假設，幫助團隊根據整體業務目標調整其活動，以及做出更好的里程碑決策。

影響地圖可以幫助組織避免在建置產品和發佈專案的過程中迷失方向。確保所有參與發佈的人對目標、期望影響和關鍵假設了解一致。

影響地圖可以有效地評估發佈，作為品質回饋的標準之一：如果一個需求不能有效地支援期望的行為影響，那麼即使在技術上正確，功能發佈給使用者了，也仍然是失敗的。

影響地圖可以有效解決組織面臨的範圍蔓延、過度工程、缺乏整體視圖、開發團隊和業務目標不能保持一致等問題的困擾。

影響地圖的結構

簡單地講，影響地圖是這樣的思維邏輯和組織結構：為什麼（Why）→誰（Who）→怎樣（How）→什麼（What）。也就是：我們的目標是什麼（Why），為了達成目標需要哪些人（Who）去怎樣（How）影響，為此我們需要做什麼（What）。影響地圖透過建置產品和發佈專案來產生實質影響，進一步達到業務目標。

1. 為什麼（Why）：我們為什麼做這些，也就是我們要達成的目標。
   找到正確的問題，要比找到好的回答困難得多。把原本描寫在文件中，更多的是隱藏相關利益關係人頭腦中的業務目標，定性、定量的啟動出來。目標描述要遵循 SMART 原則：Specific 明確，Measurable 可度量，Action-Oriented 針對行動，Realistic 現實的，Timely 有時限的。確保每個人知道做事的目的是什麼，針對真正 / 合適的需求設計更好的方案。

2. 誰（Who）：誰能產生需要的效果？誰會阻礙它？誰是產品的消費者或使用者？誰會被它影響？也就是那些會影響結果的角色。

   考慮這些決策者、使用者群和生態系統時，注意角色同樣有優先順序，優先考慮最重要的角色。角色定義應該明確，避免泛化，可以參考人物誌（Persona）的方式進行定義。

3. 怎樣（How）：考慮角色行為如何幫助或妨礙我們達成目標？我們期望見到的影響。

   只列出對接近目標有幫助的影響，而非試圖列出所有角色想達成的事。影響的是角色的活動，是業務活動而非產品功能。理想情況下應展現角色行為的變化，而不僅是行為本身。不同的角色可能有不同的方法，幫助或阻礙業務目標的實現，這些影響彼此之間可能是相互參考，相互補充，相互競爭，或相互衝突的。既要考慮到正面的影響，也要考慮負面或阻礙的影響。注意：業務發起方應該針對角色 Who 以及影響 How，而非發佈內容 What 進行優先順序排序。

4. 什麼（What）：作為組織或發佈團隊，我們可以做什麼來支援影響的實現？包含發佈內容，軟體功能以及組織的活動。

   理論上這是最不重要的層次，避免試圖一開始就將它完整列出，而應該在反覆運算過程中逐步增強。同時注意，不是所有列出來的東西都是需要發佈的，它們只是有優先順序的發佈選擇。「永遠不要試圖實現整個地圖，而是要在地圖上找到到達目標的最短路徑。」

影響地圖足夠簡單，操作性強，又有足夠的收益：能夠幫助建立更好的計畫和里程碑規劃，確保發佈和業務目標一致，並更進一步地適應變化。影響地圖的首要工作是展示相互的連結，次要工作是幫助發現替代路徑。正如 GOJKO 所言：影響地圖符合軟體產品管理和發佈計畫的發展趨勢，包含針對目標的需求工程、頻繁的反覆運算發佈、敏捷和精實軟體方法、精實創業產品開發循環，以及設計思維。

影響地圖的特點

- 結構性：從業務目標到發佈的結構化整理和採擷的方法，目標 -- 角色 -- 影響 -- 發佈物。
- 整體性：連接目標和實際發佈物之間的樹狀邏輯圖譜。
- 協作性：利益相關人一起溝通討論協作，把隱藏在個人頭腦中預設的思維邏輯採擷出來。
- 動態性：動態調整、反覆運算演進、經驗驗證的學習。
- 視覺化：統一共用的視圖，結構清晰易讀。

它將不同部門 / 角色不同的角度，不同的思維邏輯，不同的前提假設，透過視覺化和協作的方式進行整理、澄清和匯出，透過連接發佈內容、影響和目標，影響地圖顯示了之所以去做某個功能的因果鏈，同時視覺化了關係人做出的假設。這些假設包含：業務發佈的目標，有關目標關係人，視圖達到的影響。同時，影響地圖溝通了兩個層面的因果關係假設：發佈會帶來角色行為的變化，產生影響；一旦影響達成，相關的角色會對整體目標產生貢獻。

影響地圖可以有效地控制使用者故事列表無限蔓延

看似動態調整的故事清單，根據精實消除浪費的思維，維護完整的故事列表，事實上也是浪費。存在的問題有兩點：第一，看不到使用者故事與業務價值直接的聯繫，常常為了實現功能去做，而非考慮其背後發佈的價值，以及這個價值是否被使用者認可；第二，故事列表常常是各方腦力激盪的結果，同時還在不斷更新，卻很少剔除。這個長長的清單不僅需要定期維護，其背景、內容、優先順序、價值等隨著商業環境的變化而不斷變化；在快速變化的商業環境下，維護一個三個月或半年以後才可能實現的需求都可能是浪費。

目標 / 里程碑與發佈計畫

業務目標可以與反覆運算的發佈計畫連結，每次反覆運算只處理少量的目標；《影響地圖》建議一次只處理一個目標，目的在於快速回饋和調整；個人認為基於團隊規模、反覆運算步速，一次反覆運算可以包含的目標取決於目標的粒度以及時間估算，不可一概而論。在實際即時執行，這裡會是一個爭論以及變數較多的點。

如何防止思維蔓延，地圖擴張

先發散再收斂。分層和分拆時掌握 80/20 原則，不求面面俱到，只需要有關關鍵的因素。考慮到大部分團隊會使用物理牆、便利貼的方式進行影響地圖的設計，個人以為，原本因為物理空間受限以及可讀性原因存在的物理白板的弊端，反而可以作為細化程度的有效的限制原則：以物理牆或白板為影響地圖的最大邊界。

相對於普遍關心的影響地圖的第四層 What，我們更應該把注意力放在前三層目標、角色和影響上。尤其是角色和影響上，重點如此，優先順序排序也是如此；不要只關注在 What 即自己要做什麼事情上，這會讓我們只陷入細節裡，埋頭做事，而忽略了事情的初衷。

多數的路徑最後不會被執行，是否需要儲存？首先要避免過早陷入過多的細節，未來一切都是未知的，所有的都是以目前為基礎的假設，所以，維護一份完整的地圖，試圖將所有想法都歸納在地圖上，是沒必要的。其次，目標導向，避免在那些對整體目標沒有作用的影響上花費過多的時間。

此外，需要注意的是，What 包含發佈內容、軟體功能和組織的活動，如果發佈的所有項目都是技術性，也許要重新檢查影響地圖，尤其是角色 Who 與影響 How 兩部分，並非所有的目標都需要透過產品功能達成，更多情況下，也許一個簡單的行銷活動就可以快速實現目標。

影響地圖會議何時結束

「當關鍵想法已經出現在地圖上」，當已經達成目標，並且確定最快 / 小路徑，暫時也想不出更好的替代方案時，就可以結束。建議設定嚴格的 Timebox（時間盒），一旦出現時間點逾時，或是團隊陷入太過細節的討論，或是沒有找對合適的人，缺乏合適的決策者時，就要及時停止。

影響地圖何時故障

如同計畫，在制定出來的那一刻也許影響地圖就已經故障，因此需要適時調整，注意是適時，未必是即時。影響地圖更像是反覆運算計畫，每個影響達成，進行回饋評估，對影響地圖的內容以及優先順序進行調整；一旦目標達成，也許這張影響地圖就完成了使命。

影響地圖應遵循「三心二義」原則

- 不忘初心：始終牢記做事的初衷是達成業務目標，而非實現功能，甚至不是達成影響（如果影響最後不能幫助實現目標）；

- 不要貪心：不要試圖一次完成幾件事，而應該分拆成多個里程碑，多張地圖；不要試圖一件事做完美，期望把所有列出來的事情都完成是不現實且沒必要的；掌握 80/20 原則，達成目標即可，業務環境始終在變，業務重點也會隨之變化。

- 赤子之心：不偏不倚，不驕不躁，邊走邊學邊調整，對目標和未來抱著一顆坦誠、恭敬與探索的心，不否定，不自大，不盲從。

- 批判主義：懷疑一切，多問幾個為什麼；把假設啟動出來，透過分析和實作來驗證假設。

- 實用主義：一切以實用出發，價值導向，目標導向，結果導向，保持簡潔。

打通督脈的使用者故事地圖

「咚咚咚」的敲門聲把阿捷從調時差的美夢中叫了回來，穿紅衣服的京東快遞小哥拉著個小平板車送來了一大堆的東西，阿捷看了看，有烤箱、紅酒和零食等。

「趙敏，你這是什麼時候下的單呀？」阿捷心裡納悶，他知道趙敏今天中午的飛機才從新加坡回到北京。而他也是為了處理幾個棘手的工作，昨天才從帕洛阿爾托的 SonarPoC 專案趕回北京，連住在奶奶家的寶貝兒子都沒顧上見一面。

「剛剛在機場入關排隊給你打電話的時候，你不是說在美國饞了想吃麻辣小龍蝦了嘛，我就快速在京東下了一單！」

「這麼快！才 3 個小時不到！」阿捷驚訝道，「京東的服務居然這麼棒，這在美國根本就不能想像！」

「你這個老土，天天就知道工作，中國網購的速度早就無與倫比了。電子商務領域，全世界都在學中國，特別是學京東。京東服務有個標準叫 211，就是說你今天上午 11 點之前下的訂單，在晚上 11：00 之前一定送到；在晚上 11：00 之前下的訂單，在第二天早上 11：00 之前，一定會送到。他們靠的就是自建物流，相當大地提升了使用者體驗，形成無與倫比的優勢！我今天剛好是上午 10：30 左右下的訂單，所以他們很快就送過來了！怎麼樣，要比美國亞馬遜厲害多了吧！」

「從送貨效率上來講，絕對沒得說！」阿捷邊打著哈欠邊回應著。

「不止呢！每年的 6.18、雙 11，中國電子商務在促銷上的玩法據説 Amazon（亞馬遜）也在學呢，畢竟中國的使用者就有幾億，比美國全國人口都多好多！」

「這倒是，網際網路的人口紅利沒得比！你似乎對京東很有好感嘛！」

趙敏像如數家珍一般，「你猜一猜？京東最快的送貨記錄是多少？」

「嗯，2 小時！？」阿捷知道趙敏作為業界技術專家已經受邀參加了好幾次京東組織的技術會議，知道一些京東內部的情況。

「不對，太沒有想像力啦！」趙敏撇了撇嘴。

「難道不到一小時？」

「還要短！」

「哦。快説！別賣關子啦。」

「告訴你，在 iPhone6S 首發的時候，京東從使用者下訂單到把 iPhone6S 送到使用者手上，只用了 12 分 20 秒！那些果粉們，可是提前在三里屯排了三天三夜的隊呀。」

「太牛啦！他們是如何做到的呀！」

「京東有大數據部門，透過社群畫像及人物誌，提前分析出來哪個地區會有什麼樣的人，大概會有多少訂單。然後他們利用移動倉，提前把 iPhone 6S 就備貨在你的樓下，當你一下訂單，快遞小哥馬上就會收到訊息，高速地爬上樓，把手機送到你手上！」

「好厲害！這體驗簡直就是做到了極致！」阿捷點了點頭。「看來京東的研發實力也很強啊，科技水準十足！」

「那一定的！上次我去京東做技術交流，聽京東的同事經常講這個京東創新三角。」趙敏拿起一支筆，在紙上快速畫了一個倒三角形。

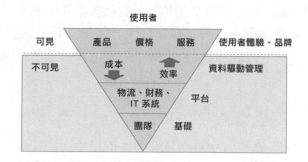

「你看，這裡有四個層次，最上面是使用者的價值，產品、服務、價格、使用者體驗、品牌，這是看得見的一部分。京東認為，使用者最關心的無非是使用者體驗與品牌，京東之所以送貨這麼快，就是為了這個第一層。為了達到這一點，他們內部就會努力追求降低成本、提高效率，當然這些都是我們看不到的。下面兩層就是讓公司有效運轉的 IT、物流、財務系統以及所需要的團隊。」

「你有沒有朋友在裡面？下回介紹我去參觀學習一下。」

「沒問題，你得先給我烤好披薩和小龍蝦，嘻嘻。」趙敏逗阿捷。

「饞貓，就知道吃！容我先把烤箱架好！」

阿捷跟趙敏兩個人三下併兩下，在廚房裡面把烤箱佈置好，熱好披薩，烤好麻辣小龍蝦，就著黃尾袋鼠葡萄酒開始了久違的二人晚餐。

「對了，趙老師，你能不能把你在京東和他們交流如何用『使用者故事地圖』整理需求的過程，給我仔細講一下？我們這次要給 Sonar 做的車聯網系統很複雜，產品需求清單（Product Backlog）內容很多，我這次在帕洛阿爾托和 Scott 他們討論得頭都快爆了。雖然我們已經在使用電子工具進行管理，對於需求項也加了標籤，但是依然感覺有些亂，不像傳統的 PRD 文件那樣有條理。搞得我們一直是只見樹木不見森林，感覺要做很多事情，卻抓不住脈絡。上次你教給我的那個影響地圖，真有些打通任脈的感覺！但我還有個督脈沒打通，你得再幫我一下。」阿捷摸著酒足飯飽的肚子，擦了擦沾滿麻辣小龍蝦湯汁的油嘴向趙敏說道。

「嗯，讓我想想，怎麼說你才會更清楚！」趙敏放下手中的筷子，略微思考了一下。「這樣，這次我們就以做蛋糕為例，一邊做蛋糕一邊整理做蛋糕的使用者故事地圖。你去拿些不同顏色的便利貼來，我們就在廚房的這面牆上整理。」

阿捷翻箱倒櫃的終於湊齊了四色便利貼，又找了兩支馬克筆。

「使用者故事地圖的英文是 User Story Mapping，是由一位叫傑夫（Jeff）的敏捷教練首先使用並歸納的，許多人戲稱他『姐夫』，不過這麼叫還真挺有意思的。」趙敏一邊用一張面巾紙擦著廚房牆壁一邊說：「姐夫最初使用這個方法的時候非常偶然，當時他的一位好朋友正在創業，準備做一個連接歌手與粉絲的音樂發行平台 Mad Mini。但因為遲遲不能發佈產品，錢也燒得差不多了，於是找姐夫幫忙，希望透過敏捷實現快速發佈。」

「姐夫那天去朋友的辦公室時，公司正在搬家，要搬到一個便宜的民居去，屋裡便空了。姐夫拉著他的朋友，坐在地板上，讓他描述使用者使用 Mad Mini 的場景和需要做的特定動作。姐夫一邊聽，一邊寫使用者故事，並按照時間順序，排在地板上，不時地問些細節問題，寫些細化的故事。兩個小時，他們在地板上擺了一地的卡片，這就是世界上的第一幅使用者故事地圖。隨後，姐夫又幫他的朋友在地圖上直接做了一次發佈規劃，劃分出許多個發佈版本。最後，姐夫帶著那個團隊按照敏捷的方式開發快速發佈、快速探索使用者需求。你知道嗎？ Mad Mini 後來居然上市了，是不是很勵志！」

「哇噻！牛！」阿捷聽得興起，又開啟一瓶黃尾袋鼠葡萄酒，倒了一杯遞給趙敏，兩人碰了一下。

「後來，姐夫就開始把這種整理需求的方式，記錄下來，並在部落格上分享，很快獲得了很多人的認同。為此，他專門寫了《使用者故事地圖》這本書。」

「小敏，我覺得你應該寫一本書呢！把你的管理知識串起來，一定非常暢銷。」

「我可不行，這些年在外面，中文已經有些不順手了，不過，我倒是看好你小子，愛寫日記，還經常寫文章，這個工作呀，就交給你啦。不過，版權費得分我一半。」

「成交！」阿捷又跟趙敏碰了一下杯，「趙大師，您開始吧！」

「好！假設我們要做一個 APP，目標使用者就是你這樣的蛋糕小白，這個 APP 的目的呢，就是要教會你這樣的小白，在一個小時內，按照教學，做出一份美味可口的蛋糕來。」

「我看行，我們兩個就開個夫妻店，我們這個 APP 就叫『焙客』，不一定我們也能上個市呢！」阿捷開始胡思亂想。

「打住打住！正經點……」趙敏瞪了阿捷一下，「我們先從使用者角色分析一下，除了你這種蛋糕小白外，還有哪些呢？」趙敏拿了一個便利貼，寫下了「蛋糕小白」。

「我覺得還得有蛋糕大師，他會回答小白的問題。」阿捷對著趙敏做了個鬼臉。

趙敏又寫下了「蛋糕大師」：「這兩個都算是最後使用者 /End User，還有嗎？」

「嗯，如果小白想要付費諮詢大師問題的話，是不是要有支付通道？那可能就是支付寶、微信或銀聯等。」

「這個算是合作夥伴 /Partner，你再想想，還有其他人不？」

「如果說合作夥伴的話，我們還可以與食材廠商合作，幫他們賣麵粉和奶油什麼的。」

「好的。」趙敏寫下了食材廠商，「還有其他的角色不？」

「客服！有可能是需要客服介入，解決一些問題……應該還有營運人員，他們需要看資料做一些營運工作。」

「這種人屬於內部人 /Insider 範圍，我把他們都寫下來了。」

趙敏拿起「蛋糕小白」那張卡片，貼在廚房的兩個瓷磚縫隙的上方。「這條瓷磚縫假設就是一條線，線上就是對應的使用者角色，線下是該使用者角色的動作。我們就從你這個小白開始，從左到右，按照時間順序整理如何使用這個『焙客』，讓你學會製作蛋糕。」

「首先是登入帳戶，然後選擇要製作的蛋糕種類，接下來按照指示做蛋糕，過程中可能會遇到問題，會向大師諮詢。在獲得滿意解答後，可以向大師打賞。接下來繼續製作，直到完成。如果我真的做出來蛋糕，我可能想拍照上傳平台分享。我想這個 APP 應該還會提供一個回饋環節，收集我本次製作蛋糕的感受，打個分什麼的。這之後，營運美眉不一定還會給我打個電話，做個訪談。她們應該還會分析整體的使用者資料。」

「還有嗎？」

「嗯，剛才還提到了食材廠商，我想我也許會在 APP 上直接下單購買做蛋糕的原材料。」

趙敏在阿捷敘述的同時，又寫了很多張卡片，每張卡片都是一個動賓子句，貼在了對應角色的下面。當然，還額外補充了兩張「蛋糕小白」的使用者角色卡片。很快，各個角色不斷互動的場景躍然牆上。

「你看，這個就是我們這個 APP 的主幹流程，也就是使用者故事地圖的骨幹。接下來我們需要對他們進行細化，讓他變得有血有肉起來。你看登入這個環節，應該如何拆解呢？」

「這個應該是先註冊，然後才是登入。」

趙敏迅速地寫下來「註冊、登入」兩張卡片，順序貼在第一層的「登入」卡片下面，然後示意阿捷繼續。

「關於註冊，我覺得現在的 APP 都在注重降低使用者的門檻，所以這裡，只需要手機號註冊或微信、微博帳號直接註冊即可。手機註冊需要支援簡訊驗證碼方式。對於登入，如果是手機號註冊的，需要提供手機號/密碼登入、找回密碼，為了避免程式機器人，需要增加機器人防範機制，譬如滑動驗證碼。如果是微信等方式註冊的，那就比較簡單了，可以直接授權登入即可。」

趙敏又補充了幾張卡片，垂直貼在了剛才的第二層卡片下面。

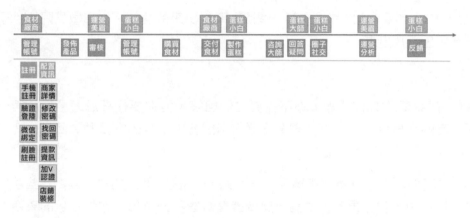

「好，我們再把下面的流程按照這個想法，逐步進行細化，還是你說，我來寫。」

不到 20 分鐘，兩人就把剩餘的部分全部細化完了。看著滿牆的四色卡片，特有成就感地相視一笑。

「現在，我們還差最後一步，也就是針對這麼多功能，再進行一次版本規劃，看看應該先發佈什麼，後發佈什麼。這其實也就是劃分優先順序的過程。第一個版本我們稱之為最小可行產品（Minimum Viable Product，MVP），一定要儘量精簡，能不要的都不要。你來看看我們的 MVP 該怎麼設計，把你認為應該包含的內容標出來吧。」

阿捷拿起筆，一邊小聲嘀咕，一邊挑選出一批卡片出來。

「嗯！你確定嗎？這些都是你第一個版本要做出來的功能？」趙敏見阿捷挑了一堆各色卡片出來。

「確定！」

「好，那我問你幾個問題，你不需要立即回答，但你要仔細思考。對於第一版，真的需要註冊嗎？真的需要支援大師問答嗎？真的需要點評回饋嗎？如果不要，到底可不可以呢？」

「哦，讓我想想。」阿捷仔細琢磨了一會兒，「或許，你説的對，其實這些功能也可以不做，但如果不做的話，感覺還真有些不好意思，你説這樣的東西要是真發佈了，會被別人笑話死的。」

「對！MVP 要的就是這種感覺，如果你的第一個版本不能讓你覺得不好意思，那就不夠 MVP！」趙敏面帶戲謔地説。「要是按照你説的做，那還不得猴年馬月才能做出來，那時候黃花菜都涼了！」

「哦？那你們公司就會真的拿 MVP 發佈出去嗎？」阿捷滿腹狐疑。

「傻小子！看來你對網際網路公司的做法沒摸透啊。」趙敏忍不住輕輕敲了幾下阿捷的頭，「人家網際網路公司都有一種發佈模式，稱為灰階發佈。是拿很小很小的一批使用者，譬如 1% 或 5%，把功能發佈出去，看使用者的回饋，再做定奪。這樣既測試了新功能，同時又降低了新版本發佈帶來的風險。除此之外，他們還會做 A/B 測試，就是用兩群組使用者，拿兩個不同的功能版本，做對照測試，哪個版本回饋好，那就使用哪個版本，向大眾使用者發佈。」

「哇！還能這麼玩！」

「行了，臭小子，你再重新整理一下版本發佈計畫，畫幾條聚合線，把不同版本的功能區分出來，這個使用者故事地圖也就大功告成了！我也該烤我的蛋糕啦！」

在溫馨的蛋糕香味中，阿捷開啟電腦，趁熱打鐵地把製作蛋糕 APP 的需求用使用者故事地圖的方式展現出來。

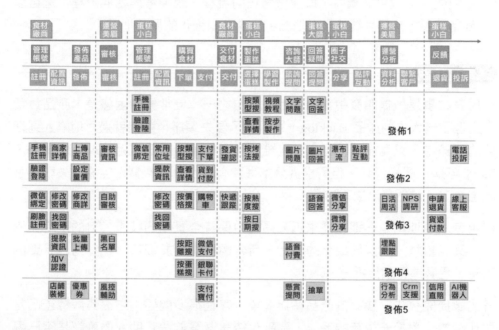

本章重點

1. 撰寫使用者故事地圖的 5 大關鍵要點如下。
   - 劃分使用者角色，要全面細緻。
   - 故事骨幹，要按照時間順序把不同角色的互動表現出來。
   - 故事地圖在於廣度優先，而非深度，才能看見森林。
   - 要多種角色共創，整理的過程也是達成共識的過程。
   - 拆分故事，逐層細化，方可又見森林，又見樹木。

2. 使用者故事地圖的兩個作用：一個是找到整個產品的主幹，也就是路徑；一個是了解整個產品的全貌。

3. Jeff 警告我們，使用者故事不是另外一種寫需求的方式；故事是用來講的，不是用來寫的，主要是為了建立共識。

4. MVP 作為第一個發佈版本，如果不能讓你覺得不好意思，那就不夠 MVP。

5. 繪製使用者故事地圖時，要始終站在使用者的角度，使用和使用者相同的業務語言進行分析和呈現。

6. 繪製使用者故事地圖時，既要考慮正向流程，也要考慮逆向流程；還可以分層繪製，一個巨觀的全域地圖，分成幾個細化的局部地圖。

冬哥有話說

使用者故事是敏捷開發中普遍使用的實作之一，但常見的困惑是，產品負責人整理了一大堆的產品 Backlog，還編排了優先順序，這樣就過早地陷入到細節的討論中，只見樹木不見森林。雖然可以從粒度上，透過 Epic、Feature、Story 等進行層級拆分，但需求拆分本身會有很多負面影響，容易遺失軟體系統全景圖，依然是治標不治本。

使用者故事地圖是一種在需求拆分過程中保持全景圖的技術，目的是既見樹木，又見森林，聚焦於故事的整體，而非過早糾纏於細節，在看到全景圖的同時，逐層進行細節拆分。

傳統敏捷開發中，扁平的產品待辦清單，存在很多問題：它很難解釋產品是做什麼的；對於一個新的系統，扁平化待辦清單無法幫助我們確認是否已經識別出全部故事；同樣的，扁平化待辦列表也無法幫助制定發佈計畫，使用者故事少則幾十，多則上百，詳細分析每一個使用者故事並且做出是否採納的決定是非常乏味並且低效的。

採用使用者故事地圖，跳出了扁平化的產品待辦清單，看到了產品的全景圖，可以真正聚焦於目標使用者以及產品最後的形態。產品待辦清單只是一維的，而使用者故事地圖是 3D 的，這是高維對低維的過程，高維恒勝。

Jeff 說，故事地圖非常簡單，事實也是如此。一章的篇幅就能把使用者故事地圖講清楚，而真正在工作坊遊戲時，我們通常只需要半小時說明，半小時演練，就可以完整地把使用者故事地圖弄清楚。使用者故事地圖以簡單為基

礎的網格結構，規則是從左到右說明故事，即敘事主線；自上向下的拆分，即由大到小的細節展現；其中最關鍵的部分是產品的構思架構，貫穿整個產品的發佈地圖，可以幫助團隊以視覺化方式展示相依關係。此外，更多的背景資訊可以置放在地圖的週邊，例如產品目標，客戶資訊等；這幾乎就是使用者故事的全部了。短短幾分鐘的解釋，所有的聽眾就能領悟到它的價值所在。這也剛好是使用者故事地圖的魅力所在，好的東西通常都很簡單而有效。

Jeff 的在《使用者故事地圖》一書中有這樣一句話，一萬英尺高空俯瞰遠觀使用者故事地圖，我們看到的是一副行走的骨架（Walking Skeleton），逐漸開啟，我們看到有關使用者的資訊，有關優先順序的排序，以及更多的資訊，這就是逐步血肉豐滿的過程。

使用者故事地圖的核心，是進行團隊的溝通與協作，它是連接開發、設計、產品、測試的橋樑，透過建置簡單的故事地圖，使產品在使用過程中的使用者體驗圖形化和視覺化，進一步提升團隊的協作效率。使用者故事地圖可以讓我們回歸本源，專注於使用者和使用者體驗，以及使用者真正需要使用的場景，在團隊內外產生更進一步地溝通效果，以期最後做出更好的產品；產品開發的目的並不是開發出產品，而是產生客戶價值。在原始的創意和發佈的產品之間，所有東西都可以叫「產出」（Output），但並非所有的輸出都成為「成果」（Outcome），真正合格的產品，是應該成為那個產出的成果。

故事地圖承載的是使用者故事。使用使用者故事的目的不是為了寫出更好的使用者故事，目的是為了達成共識，鼓勵敏捷開發過程中人與人之間的溝通，而不只是寫下故事。好的使用者故事能夠討論為誰做和為什麼做，而不僅是做什麼。故事是講出來的，不是寫出來的；使用者故事之所以叫故事，是因為它是要講的而非寫的；團隊在一起說明使用者故事，嘗試在聚焦問題

全景的前提下寫使用者故事，透過講故事的方式，大家獲得對產品願景的一致了解，共同創造出好的產品解決方案，這就是故事地圖與使用者故事的關係，使用者故事地圖就是在講大故事的同時進行拆分。

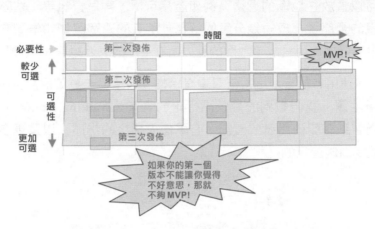

產品規劃，是為了最快的發佈，以更少的開發撬動更大的價值；如果有死限（Deadline），你會怎麼做？當然是先做最重要的需求。那麼，什麼是最重要的？你怎麼知道？如何獲得回饋？這是需要認真思考的問題。

我們希望開發的功能，總比我們能夠負擔的時間和金錢要多，所以軟體開發的目標從來不是開發所有的功能，而是開發盡可能少但又足夠使用的功能。嘗試問自己一個問題：「如果我們只選擇一個使用者，你選擇哪個？」緊接著再問一個問題：「如果時間只夠給客戶一個功能，會是哪個？」少即是多，功能並非越多越好，80/20 原則，不是開發更多而是以最少的功能，最小化的輸出，來最大化成果和影響；你的工作不是更快開發更多功能，而是使那些投入精力開發的功能在成果和影響上可以最大化，這才是故事地圖以及使用者故事試圖達到的目的。

28

MVP 與精實創業

超出 Sonar 公司的預估，本來大家都並不看好的 Agile 公司，居然在 PoC 階段的技術排名第一。在接下來等待商務環節的這段閒置時間裡，阿捷想好好研究一下之前趙敏提到的 MVP 的事情。

週六的晚上，阿捷做了幾樣趙敏愛吃的小菜，又開了一瓶 20 年的蘇格蘭單一麥芽威士忌，就在趙敏心裡想著今天難道是個什麼紀念日的時候，阿捷開口說話了：「趙老師，我們在討論使用者故事地圖的時候，你提到了 MVP，我越琢磨越有意思，這個東西是不是背後還有什麼理論？」

趙敏微微一笑，總算知道為何阿捷今天表現如此好了。「是的！MVP 這個概念來自矽谷創業家 Eric Ries（艾瑞克‧萊斯）的《精實創業》一書。其核心思維是開發產品時先做出一個簡單的原型，最小可行產品（Minimum Viable Product，MVP），然後透過測試並收集使用者的回饋，快速反覆運算，不斷修正產品，最後適應市場的需求。如果真的領悟透這套理論，將有助你實現業務敏捷，打造使用者真正需要的產品。」

「為什麼這個方法會很奏效呢？你看，做一個全新的產品，就像我們打靶一樣，傳統的做法，人們會預先確定一個目標，也就是他們的靶子，然後開始規劃實現路徑，為了確保一擊而中，前期會做大量的需求研究、制定詳細設計規劃、然後召集人員，開始按部就班的執行，不排除某些產品是可以而且也必須這麼做，但大多數產品這麼做的話，必死無疑。首先，你設定的靶子本身可能就是錯的，其次在行動網際網路時代，3 個月相當於過去 1 年，你最早了解的目標靶子，一兩個月後，可能就變了！所以，這個靶子一定是一個模糊的移動靶。面對這種情形，我們必須小步快跑，不斷調整準星，不斷

的發射、矯正，這樣才能最後擊中目標。精實創業強調的『小步快走，快速反覆運算』不僅是能夠快速回應變化，更是希望透過有效的方法讓我們『減少（不該有的）浪費』，持續地向正確的方向趨近。畢竟對於一個產品團隊而言，資金有限，自然時間也有限，我們必須要在這有限的時間、有限資源裡面，找出來到底該做什麼！」

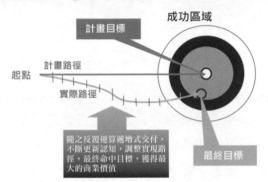

「嗯，劃分優先順序是最難、最糾結的事情。」阿捷適時附和著。

「每一個產品經理都不是像賈伯斯和張小龍那樣的神人，能夠洞察人性，所以最重要的第一步應該是儘早地去驗證想法！這也是精實創業的出發點，也就是下面的精實創業回饋環的精華所在，相信很多崇尚精實創業的人都是這麼做的。把很多想法，排出一個次序來，然後去開發一個最小可行產品，投向市場，度量資料，透過分析資料結果，看獲得什麼回饋，獲得什麼樣的認知。」

趙敏拿起筆，飛快地在地上畫了一個環。

「這個建置、測量、認知回饋環就是精實創業的核心。理論上，這個環應該轉得越快越好，應該是按照天或小時來計算的。如何讓這個環轉得快呢？那就要在建置環節，採用敏捷開發的各種方法。」

「最近半年來，我看了很多的資料，也見了很多的創業者，大家似乎都在提『精實創業』，經常聽到小步快跑、反覆運算、MVP、不斷試錯等耳熟能詳的詞語，似乎每個人都已經意識到了不斷嘗試、快速驗證的重要性。」

「這本身是很好的一種現象，同那些還一直堅持『仔細規劃、封閉開發，期待產品一炮而紅』的創業者相比，至少在認知程度上上了一個台階。但怎麼做才算得上『精實』，才算是真的『低成本快速驗證』，似乎 90% 的人都了解錯了！」

「啊？為什麼這麼說呢？」阿捷被這個 90% 給震驚了。

「因為我跟一些團隊或創始人交流的時候，他們經常這樣說：『我覺得 MVP 的概念很好，我們現在已經完成了幾個 MVP，回饋不錯。』、『我今年新組建了一個團隊，在公司內部讓他們用精實創業的想法去做，不斷試錯，成不成無所謂，關鍵是這樣很快。』、『以前不知道精實創業，上個專案要是早用這個方式的話，估計我們就已經成功了！我現在就是要不斷地試錯。』、『我準備先去開發 xxx，接下來我們還會開發 xxx，不是一起上線，分成幾步，這樣兩天就能做一個，逐步的開放給使用者』。』於是，我就問大家怎麼度量是否成功的？每個 MVP 怎麼算成功，或失敗？的度量指標都有什麼？關鍵指標是什麼？MVP 都是真實的產品嗎？可不可以不做真實產品？為什麼要先開發一個 APP，不開發 APP 不可以嗎？用微信公眾號不也能解決問題嗎？有沒有想過，是不是可以不用開發 APP，就發一個傳單，看大夥的態度，是不是可以就能用一天的時間驗證完？同樣可以獲得你想要的資料？到今天為止，已經試驗了差不多 20 個上門私人問診服務，怎麼判斷你這個服務是否有價值呢？邏輯是什麼？……對此，有些人說不上來，有些人就陷入了沉思，有些人依然還會滔滔不絕，但你能聽出來，他其實還是沒想清楚，根本沒有抓到精髓，只是在自我掩飾而已；有些人甚至說他們就是在不斷地試啊！反正這麼不斷試，總能找到一個方向的，微信最早不也是只想做免費簡訊的嘛！」

趙敏停頓了一下，說：「其實，我們很多人是在盲目的瞎試！瞎試的結果，就是你在探索階段會比你的對手花更多的時間、更多的資源，如果在有限時間內、有限的資源下，沒有探索清楚，失敗是必然的。」

「那該怎麼辦呢？」阿捷更加迷惑啦！

「之所以沒有獲得認知，一個首要原因是沒有清晰可度量的指標，其次是在循序執行上面這個環之前，應該先有個逆向思維，即這個環裡面還有一個逆向環的。」

「也就是說，這個執行過程其實應該是逆向的！我們應該遵循 WHY >>>HOW >>> WHAT 的想法。首先，對於任何一個想法，我們都要把他想像成假設，然後，我們再思考該如何去驗證？什麼樣的結果（或認知）算是我們驗證通過了（例如真 vs 偽、可行 vs 不可行等等），然後我們再看該收集哪些資料，該怎麼收集（度量）；為了獲得這些資料，我們該建置什麼樣的『產品』，注意，這裡這個產品並不一定就是一個真實的產品，可能是人工虛擬的，可能是粗糙的原型，也可能是其他我們需要驗證的內容。有了 MVP 的想法後，最後一步才是把它建置出來。經過這樣的逆向思維後，你才能再去走正向流程！」

趙敏繼續解釋說：「這個想法就是先提出假設，逐步進行驗證。透過 MVP，我們可以驗證兩種假設：其一是價值假設，即使用者真實地使用這個產品，產品或服務對使用者是有價值的；其二是增長假設，指實現產品快速增長的一種方法，這種方法也是需要不斷驗證的。」

「哦，MVP 原來是用來驗證假設的！」阿捷自言自語。

「嗯，透過 MVP 驗證想法，就是要將其拆解成一個個的假設，建立觀測資料指標，開發一個最小可行產品，把其投放給使用者，收集資料來驗證原來的假設是否正確。如果過程中開發的 MVP 出現偏差，我們進行一下微調，然後再驗證、再微調的過程，我稱之為『假設驗證驅動開發（HVDD）』。」

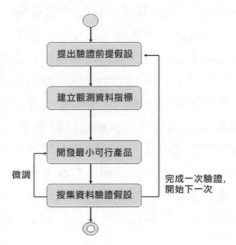

「高啊！趙大師果然高！聽君一席話，勝讀十年書！」阿捷給趙敏做了一個非常誇張的讚，「不過等一下，你剛剛提到 MVP 可能不是一個真正的產品，這是什麼意思？」

「嗯，這個話題更好玩，等我先給客戶回個電話，然後再給你繼續講！」趙敏拿起手機進了書房。

趙敏打完電話，給阿捷詳細講起了 MVP。

MVP 跟大多數人設想的產品有很大的區別，它應該足夠的輕巧，可以幫我們驗證基本的商業邏輯。有一些人可能會想，我現在的專案是一項非常巨大的事業，根本不存在所謂的 MVP，我至少也得投入個幾百萬才可能有一個能面世的產品出來，而這個產品一經出來就要轟動。我想說，如果找不到 MVP，只能說你對這個事情還沒有想清楚，沒有想透你的巨大事業背後，究竟有哪些最基本的商業邏輯。每個產品都有自己的核心價值環（Core Loop），這個就是你最最基本的東西。舉例來說，Zenga 的 FishVille 的核心就是「買魚→

養魚→賣魚」。Instagram 的核心就是「拍照→濾鏡→分享」。Dropbox 的核心就是「買空間→填滿空間」。Foursquare 的核心就是「去商家→簽到→獲得獎勵」。同樣，摩拜單車的核心就是「掃碼解鎖→騎行→鎖車收費」；滴滴坐計程車的核心就是「呼叫司機→接單→乘車→付費」。所以說，如果你不能抽象剝離出來核心價值環（Core Loop），那就說明你對這件事情還沒想清楚。

上門洗車曾一度火爆市場，其實很多人想做這個事情。他們很自然地會認為，如果我沒有一個上百人的洗車團隊，不投入大量的金錢去做市場推廣，那麼根本不可能會有使用者知道有這樣的好服務。在這種業務模式很重的領域，基本不可能有低成本的 MVP。這樣的想法，剛好說明瞭沒有想清楚這項業務的核心是什麼。上門洗車要想成功，核心就是使用者的接受度，而非使用者的規模。使用者接受度加強了，規模自然就有了。那麼，MVP 就只要驗證使用者有多高的接受度就好了。這個事情就簡單了，你可以從身邊的有車的朋友開始，你一個人去上門為這些朋友服務，收取合理的洗車費用，然後看看後續你的朋友還會不會主動找你過去二次服務。如果有很大比例的朋友願意第二次主動找你，就說明這個事確實是有需求，不然它就是一個偽需求，是你的一廂情願而已。

因此，能夠以越低的成本越快去驗證 MVP，就越能夠控制風險。如果想一炮而紅，那就是典型的火箭發射式玩法，一旦失敗，會造成極大的失敗。

亨利克·克里伯格（Henrik Kniberg）在其部落格上介紹了關於 MVP 一些現實生活中的實例，原文連結是 http：//blog.crisp.se/2016/01/25/henrikkniberg/making-sense-of-mvp。以下是譯文。

第 1 個實例：Spotify 音樂播放機

Spotify 是瑞典的精實創業專案。他們的產品廣為使用者和藝術家喜愛。Spotify 在美國這樣一個已經充斥著很多音訊傳播軟體提供商的海外市場，只用了 1 年時間，付費使用者數從 0 上升至 100 萬。這個產品的設計理念就是簡單、個性、有趣。甚至連 Metallica（美國樂隊名），這支長期以來被認為是音樂流服務死對頭的樂隊，現在都稱 Spotify 是「目前最好的串流服務」並且「被它的方便所震驚」。

像 Spotify 這樣成功的公司當然只希望產出人們喜愛的產品,但是只有在產品上線之後,他們才能知道人們到底喜不喜歡這個產品。那麼他們是怎麼做的呢?

Spotify 啟動於 2006 年,產品建立在一些關鍵的假設上,人們喜歡流式音樂,唱片公司和藝術家們都願意讓人們合法地收聽流式音樂,同時快速、穩定的串流媒體在技術上是可行的。請注意,這是在 2006 年,聽流式音樂(類似 Real Player)的體驗仍然非常糟糕的,盜版、複製也幾乎是常態。技術上的挑戰是「是否有可能製作這樣一個用戶端,當你按下播放按鈕時,立刻就能聽到流音樂?是否可能擺脫那個可惡的「緩衝」進度指示器?」

小起點並不表示不可以有大抱負。這裡是早期他們的一篇草稿。

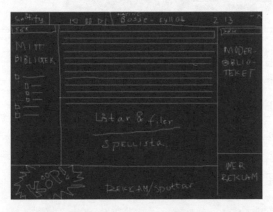

開發者們並沒有花幾年時間去建置一款完整產品,而只是坐下來建立一個技術原型,花時間在任何可攜式電腦上播放不流暢的音樂上,著手進行各種試驗以找到實現快速而穩定播放的方法。驅動的度量指標是:「從按播放鍵到聽到音樂要消耗多少微秒」。播放應該是即時的,並且持續播放應該流暢無停頓。

「當別人不關注的時候,我們卻花了巨量的時間來專門處理延遲時間問題;因為我們具有該死的癖好──想讓你感覺就像是把全世界所有的音樂都裝進了你的硬碟。專注於微小的細節有時候卻能夠產生極大的差異。我認為,對最小可行產品概念的最大誤解是在 MVP 的 V 上。」丹尼爾·埃克(Daniel Ek),聯合創始人兼首席執行官如是説。

一旦有什麼像樣的東西，他們就會開始在自己、家庭和朋友中進行推薦。

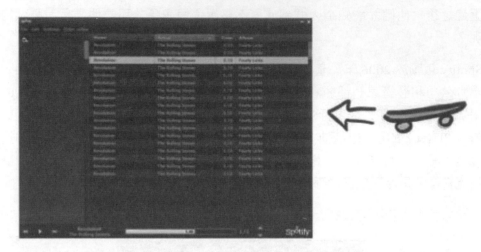

初始版本不可能發佈給更廣泛的受眾，因為它完全未經打磨，並且除了能夠尋找和播放少數強制寫入音樂外，基本沒有其他特性，也沒有任何合法協定或經濟模式，這就是最初的滑板版本。

但他們厚臉皮地把滑板版本交到了真實使用者——朋友和家人們——的手中，並且很快獲得了他們需要的答案。在技術上是可行的，並且，人們非常喜歡這個產品（或更喜歡修改後的產品）。假設獲得了驗證，這種可執行的原型幫助說服了唱片公司和投資人，其他的事情就眾所皆知了。

第 2 個實例：遊戲 Minecraft

Minecraft 是遊戲開發史上最成功的遊戲之一，如果考慮開發成本就更是如此。Minecraft 也是儘早發佈和頻繁發佈理念的最極端實例之一。只經過了一個人的 6 天寫程式，就製作和公開發佈了第一個版本。第一個版本基本上做不了什麼事情，它就是一個看似醜陋的區塊狀 3D 景觀，你可以把方塊挖出來，放在其他地方，去建造一個建築。

這就是滑板版本，也就是一個 MVP。

然而使用者卻被它吸引住了。僅在第一年裡，就有超過一百個版本被製作和發佈。遊戲開發至始自終都在尋找玩點，而尋找玩點的最好方法就是找真人實際的玩遊戲。本案例中，竟然有數千名真人花錢來試玩早期評估版本，因此他們也有動機去幫助改進遊戲。

漸漸地，圍繞這款遊戲，形成了一個小小的開發團隊（實際上大多數情況下只有 2 個人），最後，這款遊戲風靡全世界。我想我還沒碰到過任何不玩 Minecraft 的孩子。2014 年，這款遊戲被微軟公司以 25 億美金的價格收購。

之後的幾天，阿捷一直沉浸在對 MVP 的研究與探索上，他對 MVP 研究越多，越發感覺到了 MVP 的威力，因為 MVP 還可以化身為其他各種形式。

1. 登入頁式 MVP

登入頁是訪客或潛在使用者了解產品的入口，是介紹產品特性的一次行銷機會，也是在實戰中驗證 MVP 的絕佳時刻，你可以借此了解產品到底能不能達到市場的預期。

2003 年 10 月 8 日，世紀佳緣第一個版本上線了。最初的版本非常簡陋，由 Frontpage 做成靜態首頁，無法註冊，也無法搜索，而且全部內容只有一個女孩，是海燕的閨密。這種簡陋的方式，受到海燕當時的室友們的「鄙視」。但

就是這樣的簡單的網頁，卻驗證了人們有大量的網上尋找戀人的訴求，進一步讓世紀佳緣發展成了一家美國上市公司。

一些網站的登入頁只是要求使用者填寫郵寄地址，但是，實際上登入頁還可以有更多的擴充，例如增加一個單獨的頁面來顯示價目表，向訪客展示可選的價格套餐，使用者的點擊不僅顯示了他們對於產品的興趣，還展現了什麼樣的定價策略更能獲得市場的認可。

為了達到期望的效果，登入頁需要在合適的時機給消費者展現合適的內容。同時，為了準確了解使用者的行為，開發者也應該充分利用 Google 分析（Google Analytics），KISSmetrics 或 CrazyEgg 等工具統計分析使用者的行為。

2. 廣告式 MVP

這一點可能有悖傳統的觀點。實際上，投放廣告是一種驗證市場對於產品反應的有效方法。你可以透過 Google 和百度等平台將廣告投放給特定的人群，看看訪客對於你的早期產品有何回饋，看看到底哪些功能最吸引他們。你可以透過網站監測工具收集點擊率、轉換率資料，並與 A/B 測試結合起來。

但是請注意，搜索廣告位的競爭非常激烈，所以，為 MVP 投放廣告的主要目的在於驗證市場對產品的態度，不要一味地追求曝光量，使用者對於產品真實的回饋才是無價的。

3. 簡訊式 MVP

這種方式比較容易了解，就是透過向使用者發送簡訊廣告，來測試客戶的反應。這種 MVP 的優點是簡單直接，可以直接驗證使用者對某種需求的重視程度，大幅地降低開發風險。適用於功能比較容易描述的、簡單直接的一些業務，但在國內垃圾簡訊氾濫的場景下，這種方式的效果已大不如前。

4. 人工虛擬式 MVP

在產品開發出來之前，人工模擬真實的產品或服務，讓消費者感覺他們在體驗真實的產品，但是實際上產品背後的工作都是手動完成的。

鞋類電子商務美捷步（Zappos）剛剛起步時，創始人尼克‧斯溫莫（Nick Swinmurn），為了快速驗證網上賣鞋的想法是否可靠，曾專門去實體店與售貨

員協商,把商店鞋子的照片上傳部落格。他對售貨員承諾,一旦有人買鞋會原價購買,但在部落格上承諾買鞋的人會比實體商店購買便宜。他透過虛擬的人工服務方式,驗證了最初的想法,然後找到投資人,開發網上鞋店,把公司做起來。這是美捷步透過人工虛擬的方法驗證自己想法的做法。

這種方法雖然規模很小,但是能夠讓你在產品設計的關鍵階段與消費者保持良好的交流,了解消費者使用網站時的一手資訊,更快速地發現和解決現實交易中可能遇到的問題。對消費者來說,只要產品夠好,誰在乎背後是怎麼運作的。美捷步最後取得成功,在 2009 年以 12 億美金的價格被亞馬遜收購。

5. 視訊式 MVP

Dropbox 雲端硬碟的創始人德魯・休斯頓(Drew Houston)最早被投資人多次拒絕,投資人認為這樣的產品是沒有市場的。但他是一個非常有商業嗅覺的人,為了證明產品的可開發性,他設計了三個關鍵的場景(以 Tom 作為主人翁)。

Tom 下班後將未完成的工作檔案拖到一個資料夾裡,下班路上用手機檢視未完成的工作,回家在 PC 端繼續工作,實現同步;這個場景主打「多端同步」。

Tom 在非洲旅遊時拍了很多照片,這些照片被同步到一個資料夾,親朋好友可以一起檢視並分享;這個場景主打「分享」。

Tom 遊玩時掉落水中,手機、筆記型電腦全部癱瘓,在此之前他把所有檔案儲存在一個雲端,因為有備份,進一步減少了麻煩;這個場景主打「備份」。

他把這三個場景做成一個視訊放在 Youtube 上,隨即視訊傳瘋了,他的電子郵件一夜之間收到了 75000 多封郵件,進一步贏得了投資人的青睞。

當你準備解決的是一個使用者自己都沒有發現的問題時，你很難接觸到目標消費群眾。Dropbox 的介紹視訊造成了良好的效果，假如 Dropbox 在介紹時只是說「無縫的檔案同步軟體」，絕對不可能達到同樣的效果。視訊讓潛在消費者充分了解到這款產品將如何幫到他們，最後觸發消費者付費的意願。

6. 貴賓式 MVP

貴賓式 MVP 和虛構的 MVP 類似，但不是一種虛構產品，而是向特定的使用者提供高度訂製化的產品。

服裝租賃服務（RENT THE RUNWAY）在測試他們的商業模式時，為在校女大學生提供了面對面服裝租賃服務，主要想解決女大學生們想穿著華麗的禮服參加舞會，但又沒有足夠的資金購買禮服的問題。創業者們先租了一個大篷車，週末的時候開到校園裡面，專門為那些參加舞會的女生提供禮服租賃服務。女生們在租禮服之前能夠試穿，如果滿意，他們還會為女生提供化妝。他們透過這種方式收集到大量顧客的真實回饋以及付費的意願，最後決定開發服裝租賃網站，提供線上下單、線下快遞上門的服務。

7. 眾籌式 MVP

Kickstarter 和 Indiegogo 等眾籌網站為創業者測試 MVP 提供了很好的平台。創業者可以發起眾籌，然後根據支援率判斷人們對於產品的態度。此外，眾籌還可以幫助創業者接觸到一群對於你的產品有興趣的早期使用者，他們的口耳相傳以及持續的意見回饋對於產品的成功非常重要。Kickstarter 上已經有了許多成功範例，例如電子紙手錶 Pebble 和遊戲主機 Ouya 提供商。他們在產品開發之前就籌得了上百萬美金，並且獲得了極大的反響。在國內，「三個

爸爸」智慧空氣淨化器眾籌專案，在京東眾籌平台上線後，不到 12 小時籌資金額就高達兩百萬，該趨勢在業內絕無僅有。

當然，如果想在眾籌網站上收到良好的效果，就需要有説服力的文字介紹，高品質的產品介紹視訊以及充滿誘惑力的回報。眾籌除了能獲得早期資金，關鍵是能為你帶來早期使用者群眾以及瘋狂的粉絲。他們不僅可以幫助你進行傳播，很多情況下，他們還可以在其他方面促進你的業務發展。公眾籌資並不適合所有的產品。參與眾籌的產品需要具備可信度，讓消費者相信你的產品，同時產品要能觸發消費者的興趣並持續關注，以及方便的溝通和參與。

透過對 MVP 及精實創業「建置 - 測量 - 學習」快速回饋環的了解，阿捷一直在思考，這次跟 Sonar 合作的 MVP 又該如何設計呢？

本章重點

1. 如果不逆向落地精實創業快速回饋環，會怎麼樣呢？
   - 因為不知道到底想驗證什麼，你可能盲目地開發了 MVP，最後發現根本沒有任何效果。
   - 你可能花費了很長時間去開發一個功能或產品，其實，這個功能或產品或許能有其他方式取得到資料，關鍵還更省時、省力。
   - 你可能一開始沒定義好指標，沒弄清楚到底是 5% 好還是 10% 才行，最後 MVP 也無法告訴你到底該怎麼做。
   - 你可能忙碌、盲目地進入一個又一個 Idea（想法）的開發，即使很快，但如果是沒有透過資料學習的瞎走、瞎試，東一榔頭西一棒子，浪費更嚴重。
   - 你可能收穫了一大堆資訊、資料、素材、活動、產品反覆運算版本……來證明「我們一直在做事」；但可能無法回答：「我們是否在做正確的事」。其實做正確的事，遠比正確地做事更重要。

2. MVP 與產品原型的區別如下。
   產品原型的目的在於測試產品設計和技術，按理說是應該建立在一個前提假設基礎上的，即你的產品有人需要。
   MVP 的目的在於驗證基本的商業假設，也就是到底有沒有人需要你的產

品，對它有興趣，願意關注（留下資訊）、試用（早期使用者）、使用（下載安裝）、購買（付錢訂購）。它是對你的商業假設進行驗證的工具。

3. MVP 與產品介面原型的區別以下表所示。

產品介面原型回答的問題	介面原型並未回答在產品早期更重要的一些問題
人們會瀏覽我的介面嗎？	人們會每天使用嗎？
人們了解這些按鈕是做什麼用的嗎？	人們會成為熱心的推廣者嗎？
人們能在我的 App 中進行基本的操作嗎？	人們會為你的價值主張付費嗎？

4. 要學會識別真假 MVP，須從下面兩點入手。
   - 虛榮 MVP 只會帶來回饋，而非反應。
   - 回饋來自大腦，而反應來自本能。當你試圖驗證最高風險假設的時候，反應更加有用，反應更接近客戶的真實所想。
   - 「如果產品看上去不是真實的，客戶的回應就不是真實的。」
   - 你只有真正發佈客戶價值時，才能看到反應。

5. 設計 MVP 的四項基本原則如下。
   - 只保留最核心的功能能不要的都不要。
   - 只服務最小範圍的使用者能不管的都不管。
   - 只做最低範圍的開發能「裝」的都不做。
   - 只根據資料來學習事前設計好指標，融進產品中。

冬哥有話說

精實創業

精實創業是把精實思維運用到創新的過程中去，了解精實創業，需要從精實和創業兩個維度來思考。精實的七個原則，都能在精實創業裡面獲得表現。創業的本質是透過價值創造，在使用者痛點和解決方案之間搭起一座橋樑；創業的目標在於弄明白到底要開發出什麼東西，是客戶想要的，還得是顧客願意儘快付費購買的。

傳統的創業思維，屬於火箭發射式創業思維，但這種的成功不是是故事，就

是無法複製，常常缺乏持續的回饋、試錯和驗證；創業的過程更像是汽車駕駛，一邊駕駛，一邊取得各種回饋，有意識無意識地進行各種調整；產品的發現，開發，度量，就是這樣的認知循環。

每一個問題都是極大商機（Every Problem is an Opportunity），創業的過程，是發掘客戶痛點的過程；每一個痛點都是一個創業機會，痛點越大，機會越大，痛點的大小決定了商業模式的空間；痛點本身也具有時效性，痛點的持續性決定了商業模式的持續性。解決方案和使用者痛點的比對度是創業的關鍵，解決方案和使用者痛點的吻合度，即產品和市場之間的吻合度。所以，創業的過程，就是不斷嘗試尋找客戶痛點，比對方案，加以驗證，再不斷檢驗痛點是否依然存在，是否出現新的痛點這樣的過程。

趙敏也提到了創業者最重要的兩個假設：價值假設和增長假設。所有創業者都需要不斷地問自己以下四個問題。

- 客戶認同你正在解決的問題就是他們面對的問題嗎？
- 如果有解決問題的方法，客戶會為此買單嗎？
- 他們會向我們購買嗎？
- 我們能夠開發出解決問題的方法嗎？

而產品開發的常見傾向是忽略前面的問題，直接跳到第 4 個問題，即在問題域還不清晰的情況下，直接進入解決方案域。這是我經常講：要想清楚，你需要解決的是什麼問題，而非需要採納什麼方案；要區分清楚，你在討論的是問題域，還是解決方案域的事情；要弄清楚，方案是為了解決問題的，問題不明確，列出的方案也不會太可靠。

但問題域原本就是模糊多變的，精實創業就是在這一前提下，嘗試以最小的代價，快速提供出最小的價值可行性驗證單元，取得使用者回饋並隨時進行調整。

精實創業需要遵循以下幾個原則。

- 使用者導向原則，需要從自我導向轉化為使用者導向。
- 行動原則，從計畫導向轉化為行動導向。
- 試錯原則，從理性預測轉化為科學試錯。

- 聚焦原則，從系統思維轉化為單點突破。
- 反覆運算原則，從完美主義轉化為高速反覆運算。
- 問題原則，從解決方案轉化為解決問題。

相比注重「事先精心規劃」的傳統創業流程，精實創業更重視試驗；相比很多創業者所相信的「依直覺行事」，它更重視消費者反應意見；比起傳統「一開始就設計完整再生產」的作業方式，它更重視反覆運算開發。

Kent Beck 的 3X 模型，與 Eric Ries 精實創業的三個階段有很多類似的地方。第一階段是把想法變成產品，不斷探索的過程，在有限的資源和時間視窗，不斷小規模實驗、回饋、反覆運算、驗證；第二階段，一旦找到正確的產品形態，快速進行重點投入，做到極致；第三階段，爆發式增長，把握愛與速度的原則，對產品要有愛，對使用者有愛，同時保持高速的增長。

這些階段歷經了從商業模式到聚焦式的探索，再進入商業模式放大階段，最後進入商業模式執行時。精實創業聚焦在前兩個階段，也就是如何從 0 到 1 的過程；商業模式放大，屬於從 1 到 100，在第三個階段；執行時，從 100 到 110 的過程，是傳統商學院所涵蓋的內容。

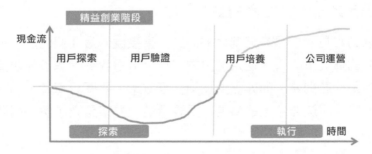

精實創業堅信，與其花費幾個月的時間去計畫和研究，更應該承認目前都是未經證實的假設。精實創業，用一張基本的商業模式畫布就可以把這些假設表達出來，而非長篇大論地寫一套商業計畫書。本質上，商業模式畫布就是一個企業如何為它自己和客戶創造價值的公式。一張典型的商業模式畫布，就是在一張紙的九個格子裡，幫助你看到創業所需要的重點要素，而這些重點要素，就包含著你所需要去驗證的一系列假設。

商業模式畫布

重要夥伴	關鍵業務	價值主張	客戶關係	客戶細分
	核心資源		管道通路	
成本結構		收入來源		

MVP 最小可行產品

MVP 不是發佈粗劣的產品，是可以產生預期成果的最小產品發佈；MVP 是為了驗證假設而做的最小規模的實驗，產品的版本反覆運算，是不斷實驗的結果，直到證明產品是對的。

MVP 是以驗證為基礎的學習。從假設出發進行驗證，假設驅動的開發模式，是精實創業思維的核心理念之一。要清楚解決什麼問題，要明白目前的方案只是假設，甚至要解決的問題都只是假設，從了解假設出發並快速驗證，每一步和每一個功能以及發佈，都有一個明確的目標，那就是學習。這就是 Eric Ries 所說的「開發 - 度量 - 認知」的循環。當觀察到使用者已經開始自如地使用，並向別人推薦產品時，就知道已經做到了最小和可行，此時就應該把產品推向市場了，如果在此之前推出，結果勢必帶來大量失望的客戶。

產品是逐漸發現出來的，需求是逐漸採擷出來的，產品產生的過程，更像是一個嬰兒誕生與生長的過程，而非一生下來就能跑會跳，如果早期開發的已經是一個完整的產品，只能說開發的功能過多了。

使用者故事地圖是一個很好的探索 MVP 的工具；透過使用者故事地圖，可以劃分產品的開局、中局和終局。

- 開局：聚焦於必備功能，關注技術挑戰或風險。跳過主流程之外的步驟，先不管導致問題複雜化的商務邏輯，開發主流程即可。
- 中局：補充週邊功能，開始測試產品的非功能需求。
- 終局：打磨發佈，更搶眼，更高效。

MVP 是提供完整的體驗，而非增量的模式，不是只開發部分模組，需要把一個完整的最小商業閉環流程跑通。以下圖所示。我們更習慣的是切蛋糕的比喻，MVP 是從上往下的一塊蛋糕切片，而非其中的某一層。

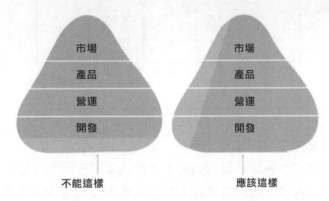

MVP 與精實創業的過程，是科學試錯的過程，是找路的過程而非跑步；不是幫我們長得更快，而是幫我們減少停止和浪費的時間，轉向更准，調整更快；精實創業強調經證實的認知，需要重建學習的概念：有預期，有驗證，有認知；MVP 小量方式可以讓新創企業把可能被浪費的時間、金錢和精力降到最小；減小量，比競爭對手更快完成開發 - 測量 - 認知的回饋循環，對顧客更快了解的能力是新創公司必須擁有的重要競爭優勢。

- MVP 是以驗證基本的商業假設為目標，在使用者和產品上選擇最小的切入點。
- MVP 只針對早期的天讓使用者，這群人對產品有更高的容忍度，能夠看到產品的未來，願意互動，一起改進產品。
- 只服務最小範圍的使用者，其他能不管的都不管。
- 只保留最核心的功能，其他的能不要的都不要。在產品功能上，建議把想像中的產品砍成兩半，再砍成兩半，才可能達到真正的最小功能組合。
- 功能一定要做減法，只做最低範圍的開發，能假裝的都先不做，如同 Dropbox 的示範視訊，沒有一行程式的開發就達成了 MVP；

以上述為基礎的使用者和功能假設，設計測量與資料收集策略，同時收集定量與定性的資料，透過例如 A/B 測試、同期群分析、淨推薦值等方式進行效果分析，避免虛榮指標。

29

規模化敏捷必須 SAFe

隨著 MVP 在 Agile 公司的成功推廣，阿捷團隊的努力獲得了 Sonar 公司的充分認可，Agile 美國公司也順利地拿到了 Sonar 車聯網專案合約。但 Agile 公司的高層管理者和阿捷都知道，簽下合約只是萬里長征的第一步，他們將面臨的是從未有過的在公有雲、私有雲上採用敏捷、DevOps 的方式來進行專案發佈。

其實 Agile 公司的高層早就想整合研發運行維護資源，進行一輪全新的組織調整，但是一直下不了這個決心。這次阿捷團隊採用影響地圖、使用者故事地圖、MVP 和精實創業這些具有網際網路基因的實作，順利拿到了 Sonar 車聯網訂單的事情，讓 Agile 公司的管理層下定了這個決心：一定要在 DevOps 的時代做出改變。

首當其衝的就是阿捷所在的研發團隊。原先，Scrum 和敏捷的實作只是在下面各個研發事業部內部來進行運作，從沒有上升到整個公司的等級，更談不上採用網際網路公司早已司空見慣的 DevOps 方式進行從市場、研發、到運行維護、營運的打通。Agile 公司管理層決定首先在整個公司範圍內，全面推行敏捷，實現公司的整體敏捷轉型，然後再嘗試在雲端的諸多 DevOps 實作。而阿捷所在的電信系統部更是首當其衝第一個動了起來。整體轉型這件事情由美國總部的帕洛阿爾托辦公地主導，有關到 4 個國家的 5 個辦公地的研發中心，包含美國的帕洛阿爾托、新加坡、中國北京和深圳、印度班加羅爾，而這 5 個研發中心分別承擔了 Sonar 車聯網專案不同的發佈工作。

轉型的挑戰是存在的。不僅橫跨了多個時區，還有語言和文化等各方面的挑戰。當只有一兩個敏捷團隊進行協作的時候，計畫和工作同步是可控的。團

隊和產品負責人互相聊一聊，基本就能弄清楚需要做什麼，一個簡單的 SOS 架構（Scrum of Scrums）就能搞定。但是，當有關到 15 ～ 20 個團隊的時候，事情將變得十分痛苦，特別是如何讓各個團隊向著同一個方向前進而非成為互相的羈絆；如何在跨多個反覆運算、多個團隊、多個產品的情況下進行計畫和安排優先順序；如何讓所有團隊保持同樣的發佈節奏；如何實現跨團隊的持續整合；如何解決團隊間工作的依賴；如何消除專案整體的風險；如何防止需求的緊急搭車；如何防止局部最佳化；如何選擇適合的協調人；如何加強團隊間開會的效率……這些問題都需要解決。

為了降低轉型的難度、縮短轉型所需要的時間，Agile 美國總部專門聘請了一家外部諮詢公司，安排多位業界資深的諮詢專家進駐到每個研發中心，帶領大家一起按照敏捷的方式工作。為了統一思維，在戰略層面及高層管理者層面打通阻礙，公司決定在 2017 年 1 月在新加坡舉辦一期企業敏捷轉型研討會，把分佈在全世界各地的相關人員聚集起來。研討會將涉及 100 多人，僅北京研發中心就有十幾位業務與研發部門的第一線經理前往新加坡參會。

阿捷一聽到自己要去新加坡參加公司敏捷轉型研討會的訊息，就立刻告訴了正在美國出差的趙敏。趙敏知道阿捷是第一次去新加坡，便微笑地對阿捷說：「那個時間我剛好也會從美國來新加坡，到時候帶你這個傻小子好好逛逛。」

隨即，阿捷把一張滿滿當當的會議日程表畫面發給趙敏，苦笑著回她：「你看看，就這樣的安排，真不知道能擠出多少時間留給我們兩人。」

趙敏發了個鬼臉過來，回道：「放心，到時候會給你一個驚喜，我們見面的時間一定會比你想像得多，新加坡等我。」

Agile 公司新加坡辦公地點位於 Marina 街區的 MBFC 大廈，隔著海灣就可以看到著名的濱海灣金沙酒店。週一一大早，阿捷提前 40 分鐘就到了會議室。阿捷發現當地同事已經提前佈置好了會議室，超大的大會議室裡面已經提前分好了 10 個團隊。阿捷簽了到，找到了自己的組號，按照桌子上的組號標識，選擇了一張椅子坐了下來。桌上已經擺好了一份材料，阿捷拿起一本，見上面印著《Leading SAFe®Developing the Five Core Competencies of the Lean Enterprise》（主管 SAFe：打造精實企業的 5 大核心能力）。

阿捷翻開，首先映入眼簾的是一張極大的圖。看上去好複雜，有關到多個角色及流程。阿捷還沒來得及細看，來自各個國家的同事相繼到了，大家操著各具地方特色的英文，開始熱情地打起招呼，別看大家平時郵件和電話都沒少交流，一提到名字都很熟悉，但是很多人還是第一次見面的。

早上 9：00，電信系統部的老大 James Armstrong 發表了一個簡短卻鼓舞人心的開場演講，對本次敏捷轉型寄予厚望的 James 首先對大家的到來表示歡迎與感謝，同時期望大家通力合作，一起打好這場攻堅戰。

「接下來，我就把時間交給我們的合作夥伴 Incridible DevOps Corp.（無敵 DevOps 公司），他們會從本周開始帶領我們部門的偉大敏捷轉型之旅！請大家掌聲歡迎！」

伴隨著熱烈的掌聲，從會議室前門先後走進來一位滿頭白髮的老先生、一位略胖的中年男士、一位瘦瘦高高的男士，當看見最後進來的那位女士時，阿捷幾乎把剛喝進嘴裡的水噴了出來！

上身著白色襯衫，清新靚麗；下身著藍色牛仔，休閒幹練；腳踩拼色高跟短靴，烏黑的秀髮披散在雙肩，明亮的雙眸優雅靈動，再加上自信的微笑，立刻吸引了全場的目光。當她把目光轉到阿捷時，面對目瞪口呆的阿捷狡點地眨了一下眼。

阿捷知道趙敏會乘坐週一凌晨 5 點的班機抵達新加坡，本來還想去樟宜機場接她，但趙敏以怕影響阿捷休息為由拒絕了。「這小妮子，早就知道要來給我們公司做諮詢，這是故意不告訴我！」滿是驚喜的阿捷心裡又稍有些憤憤。

「謝謝 James ！大家早上好！我們來自 Incredible DevOps Corp.，我是 Dean Hendricks，這家公司的創始人；我身邊的這位是 Richard Bachman，接下來的這位是 Inbar Miller，最後的這位漂亮的女士是 Crystal Zhao。接下來的五天，將由我們四位為大家提供支援。」

接下來 Dean、Richard、Inbar、趙敏分別作了簡短的自我介紹以及近幾天的排程。

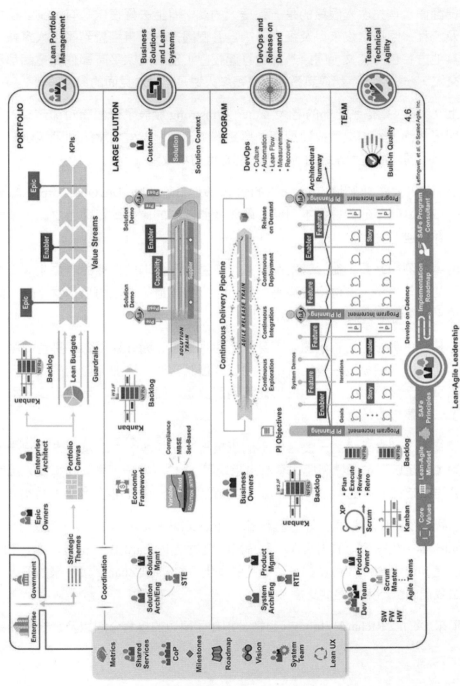

（圖片來源：scaledagile.com）

但阿捷都沒聽進去，滿腦子都在想如何找趙敏「算帳」！

上午的第一項日程是「破冰遊戲：DevOps 時代下的大規模敏捷」。

這個遊戲要求 4 人一組，一人扮演經理，其他三人扮演團隊成員，經理負責把他的團隊帶到屋內的特定目標地。遊戲開始時，團隊成員和經理站在一起。

第一輪要求如下：

- 每個經理為自己的團隊選擇一個「目標地」（屋內的任何一個位置），但要求必須有一定的距離。
- 經理把目標告訴給「啟動者」，但不告訴團隊成員。
- 經理「不能移動」，必須一直留在團隊開始的位置。
- 經理列出團隊指令，「向左、向右、慢一點、快一點」。
- 團隊 3 人手拉手整體一起移動，無論經理說什麼，都要照做。
- 計算每個團隊到達目標的時間。

待大家各自組隊完成並把自己的「目標地」分別告訴 Dean 及趙敏他們四位啟動者後，28 個團隊同時開始移動。整個屋子裡面此起彼伏地響起「向左、向右、快一點、慢一點」的密碼。當團隊一開始離經理比較近的時候，移動的三人組尚能聽清楚指令，但稍微遠一點的時候，很多經理的聲音就被其他嘈雜聲淹沒了，有些經理只能靠手勢向隊員傳達資訊，現場一片混亂。好多團隊花了很長時間，才算是勉強到達了預定「目標地」。

待大家停下來後，Dean 讓每個團隊用 10 分鐘的時間思考以下問題：

1. 團隊是否到達了他們的「目標地」？花了多長時間？
2. 這個過程有些像什麼？
3. 經理需要做出哪些決策？
4. 經理做出這些決策需要哪些資訊？他們獲得了嗎？為什麼？
5. 經理做出決策的時機是否重要？為什麼？
6. 經理是否在適當的時機做出了決策？為什麼？
7. 從時間線與資訊的角度，你們覺得該如何改變，可以解決這些問題？

10 分鐘後，Dean 隨機選取了三個團隊分享自己的歸納，每個團隊不超過 3 分鐘。

然後大家開始第二輪遊戲，本輪規則如下。

- 每個經理為自己的團隊選擇一個新「目標地」（屋內的任何一個位置），但要求必須有一定的距離。
- 經理加入團隊，跟團隊分享「目標地」，並跟團隊一起移動。
- 經理跟隨團隊一起移動，所有人手拉手保持在一起。
- 團隊中的任何人都可以說「讓我們走快一點／向右／向左／走慢一點」。

這一輪，大多數團隊很快就到達了指定地點，而且，用時明顯比第一輪少。這輪結束後，每個團隊反思以下幾個問題。

1. 團隊是否到達了他們的「目標地」？花了多長時間？
2. 這個過程有些像什麼？
3. 經理需要做出哪些決策？
4. 經理做出這些決策需要哪些資訊？他們獲得了嗎？為什麼？
5. 經理做出決策的時機是否重要？為什麼？
6. 經理是否在適當的時機做出了決策？為什麼？
7. 從資訊與時間線的角度，同日常工作相類比，我們看到了哪些問題？
8. 針對問題 7，你們覺得在工作中可以如何做得更好？

10 分鐘後，Dean 依然隨機選取了三個團隊進行了分享，每個團隊不超過 3 分鐘。

透過這個遊戲，大家漸漸了解了在 DevOps 時代下，團隊自治與目標一致，如果能夠有效結合，才可能做到最高效。Dean 把這張圖分發到所有人，阿捷看到後感悟頗深。

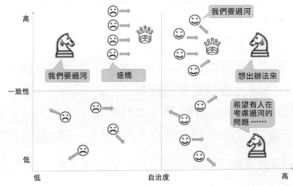

在接下來的休息時間裡，Dean、Richard、Inbar 和趙敏四個人都被 Agile 公司的同事圍了起來，討論著剛剛破冰遊戲的各種感悟，以及在工作中的各種干擾。阿捷嘗試著走近趙敏，但是根本接近不了，只能無奈地站在外圈看著趙敏，趙敏得意地沖著阿捷眨眼睛。

很快，接下來的教育訓練又開始了！阿捷只來得及把端在手裡的咖啡送給趙敏，趁著送咖啡的間隙，輕輕拍了拍趙敏的小手，傳遞了「你等著」的訊號，就趕緊溜回自己的座位。

SAFe 架構第一眼看起來很複雜，一旦了解了它的層次結構以及 4 種應用組合模式，其實就不會覺得複雜了。

第一種設定模式叫 Essential SAFe，也叫基本 SAFe，是 SAFe 的精髓，以下圖所示。

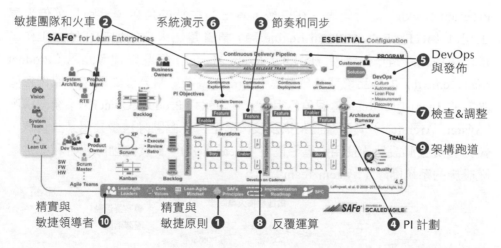

基本 SAFe（Essential SAFe）是成功的基礎，分兩個層級，最底層是團隊（Team）層，以 Scrum 架構模式為主組建起敏捷團隊（PO、SM、開發團隊），附以 Kanban 協作管理機制，以 2 周為一個反覆運算，經歷需求整理、反覆運算計畫、每日站會、反覆運算評審、反覆運算回顧等關鍵活動。在這層，需求通常是以 User Story 形式在團隊的 Backlog 出現，即 Team Backlog。

第二層是專案群（Program）層，透過敏捷發佈火車（Agile Release Train/ART）將多個敏捷團隊協作起來，協作完成一次大的發佈。許多個反覆運算

組成一個 PI（Program Incremental）專案群增量，每個 PI 都有自己的目標。經歷了一次大的計畫（PI Planning），結束時會有一次查看和調整（Inspect & Adapt），類似 Scrum 裡面的反覆運算評審與回顧。在整個 PI 中，除了有正常產品功能開發的反覆運算之外，還會額外安排一個特殊的反覆運算稱為 IP，即創新與計畫（Innovation and Planning）反覆運算，主要目的在於幫助嘗試一些創新性的想法，安排教育訓練，最佳化整理下一階段的需求，以及進行下一個 PI 的計畫等。為了實現節奏一致，每個團隊的反覆運算週期都是對齊的，同時開始，同時結束；每次反覆運算結束時都需要做一次跨團隊的示範驗收（System Demo）。敏捷發佈火車其實是一個持續發佈的管線，需要把跨團隊的反覆運算增量不斷整合，不斷部署，最後實現「按節奏開發，隨選要發佈」。

在 Program 層，需求的形式是比較大的特性（Feature），也透過 Backlog 即 Program Backlog 進行管理。在這層，有三個獨特的角色，分別是發佈火車工程師（RTE，Release Train Engineer），負責整個火車的協調和啟動工作，這個角色實際是一個跨團隊的超級 Scrum Master；產品管理者團隊（Product Management）即產品經理負責管理 Program 需求，劃分優先順序，協作各個團隊的 Team Backlog，這個角色相當於一個超級 Product Owner；系統架構師（System Architect）負責整體架構及技術選型。各個團隊還會共用某些資源，譬如負責互動設計的使用者體驗團隊（Lean UX）、負責跨團隊整合和提供基礎設施的系統團隊（System Team）等。

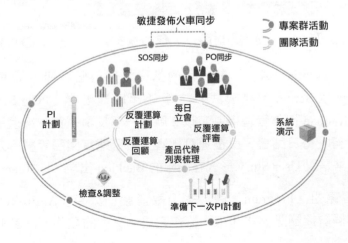

為了同步敏捷發佈火車的進展，需要在兩個層面上舉行同步會議，即 SOS 同步與 PO 同步。

跨 Scrum 團隊層面的 SOS 會議，由各個團隊的 Scrum Master 及核心成員參加，由發佈火車工程師（RTE）負責啟動，重點視覺化各個團隊的進展及阻礙，通常一周至少一次，根據需要可以增加頻次，每次 30-60 分鐘，也要遵守 Time Boxing（時間盒）機制，必要時有 Meeting After（會後）環節，處理同步會上來不及討論的細節問題。

另外一個是 PO 間的同步會議。通常也是由發佈火車工程師（RTE）或產品管理者團隊（Product Management）負責啟動，參與人員是每個團隊的 PO、相關利益關係人。頻次及執行方式同 SOS 類似，重點是視覺化各個團隊的進展，調整範圍和優先順序，事先排除一些依賴。

任何一個公司或公司內的產品部門，可以只執行 Essential SAFe（SAFe 精髓），就可以實現專案群 Program 的規模化，這是 SAFe 的最簡化設定。這種方式對於目前大多數的扁平化組織都是適用的，特別是網際網路公司。所以說，SAFe 架構的適應性與訂製化能力是非常強的。

另一種設定方式叫 Portfolio SAFe，也稱之為「投資組合 SAFe」，以下圖所示。投資組合 SAFe 將戰略與執行統一在一起。

這種設定方式適合需要將投資組合的執行和戰略統一在一起的企業，圍繞價值發佈的價值流（通常一個價值流裡有一個敏捷發佈火車），落地戰略、進行投資、專案群執行以及相關治理等。

Portfolio SAFe 具備以下關鍵特徵：

- 圍繞價值流進行組織；
- 透過精實 - 敏捷預算（Lean-Agile budgeting）授權決策者；
- 透過 Kanban 系統提供 Portfolio 的視覺化及 WIP 限制；
- 透過企業架構師（EA，Enterprise architect）指導大的技術決策；
- 透過客觀的度量指標進行治理與改善；
- 透過一系列史詩故事（Epic）實現價值發佈。

第三種設定方式是 Large Solution SAFe，即大型解決方案 SAFe。將多個敏捷發佈火車協作為一個解決方案火車，以下圖所示。

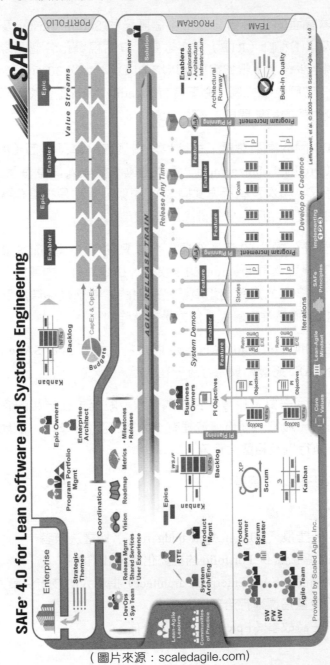

（圖片來源：scaledagile.com）

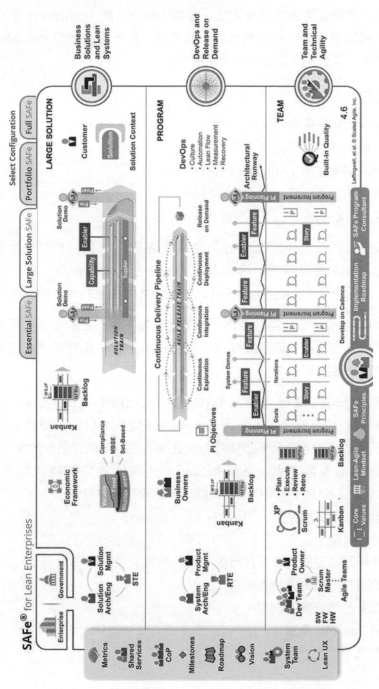

（圖片來源：scaledagile.com）

這種設定方式適合需要建置龐大的、複雜的解決方案（Solution）的企業，通常透過多個敏捷發佈火車和供應商一起實現，但不需要考慮 Portfolio 管理，這種方式適合航空、國防和政府等企業。

Large Solution SAFe 具備以下關鍵特徵：

- 協作開發大的解決方案；
- 同步多個發佈火車價值流；
- 管瞭解決方案意圖（Solution Intent）；
- 把供應商作為合作夥伴整合在一起；
- 透過能力（Capabilities）發佈價值。

第四種設定方式是 Full SAFe，也稱之為完整 SAFe，適用於某些大型企業，包含所有的四個層次管理，通常有關到成百上千人的管理。在一些大型企業，可能會同時存在多個「Full SAFe」。也就是阿捷最初看到的那張全景圖。

SAFe 作為規模化敏捷的落地架構，其落地一定不是一簇而就的，需要高層管理者的大力支持才行，而且要經過一定的頂層設計和按部就班的計畫，通常轉型的關鍵步驟如下。

1. 教育訓練精實 - 敏捷變革推動者（SPC，SAFe Program Consultant），通常的教育訓練課程是 Implementing SAFe（實施 SAFe）。如果一個公司內 SPC 不足的話，通常需要借助外力，趙敏現在的角色就是 SPC。
2. 教育訓練高層領導者、各級 Leaders，通常的教育訓練課程是 Leading SAFe（主管 SAFe）。阿捷他們這兩天的教育訓練就是這個。
3. 確定價值流及敏捷發佈火車 ARTs。
4. 制定轉型計畫。
5. 準備啟動敏捷發佈火車（這階段通常要教育訓練 PO、SM 等）。
6. 正式啟動第一個敏捷發佈火車。
7. 發起更多的敏捷發佈火車。
8. 擴充到 Portfolio 層級。
9. 持續改進。

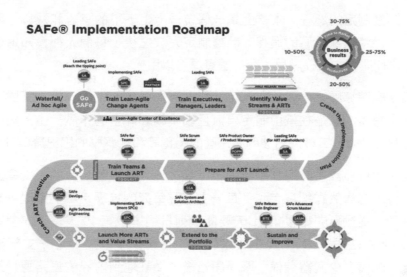

兩天教育訓練下來，大家才算真正地對 SAFe 這個似乎很龐大的架構有所認知，但大家更關心的是如何落地，這裡面最重要的就是 PI Planning（專案群增量計畫會），可以說是「無 PI Planning，不 SAFe」。

PI Planning 的重要輸出成果就是 PI（專案群增量）目標。PI 的內容、範圍一旦確定後，通常是不會更改的。它類似一個 Sprint，一旦範圍確定，在一個反覆運算週期內不輕易變更。做計畫是為了消除變化，進一步支援穩定的發佈。當然，計畫的週期越長，不確定因素就越多，其實也就越難應對變化，這也是瀑布開發的弊病。一個 PI，通常是由 4-5 個 Sprint 組成，每個 Sprint 兩周，相當於提前把每個 Sprint 的內容規劃好了。一旦某個 Sprint 的工作，因為各種原因落後或錯誤估計，就會影響後續的 Sprint，也會影響到其他團隊。所以每個團隊都要儘量堅守自己的承諾（commitment），努力達成目標。為了降低這種風險，每個反覆運算結束的時候都會做一次跨團隊的 System Demo（系統示範）。同時，在 PI Planning 之前，應該先做好 Program Backlog（專案群代辦列表）的整理（Grooming）工作，在 PI Planning 之前盡可能發現問題並消除。

當然，PI Planning 制定了計畫，並非就不能一成不變，這也是不現實的。其實，計畫並不是用來不折不扣地實現的，制定計劃這件事情，其實是有大用處的。它有以下三個妙用。

第一，計畫制定的過程，本質上是一個統一上上下下的意志和決心，明確戰略方向，盤清資源家底的過程。計畫制定完成之後，每個人都會知道這次行動目標是什麼、方向在哪兒、有什麼資源可以用。

一戰和二戰時德國總參謀部在制定計劃上發揮著核心性的作用。德國總參謀部有一項特長，就是在戰前制定事無巨細、詳細周全的作戰計畫。例如一戰時的施利芬計畫，二戰時對波蘭和法國的閃電戰和對蘇聯的巴巴羅薩計畫。

德國人制定作戰計畫時的詳細和刻板程度，外人是很難想像的。就拿施利芬計畫來説，它居然詳細規定到了每一支部隊每天的進展。舉例來説，右翼部隊的主力，從動員開始後第 12 天要開啟列日通道，第 19 天拿下布魯塞爾，第 22 天進入法國，第 39 天要攻克巴黎，一天都不能錯。每一支部隊有多少力量，配備多少武器裝備，戰爭開始後，從駐地到前線的鐵路運輸計畫等等，全都詳細規定好了。

但我們需要注意到，施利芬計畫的核心靈魂不是多少軍隊在哪一天，要實際打下什麼什麼目標。其戰略精髓是，德國不能陷入東西兩面作戰，必須先快速打敗西邊的法國，然後利用東邊俄國動員速度慢的特點，打一個時間差，打敗法國後迅速回頭去打俄國。制定計劃的十幾年的時間，就是德國上上下下統一這個戰略共識的過程。

所以，施利芬計畫本身在戰場上是不是能順利實施，這是無法預測的。但是戰場上的每一個人，從將軍到士兵都知道，德國必須搶時間，必須快，大家在隨機應變的時候，也會貫徹這個戰略想法。你看，即使計畫本身已經打亂了，但是計畫的靈魂一直在。

第二，計畫讓臨時應變者有一個資源架構可以利用。説穿了就是，如果不得已需改變計畫，因為有事先的計畫，你也能大致知道可以利用的資源情況。例如在戰場上，有一支部隊因為某種偶然因素，錯過了原計劃規定的時間和地點。但原計劃中很多確定性的因素還在。例如哪裡可能有補給，哪裡可能有大部隊等，不至於漫無目的地瞎撞。

第三，計畫的結果是形成了一個個小型的執行模組。在計畫實施的過程中，雖然整體上的計畫很容易被打亂，但是組成計畫的那些小模組仍有生命力。

在這樣的戰場上，真正有作用的，是連排營團這樣的小模組的戰鬥組織。他們看似沒有計劃，但是你想，什麼樣的軍隊敢採取這樣的戰術啊？剛好是平時計劃性比較強，訓練比較充分，上上下下對戰略目標都心中有數的軍隊。

所以，雖然大家公認二戰時，德軍戰鬥力強、作戰素養高，但德軍的強大其實是來自戰前作戰計畫的詳盡。

也有人會抨擊施利芬計畫，認為該計畫詳盡到每支部隊每天要做什麼的地步，而真實情況卻是「一旦開戰，所有的計畫也就作廢了」，「但戰前必須制定計劃」的做法，是非常大的浪費。但這個戰前計畫的重點就在於上面提到的三個點，施利芬計畫的制定，讓德軍上上下下都明確了要儘快結束西線戰事，不能陷入東西兩面作戰的目標。同時一旦情況有變，戰場中的指揮官可以以計畫做一些大致為基礎的預測，以原有的計畫為參考執行下一步的行動，而不至於毫無方向，亂成一團或原地待命。

PI Planning 正是造成了這個作用！這相當於讓多個團隊，對未來 10 周的工作產生共識，對各種依賴及風險提前進行預判，並制定有對應的應對舉措。在接下來的 10 周，一旦發生計畫外事情，也會處變不驚，透過兩週一次的衝刺計畫會議調整計畫，這其實才是「擁抱變化」。

本章重點

1. 過去假設的一次性透過階段 - 門檻（stage-gated）的瀑布式開發方法難以面對新的挑戰，需要一種更具回應性的開發方法來應對現代技術和人文景觀的需求，敏捷是朝這個方向邁出的重要一步。但是敏捷是為小型團隊開發的，而且它本身不能擴充到更大型企業及其建立的大系統的需要。SAFe 應運而生，它應用敏捷的力量，透過利用更廣泛的系統思維和精實產品開發的知識函數庫，將其提升到更高的水準。

2. 敏捷發佈火車（Agile Release Train，ART）是由所有敏捷團隊組成一個大的、長期存在的團隊，通常可由 50-125 人組成。ART 對齊所有團隊共同的使命，並提供統一的節奏來計畫、開發和回顧。敏捷發佈火車提供了持續的產品開發流，每個火車都有專門的人員每兩週一次，持續地定義、建置和測試有價值的、可評估的解決方案能力。

3. SAFe 尊重並反映出四個核心價值觀：協調一致（Alignment）、內建品質（Built-in quality）透明（Transparency）和專案群執行（Program execution）。

4. 內建品質是指企業以可持續的最短前置時間（Lead time）發佈新功能的能力，以及能夠對快速變化的業務條件做出反應的能力，這些能力取決於內建品質。

5. 「無 PI Planning，不 SAFe」。

6. PI Planning 的重要輸出成果就是 PI 目標，PI 的內容、範圍一旦確定後，通常是不會更改的。這類似一個 Sprint，一旦範圍確定，在相對的反覆運算週期內不輕易變更。

7. 為了同步敏捷發佈火車的進展，需要在兩個層面上舉行同步會議。一個是跨 Scrum 團隊層面的 SOS 會議，另外一個是 PO 間的同步會議。

冬哥有話說

SAFe 是廣為流傳的規模化敏捷架構之一，融合了精實、敏捷和 DevOps 的原則與實作。SAFe 的核心思維，被 Dean Leffinwell（迪恩・萊芬維爾）歸納為「精實屋」（House of Lean），以下圖所示。

精實之屋

更重視在可持續的最短前置
時間內交付價值

精實之屋的基礎是主管力，目標是客戶價值發佈，並以尊重個人和文化、流動、創新以及不懈改進作為四根支柱。

彼得‧杜拉克說過，文化將戰略當早餐，個體與組織文化非常重要，所有的事情都依賴於人來做，個體的行為準則最後表現為集體的文化，同時集體的文化又深度影響著個體，文化是最難建置卻造成最深層作用的。

可持續的快速發佈價值，核心是價值的流動。流動是精實思維的最核心理念，所有精實的思維與實作，都是圍繞著如何讓價值流動起來而展開的。視覺化價值流，限制在製品數量，以期曝露阻塞和瓶頸，持續的改善，內建的品質，無不是為價值流動服務的。

創新應來自第一線知識工作者，大野耐一建議現時現地並將其形成 TPS 裡 Gemba（現場）的實作；任正非強調讓聽得見炮聲的人做出決策；尊重第一線工作者，並為他們預留時間和空間進行創新；滿負荷的知識工作者只能是埋頭做事，無法抬頭調整方向；持續不斷的改進，永不停息的追求卓越；創新將精實之屋的四根支柱有機地組合起來。

SAFe 強調從上往下的改進，強調領導者的重要性。關於領導者與管理者的區別，事實上也是精實之屋最核心的基礎。主管變革，培養團隊，支援人才，建立願景，觸發榮譽感，去中心化的決策制定，觸發知識工作者的內在動力，這都是領導者的首要職責。

而整個精實之屋，乃至整個 SAFe 架構，都服務於一個核心目的，即持續地為客戶快速的發佈高品質的產品，在提升客戶滿意度的同時，保持團隊的士氣與安全。

SAFe 的原則歸納為下圖中的 9 條。

#1 - 採取經濟視角
#2 - 運用系統思考
#3 - 接受變化, 保持選擇
#4 - 集成快速學習環, 進行增量式構建
#5 - 基於對可工作系統的客觀評價, 設立里程碑
#6 - 視覺化和限制在製品, 減少頻次規模, 管理佇列長度
#7 - 建立節奏, 通過跨域計畫進行同步
#8 - 釋放知識工作者的內在動力
#9 - 去中心化決策

與敏捷宣言的核心原則交相呼應，同時融入了精實軟體開發的原則以及 Don Reinersten 的精實產品開發思維。

- 原則 1，採納經濟角度。它是 SAFe 或精實敏捷中最重要的一條原則。以小量、快速的方式，持續發佈客戶價值，並快速取得回饋並進行調整，減少浪費並降低風險。WSJF 加權最短作業優先的作業排序演算法，也是以最大化收益為目標來安排作業順序。

- 原則 2，運用系統思考。軟體開發所建置的是一個複雜系統；軟體開發的過程本身，也是一個複雜系統；同時，軟體開發的主體，人與團隊，更是複雜系統。所以要脫離科學還原論的思維，以系統思考以及複雜系統的角度，採用約束理論，價值流分析，了解並對整個價值流進行最佳化，而非局部改進。

- 原則 3，假設可變性，預留可選項，這裡吸取了波彭迪克（Mary 和 Tom Popperdieck）的精實軟體開發原則；產品是逐漸被開發出來的，架構是演進出來的，預留多種可選方案，而非過早地選擇一個勝出方案，這是一個將不確定性轉化為知識的過程。保留可變性，表示機會與創新。以集合為基礎的設計，把每一個判決點，當成是學習的節點。

- 原則 4，透過快速整合學習環，進行增量式建置，是典型的戴明 PDCA 環的表現。

- 原則 5 是 SAFe 架構各個里程碑設定的基礎理念。

- 原則 6，視覺化和限制在製品，減少批次規模，以及管理佇列長度，就是精實軟體開發核心實作的整合。

- 原則 7，節奏與同步。敏捷強調節奏，短週期的發佈作為整個開發過程中的節奏；同步將團隊、人員、需求、依賴進行有機的結合，是節奏必不可少的補充。SAFe 中最重要的 PI Planning 就是節奏與同步結合的最佳表現。

- 原則 8，再次強調知識工作者的重要性，自主性，掌控力，目標感，尊重員工並傾聽他們的聲音。

- 原則 9，去中心化的決策，是為支撐前幾條原則而生。

敏捷發佈火車

為期一周的 Leading SAFe 教育訓練一晃而過，無論是作為高管的 James Armstrong，還是像阿捷一樣的第一線經理，都對 SAFe 這個新生事物感到格外興奮，只有像周曉曉這樣少數的幾個人，才覺得 SAFe 不 SAFe 的都不重要，只要能保護好自己的烏紗帽就好。

回到北京後，阿捷和大民個個都摩拳擦掌，準備大幹一場，畢竟實作才是關鍵，畢竟之前沒有這麼系統的架構，對於像 Sonar 車聯網這樣一個需要在美國、中國、新加坡和印度多個國家、多個時區的許多團隊之間相互配合的大專案而言，沒有系統化的轉型方法論指導，是不敢貿然行動的。但經過這次教育訓練和研討之後，大家對未來充滿了信心。

Incredible DevOps Corp. 為 Agile 公司的這次轉型，提供了全方位的支援，不僅派出了公司最強的諮詢師團隊，而且根據各個國家的實際情況，安排了精通各個國家母語的諮詢師駐場支援。趙敏就這樣理所當然地被安排到中國區提供駐場支援。阿捷終於有機會跟趙敏並肩戰鬥了。

這次 Agile 公司的整體敏捷轉型，因為有良好的團隊級敏捷基礎，雖然挑戰比較大，但還是選擇採用 Full SAFe 的設定。首先由美國總部的幾位 VP 及總監組成了 Lean Portfolio Management（精實投資組合管理）團隊，主要有以下三大職責。

1. 動態投資價值流（Value Stream），由價值流本身全面控制費用，而非針對單一專案，儘量實現去中心化的管理。
   - 不再進行費時的、容易導致延誤的專案費用變化分析。

- 不再頻繁進行人力資源重設定，人力資源將很長一段時間專注在一個專案群 Program 中；
- 不會審查單一專案的超支情況；
- Product Management 對特性（Feature）享有內容上的權威；
- Product Owner（PO）對故事（Story）享有內容上的權威；
- PM 和 PO 代表客戶利益，了解他們的需求，建立特性與故事，做出更好的產品滿足使用者需求。

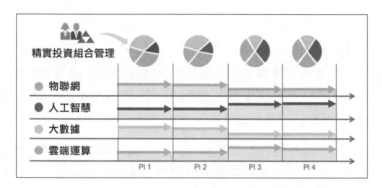

2. 透過戰略主題影響投資組合，包含以下三大新的戰略主題。

- 加強公司在雲端運算、大數據、IoT 和人工智慧方面的研發能力，透過敏捷開發、DevOps 等方法在公司內部的全面推廣落地，力爭在某 1 ～ 2 個領域做出業績標桿案例。
- 先佔新興國家市場，在 2017 年實現銷售收入 50% 的增長。
- 繼續跟進 5G 通訊協定，探索全新主動監控技術。

3. 透過看板系統治理史詩故事（Epic）。

- 對於史詩故事（Epic）的投資決策，需要經過正式的分析與決策過程。
- 分析決策過程要適度，儘量採用精實創業（Lean Startup）的資料驅動的逆向驗證方式。
- 設定 WIP 限制，確保團隊負載正常。

同時為了幫助整個部門更好的落地史詩 Epic 的驗證，Incredible DevOps Corp. 還專門設計了一個範本，供大家參考。

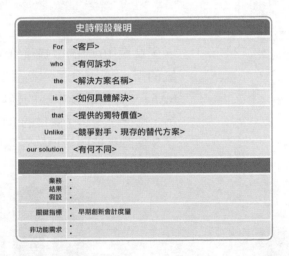

諮詢師根據 Agile 各部門的產品現狀，在 Large Solution 層，設定了兩個 Solution Train（解決方案火車），分別針對兩個重要的解決方案：針對行動網際網路的 Wireless C.06 Solution 和針對有接線的 Core C.05 Solution。每個 Solution 都指定了一位 Release Manager（版本經理）擔任 Solution Train Engineer（STE，解決方案火車工程師），負責協調多個敏捷發佈火車（ARTs）的編組；一名 Solution Architect（解決方案架構師）負責整個 Solution 的架構；由 Solution Management（解決方案管理者團隊）負責管理 Solution 層的 Backlog，即 Solution Backlog。

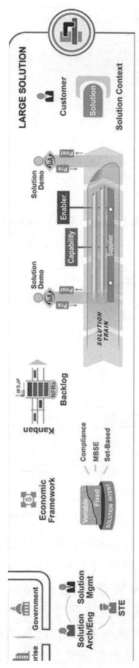

（圖片來源：scaledagile.com）

對於負責協助實施解決方案落地的供應商，單獨有另外一個敏捷發佈火車處理，即上圖中的灰色火車。允許供應商可以以傳統的方式工作，但要求在關鍵里程碑 Milestone 上對齊，並邀請他們一起參加 Pre- and Post-PI 計畫會、Solution Demo、Solution Train 的查看和調整。

對於 SAFe 的落地而言，Essential SAFe 這一層是最關鍵的，而其中的 PI Planning 無疑是重中之重，是順利發起一個敏捷發佈火車（ART）的關鍵一環。

2017 年農曆雞年伊始，北京研發中心的第一個為期 10 周的敏捷發佈火車就這樣在趙敏的帶領下出發了。為了有效地支援落地 SAFe，北京研發中心的團隊全部進行了重構，阿捷承擔起了關鍵的 RTE 角色，並組建了 8 個跨職能的敏捷特性團隊，每個團隊的反覆運算週期都是兩周。

這 8 個敏捷團隊，每個團隊都早已經定好了各自的 PO、Scrum Master，是一個包含產品、開發、測試、架構等角色的跨職能團隊。阿捷擔任 RTE（發佈火車工程師），也即是超級 ScrumMaster，負責整個發佈火車；李沙擔任 Product Management（產品

管理者團隊）負責人，負責整理並排序 Program Backlog，大民是系統架構師（System Architect），為整列火車上所有的開發團隊提供架構及技術上的指導。根據趙敏的建議，還單獨組建了一個 System Team（系統團隊），由阿朱領頭，負責整列火車的跨團隊的整合與測試，以及基礎設施的建設。另外，邀請了市場部的 Mark Li 和 Andy Wang 兩位高管為大家提供商業上的最新洞察，其實這兩個人組成了 Business Owners（業務負責人）這個虛擬團隊。

為了跑好這列敏捷發佈火車，趙敏帶著大家做了 2 次 PI 計畫前會議（Pre-PI Planning），這有點像 Scrum 裡面的 Product Backlog 整理工作。只不過，這次是產品負責人們聚集在一起討論 Program Backlog，為即將到來的 PI 特性進行優先順序排序，並且同步目標、里程碑和業務上下文。在每次 PI 計畫前，都應該有這樣的預計畫會議。大家把特性從一個簡單的標題，整理為可了解的特性，並按照價值、時間緊急程度以及工作量進行排序。這裡沿用了之前阿捷在 SQF 時就已落地的加權最短工作優先（WSJF，Weighted Shortest Job First）演算法，進行優先順序的設定。趙敏建議大家可以去檢視 Don Reinersten 的著作 Principles of Product Development Flow，裡面有非常詳盡的關於延遲成本 CoD（Cost of Delay）的解析。

2 月 8 日是春節上班後的第一天，Agile 北京 Site 的 8 個敏捷團隊，再加上商務、市場、運行維護和營運等關鍵角色，齊聚在國家會議中心的亞洲廳，每個圓桌上都已經擺好了上面的日程手冊，這是阿捷他們前一天晚上的工作成果，以下圖所示。

8：00，伴隨著鏗鏘的音樂，Sonar 公司 CEO 艾瑞克的圖示赫然出現大螢幕上，在《客戶為先，只做第一》短片的襯托下，本次 PI Planning 的主題讓大家熱血沸騰，畢竟，能夠親身參與「最具未來前景的技術性突破」，一起為改變世界工作，在人的一生中都是值得驕傲的一件事。

西裝革履，春風得意的 Andy Wang 首先介紹了本次發佈火車所要完成的 Sonar 車聯網方案中的核心目標，包含有 OTA Wireless C.06 解決方案的業務背景、整體目標未來願景，還重點介紹了主要的競爭對手目前的主要優勢與發展方向；Mark Li 則做了一次 SWOT（優勢、弱勢、機會、威脅）的分享。

9：00，一身正裝的李沙精神抖擻，揮舞著雙拳，慷慨激昂地進行了一次臨時動員。「兄弟們，大家不要被 Mark 提到的弱勢與威脅所嚇倒，作為市場上多年的 Number One（市場第一），我們的技術底蘊還是有的，而且市場上的機會非常好！所以，我們的 C.06 一定會震驚整個業界，我們不僅要在監控技術上有所突破，比斯諾登還要斯諾登，更要在使用者體驗上達到一個新高度，讓友商追都追不上，客戶想都想不到的程度。畢竟，創新需要給客戶提供新的功能，同時要給客戶帶來驚喜。如果你最後給到客戶的只是他們要的，這不是創新，這只是回應了客戶需求。我們這次要實現全流程全方位的覆蓋，而且要自動化、智慧化、積木化、個性化！」

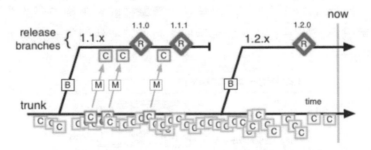

接下來，李沙又簡明扼要地介紹了一下這次 PI 需要團隊完成的重要 Feature（特性），全場鬥志昂揚！

「世界上最好的程式語言是什麼？」大民這個架構師，一上來就提出這個飽受爭議的話題！

「PHP！」「Java 才是！」「C++！」「Python！！」大夥在下面跟著起哄。

大民待大家鬧得差不多的時候，揮了揮手：「兄弟們，我們不管到底是哪個，這次，我們使用的主要語言就是 Java 啦！為了更進一步地實現跨團隊的協作，我們還要繼續以 Jenkins 為主體，架設產品級的 CI 系統，這塊，阿朱會協助我一起完成。至於版本控制，我們將採用 GitLab。」

「好！我贊成！」小寶這個傢伙，在下面喊聲最大，這個事情他可是沒少提。

「除了使用 GitLab 外，我們將採用主幹開發、分支發佈為主的分支策略。」

隨即，大民在螢幕上展示了一張示意圖。

接下來阿朱上場。阿朱首先強調了整合存取控制的要求與標準：「我們這次 8 個團隊第一次要在兩周內不斷地整合，所以我制定了一個簡單的規則，希望大家一起遵守。這個流程一定不是最佳的，大家可能會有些不適應，我們會跟大家一起修正。」

阿朱接下來向大家強調了實際步驟。每個敏捷小團隊提交產品級整合程式時，需要遵守這樣幾個步驟！

1. 按測試報告範本發出測試報告，副本版本經理、QA、設定管理員，測試報告範本如螢幕（右圖）所示。測試報告發出的前置條件：
   - 產品走查完成；
   - UI 走查完成；
   - 埋點測試成功；
   - 服務端上線完成；
   - 遺留問題已確認。

標題：〔測試報告〕模塊名-版本号-平台-需求ID需求名-时间

比如：〔測試報告〕~~　　　　　　　~~

測試報告

測試預约/项目名称	需求ID需求名		測試負責人	
难验证结果	通过	遗留问题数		
报告前置条件	产品走查完成	UI走查完成	埋点测试通过	服务端上线完成	遗留问题已确认
	是	是	是	是	是
遗留问题	严格控制遗留问题，问题必须由问题对应owner决定挂起状态以及挂起级别。所有的严重挂起都需要向总监申请！				
測試范围	1. 当前测试内容 2. 当前需求主要逻辑点、关键测试点 3. 除了功能测试，还进行了哪些测试，也一并列出，比如兼容性测试，接口容错测试。 如果未包含功能外的其他测试项，默认认为仅完成了功能测试！ 注意：测试报告一旦发出，就表明本次测试的需求是可以独立合并代码的，和上下游没有任何耦合关系，如果和其它方有耦合，所有有耦合的关系的相关方必须在一个feature分支上集成并验证通过后，才能发出测试报告，一并集成。不允许分批次单独集成。				
測試文档	1. UC文档：				
	2. 需求设计档：				
	3. 其他文档				
測試日期	测试开始时间		测试结束时间		
測試用例					
BUG记录					
BUG分析					
备注					

问题列表

问题ID	问题描述	问题状态	责任人	报告人	最终结论

任何一個前置條件不滿足，不能發出測試報告。

版本上不再統一收集和 check 發版 review，在各自的專案團隊內部發佈就可以。

2. 開發人員收到測試報告後確認此次測試部分與其他需求 / 其他相關方無耦合，單獨整合後方可向負責設定管理的人員申請整合許可權。

3. 申請到許可權後，開發人員將程式從特性開發分支合併到主幹分支。

測試報告一旦發出，就表明本次測試的需求是可以獨立合併程式的，和上下游沒有任何耦合關係。如果和其他方有耦合，所有有耦合關係的相關方必須在一個特性開發分支上整合並驗證通過後，才能發出測試報告，不允許分批次單獨整合。

4. 透過測試報告申請到的整合許可權，在整合截止當周的週三 9：00 由系統團隊（System Team）統一收回。

「如果整合失敗了怎麼辦？」有人問。

「出現阻塞版本進度的 bug，優先回復，回復不掉再走審核流程。」

午餐分時，大夥一邊在自助餐廳裡大快朵頤，一邊還在津津樂道地講著 C.06。

13：00，第一次團隊突破（Breakout）開始了。團隊突破有些像 Sprint 計畫會，只是參與者由多個人變成了多個團隊。每個團隊先計算自己每個 Sprint 的 Velocity，為了能夠做到跨團隊間的協作一致，每個人每天算是一點，刨除個人的假期，剩餘的工作天數累加，就是各個團隊的 Velocity。團隊根據這個數值，從 Program Backlog 中拉取工作，然後進行使用者故事拆解，並利用計畫紙牌進行故事點估算。

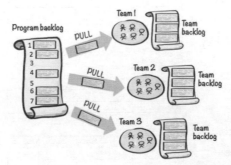

註：本圖摘自 Henrik Kniberg 的部落格
https://blog.crisp.se/2016/12/30/henrikkniberg/agile-lego

每個團隊需要計畫 4 個反覆運算的工作內容，趙敏他們已經提前為每個團隊備好了各自的工作區，以下圖所示。

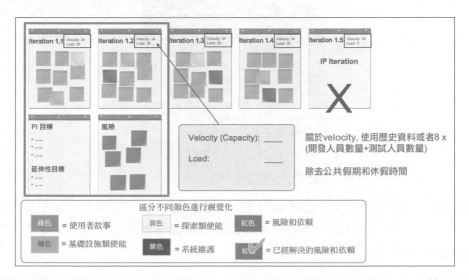

每個團隊在計畫各自工作的時候，因為會有相依關係，過去的實作是各自開會、點對點開會解決，效率很低。這次是各團隊「聯合辦公」，任何一個團隊發現一個相依關係或風險，可以直接與現場的相關團隊溝通，甚至隨時可以直接討論，制定方案。整個過程就像一個 Open Space（開放空間，啟動技術的一種），每個人都可以用腳投票，在各個團隊間走來走去，隨時參加各個團隊的討論。

各個團隊很快細化出了各自的 4 個反覆運算計畫，並識別出了相關的風險與依賴，並開始自己協調依賴的解決。同時，還計算出了每個反覆運算的負載（Load）。同時提煉出了 PI 目標，PI 目標是指在一列火車上，團隊要發佈工作的提煉和歸納。這裡的 PI 目標分為兩個部分：第一部分是團隊保障必須完成的，屬於承諾（Commitment）；第二部分稱為「延伸性目標」（Strech Objective），這一部分是團隊努力去完成的，但不是承諾必須完成。

在這次團隊突破的過程中，為了同步每個團隊之間的進展，及時發現問題，阿捷作為 RTE（發佈火車工程師），在趙敏的協助下，召集各個團隊的 Scrum Master 和 Product Owner，開了兩次 SOS 會議，每次 15 分鐘左右，主要是同步以下問題，以下圖所示。

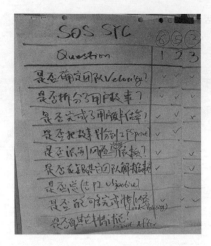

16：00，各個團隊的工作陸續結束了，大家拿著咖啡、茶或飲料，三三兩兩地聚在一起閒聊，整個場面顯得輕鬆愉快。見此情景，在趙敏的提示下，阿捷拿起來麥克風。

「先生們，女士們，請大家就近找一個座位坐下。」看大家基本落座後，阿捷續說道：「非常感謝大家的辛苦工作，現在我們基本完成了各自的 4 個反覆運算的計畫，為了更進一步地同步各個團隊之間的計畫，及時發現風險與依賴，我們接下來評審一下各個團隊的計畫。我們這次評審，也分為四個小反覆運算，每個小反覆運算為期 8 分鐘。在這個時間裡，大家隨意走動，到自己有興趣的團隊區域去，由每個團隊的 PO 或任何一個人，為遠道而來的朋友，說明一下各自的計畫，大家可以提出自己的意見。8 分鐘一到，就執行 Time-boxing，大家選擇下一個團隊，繼續評審，直到四個小反覆運算完成。大家清楚了嗎？如果沒問題，那我們就開始！每隔 8 分鐘我就會發出一次訊號，大家輪換場地！」

阿捷在大螢幕上啟動了一個 8 分鐘的倒計時，每個團隊的工作區前都聚集了一小撮人，聽取計畫，討論風險、依賴，提出新的問題與風險。整場簡直就是一個小型的雞尾酒會，每個人都在積極參與，沒人打瞌睡，更沒人玩手機！

17：00 剛過，阿捷便宣佈當天會議結束，但把所有的管理層留了下來，以每個團隊為基礎的計畫、風險和相依關係展開了討論。

「我這裡有一個重要的 Feature，是關於 IoT 裝置監測的視覺化，但是沒有團隊選擇，我覺得這個非常重要，如果在這個 PI 不做的話，整個系統將少了一隻手。」李沙說。

「我這也發現一個問題，就是我們現在這麼多團隊協作，根據以往的經驗，跨團隊的整合是最麻煩的，每次也是問題最多的。為了解決這個問題，我們需要及早地整合，所以我們需要架設一套跨團隊的產品級的整合系統，而目前這個工作也沒人認領。」大民滿懷憂慮。「我其實也遊說了趙明的團隊，但他們這次認領了太多的 Feature，基本是滿負載了。」

「……」

大家七嘴八舌，說出了很多問題，阿捷一一記錄下來，放在單獨的白板上。

「離 18：00 還有 35 分鐘，我們需要在這 35 分鐘的時間內，針對上面這些問題，列出一個初步的方案。」趙敏接過麥克風，「我建議按照精實咖啡（Lean Coffee）的開會形式，在 35 分鐘內逐一解決問題。」

大夥紛紛表示贊同。

「已經 18：00 ，我們還有最後三個風險沒有評估，根據 Time-Boxing 原則，大家現在決定一下我們是否打破這個規則，同意延長 10 分鐘的請舉手。」阿捷環顧了一下四周。

「好，大多數人同意延長 10 分鐘！那我們就延長 10 分鐘，到時候無論結果如何，我們都將結束！」

18：10：大家看著牆上的漫遊（ROAMing）矩陣（以下圖所示），心裡感到一陣輕鬆。

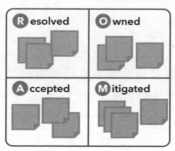

- Resolved 已解決：風險已經解決，不再是問題。
- Owned 已認領：有人負責繼續跟進此風險。
- Accepted 已接受：針對此風險，不需再多做事情；如果風險發生，發佈內容會做對應妥協。
- Mitigated 已減輕：團隊已經有了應對方案。

隨後，大螢幕上出現了第二天的議程安排，以下圖所示。

第二天 8：00，會議繼續開始。

有了前一天會議的基礎，阿捷的開場白沒有過多的客套，直奔主題。

「非常感謝大家昨天的工作，我們管理層根據大家的計畫，以及團隊負載（Load）情況，針對下一個 PI 的商業境遇，我們決定做出以下調整。第一，Jimmy 帶領的團隊將額外去完成 IoT 裝置監測的視覺化 Feature，這個工作對於我們很重要，儘管 Jimmy 的團隊 Load 在反覆運算 3 與反覆運算 4 有富餘，但要額外完成這一個 Feature，挑戰依然很大。為此，我們決定從 Tom 的團隊轉換一個開發、一個測試過去。

「第二，是關於跨團隊間的產品整合。這個事情的重要性無須多言，我們已經討論過多次，這次將由阿朱組建專門的 System 團隊，承擔起這一工作，我們需要從其他團隊抽調 4 個人組成這個團隊，大家根據自己的情況，自願報名！」

「以以上兩個大為基礎的調整，我們還需要處理幾個團隊間的相依關係。感謝李沙的發現。這些依賴已經標記了出來。接下來，我們將要進行第二次的團隊突破！這次將是最後版的計畫。在 10 點，我們請諸位登台演講，展示你們的最後計畫，同時，在這個過程中，我們會協力完成這個 Program Board（專案群板），將團隊的各種依賴、關鍵里程碑事件和共用資源請求都視覺化出來，大家在對應的卡片上，如果可能的話，儘量列出來實際的日期。我昨晚上已經把我老婆的紅毛衣拆了一個袖子，才獲得這些毛線，我們用毛線把各個相依關係連接起來。希望今晚回去不用跪洗衣板呀。」阿捷一邊自我調侃，一邊偷偷瞅了瞅趙敏。趙敏假裝事不關己，但嘴角已露出一絲的笑意。

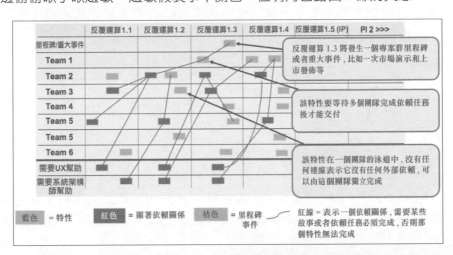

下面一片哄笑。大家開始第二次的團隊突破。在這個過程中，趙敏指導著 Andy Wang 和 Mark Li 組成的 Business Owner（業務負責人）團隊，逐一對每個團隊的 PI Objective（PI 目標）進行了評分。分值是按照 1 ～ 10 來定，業務價值越高，得分越高，最高 10 分，最低 1 分。

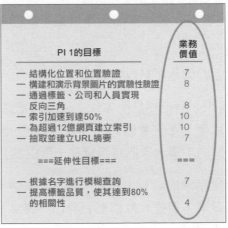

11：00，8 個團隊輪流上台，為大家展示各自的最後計畫，並回答了大家提出的問題。現場討論得很熱烈，問題也很尖銳，對於未解決的、新提出來的風險按照 ROAM 原則，都列出了最後答案。整個過程一直持續到中午 13：00，大家才去午餐。

14：30，待大家充分休息之後，阿捷才重新把人聚集起來。

「兄弟們！現在我們將進行一場史無前例的投票。如果，你對我們的整個計畫非常有信心，請豎起你的大拇指為夥伴們按讚！如果你對計畫依然沒有信心，請把大拇指指向地面！如果你覺得還好，不是特別有信心，也不是很悲觀，那你可以把大拇指水平放置。總之而已，信心取決於你的大拇指指向的角度，大家清楚了嗎？」

「清楚！」

「沒問題！」

「開始吧！」

……

「好！1-2-3，投票。」阿捷環顧了一圈會場，發現 80% 以上的人都是豎起了按讚的大拇指，只有很少的幾個人稍微傾斜著大拇指，沒有任何一個人是缺乏信心的！

「太棒啦！我們基本是全票通過！請把熱烈的掌聲送給你自己及身邊的夥伴們！」

會議室裡響起了熱烈的掌聲。

「接下來，我們將針對本次 2 天的計畫會，開展一次短回顧，大家以團隊形式分別思考一下，我們哪些是做得好的，哪些是可以做得更好，哪些是下次可以嘗試的，請大家把結果寫在一張白紙上！」

兩天快結束的時候，金嗓子喉寶、膨大海和羅漢果成了大家最搶手的東西。雖然很累，但是大家都感到無比的興奮，都期待著 10 周之後敏捷發佈火車完成的情況。

散會後，阿捷單獨留下了各組的 Scrum Master，大家圍坐成一圈，分享著各組的改進要點，一起歸納出共通性的改進建議。

天黑透了，阿捷和趙敏終於駕車上了北辰西路，阿捷抑制不住興奮地說：「小敏，你知道嗎？在這次計畫會之前，我從來沒敢想過，我們居然可以在兩天的時間內實現跨越 8 個團隊的共同計畫。在這之前，我們需要一堆單獨的協調會議、電子郵件和試算表來完成同樣的事情，沒有兩周時間是不可能搞定的。而且，從來沒有看到如此積極參與、協作一致的團隊！我真的要好好謝謝你！」阿捷禁不住側過去輕輕親了一下趙敏。

「嘿嘿！這都老夫老妻的啦！我感覺今天這是太陽打西方出來的節奏呀！」趙敏微微笑著，充滿愛意地看著身邊的這個男人。

阿捷感覺自己臉紅了。

一路上，兩人聊了很多，兩人共同經歷一個挑戰，一起完成一個挑戰，這種感覺真好。

接下來就是每週 2 次的 SOS 會議、每兩週一次的 System Demo。第 8 周結束的時候，所有人又做了一次大的示範與驗收。雖然中間也發生些小插曲，但整體還是順暢的。這期間，阿捷他們做了多次發佈，因為在 SAFe 中，強調的是「按節奏開發，隨選要發佈」，不是要在 PI 結束的時候才做一次發佈，也不是在每兩周的間隙發佈，完全是根據客戶的需要，市場的需要，靈活的多次發佈。

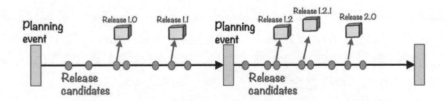

敏捷發佈火車 ART 一旦啟動，就是高速賓士，快要燃起來的節奏！

本章重點

1. 把很多團隊聚在一起，召開一個大的集中式的 PI Planning，有以下這些好處。
   - 減少重複會議，提升效率。集中辦公，協作更容易發生，避免了很多不必要的會議。
   - 及時發現並解決依賴。依賴減少，而且獲得了更好的管理，整個專案也會更加可控、可預測。
   - 主管們比以前更加了解團隊、了解處理程序，因為他們直接參與了整個計畫制訂，既知曉了最後結果，還明白了為什麼要這麼做。以後，如果做任何調整，也會有的放矢。
   - 團隊間的信任感更強。整個計畫過程是透明的，計畫的結果也是透明的，透明增加信任感。
   - 做計畫變得更容易，承諾更容易達成。因為大家協作計畫，考慮了負載情況，還有延伸目標的設立，這些都是把承諾落到實處的關鍵點。
   - 計畫變得更加有趣。整個過程就是一個大 Party，就是一次 Open Space。發生的一切都是自然而然的，沒有任何違和感。

2. 精實咖啡（Lean Coffee）始於 2009 年的西雅圖，建議「用最少的投入，創造最大的產出」，採用這種方式開會，更專注、更高效。
   步驟 1：列出議題 5 分鐘時間，每人各自列出自己想要討論的三個議題。
   步驟 2：投票排序 5 分鐘時間，團隊投票，決定話題優先順序。
   步驟 3：反覆運算討論建立一個小型看板，分為三列：「待討論，討論中，完成」；將所有議題整理為一個待辦列表，放在「待討論」；每次只討論一個話題，相當於 WIP 設定為 1，每個話題的 Time-Boxing 是 5 分鐘，5 分鐘時間一到，大家可以用大拇指來投票：向上翹表示繼續，平著表示棄權，向下指表示轉變話題。
   步驟 4：歸納議題對討論完的話題，複述結論；未討論的話題，記錄在哪裡，什麼時候再次發起討論。

冬哥有話說

SAFe 分為四個層級，分別是團隊（Team）、專案群（Program）、大型方案（Large Solution）和投資組合（Portfolio）。提供了靈活的擴充性和模組化，根據採納的不同層級，SAFe 架構又可以分為幾種類型的設定：Essential SAFe，Portfolio SAFe，Large Solution SAFe 和 Full SAFe，其中 Essential SAFe 是團隊層和專案群層，也是 SAFe 架構設定的基礎。

在 Essential SAFe 中，有十個要素，是實施 Essential SAFe 必不可少的實作，也是 SAFe 中至為關鍵的實作：

- 精實 - 敏捷原則
- 真正的敏捷團隊和發佈火車
- 節奏和同步（Cadence and Synchronization）
- PI 計畫
- 創新計畫反覆運算（IP Iteration）
- DevOps 和發佈能力
- 系統示範（System Demo）
- 查看與調整（Inspect & Adapt）
- 架構跑道（Architectural Runway）
- 精實 - 敏捷主管力

SAFe 的精實敏捷原則在前面的章節裡已經講過，這裡重點講講按節奏開發。SAFe 裡有一句話我很喜歡，Develop on Cadence，Release on Demand，翻譯過來是「按節奏開發，按需要發佈」。這句話給敏捷和 DevOps 的核心理念和實作做了高度的概括。按節奏開發是技術域的事，隨選要發佈是業務域的。

我們經常把軟體開發過程比喻為長跑。在長跑中，步頻和節奏是很關鍵的事情。按節奏開發，保障價值的可持續發佈；而隨選求發佈，則是業務的決策：什麼時候發佈，發佈哪些特性，發給哪些使用者。發佈節奏不需要與開發節奏保持一致，開發保障環境和功能是隨時可用的，業務來決定發佈策略。所以，按節奏開發，是技術層面的保障，而透過功能開關和 Dark Launch 等能力，賦能給業務進行發佈決策，業務可以靈活地進行 A/B 測試，做灰階發

佈，按不同人群發佈不同功能；這是典型的技術賦能業務的場景，也是敏捷和 DevOps 的終極目標。

節奏（Cadence）和同步（Synchronization），是 SAFe 中用來建置系統和解決方案的關鍵概念。節奏幫助開發團隊保持固定的、可預測的開發韻律，同步則保障相互依賴的團隊、活動與事件可以同時發生，並彼此溝通。節奏和同步，兩者一起幫助管理我們工作內在的變化，它們建立了一個更可依賴，可靠的解決方案開發和發佈流程。

節奏與同步的原則，在 Don Reinersten 的 Principles of Product Development Flow 一書中，有詳細的介紹。節奏的效果可以直接在（SAFe）大圖中看到，快速被同步的短反覆運算一結束，就緊接著整合進更大的專案群增量（PIs）。SAFe 中，有許多的實作表現出節奏與同步的概念，例如 PI 計畫，系統和方案示範，以及查看與調整（I&A）工作坊，在固定的、可預測的節點發生。透過保障事先良好的計畫，它也同時降低了這些標準事件的成本。

節奏與同步的目的是為保障價值的順暢、持續、快速流動；在唐的書中對保持節奏所帶來的好處做了相關的描述：

- 使用定期的節奏可以限制變化累積；
- 需要提供足夠容量的容錯來保障節奏；
- 使用節奏可以讓等待時間變得可預測；
- 使用定期的節奏來保障小量；
- 透過可預測的節奏來計畫頻繁的會議。

而同步則可以確保達成以下目標：

- 透過多個專案間同步來開拓規模化經濟；
- 透過容量的容錯來保障發佈的同步；
- 利用同步事件來促進跨功能的權衡；
- 同步批次大小以及臨近流程的時間點可以有效地減少佇列；
- 使用一致的巢狀結構的節奏來同步工作。

31
程式賭場

4 月的第三周，第一個敏捷發佈火車在歷經 10 周、5 個反覆運算和 8 個團隊的艱苦努力之後，終於如期通過了內部的接受度測試，部署到 Agile 公司帕洛阿爾托辦公地的伺服器上，開放給 Sonar 進行燈塔（Light House）試執行。這個燈塔發佈有點像灰階發佈。只是 Agile 公司的業務都是 To B 的，全球客戶數量也就 100 多家，為了驗證早期方案，Agile 會與一些關係比較好的客戶建立起戰略夥伴合作計畫，把早期的、不太成熟的解決方案先期在自己的燈塔環境裡進行試驗，取得驗證結果後，再正式部署到客戶指定的生產環境中，這次 Sonar 公司的車聯網專案就屬於這樣的燈塔專案。

按照 Incredible DevOps 公司的建議，在 SAFe 架構下的每個 PI，團隊在經歷了 4 個正常反覆運算之後，通常都會設有一個為期兩周的特殊反覆運算，稱為 IP（Innovation Planning）。在這兩周的時間內，團隊可以進行系統重構、教育訓練充電、經驗分享、創新研討，同時為下一個 PI 整理需求。為了讓第一次嘗試 SAFe 的阿捷他們利用好這兩周的時間，趙敏根據自己給網際網路和科技公司做諮詢的經驗，向阿捷和李沙他們推薦了兩個獨特而又吸引人的活動：程式賭場與駭客馬拉松。

為什麼要做程式賭場呢？這事還得從趙敏與彪哥的一次談話說起。

彪哥全名叫韓彪，因為人豪爽且酒量無限被人尊稱「彪哥」，是 OSS 通訊協定團隊的 Technical Leader（技術帶頭人）。他的團隊人員最近增加了幾位新員工，為了幫助新人快速的克服學習曲線，Agile 公司一直都有很好的「導師機制 /Mentor」（被人戲稱為「饅頭機制」），也就是為每一位新人配備一位老員

工做導師 /Mentor，用 3 個月的時間，帶新員工快速成長，幫助會有關到各方面，包含公司的規章制度、研發流程和產品知識等。

最近一段時間，多個專案發佈上的壓力，組織上又啟動了規模化敏捷的轉型，大家都忙著跟敏捷發佈火車對齊，都在拼命地壘程式做測試修復 Bug。偏偏越是這樣忙，越是出問題。主要還是在於這批新員工程式設計能力參差不齊，又對 Agile 公司採用的技術架構和相關元件的 API 介面呼叫不太熟悉，直接導致了但凡有新員工所在的組，就需要反覆進行提測，影響到了團隊的整體產出效率。雖然說有導師幫助把關，但是導師也有自己的開發工作，無法面面俱到。雖然說，程式評審（Code Review）在 Agile 公司是強制執行的，也有結對評審（Peer Review）、團隊評審（Group Review）多種形式，只是一旦每個人都忙起來的時候，程式評審不可避免地會淪為形式主義。

其實，這種現象不是彪哥一個團隊才有，其他團隊也有，只是彪哥最早提出來，反映給負責敏捷轉型的顧問趙敏，想看看趙敏有沒有什麼好的方法，能夠讓大家的程式儘量少出錯，做好程式評審，而非單純地依賴流程的強制性。

趙敏了解完彪哥的訴求後，又拉著阿捷、大民和李沙等幾個帶頭人做了一次開放討論，大家一致決定透過「程式賭場」這種形式，觸發程式開發工程師的內在動機，同時減輕工作中的壓力。

4 月 21 日當「程式賭場」的海報與活動郵件發出之後，整個 Agile 公司北京研發中心就沸騰起來。其實，每個程式設計師都有極強的自尊心的，都希望寫出好的程式，贏得他人的尊重，這也就是為什麼那麼多志願者會願意在 Github 上提交程式。程式賭場正好就提供了這樣的一次展示機會，可以展示自己及團隊風采的同時，還能互相交流。

為此，阿捷、彪哥和大民他們聽從了趙敏的建議，取消了單純的獎勵排名，而加入了拜師費的概念，即輸的隊要支付獲勝隊一定金額的拜師費。「拜師費」的命名就從心理上調動了參賽隊的積極性，進一步觸發了大家不服輸的鬥志。而且，除了兩個直接 PK 的團隊外，其他團隊成員都可以圍觀，還可以投注，賭哪個團隊獲勝，這樣群眾的參與性也被調動起來。為了增加趣味性，週邊賭者投注時，大家每次投注設定下限，不設上限，且只能押寶一

隊，每輪結束後投獲勝方的人，按投注比例，瓜分失敗方的投注。這樣，在每個環節下都會有一輪勝負，一個小高潮，確保了整場活動，各種參與者都高度集中，關注比賽，投身比賽。

發出通知後不久，8 個名額就被報滿了。為了顯示公平，同時促進團隊間的交流，阿捷跟趙敏在確定如何為這 8 只參賽小組分組時，下了很大苦心的。最後分成了 4 組，每組的兩支小組都對彼此業務相對熟悉或非常類似，關鍵是開發語言必須一致，每組 4 位隊員，包含隊長 1 名。

同時，阿捷又邀請大民、彪哥、王棟這三位在部門內影響力大並經驗豐富的技術帶頭人擔任裁判，裁判不可投注或參與比賽。既然是程式賭場，核心就是 PK 程式，經過與裁判商議後，重點為邏輯設計、程式架構、可擴充性、模組劃分和可讀性等方面。對於 PK 的程式碼片段，必須在上一個 PI 中已經對外發佈的內容（1000 ～ 2000 行），因為都打了 Label，任何一方都已經無法更改，這樣比賽雙方都可以提前去評審對方的程式。

4 月 21 日，週五上午十點，程式賭場的第一場比賽準時開賽。Agile 公司 5 層的光明頂會議室被擠得如此水泄不通。除了裁判及兩個參賽隊之外，充當觀眾賭徒的其他人只能站著。擔當主持的阿捷用了 10 分鐘的時間，介紹比賽小組、裁判和比賽規則。

然後分別收取了每隊 500 元的「拜師費」，作為獲勝方的比賽獎金。阿捷發起觀眾投注，押注金額最少 10 元，不設上限。除裁判以外的所有人員（包含比賽成員）均可下注，下注只能選擇其中的 1 個團隊。一旦投注，比賽過程中不能更改，比賽開始後不可再投注。 觀眾的熱情立刻引燃，很快兩個隊前就堆了個「金」山。

比賽分為 4 個回合，總共持續了 100 分鐘左右，其中每個環節 25 分鐘（兩隊各自說明 6 分鐘，觀眾互動各 3 分鐘，裁判評分點評 5 分鐘（每個裁判 1 分鐘左右），四個環節的最高得分和時間，阿捷根據情況對評分情況做了適當的調整。

- 自慚：最高 2 分，互捧：最高 5 分，自誇：最高 2 分，互踩：最高 5 分，所謂自慚，就是自己抓出自己團隊的爛程式，說出不好之處，自我批評得

越深刻，得分越高。所謂互捧，就是找出對方程式的精妙之處，拍對方的馬屁，拍得越好，得分就越高。所謂自誇，就是吹噓自己程式的精妙之處，但不能是上一個環節對方已經找出來的，必須是對方沒有發現的地方。這樣的點越多，越是精妙，得分就越高。所謂互踩，是找出來對方的爛程式，並用更優的方式實現，實現的越佳，得分就越高。

為了公平競賽，阿捷提醒裁判要注意以下幾點。

- 評審問題數目，特別注意邏輯設計，擴充性、模組劃分和可讀性等方面。
- 評審問題深度，是否可提供更好的解決想法或建設性的參考方案。
- 參賽態度：雙方是否就事論事，互相學習，禮貌表達等。

經過兩個小時的激烈 PK，第一場程式賭場終於結束，最後老虎隊以 1 分的優勢略勝獅子隊，老虎隊與押注者一起贏得資金共計 1890 元。阿捷將 500 元的拜師費取出，把剩餘的 1390 元按照每個人的出資比例，分給了大家。現場一片沸騰。

對於 500 元的拜師費，阿捷聽從了趙敏的建議，公佈了以下規則。

- 獲勝方需在規定的時間內將發現的程式問題修改完成，才可以獲得獎金。
- 如果獲勝方沒有按時修改完，而失敗方按時修改完，失敗方獲得獎金。
- 如果雙方都沒有按時修復完成，獎金歸入下次賭場使用。

沒錯！現場比賽結束，只是一個開始，真正的 PK 還在後面！這才是真正有態度、負責任的敏捷開發人員。

本章重點

1. 很多公司都將工程師文化和程式文化建設作為工作重點之一。然而，要想不斷提升大家的工程程式品質意識，將提升程式品質的工程活動踐行合格並不是一蹴而就的。就程式評審而言，一些團隊在開發中忙於程式設計，雖然也有程式評審階段，但大都浮於表面，流於形式，效果不佳。如何讓大家重視工程程式品質，如何像玩遊戲一樣將程式評審活動落到實處，或像玩遊戲一樣讓大家沉浸其中，程式賭場或許就是可以嘗試的一項探索性試驗。

2. 程式賭場活動組織小貼士。

- 提前明確規則（包含主要關注哪些方面的問題，不同類型的問題如何界定、評委評分規則等），實施過程中不能改變規則。

- 除了比賽的隊員，其他參加的人員如有興趣也可以拿到 PPT 和程式，否則評審會上兩隊人員講得太快，其他人員的想法可能會跟不上，不能提出有價值的問題。

- 裁判人數要在 3 人以上，由資歷較深的技術專家擔任。每輪比賽結束後，裁判首先匿名投票，然後再列出對應的點評，過程中避免評委間互相干擾。

- 確保問題採擷的深度，不能太偏重於程式風格（如空格、註釋和初始化）。每個程式設計師在把自己的程式提交團隊 Review 的時候，程式都應該是符合標準的，不應該交由團隊來完成，否則只會浪費大家的時間。主持人應該啟動團隊特別注意如何寫清晰的程式，程式的設計如何做得更好，例如同步和非同步的問題，程式如何重複使用，重點分離等。

- 對一個團隊的程式，另一個團隊在評價時，在指出問題之後，也可以說明自己會怎樣寫，列出一些參考方案，促進大家的相互交流。

- 提前為各個環節設定時限，會議中主持人提醒大家控制好時間，加強會議效率。有些話題如果受限於會議時間，無法深度 PK 的話，主持人應該記錄下這些問題，會後再深入討論。

- 審核的程式量要適當，現場審核 200 ～ 400 行程式即可，提前準備的話可以適當增加到 1000 ～ 2000 行。

- 會議結束後，明確程式修復的時間並確認缺陷最後獲得了修復。

駭客馬拉松

程式賭場活動的成功舉辦，不僅讓每個參賽團隊對如何提升程式品質和程式評審（Code Review）有了重新的認識，也給了彪哥他們這些團隊裡的新員工一次真實練兵，提升自己技能的機會。所以，當趙敏宣佈將在四月的第二周 IP（Innovation Planning）時舉辦駭客馬拉松的時候，大家更是摩拳擦掌，躍躍欲試。

「駭客馬拉松或駭客松，是一個流傳於程式設計師和技術同好中的活動。在該活動當中，大家相聚在一起，以合作的形式去程式設計，整個程式設計的過程幾乎沒有任何限制或方向。像在臉書，駭客馬拉松可是他們的經典活動，每隔兩個月，臉書的工程師就會齊聚辦公室，員工們整晚都沉浸在程式設計的世界裡，天馬行空地尋找新的創意，構想新的專案，其時間軸（Timeline）和按讚（喜歡）按鈕的想法就是在這樣的活動中誕生的。現場採用程式設計師們嚮往的結對程式設計、持續發佈、單元測試，互相攻防，就像大型主要聚會一樣。我在矽谷參加過幾次公開的裡客馬拉松。」趙敏一邊給 Agile 公司北京研發團隊的幾個主管介紹駭客馬拉松的由來，一邊用電腦給大家展示了一張從維基百科上找到的在程式設計界可謂經典的照片。

「這張 1975 年 2 月 17 日電腦活動的告示，可以算是駭客馬拉松的根源，更是蘋果公司的根源。後來幾位非常出名的駭客和電腦企業家都是這個 HomeBrew 電腦社團的成員，包含蘋果公司的創始人斯蒂夫·蓋瑞·沃茲尼亞克和斯蒂夫·賈伯斯。後來他們透過每兩周的定期活動，在社團的科技資訊的發佈和成員間思維的交流下，助推了一場個人電腦革命。毫不誇張地說，HomeBrew 電腦社團影響了整個科技產業，改變了世界。

（圖片來自維基百科）

告示內容如下：

HOMEBREW 電腦社團（你可以來給社團取名）
ー電腦業餘愛好者的組織

你想做個人的電腦嗎？終端機？顯示打字機？ 晶片與外部介面交互器件？或者其他各種數碼設備？

或者你想在一個時間共用的設備上買時間？

如果是這樣，活動上你將會遇到一幫志同道合的人。交流資訊，交換意見，談談自己行業內的事，一起完成一個項目……

活動將在 3 月 5 日星期三晚上 7 點，於 Gordon French 的家中舉行。

如果你有興趣但由於時間的安排而不能來到的話，可以為下次活動撕下一張門票。

希望您的到來，待會見。

「大家看啊，正是這一群善於獨立思考，喜歡自由探索，愛分享，熱衷於解決問題，具有創新思維的電子技術和科技同好聚集一起，用當時的電子零組件、電路板等，架設出了最早的一台個人電腦。而這個過程，正是駭客馬拉松的精神所在。也正是我們每個人都應該學習的精神。」趙敏說到的這些，不禁令阿捷和大民他們欣然神往。」

趙敏接著又說道：「後來，1999 年 6 月 4 日，在加拿大，開放原始碼作業系統組織 OpenBSD（www.openbsd.org）舉辦了世界上第一個真正的駭客馬拉松 OpenBSD。組織人向外界邀請對修復電腦程式故障和對電腦安全問題有興趣的人，提供食物酒水，一起解決問題。活動最後來了 10 個人。」

趙敏又給阿捷他們展示了另外一張照片：「這張是 2015 年，OpenBSD 舉行的活動海報，左下角的河豚是該組織的標示。」

「在首屆 OpenBSD 舉辦後的兩周，SUN 舉辦了一場具有商業比賽性質的駭客馬拉松。SUN 的目的想讓開發者一起開發出公司旗下 Palm 電子裝置新的應用。」

「1999 年後，各地舉辦了大大小小的駭客馬拉松，企業家們也逐漸開始加入了駭客馬拉松的小組。」

「2005 年，超級開心開發屋（Super Happy Dev House）在舊金山灣區舉辦了一場反對商業性質的駭客馬拉松，因為許多開發人員只希望專注於技術層面的改善與加強，並以此為樂趣。這種抵制商業文化思潮的駭客馬拉松一直持續到今天，發起者聚集了那些只關心技術的開發者，一起開發，一起享受派對。臉書也於同年將超級開心開發屋的做法，植入於內部的駭客馬拉松文化中。」

「但真正形成如今流行的駭客馬拉松形式的則是 2006 Yahoo 舉辦的駭客馬拉松。在當時，這可以算世界上最具影響力的駭客馬拉松大賽之一。」

趙敏把駭客馬拉松的來龍去脈介紹完，便宣佈下課。這時候，阿捷的手機響了起來，阿捷一看，是自己大學時代的同窗好友昶哥打過來的。昶哥當年在大學裡就是出了名的不走尋常路喜歡嘗新愛冒險，畢業後沒幾年就加入了當時還沒什麼名氣的京東，從底層技術人員一步步做起，現在已經成為京東技術學院的院長，負責京東集團內的技術創新和 DevOps 實作推廣。阿捷知道昶哥平時很忙，連幾次讀者聚會都沒有去，今天打電話一定是有要緊事。

「Hi，昶哥！好久沒你訊息，又在研發什麼秘密武器呢？」阿捷調侃道。

「嗯，最近在折騰網際網路創新的事情。阿捷，你在做什麼呢？」昶哥的聲音一直很高亢響亮，說話也直來直去。

「在聽媳婦講課，介紹駭客馬拉松。」

「哈！你們也要學網際網路公司搞駭客馬拉松了嗎？這方面我們京東可有經驗，我們京技院經常搞。」作為京東技術學院的院長，昶哥負責整個京東的技術類別教育訓練與內部技術社群建設。

「那太好了！我正愁沒地方取經呢，你這是找上門來了！快給我講講你們是如何玩的？有什麼成功經驗給我分享一下？你們搞這個的初衷又是什麼？應該注意什麼？最後的效果又如何？」阿捷把一連串的問題拋了出來。

「打住！打住！你這麼多問題，哪是三八兩句話能夠說清楚的呀。要不這麼，我們找個地方，見面好好聊聊，我正好也有事情找你幫忙。」

「嗯！也好，那我們明天下午 2：00 ？我還是去你們京東樓下的 COSTA 如何？」

「好，就這麼定！明天下午我請你喝咖啡。」

京東總部樓下的咖啡店從來都不愁生意，供應商、訪客和員工總是會把咖啡店從早到晚地佔領下來。在熙熙攘攘的各色人等中，阿捷和昶哥兩人桌上放著兩杯香濃的拿鐵，全神貫注地聊著。

「你們京東為什麼要搞駭客馬拉松？是網際網路公司都會這樣做嗎？」像往常一樣，阿捷開門見山，提出了第一個問題。

「你知道的，網際網路公司最看中業務／技術的創新和研發的效率，而網際網路公司的研發更是一個偏重實作實效，需要動手驗證、動手歷練的工作。作為負責創新和技能教育訓練的京東技術學院，之前我們搞過很多傳統的教育訓練，都是老師講學員聽，有時再加上一定的考試，但這樣灌水的效果都很差，早已過時（OUT）了。教育訓練加上機練習，這也是現在各種爛大街的 IT 教育訓練學校的慣用方法，也過時了。所以，我們一直在思考如何讓研發人怎麼快速成長、怎樣才能真正快速掌握需要的技能，並且在進入部門後能夠用起來，把團隊技能真正提升起來。其實在其他網際網路公司也是類似的情況。教育訓練這事，不要玩花活，現場花樣很多，現場玩得很開心

（High），回到工作職位一切歸零，還是照舊，我們不要這樣的培養方式。」昶哥娓娓道來。

「不少公司說起來也是很注重研發人員的培養，但實在是不清楚該怎樣培養。升級一下，選擇用線上學習＋線下翻轉課堂問答交流的形式，仍然產出甚微。這幾年，我們學院在內部採用進階技能訓練界流行的駭客馬拉松這種的工作坊形式，在一個高強度，高壓力的時間段內，透過實戰演練，讓參與者紮實地掌握業務知識、技術架構、開發標準、開發流程、輔助工具，這就是駭客馬拉松為何會在京東流行的原因。」

「你看，老外的電影是不是這樣：一個青春期少年，家長、老師怎麼說都不聽，非要去冒險。他去冒險後，經歷了很多，擔當了很多，收穫了很多，也感受到了愛與責任，自我也成長了。駭客馬拉松就是這樣一個讓你在實作中成長的過程。」

「哈哈，你現在講什麼都一套一套的，還用上了隱喻！我還是來點實際的，你們到底是怎麼做的呢？」阿捷期待昶哥繼續。

「兄弟你怎麼還是這麼猴急。且聽我慢慢道來。」昶哥喝了一口咖啡。「你看，國內的網際網路公司駭客馬拉松已有很多，雖然都很火爆熱鬧，但能夠轉化為企業業務支撐或成為明星產品推向市場的，並不算多。歸根結底，是因為與業務場景結合度不高，以及團隊研發主力內部創新獲得的觸發力量不夠。」

「所以，我們京東的馬拉松不同於那些折騰了 24 小時後，取得一些與公司業務需求並無連結的創意或是隊員們耗費了大量心血卻並沒有獲得什麼結果的單一程式設計馬拉松活動，因為京東駭客馬拉松的出發點是注重實效。」

「行啦行啦！別吹啦！趕緊來點乾貨！！」

「我們的玩法是產品馬拉松、架構師訓練營、程式設計馬拉松三彈連發。要求在極限時間內，組成實戰團隊，進行實戰 PK，同時會有專家、導師、敏捷創新教練進行指導，用極致的方法達成人才歷練、人才識別、能力應用、動手實作、創新觸發、成果轉換和研發激勵。為了與業務結合，我們的第一次駭客馬拉松就是來自京東虛擬商品研發部的一項需求，即個性化旅遊推薦。」

「哇！你們真厲害！」

「那當然，我們要玩，就玩大的！」昶哥抑制不住自豪，跟阿捷碰了一次杯！

「我們做馬拉松會與業務部門合作，也就是說我們會有一個主題。例如上一次的馬拉松叫 O2O 智慧門店，我們和服裝事業部進行合作，這是他們今年的業務戰略。他們有方向，但是不知道如何去搞，而且過去搞研發，總是規劃、設計、開發、上線，短則幾個月，長則半年，這對於創新探索業務就不合適了，所以我們放進馬拉松活動中去探索。第二點，跟其他馬拉松不一樣的是，我們有核心研發團隊。其他馬拉松的形式都是大家來報名，隨便玩，玩完之後又各回各部門。我們的馬拉松就是以與這個業務密切相關的研發團隊為核心主力，其他人自由報名。主要的業務部門和研發部門進來之後，在指定的主題下我們不限制方法，搞什麼方案都行。這個辦法我們討論了好幾個月，也做了很多試驗，最後收穫很大，例如上次馬拉松過後，已經有兩個專案把成果運用到真實業務中了。」

「聽起來真的接地氣啊！」

「那是！我們的產品馬拉松為期 2 天，按點對點產品設計方法論：需求研究、洞察分析、產品規劃、產品設計、市場推廣、使用者營運、資料分析、產品反覆運算分階段進行。」

「教練每講 1 個小時，隊員就按所講的主題實戰 2 個小時，在實戰過程中教練會不斷走動、觀察，根據學員們的現場問題進行即時指導，然後讓學員們上台展示 PK，導師來評分點評。」

「經過教練一步步地的啟動，產品原型從最初模糊的創意變成互動原型，這也是產品馬拉松的『魅力』所在。」

「那另外兩個也都是 2 天嗎？」

「對，架構師訓練營同樣也是 2 天時間，在產品馬拉松結束一周之後開始。這個時候，產品創意、產品原型、產品細節更趨成熟。在 2 天的時間裡，准架構師們會了解到國際前端架構的發展水準，也會學習到經典的產品架構演化歷史。」

「產品經理會給架構師們說明業務和產品，架構師們要識別出非功能性需求點、技術風險，並設計出技術架構圖，進行技術選型和工作量估算。最後，各個團隊上來展示自己的架構想法並說明為什麼要這樣架構，其他組來進行質疑挑戰。」

「架構師導師們會做最後的點評與指導，選出設計考量最平衡、最適應目前產品並且還有一定未來延展性的架構方案。」

「牛！接地氣！」阿捷直接給了一個讚！

「那是，我們幹什麼從來不玩虛的！」

「我們的程式設計馬拉松同樣也是 2 天時間。在架構師訓練營舉辦完的一周後舉行。這個時候，產品詳細設計說明書經過 2 周時間已經完成，架構方案也已經有了勝出方案，現在就可以進行最小的 1.0 版本開發了。產品經理、架構師、程式設計師共聚一堂，形成一個完整的團隊。我們會邀請敏捷創新教練，現場輔導大家如何快節奏小步反覆運算的研發。」

「程式設計馬拉松是一個高度極限時間的比賽，大家壓力很大，很容易疲憊，也經常會出現團隊內部衝突或是消極情緒。為此，我們邀請了創業公司的創始人給大家分享他們真實的創業經歷，從 0 到 1 地感受他人遇到的挫折。大家邊聽邊回憶自己剛才遇到的問題、思考對產品和程式的改進。接著進行團隊分享，透過交流觸發團隊鬥志，加強團隊凝聚力。」

「這個外部大咖分享真不錯！」阿捷把水果拼盤推到昶哥那邊，示意他吃點東西。「講講細節唄，反正今天下午你是跑不掉了。」

「OK！所謂，磨刀不誤砍柴工！作為組織方，我們需要提前做很多準備工作的。每次駭客馬拉松正式開營之前，需要提供線上學習和複雜內容現場說明，完全針對駭客馬拉松過程中所必需的技能。當針對校招新人群眾，或新技術領域、創新產品的駭客馬拉松主題時，第二個必要動作會非常有效。這樣，透過應用提前幾天學習的內容，團隊合作，才能在 36 小時內產出一個創新成果，畢竟成果是檢驗一切的真理。」

「每次 2 天，一共 6 天的效果的確很棒，但是時間真的有點多，能不能一次

2 ～ 3 天把你説的三種馬拉松放到一起？這樣每天該怎樣安排的呢？」

「當然可以！我給你找個複盤的文章！這個就是按照 2 ～ 3 天來完成的！」

第一天：產品創意

1. 分組
   要根據大家各自的擅長技能和經驗（ UI/ 產品 / 架構 / 資料 / 開發 / 專案管理等）進行成員搭配，一個團隊不需要人人都是高手，但每一個人必須發揮自己獨一無二的作用。力求每個組的角色能力均衡、角色能力互補，因此可以透過問卷，面談，提前了解成員背景。

2. 導師
   為每個組配備一名產品導師一名開發導師。沒有有經驗的導師參與駭客馬拉松，團隊成員在 72 小時內只會混亂忙碌而不會有序地產出有效價值。我們從研發、產品等部門調動了多位第一線專家，成立了強大的駭客馬拉松導師團隊。

3. 敏捷創新教練
   他們與組內導師不同，主要是為大家説明精實創業 / 商業畫布方法，幫助大家整理產品創意。敏捷創新教練也是全程、全場跟進，指導每個組如何有效配合、拿捏工期以及確保最小 MVP 產出。

4. 定義駭客馬拉松主題
   主題的設定對駭客馬拉松的有趣程度意義重大。你可以選擇目前業務痛點方向，未來轉型方向，企業熱點方向，核心業務方向等，但最好融入使用者、行銷、服務等特性，不是有趣可以拉升使用者量，就是具有商業價值可以讓使用者付費。對於參與者要玩到有收穫；對於導師來説，這個課題也很新鮮。可以走出自己日常工作的狀態，重新想像，重新學習，這對導師也是非常有挑戰性的。

5. 這裡滿滿都是坑
   在產品設計階段，每個組開始呈現出不一樣的風格。有的組在大白紙上不斷討論不斷畫，最後大白紙用了 N 張，有的組設立了書記員，大家邊討論，有人進行整理。

有的組有經驗，一上來先定義自己想搞個什麼，是問答社群？是線上視訊直播？是問卷調查？是課程付費？是線下教育訓練報名／簽到／點評？

有的組有方法，按使用者場景來。一個使用者要做什麼事，先做什麼後做什麼。把事件用彩貼紙卡片記錄下來，然後像拍戲一樣演練。

有的組一上來就排列功能選單。照著功能選單講流程，發現越繞越複雜，大家都忘了怎麼跳躍跳的路徑了；有的組是一上來先從首頁雕琢精細，開始上網找圖，開始 PS；有的組是開始折騰 Axure 了，更有人在折騰 Dreamweaver 了……

這些環節都需要組織者進行提醒，各組及時的跳出，調整，回到正軌。

第 2 天：架構設計

1. 技術選型

   駭客馬拉松通常不會特別規定使用什麼技術，你可以選擇 Java、PHP、.Net 或 Android 開發都 OK，甚至 C++ 也攔不住，用什麼 Framework 也不阻攔。因為即使專案經驗很淺，現場也可以在較短時間內，學會一些架構技術，進行設定修改和開發。

2. 組內分工

   討論產品創意的時候，全組都會參與其中。但架構設計階段，是架構師、開發人員才能參與的階段了，所以產品、專案管理，測試，行銷，營運人員的角色需要繼續增強介面原型圖、增強功能詳細說明的規格書。

   導師需要把人員分為前端、業務邏輯、資料庫，把程式分佈在三個層面，這樣開發人員都能運用自己會寫的技術，平行推進。如果用 SOA 架構，

Thrift 提前定義好介面，那大家就可以用自己熟悉的開發語言來寫各自的模組，模組之間透過 Thrift 來相互呼叫，效率就更高了。除此之外，架構階段需要完成的，就是設計定義好函數介面、函數呼叫流程。

第 3 天：打磨產品，細節開發

1. 詳細開發

   通常在這個階段，產品設計和開發人員將出現相互 PK 的現象。有的功能在開發時才會發現有些問題沒有想通，然後大家就開始討論。有的組甚至扯到很遠，扯到產品創意階段了，覺得一開始定位就沒想明白，白白浪費了大量的開發時間，甚至有的團隊鬧得不歡而散。

   在這個 PK 爭論階段，需要發揮團隊專案經理的功效了。有的專案經理「嗅覺」比較靈敏，會及時出現協調現場氣氛，例如讓大家先一起出去吃點東西，散散心換換腦子；有的團隊專案經理如果看不清狀況，也會牽扯進產品和開發的 PK 中。一會兒同意產品經理意見，一會兒同意開發人員的意見；有的團隊專案經理開始討論砍功能、開始討論我們要注意進度……有沒有覺得這個場景非常的熟悉？

2. 測試

   多數情況下，你會看到程式的完成度不高，無法引用單元測試；程式走不通，無法繼續測試；很多擔任測試角色的人，經常在首頁，登入等功能上耗費大量的精力進行測試，找問題說漏洞，有的倒是會選擇直接在資料庫裡編資料，先把程式全程跑通再說……多種情況都會在現場發生，組織者會與技術專家在現場及時啟動指正。

3. 展示

   駭客馬拉松最有趣的環節之一是給每個團隊設定固定時間進行產品展示，然後接受其他團隊的 2 次提問。這裡可以設定 PK 的形式，專業評審不能獨裁決定驗收成果，提問環節大家的投票會進行綜合評分。正所謂台上一分鐘，台下十年功，好的產品也需要好的展示，否則只能事倍功半。

   作為組織者，也會對專案展示階段的注意事項進行提前的教育訓練，幫助你的專案加分。例如產品經理來分享需要做哪些準備；如果是根據團隊的不同分工角色，輪流說明自己的部分，又需要怎樣獲得加分；如果是進行

產品 Demo 示範，怎麼能做到比 PPT 更有趣，也許有的團隊會用 3D 的酷炫方式展示大數據模型和演算法，這也不是天方夜譚。

4. 評審

評審，驗收，必須找高手。京技院在程式設計馬拉松活動中，會邀請京東首席技術顧問，從技術架構和程式實現成熟度來驗收大家的作品；京東技術學院院長，從 CTO 角度驗收大家作品的商業價值和完成成熟度；京東系統營運支援經理，從使用者體驗角度來驗收大家的作品等。

PK 環節是很激烈的。有的團隊越問越深，全是細節；有的團隊抓住一點反覆挑釁；有的團隊到處抓人缺陷，非要拼個「你死我活」；有的團隊甚至台上台下互相吵起來，這都需要組織方及時把控現場，把大家帶回正確的方向。

5. 「畢業」大趴

當一切都結束之後，「大趴踢」是令大家印象最為深刻的部分。導師，評審和團隊經過三天三夜在一個戰壕裡的摸爬滾打，之間都有了非常深厚的戰鬥友誼。別看剛才為了某個模組爭論不休，「大趴踢」上卻是最為親密的夥伴，他們之間所建立的信任感，認同感，是多少次正常團建都無法實現的。這段難忘的經歷在以後大家日常工作中，將是很好的一段記憶。要達到的團隊凝聚力、團隊協作、團隊融合、新老搭配，這些訴求也都達到了。

「這個文章歸納的真不錯！收藏，回去就照著這個玩。」阿捷興奮異常。

「那該說說我的事了吧？」昶哥笑眯眯地看著阿捷。

「您講您講！」

「我看你朋友圈，總是有你們關於實施規模化敏捷的情況，整得不錯！我想讓你幫個忙，幫我設計一下我們京東的敏捷課程，把你們在大規模敏捷上的實作經驗，引用我們網際網路界。」

「好呀，那我就拋磚引玉，給你出出餿主意。」

經過一陣碰撞，一份針對不同角色的教育訓練方案，躍然而出。

從京東回來後，阿捷把自己和昶哥討論的一場 3 天駭客馬拉松計畫初稿拿給趙敏、李沙和大民他們討論，大家都非常興奮。

趙敏悄悄問阿捷：「臭小子背著我去哪裡取經了？這樣的計畫方案絕對不是百度或 Google 上查獲得的！」

阿捷心裡樂著嘴上卻說：「還不是聽趙老師您講駭客馬拉松之後的靈光乍現，靈光乍現。」

Agile 公司的這場駭客馬拉松活動非常成功，很多非常接地氣的想法被提了出來，並完成了初步的程式原型，大家都興奮異常！

本章重點

1. 駭客馬拉松打破了日常以部門為單位的固定形式，採取了自由結合、集思廣益的方式。這種自願組合的方式使每個隊員以不同於以往的角度去觀察現狀，一些創新靈感可能會由此閃現。

2. 在駭客馬拉松裡，沒有 Level（等級），更沒有繁瑣的層層報告，它跨越了層級、部門的固有界限，隨心所欲的天馬行空、發揮、創新，這正是駭客馬拉松的核心理念與獨特魅力所在。這種方式創造了相當大的生產力，改變世界的機會也許就在這裡。

3. 駭客馬拉松進行中的每一刻，每個人只對自己的興趣負責。它是釋放想像力的狂歡，全球網際網路圈子裡的很多重要產品都是在這樣的狂歡中產生

的。在特立獨行的駭客文化中，這樣的活動能讓參與者獲得藐視權威的力量，在顛覆性的程式裡找到改變世界的靈感。在這裡對熱愛技術的極客來說就像是身處一個遊樂場。

4. 產品馬拉松，按點對點產品設計方法論，從需求研究、洞察分析、產品規劃、產品設計、市場推廣、使用者營運、資料分析、產品反覆運算分階段進行。一般創新教練每講 1 個小時，會讓大家按主題實戰 2 個小時，在實戰過程中教練會不斷觀察，根據學員們的現場問題進行即時指導，然後讓學員們上台展示 PK。經過教練一步步地啟動，最後將模糊創意變成互動模型。

5. 架構師訓練營，一般在產品馬拉松結束一周之後開始。這個時候，產品創意、產品原型、產品細節更趨成熟。在這個時候，產品經理會給准架構師們說明業務和產品，架構師們要識別出非功能性需求點、技術風險，並設計出技術架構圖，進行技術選型和工作量估算。最後，每個團隊上來展示自己的架構想法並說明理由，再由其他團隊成員進行質疑挑戰。真正的架構師們會做最後點評與指導，選出設計考量最平衡、最適應目前產品並且有一定未來延展性的架構方案。

6. 程式設計馬拉松一般在架構師訓練營舉辦完的一周後舉行。此時，產品詳細設計說明書經過 2 周時間已經完成，架構方案也已經完成，可以進行最小的 1.0 版本開發了。產品經理、架構師、程式設計師共聚一堂，形成一個完整的團隊，快節奏小步反覆運算研發。

7. 整個駭客馬拉松，敏捷創新教練的作用不可或缺。現場輔導，讓團隊用正確的工具，做正確的事情，可以造成事半功倍的效果，可以非常有效的打造起創新文化。

8. 透過產品馬拉松、架構師訓練營、程式設計馬拉松，實際上走完了從產品創意——產品詳細設計說明書——架構設計——最小 1.0 版本的反覆運算過程。三個活動環環相扣，可以算是世界上最小、最有效的「YC 創業營」。

冬哥有話說

《精實企業》中說，比日常工作更重要的，是對日常工作的持續改進。精實生產系統 TPS 中，有改善閃電戰（Kaizen Blitz），是 TPS 的重要組成部分，它強調的是日常的持續的改善，讓工程師以自我組織團隊的方式來解決他們有興趣的問題。

與駭客馬拉松的思維一脈相傳，臉書將公司內第一條道路稱為駭客道（Hacker Way），駭客馬拉松也是臉書的一大傳統。臉書於 2012 年 5 月 18 日登入納斯達克正式上市，然而很少有人知道，臉書慶祝上市的方式不是狂歡，而是舉辦了一場駭客馬拉松，「這場駭客馬拉松在祖克伯格象徵性地敲響納斯達克開盤時脈時達到高潮。」

駭客馬拉松，也是學習型組織建設的表現。彼得‧聖吉在《第五項修煉》一書中強調，學習型的組織與安全的文化，讓日常工作的改進做到制度化；學習型的組織，將成功與失敗都視為是極佳的學習機會，每個人都是持續學習者，而整個組織建置了開發、公正和安全的文化，同時也為日常工作的改進預留時間，來償還技術債務、修復缺陷、進行重構以及最佳化程式。

塔吉特（Target）公司每月會組織 DevOps 道場，設定每月挑戰計畫，通常是 1～3 天；而其中強度最大的是為其 30 天的挑戰，讓開發團隊在一個月的時間內，與專職的道場教練和工程師一同工作；開發團隊帶著工作進入道場，目標是解決長期困擾的內部問題。在 30 天內，道場中的團隊密切合作，在道場結束後，又各自回到自己的產品業務線，道場不僅幫助解決重大問題，也讓彼此的知識得以共用以及碰撞，並將這些知識傳播到各自的團隊。

《豐田策略》中說，就算不去最佳化現狀，流程也不會是一成不變的。無論是駭客馬拉松、改善閃電戰、DevOps 道場或是其他類似的為改進工作、償還技術債務以及產品創新，而專門實行的例如程式大掃除、20% 創新實作等，都有助組織建置全域的知識共用與學習氣氛，在日常工作中植入彈性模式；透過定期舉辦改善閃電戰、駭客馬拉松等活動，價值流中的所有人都以合夥人的心態進行創新和改善，不斷將安全性、可用性和新的知識整合進來，這也是前面章節中，我們提到「反脆弱」型組織的真實表現。

33

設計衝刺與閃電計畫

偉大的東西都需要進行驗證。對於在阿捷他們舉辦的駭客馬拉松中產生的兩個可應用於 Sonar 車聯網專案的想法，阿捷回饋給了在帕洛阿爾托的市場部門同事，讓 Sonar 客戶大為讚賞。客戶方認為這兩個想法非常具備技術的前瞻性與挑戰性，希望阿捷他們研發團隊加到實際的專案裡進行快速設計與技術驗證，以決定是否能夠正式進入到下一個產品 PI 計畫中。由於系統排產設計的要求，這個事情需要在五月的第一周內列出答案，以便讓 Sonar 的管理層做出「做 / 不做（Go/Not Go）」的決策。

對於這樣的工作，按照 Agile 公司的工作節奏，至少需要 1～2 個月的研究時間，現在需要阿捷他們在一周內完成這樣的挑戰，明顯屬於不可能完成的工作（Mission Impossible）。而作為外部顧問，Dean、Richard、Inbar 和趙敏他們也已在四月底結束了在 Agile 公司的諮詢實施工作。

五一假期的最後一天晚上，說好不把工作帶回家的阿捷左思右想，還是無法忍住跑到正在看美劇的趙敏旁邊，討好地說道：「趙老師，打擾一下，還是得請教一個事情。」

趙敏知道每次阿捷尊稱她為老師的時候一定就是有求於她，於是按下暫停鍵，微笑地說：「講，又是專案上遇到什麼難題了？不是都幫你們把 SAFe 落地了嘛！」

阿捷把放假前 Sonar 要求在一周內完成設計驗證的事情，一五一十地講給趙敏聽，也提到了 Agile 公司高層也知道這是一件幾乎不可能完成的工作，但客戶就是上帝啊。

「嗯，我知道你們在駭客馬拉松裡產生的那兩個不錯的想法，其實 Sonar 他們要求的也不是完全不可能完成。我知道 Google 內部曾經流行一個玩法，叫『設計衝刺』（Design Sprint）。他們的設計衝刺的週期就是一周，利用一周的時間驗證一個挑戰，而你們有兩個挑戰，嘗試分兩個團隊用一周時間來分別完成看看怎麼樣？」

「對呀，就知道你有錦囊妙計。這又是 Google 發明的玩法嗎？」阿捷知道去年趙敏曾經在 Google 的山景城總部做了 3 個多月的諮詢專案，幫助 Google 幾個 Beta 產品團隊在雲端運算、微服務和 DevOps 幾個領域做技術創新的實作。

「設計衝刺這個 5 天架構的確是 Google 的原創，但是裡面的核心思維卻是來自『設計思維』（Design Thinking）。」趙敏果然是見多識廣，說起一些新東西來，如數家珍。「設計思維來自美國矽谷，由全球最大的商業創新諮詢機構 IDEO 提出，已成為商業創新最熱門的話題之一。史丹佛大學還專門成立了設計學院 D.School，致力於設計思維的發展、教學和實作。設計思維早已突破狹義的設計概念，它不只是講設計的，也不僅是給設計師學習的，設計思維和設計師職業沒有直接關係，是一套產品與服務創新的方法論，還可以用於流程再造、商業模式創新、使用者體驗改進等，是每一個想要突破自我、做出創新的個體和組織都需要掌握的一套方法、工具和理念。蘋果、IBM、寶潔、SAP、西門子和埃森哲等諸多企業將設計思維作為內部創新的主流方法論。」

「它的整個架構結構是這樣的，」趙敏邊說邊在一張紙上畫了幾個圓圈。

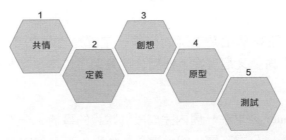

第一步：共情（Empathize），意思是要有同理心，從客戶的角度思考，體會客戶有些什麼問題，背後的核心訴求又是什麼。

要做到共情，有三個關鍵點。

- 首先是觀察（Observe），這裡講的觀察不僅是觀察使用者行為，而是要把使用者的行為作為他的生活的一部分來觀察。除了要知道使用者都做了什麼，都怎麼去做的，還要知道為什麼，他的目的是什麼，要知道他這個行為所產生的連帶效應是什麼。
- 其次是參與（Engage），這裡指與使用者對話，做調查，寫問卷，甚至是以設計師或是研究者的身份去跟使用者「邂逅」，盡可能多地了解到使用者的真實想法。
- 最後是沉浸（Immerse），這裡是指親身去體驗使用者的所作所為，這一點也是最難的。國外一家創業公司，一幫大老爺們想為孕婦做一款產品，為了體驗孕婦的不便之處，他們特意穿上特製的衣服，把自己裝扮成孕婦，體驗生活了一周。能夠具備這種精神，他們做出的產品不受歡迎才怪呢。

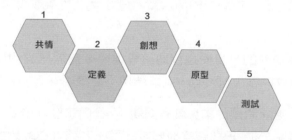

第二步：定義（Define），在更加了解了客戶需求之後，我們要寫出一個 Problem Statement（問題宣告）來說明一個 Point of View（POV/ 觀點）。

POV 類似一個企業的願景宣告（Mission Statement），是用一句很精簡的話來告訴別人你這個產品是做什麼的，有怎樣的價值觀。要得到這樣一個 POV 需要考慮很多因素，比如說我們的客戶是誰？我們想解決的是什麼問題？對於這個我們想解決的問題，我們已有哪些假設？有什麼相連結的不可控因素？我們想要的短期目標和長遠影響是什麼？我們的基本方法是什麼？

這一步的關鍵在於如何定義好你的創新問題。如何提出好的問題呢，我們通常會用 HMW 這種形式，也就是「我們可以怎樣」（HMW，how might we），這種方式確保你使用最佳的措辭提出正確的問題。

Google、臉書和 IDEO 的創新通常都是從這三個詞著手的。我們可以怎樣加強 X……我們可以怎樣重新定義 Y……或我們怎樣能夠找到一種新的方法來完成 Z？簡單的三個單字讓你和大家在實作過程中時刻保持一個正確的、積極的心態：

- How：啟動大家相信答案就在不遠處等待我們，樹立起信心；
- Might：建議一種可能性，目的是讓大家在這個階段提出盡可能多的方案；
- We：提醒大家這是一個團隊工作，我們需要彼此啟發。

HMW 方法對解決問題可能有幫助，也可能沒用，不過無論哪種情況都可以接受，我們來看一個實例。

20 世紀 70 年代初，寶潔公司的市場團隊正為與高露潔的一款新品香皂競爭而苦惱。這種名為「愛爾蘭春天」的香皂以一條綠色條紋和誘人的「提神醒腦」為賣點，但一直沒找到好的切入點，只好尋求商業顧問閔·巴薩德（Min Basadur）的幫助。

當巴薩德以諮詢顧問的身份受邀協助該專案時，寶潔已經測試了 6 版自行研發的山寨版綠條紋香皂，但沒有一款能勝過「愛爾蘭春天」。

巴薩德認為寶潔團隊問題的本身就有問題：「我們怎麼才能做出一款比 XX 更好的綠條紋香皂呢？」，巴薩德讓他們設計了一系列野心勃勃的 HMW 問題，並最後以「我們可以怎樣創造一款屬於我們自己的、更加令人神清氣爽的香皂」。

這個方法開啟了創意的閘門，巴薩德說，接下來的幾小時裡誕生了成百上千個關於令人神清氣爽的可行方案，最後團隊將尋找神清氣爽的主題聚焦於海濱。據此團隊開發出了一款海洋藍與白色條紋的香皂並命名為「海岸」。它憑藉著本身優勢與優秀創意，迅速成為一個明星品牌。

就像「海岸」的故事告訴我們的，HMW 這種方法遠不止這三個詞的運用，它還有更深的內涵。巴薩德採用了一個更龐大的流程來啟動人們提出正確的 HMW 問題。這包含提出很多「為什麼」問題。舉例來說，為什麼我們要這麼拼命去製造另一種綠條紋香皂？同時他鼓勵寶潔團隊不要執迷於競爭對手的

產品，應該試著站在消費者的角度看問題：對他們來說，歸根到底，一切與綠條紋無關，只與他們想要的神清氣爽這種感覺有關。

正如愛因斯坦說過的，提出一個好的問題，遠遠比解決方案重要得多，這就是「定義」階段的重要性。

第三步：創想（Ideate），其實就是做腦力激盪，盡可能多想解決方案。

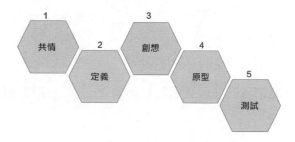

在創想階段，最重要的就是接受所有想法（Say「Yes ！」to all ideas），也即是說要為所有的點子按讚，每一個點子都是好點子，不加任何判斷，不著急去考慮可行性，鼓勵瘋狂的點子，而且是越瘋狂越好。關於腦力激盪的資料很多，這裡無須多言。

第四步：原型（Prototype），用最短的時間和負擔來做解決方案。

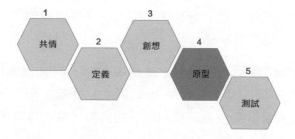

設計思維建議的原型除了做產品原型之外，還強調要在做原型的過程當中發現問題，找到新的可能出現的問題或瓶頸。為此，D.School 還自創了一個新詞叫 Pretotype，就是 Prototype 的 Prototype（原型的原型）。在 D.School，為了能讓學生快速、廉價地製作 Pretotype，有一些專門的櫃子裡放著各種手動原料和工具，像是剪刀、貼紙、卡紙、布料、布條、舊的易開罐和雪糕棒等等。

第五步：測試（Test），是拿前一階段的產品原型找真實使用者測試。這階段建議「走出去」（Out Of Building），因為真實的回饋才是最重要的。這裡可以用眼動實驗、出聲思考（Think Aloud）測試、可用性測試等方法。

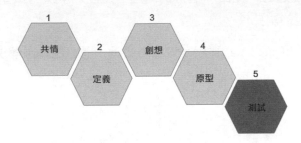

「趙老師，你能不能帶我們按照這個設計衝刺玩一次？把那兩個挑戰給解決掉呢？」

「可以是可以，就是時間真的太緊了，今天就是周日，大家都沒時間做準備。」

「倒是不用擔心，我們公司的人包含頂層主管都還是很開放的，只要能解決問題，大家都會鼎力支援的，我們就搞一次吧！」

「好，你要覺得沒問題就行。那我們先去超市，我要買些義大利面與棉花糖做教具，明天先帶大家玩個破冰遊戲。」

第二天早上，趙敏把所有的人分成了 4 組，並為每組發放了一個棉花糖、20 根義大利麵條和一個紙膠帶。

「大家好！今天我們來玩一個遊戲，這個遊戲叫『棉花糖挑戰』。挑戰什麼呢？你們每組要在 18 分鐘內，利用 20 根義大利麵條，架設一個棉花糖塔，塔尖是棉花糖，我會計算從棉花糖到塔基的高度，哪個團隊的高度最高，將勝出！」

「這裡的要求是：棉花糖塔的塔基不能做任何固定，也就是說你不能把它黏在桌子或地上，要能移動；棉花糖必須要放在塔的頂部；義大利面可以折斷來用。」

「大家都清楚了嗎？如果沒有異議的話，我們開始。」

隨著鐘錶的滴答聲，每個團隊都開始了緊張的工作。有的團隊甚至拿起了紙與筆，開始規劃這個塔應該長成什麼樣子；有的團隊開始用膠帶把義大利麵黏接起來，以形成更長的麵條；也有的團隊乾脆直接拿三根麵條組成了一個小金字塔……現場格外熱鬧。

「還有 10 分鐘……還有 6 分鐘！」趙敏提醒著時間。

大多數團隊都在忙著用麵條架設塔，幾乎沒有人把棉花糖放在最上面，去測試一下自己的塔能不能支撐住棉花糖。

「最後一分鐘！請大家記住一定要把棉花糖放在頂部，我們只計算棉花糖的高度。」

時間截止時，只有兩組的塔是立住的，一個是穩穩的三層金字塔，棉花糖就在頂端，一動不動；另一個組的塔已經彎了一半，棉花糖在上面搖搖欲墜。

「好！請大家就坐吧！沒立住的也沒關係，我們來歸納一下。每組先回顧一下自己的工作過程，看看有什麼感悟。」

「我先來！」章浩站了起來，「其實我們的架構是好的，每個接駁點也都是最整潔的。」

「可就是沒立住呀！」阿紫適時地補了一刀，引起了哄堂大笑。

章浩也笑了笑，「其實我們還是有機會的，我們只是最後把棉花糖放上去時，才開始傾斜的，之前一直好好地，沒想到棉花糖還挺重。我們已經在修正了，如果再有 3 分鐘，相信我們一定能立住！」

「再給你們 5 分鐘，估計也立不住！」阿紫還在起哄。

「一定沒問題。我們的問題應該是沒有提早把棉花糖放上去試試，直到整體架構都搭完了，才把棉花糖放上去。這樣一旦出現問題，修復起來就很麻煩了。」章浩一邊指著倒在桌上的塔，一邊拿起一張紙說，「不過，我們架構一定是最完美的，你們看我們這個草圖！」

下面又是一場哄笑，還有人鼓起了掌。

「嗯，我相信另外兩組，也是同樣的想法，都是最後才出的問題！既然阿紫這麼喜歡説，那你講講你們是怎麼做的吧？」

「你們看，我們這個塔多穩定，吹都吹不動！」阿紫得意地用書扇了扇，「我們呢，因為沒有架構師，所以呢，也沒想那麼多，一開始就拿了一根麵條，把棉花糖插在了上面，我們發現，居然還挺沉，這根麵條立刻就彎了！於是，我們就用了另外一根一起來支撐，這樣就穩定了！」阿紫指著最高的部分説。

「然後，我們架設了一個小的金字塔，三根麵條是塔基，三根麵條是三條斜柱，這個就是中間的這塊！然後我們把之前的兩根麵條和棉花糖再固定在這個金字塔的頂部，也是很穩的！」

「這時候，我們還有一半的時間。於是我們決定在下面再架設一層，把這個金字塔加高！」阿紫得意地環視了一下四周，「所以呢！我想説，架構師在這裡面是沒用的，還得儘早嘗試才行。」

現場一片掌聲和歡笑聲，大家仿佛都到了人生巔峰。

「嗯！非常感謝阿紫的分享！這個遊戲我帶很多團隊做過，很多團隊都會犯你們其他三組的錯誤，最後都立不起來！」一聽到趙敏這銀鈴般的嗓音，大家馬上平靜下來，「這裡面最重要的事情，就是要儘早去嘗試，既不要空想，也不要想得太多，先有個最基礎的版本，雖然不高，但至少是完整的，能夠把棉花糖立住的。先架設一個小型的，不要求高度，只要先做成，穩定了，然後在此基礎上再加高，如果發現不行，要及時地對結構進行調整，最佳化增強。這樣也能確保在有限的時間和材料下，做出一個可能不是最高的，但是完整的棉花塔。這也就是阿紫他們團隊的工作過程。」

「之所以想帶大家玩這個遊戲，就是想讓大家明白，任何偉大的想法，都要及早地去驗證，儘早嘗試。因為所有的想法，都是一個假設，所有的假設都是拍腦袋想出來的，都是不可靠的，都需要驗證。如果你的假設獲得了驗證，再投入資源大規模進入市場；如果沒有通過，那這就是一次快速試錯。」

「非常感謝趙敏老師。」阿捷這時候接過了麥克風，「首先告訴大家一個好消息，我們前幾天針對 Sonar 提出的車聯網解決方案，其中有兩個點子，已經獲

得了 Sonar 的初步認可，他們希望我們能夠快速驗證！當然，給我們的時間也很緊，算上今天也只有 7 個工作日！」

「哇！這怎麼可能……」下面一片譁然。

「我最初也覺得這是不可能的工作（Mission Impossible）。但是，Google 有一個 5 天的『設計衝刺』（Design Sprint），就是說他們會在 5 天的時間內，完成一個挑戰的驗證，列出初步的解決方案，然後再去制定一個 30-60-90 的閃電計畫，快速落地。關於怎麼做，大家不用擔心，趙敏老師會帶著我們一起來衝擊。大家鼓掌，再次歡迎我們敬 - 愛 - 的 - 趙 - 敏 - 老 - 師！」

在夾雜著口哨的熱烈掌聲中，趙敏從阿捷手中接過了麥克風，微微瞪了一下阿捷，似乎怪他油腔滑調！

「大家好，其實這個設計衝刺，脫胎於一個創新架構，設計思維（Design Thinking）。簡單從字面上來看，似乎這跟設計相關，這是一個常見的誤解，其實它是與創新相關的，是一個創新思維架構。一提到創新，大家馬上想到腦力激盪，似乎創新就是要想出來各種天馬行空的點子，其實這是非常片面的，點子的確很重要，但卻不是最重要的，更重要的是問題風暴。正如愛因斯坦所講，『提出一個好問題，遠遠比解決方案更重要！』所以，設計思維是從人的真實需求出發，首先經歷一個使用者洞察及問題定義的過程，再進入到解決方案域，然後再快速形成原型，讓真實的使用者做測試，根據回饋，再做針對性的調整，不斷最佳化。」

趙敏洋洋灑灑，把前天晚上對阿捷講的那些內容又跟大家講了一遍，大家聽得有滋有味。

「聽了趙敏老師對設計思維的說明，感覺是不是超棒？！現在該我們動手啦。」在經過片刻休息後，阿捷又把大家召集在一起，「我們這次的挑戰是『在 2018 年 Q3，針對 25-40 歲的男性汽車發燒友，設計一個可信賴的、令人著迷的車聯網 OTA 訂製升級體驗，可以實現 NPS（淨推薦值）得分 60% 以上』！」

「為什麼要限定 25 ～ 40 歲？我們上次提出這個想法的時候，是所有有車一族都適用的？」

「是啊！為什麼只是針對汽車發燒友？不是所有汽車使用者，那個基數不是更大？」

「什麼叫可信賴？」

「NPS 是個什麼鬼？」

……

阿捷才拋出來挑戰，下面就炸了鍋。

「我先來解釋一下這個挑戰的要求吧。」趙敏見狀，立刻站了出來。「這個挑戰需要聚焦特定使用者或場景，所以阿捷這裡的 25 ～ 40 歲的汽車發燒友，是對的。創新專案在早期一定不能跨度太大，一定要找到你的天讓使用者。我給大家畫一個使用者對新技術的接納曲線，大家就明白了。」

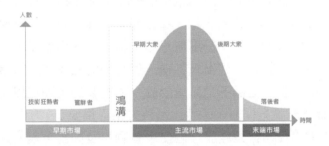

「這是傑佛瑞．莫爾在《跨越鴻溝》中提出的頗具影響力的概念，新技術接納曲線，這條曲線有關了技術狂熱者、嘗鮮者、早期消費大眾、後期消費大眾和跟隨者。

- 創新者（Innovator），技術狂熱者，勇於嘗試一切新技術，約佔比例 2.5%。
- 產品嘗鮮者（Early Adopter），早期採用者，相信這個產品可以帶來自己所需要的改變，並願意為此做吃螃蟹的人，他們痛恨現在的解決方案，並期待翻天覆地的變化。這個人群約 13.5%，他們大多位於決策高層。
- 早期大眾（Early Majority），他們需要更好的產品，但他們不希望冒風險，他們只要更好，不要徹底的改變，他們組成新技術的主要使用者群眾約佔 34%。
- 後期大眾（Late Majority），他們只會跟隨這個市場的變化，大家都在用這

個產品了,老產品無人使用了,所以他們也就跟隨著換成新產品,這種人群約百分比 34%。

■ 落後者(Laggard),百分比 16%,除非老產品停產,否則他們不會更換。

在嘗鮮者和早期大眾之間,存在著極大的鴻溝,為了跨越這個鴻溝,我們需要一場登入戰!」

「這也是説你想要進入大市場,必須先解決細分市場。我們可以回顧一下,目前成功的科技公司,基本都是遵循這條發展道路。」

「臉書其實就是在常春藤聯盟大學中贏得學生青睞的;易趣(eBay)專注於可收藏的商品;領英(LinkedIn)最初的目標只是矽谷的經理們;Google 最開始的廣告客戶只是那些初創公司的創始人,他們常常無法支付昂貴的網路廣告費用,於是 Google 出手給了一個在他們承受範圍之內的廣告服務解決方案;亞馬遜起步於圖書。每一個公司都是隨著時間的演進,不斷地在身上疊加功能,進一步逐步地將自己的品牌打入更加廣闊的市場中。再看國內,京東最早只做 3C 使用者,小米最早也只是針對更新軔體的發燒友;OFO 最初只做校園學生群眾;子彈頭簡訊也只是針對使用錘子手機的發燒友;拼多多最早就是針對 4 ～ 6 線城市的手機使用者……」

「這樣的實例很多,所以我們這次呢,也要專注在一個細分群眾上。當然,是不是 25 ～ 40 歲之間的汽車發燒友,我們這裡只是一個初步的假設,我們可以隨後去驗證,這一部分工作非常重要,我們今天下午就要開展。」

「另外,這個挑戰必須定義的足夠 SMART,除了要有時間,還要有可以度量的指標。所以阿捷在這裡提出了一個 NPS 指標,阿捷來解答一下,有什麼含義吧!」

阿捷接過麥克風,清了清嗓子道:「淨推薦值(NPS)最早由貝恩諮詢公司客戶忠誠度業務創始人弗雷德‧賴克哈爾(Fred Reichheld)在 2003 年《哈佛商業評論》一篇文章『你需要致力於增長的數字』(The Number You Need to Grow)中第一次提到。他提出淨推薦值主要有幾個方面的考慮。

首先,他認為 NPS 是衡量忠誠度的有效指標,透過衡量使用者的忠誠度,可以幫助區分企業的『不良利潤』和『良性利潤』,即哪些是以傷害使用者利益

或體驗為代價而獲得的利潤，哪些是透過與使用者積極合作而獲得的利潤，追求良性利潤和避免不良利潤是企業贏得未來和長期利益的關鍵因素。

其次，與其他衡量忠誠度的指標相比，NPS 分值與企業盈利增長之間存在非常強的連結性，高 NPS 分值公司的複合年增長率要比普通公司高兩倍以上。而其他指標如滿意度、留存率與增長率的相關性較弱，無法準確定義使用者是由於忠誠還是其他原因使用或購買某個產品。此外，傳統的滿意度模型比較複雜，了解成本較高，而且研究問卷冗長，導致使用者的參與意願不高。

NPS 模型可以簡單了解為兩個主要部分，第一個部分是根據使用者對一個標準問題的回答來對使用者進行分類，這個問題的通常問法是你有多大可能把我們（或這個產品 / 服務 / 品牌）推薦給朋友或同事？請從 0 分到 10 分評分。

這個問題是弗雷德・賴克哈爾 在對 20 個常用的使用者忠誠度測試問題進行調查和篩選，並結合不同產業上千名使用者的實際購買行為資料綜合分析後最後確定的。他認為以這個問題擷取為基礎的答案最能有效預測使用者的重複購買和推薦行為。

另外一個部分是在第一個問題基礎上進行後續提問：『你列出這個分數的主要原因是什麼？』提供替使用者回饋問題和原因的完整流程。因此，NPS 的核心思維是按照忠誠度對使用者進行分類，並深入了解使用者推薦或不推薦產品的原因，然後鼓勵企業採取多種措施，儘量的增加推薦者和減少批評者，進一步贏得企業的良性增長。」

他停頓了一下，接著又說：「NPS 的計算方式如這張圖所示，根據使用者願意推薦的程度在 0 ～ 10 分之間來表示，0 分代表完全沒有可能推薦，10 分代表極有可能推薦。最後依據得分將使用者分為三組。

- 推薦者（得分在 9 ～ 10 分之間）：是產品忠誠的使用者，他們會繼續使用或購買產品，並願意將產品引薦給其他人。
- 被動者（得分在 7 ～ 8 分之間）：是滿意但不熱心的使用者，他們幾乎不會向其他人推薦產品，並且他們可能被競爭對手拉走。
- 貶損者（得分 0 ～ 6 分之間）：是不滿意的使用者，他們對產品感到不滿甚至氣憤，可能在朋友和同事面前講產品的壞話，並阻止身邊的人使用產品。

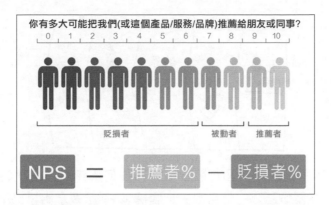

NPS 值就是用推薦者所佔百分比與貶損者所佔百分比的差額，即淨推薦值
（NPS）=（推薦者數 / 總樣本數）*100%-（貶損者數 / 總樣本數）*100%，淨
推薦值的區間在 -100% 到 100% 之間。」

「哦，原來是這個意思。那麼 NPS 在什麼範圍內才算好的？」阿紫舉手提出了
一個大家都想知道的問題。

「一般來說，NPS 分值在 50% 以上被認為是不錯的，如果 NPS 得分在 70% ～
80% 之間，說明企業已經擁有一批高忠誠度的口碑使用者。所以我們這次是
定義在 60% 以上！」

「那這個挑戰還真是不小！」章浩若有所思地自言自語，「那我們要是按照 5
天的話，要做到什麼程度呢？」

「好問題！」趙敏又站了起來，「每個挑戰都很大，5 天內我們應該定義一個小
目標，這個目標我建議是『經過真實使用者初步驗證的方案原型』，大家同意
嗎？」

大家都沒有表示異議，畢竟這是第一次做這種設計衝刺，沒有太多經驗，還
是相信趙敏這個專家的建議吧！

看大家對第一個挑戰的定義及發佈目標沒有任何異議，阿捷又把第二個挑戰
拋了出來。這個挑戰的定義是『在 2018 年 Q3，針對 OTA 協力廠商開發者，
提供一個應用市場，可以讓協力廠商開發者為 OTA 開發個性化應用，截止 Q4
至少要有 3 個個性化應用上線』，初步發佈目標是經過測試驗證的方案原型。

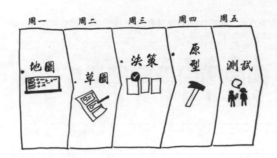

「好！既然大家對這次的兩個挑戰已經沒有任何異議，這是我們這一周的日程。我們將分成兩個團隊，各自解決一個挑戰。」趙敏拿出早已準備的一張畫紙，貼在了牆上，「這是我們的整體安排：週一做使用者洞察，週二形成產品洞見，週三列出方案決策，週四進行原型製作，週五找使用者測試、驗證。今天是第一天，我們首先需要共用各種相關的資訊，包含各種文件和資料，我們整合所有的資訊，確保沒有任何重要的事情被落下。」

趙敏接下來做出了實際的安排：首先是閃電演講，每人 5 分鐘。Mark 為大家澄清商業目標和成功標準，章浩會講技術能力和挑戰，李沙則列出使用者研究的結論。

為了有效治療話癆，壓縮演講的水分，加強演講的效率，節省聽眾的時間，我們將再次使用 Pecha KuCha（全球性非盈利創意討論區組織）這種閃電演講方式。在今年的年會上，大老闆的演講方式就是這個。在這種演講中，每位演講者準備 20 頁投影片或圖片，每頁文稿用時 20 秒時間，全部文稿自動播放，總共需要 400 秒來展示演講者的主題。因此 Pecha Kucha 也稱為 20×20。

快節奏和簡潔是 Pecha KuCha 的最大特點，這對他們三位有非常大的挑戰，相信他們昨晚一定沒有睡好覺。但對諸位也是一種挑戰，在座的每一位都必須集中精力、全神貫注，才能跟上他們的節奏，抓住要點。」

首先上場的是 Mark，他的投影片顯然做了精心準備，只包含極少量的文字，由更多的圖片組成，每張圖片都極好地配合他要說明的核心思維。表現堪稱完美，不愧是老牌銷售出身。在陣陣掌聲中，Mark 興奮地沖著章浩和李沙揮舞著拳頭。

接下來，章浩四平八穩，李沙則保持一貫的詼諧有趣，特別是對在典型使用者說明時，更是直接給該虛擬使用者取名 Mark，著實調戲了一把剛剛還風光無限的 Mark。

最後，阿捷又介紹了一下競品，目前直接競品幾乎沒有，相關方向國內外也不超過 5 家，資料也很有限，這個創新方向屬於典型的「黑暗森林」。

在經歷短暫休息之後，再次響起趙敏悅耳的聲音：「各位，大夥都清楚，使用者才是最後評判我們產品好壞的人，所以傾聽他們的聲音很重要。我們需要了解他們的喜好和厭惡。為了避免閉門造車，我們需要到他們真實使用產品的環境中，去了解上下文，發現問題，這裡除了訪談和觀察外，如果可能的話，儘量親身體驗。」

接下來，趙敏做出實際的部署：「這是我們建議的訪談流程及設計訪談問題的注意點，請大家在 12：00 之前設計出一套訪談大綱以及細化的問題。午飯後，我們分成兩個團隊，出發去最近的兩個經銷商，一個是凱迪拉克，一個是賓士，直接取得使用者資料。我們在下午 4：00 回來，一起分享各自的收穫。」

下午 4：00，大家準時回到公司，阿捷已經提前準備好了茶歇，有小龍蝦、三明治、咖啡、山楂糕、小蛋糕、巧克力威化和匯源果汁等，擺了滿滿一桌，大家邊吃邊聊著各種有趣的發現。

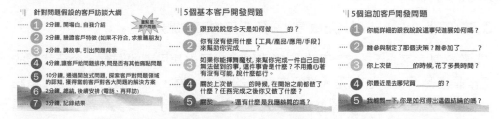

趙敏先以一個病人到醫院就醫問診的過程為例，給大家介紹了客戶旅程地圖（Customer Journey Map）的概念，重點強調了觸點的概念。

什麼是觸點？就是進行該項服務的整個流程中，不同的角色之間發生互動的地方，稱為一個觸點，一項服務是由多個觸點所組成的。觸點可以是一個網頁、一個 APP 介面，也可能是一張紙，一個人工服務台，一個服務電話。

接著，大家用客戶旅程地圖複現了使用者現在使用 OTA 的整個過程，它分成三個階段，分別是享受服務前的覺察階段、享受服務階段、享受服務後的回饋階段。

在流程上達成一致後，大家又把各個階段的重要發現（譬如使用者問題、痛點、期望等），用記事貼補充上來，形成了一張五顏六色的大地圖。這時候，已經到了 18：30，大家才意猶未盡的各自回家。

阿紫所在的團隊留了下來，加班做出一份人物誌與移情圖。趙敏雖然沒有強調要大家做這兩個產出，但看到這些，非常欣慰，因為這兩個工具在這個階段，用在對使用者的洞察上，是非常適合的。感覺團隊能夠舉一反三，靈活運用各種知識與工具，又這麼主動，真是倍感欣慰。

週二，早上 9：00 一到，趙敏便宣佈第二天的工作開始。

「非常感謝大家昨天的辛苦工作，讓我們完成了對使用者的洞察，今天我們的工作是產品洞見，也就是天馬行空我們的解決方案，今天的主題就是『瘋狂腦暴』，大家要盡情地發揮創意，想出盡可能多的點子，多多益善，越瘋狂越好！」趙敏指著牆上早已貼好的一些標語，「這些是我們腦力激盪的原則，今天這裡所有人都沒有頭銜（Title），大家都是平等的參與；所有的點子都是好點子，我們要歡迎所有的點子（Say Yes），不要評論可行性；所有的點子都是大家的點子，每個人都可以在別人的基礎上繼續發散；歡迎圖文並茂，畢竟一圖勝千言。當然，我們還得聚焦，大家還記得你們的挑戰嗎？」

「記得！沒問題！」大家異口同聲地說！

「好！很好！非常好！那我們開工。」

一個上午，大家一共產生了 128 個創意，當然，這離不開趙敏的啟動，賓士法，隨機輸入法，換境置意法，水平思考，讓大家腦洞爆了一輪又一輪。

經過中午的短暫休息後，大家又用親和圖對點子進行整理分類，把相同類別的點子放在一起，用聚合線區分開，並為每個類別都起了名字。這個分類的過程，也是讓大家重新檢查他人點子的過程，因為只有充分了解，才能做出正確的分類。

「接下來，我們要做一件最瘋狂的事情，我給他命名 Crazy 8！怎麼玩呢？請每人拿一張 A4 紙，把它折成 8 個小區塊。」待大家都完成後，趙敏才繼續說，「接下來，請每個人獨立工作，針對我們提出的所有想法，任選你中意的 8 個，在 A4 上畫出來，每個想法代表一個場景或觸點；或介面原型，這裡的主體一定是圖畫，只能有少量的文字描述。大家對此有問題嗎？」

「我可以找人代畫嗎？我自己畫不好！」

「不能！我們不是繪畫課，不需要畫得很精美，只需要達意即可！」

「可以畫連環畫嗎？」

「當然歡迎！如果你能把多個想法串起來，形成一個場景劇，那最好！當然，請標上先後順序。」

很快，所有人都拿起桌上的彩筆，開始畫起來。

待大家基本完成後，趙敏讓大家把自己的草圖貼到牆上，每人 2 分鐘快速解釋。待所有人分享完後，針對實際的想法，進行快速投票，每人 5 票。

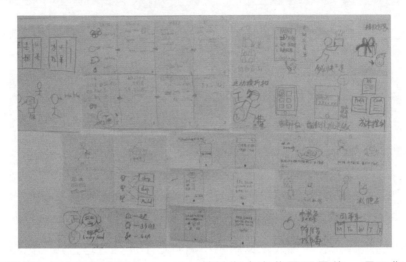

不知不覺間，已經到了下午 16：00，趙敏為大家佈置了最後一項工作：為星期五的測試招募使用者。

週三的主題是方案決策。根據週二的投票結果，趙敏帶領大家使用六頂思考帽進行初步決策，當然，這個階段可用的工具與方式很多，譬如藝術博物館，繪製熱點圖，快速批判，民意調查，超級大選等。

為了讓大家使用好這個工具，趙敏對這個工具進行了簡單的介紹。

六頂思考帽是一種思維訓練模式，是一個全面思考問題的模型，它強調「能夠成為什麼」，而非「本身是什麼」，尋求一條向前發展的路，而非爭論對錯。使混亂的思考變得更清晰，使團體中無意義的爭論變成集思廣益的創造，使每個人變得富有創造性。

六頂思考帽思考法分有白、紅、黑、黃、綠、藍六頂帽子，代表六種不同的思考模式：

- 白帽子代表資訊及質詢。我們現在有什麼資訊？需要尋找什麼資訊？還缺乏什麼資訊？
- 紅帽子代表情緒、直覺、感覺及以直覺為基礎的想法。只需表達即時的感受，不需要進行解釋。
- 黑帽子代表謹慎、判斷及評估。這是不是真的？會不會成功？有什麼弱點？有什麼壞處？一定要把理由說出來。
- 黃帽子代表效益。這件事為什麼值得去做？有什麼效益？為什麼可以做？為什麼會成功？一定要把理由說出來。
- 綠帽子代表創新、異見、新意、暗示及建議。有什麼可用的解決方法及行動途徑？還有什麼其他途徑？有什麼合理的解釋？任何意見都不可抹殺。
- 藍帽子代表思考的組織及思考有關的問題。我們到了哪個階段？下一個步驟是什麼？做出實際說明、概括及決定。需要使用那頂帽子？

六種不同顏色的帽子分別代表著不同的思考真諦，使用者要學會在不同的時間帶上不同顏色的帽子去思考，畢竟創新的關鍵在於思考，從多角度去思考問題，繞著圈去觀察事物才能產生新想法。當然，好工具要想有好的效果，這六頂帽子的使用過程也要遵循一定的順序才行。

在趙敏的帶領下，大家採用以下使用步驟：

- 陳述問題事實（白帽）；
- 提出如何解決問題的建議（綠帽）；
- 評估建議的優缺點：列舉優點（黃帽）；列舉缺點（黑帽）；
- 對各項選擇方案進行直覺判斷（紅帽）；
- 歸納陳述，得出方案（藍帽）。

下午 15：30，在經過藍帽階段後，基本上確定下來了解決方案的主線。接下來只需要根據業務邏輯架構，將產品的業務具化成由一個個環節組成的流程，這樣就可以更容易地針對每個環節來設計產品的功能。這種細化，對所有人而言都不再是問題，因為這正是使用者故事地圖的最佳使用時機。半年前，大家對這個地圖就已經用得爐火純青。

週四的主題是原型製作。大家先從紙面原型入手，快速地用 A4 紙和馬克筆完成基本介面元素的設計及互動邏輯，然後再用墨刀完成了第一版高保真原

型。這個原型可以在 iPad 上使用，畢竟 iPad 的螢幕及大小非常像汽車上的中控操作台。經過幾輪快速反覆運算，基本定稿。

下午 16：00，大家分頭行動：

- 準備週五採訪使用者的稿件；
- 提醒使用者參加星期五測試；
- 為受訪使用者準備禮品。

週五的上午，大家按計劃、有條不紊地進行使用者測試，取得真實使用者回饋。當然，關鍵環節在征取使用者意見後，做了錄影，以方便後期進行回顧。

下午 14：00，所有人再次聚在一起，相互分享了各自拿到的使用者回饋與自己的新認知。經過五天的衝刺，大家從最初的惶惶不安、所知甚少，變得更加有信心，因為在這 5 天裡，針對兩個挑戰，都產出了經過初步使用者驗證的互動原型。

阿捷趁熱打鐵，又帶著大家制定了一份 30-60-90 天的閃電行動計畫，將會是大家進行 PI Planing 的關鍵輸入。

30 天	60 天	90 天
階段性SMART目標		
關鍵策略 比如先原型驗證，再開發		
行動計畫		
關鍵里程碑		
目標達成激勵		

五天的衝刺緊張而刺激，透過對最初的想法的快速驗證，獲得了大量使用者回饋，整理之後，阿捷把使用者回饋結果給到了 Sonar 公司，Sonar 不僅對驗證結果非常滿意，更是對如此快的驗證速度大加讚賞。

本章重點

1. 設計衝刺是利用 5 天的時間，走完一個設計思維（Design Thinking）的完整循環；核心理論架構就是設計思維，但把 5 個階段的關鍵事情，分配到了 5 天，正好一周，完成一次衝刺。

2. 設計思維首先不是講設計的，也不是針對設計人員的，它是一個創新架構，是幫助團隊來推導創新的。這表示創新是可以推導出來的，只要你遵循這個架構，採用適合的工具，當然需要更好的啟動師。這裡面啟動師的作用極大，需要根據專案／挑戰的性質，選擇最適合的工具；根據團隊的特質，進行催化。所以這個啟動師，更應該稱為「創新催化師」。

3. 設計衝刺的團隊組建一定要多樣化，要有不同角色和不同背景的人，這一點是最難的。有時候，甚至需要引用外腦。在做得好的公司，經常會引用跨系統的其他部門專家或熱心童鞋。

4. 設計衝刺的團隊在一起工作時，建議 No Title，No permanent assignment（沒有頭銜，沒有不變的工作），但很多時候，團隊的帶頭人會過多限制團隊的發揮

5. 衝刺過程中，相對於點子風暴，問題風暴更重要，這也是設計衝刺要在第一天做「使用者移情和洞察」的原因。

6. 衝刺的過程中，我們通常會用 HMW 這種形式，也就是「我們可以怎樣（HMW，How Might We）」，這種方式確保你使用最佳的措辭來提出正確的問題。
   - How：啟動大家相信答案就在不遠處等著我們。
   - Might：讓大家明白在這個階段提出的 HMW，對解決問題有可能有幫助，也有可能沒用，不過無論哪種情況都可以接受。
   - We：提醒大家這是一個團隊工作，我們需要彼此啟發。

7. 設計衝刺的核心。
   - 解決真實的問題。以使用者為中心，進入真實世界找到新角度，獲得新洞察。
   - 盒外而非盒內創新。用開放性想法，重新界定商業問題，不再依賴於單一的經驗路徑。
   - 角色要多樣化。邀請使用者、合作夥伴、利益相關方共同參與變革。
   - 越早失敗越好。高速反覆運算，在實作和回饋中不斷摸索，持續改善解決方案。

冬哥有話說

設計思維

通常我們要解決的問題分為三個方面，人、技術和商業。如果是人的方面，需要洞見需求，洞見是採擷出連使用者自己都不知道自己應有的需要；如果是技術層面，則是人無我有，人有我優的策略；如果是商業方面，通常我們會用商業模式畫布 / 精實創業來定位。

而創新，則是三者的交集，需要兼顧人、技術與商業；創新的核心目標，是將創意（有商業價值的創意點子）、創新（突破技術障礙、產生創新的技術 / 服務）、創業（商業模式變現），三者有機地融合起來，於是就出現了設計思維。

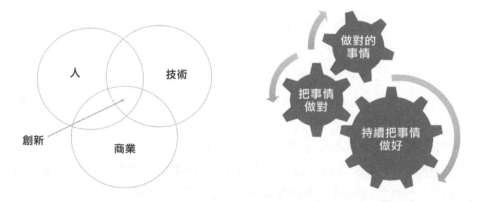

如果說前面很多的章節，例如精實、敏捷和程式道場，我們講的是如何把事情做對；而後面的章節，我們會談如何可持續地把事做好。例如 DevOps 和持續整合管線。設計思維就是在討論前面的什麼是做「對」的事情。

有一種說法是，一流的企業賣專利（即創新），二流的企業賣產品，三流的企業賣苦力。

愛因斯坦還說過：「如果你老是做你習慣做的事，那麼你就只會獲得你習慣獲得的。」所以要不同凡想（Think Different），要走出思維定勢（Think Out of the Box）。

同理心

設計思維最重要的是站在使用者的角度,把人放在故事的中心,發掘出人們內心未說出來,甚至是未察覺到的渴望,這樣才能設計出真正好的、用心的產品。所以,同理心才是最重要的,是設計思維的第一步。設計思維就是一套以同理心的角度出發,進行深入觀察並整合了跨領域的分析工具,以期獲得客戶洞見,進一步設計出令客戶感動和愉悅的產品或服務的方法。在 XaaS 的時代,一切皆可服務化,所以產品不再是唯一的產出方式,設計思維甚至還被運用到了組織流程、經營模式等方面。

同理心地圖

同理心是讓自己站在對方立場,藉以了解對方的感受與看法,然後思考自己要怎麼做。要像設計師一樣思考,以同理心去感受使用者,站在別人的立場上,感受對方的看法,感受使用者的五官甚至是第六感,同理心地圖是極好的工具,可用以整理訪談過程中對方的所說、所做、所想、所感:

- 描述你聽到對方說了什麼?
- 你看到對方有哪些表情和動作?
- 對方說了什麼,做了什麼,表現出什麼?
- 你對對方的感受和想法是什麼?

進一步進一步發掘對方的所面臨的困難與期待:

- 對方的恐懼、挫折與阻礙是哪些?
- 對方想要的目標、期待的支援又是什麼?

HMW（How Might We）表現了設計思維背後的精神。設計思維是一個以團隊為載體，群眾合作，集體創意觸發的過程；是深入觀察，進一步發掘實際問題，從使用者的角度思考創新的方案。團隊一起動手，不斷發佈原型，進一步學習並不斷精進的過程。

使用者訪談

同理心光靠想是不行的，需要去現場感受使用者體會，所以使用者訪談是非常重要的。訪談分為訪談前準備、開始訪談、訪談中探索、整理訪談、撰寫訪談報告。

其中訪談前的準備尤為重要。需要思考你打算訪談誰？是採納曲線中的哪種類型？技術狂熱者或嘗鮮者是最佳的人選嗎？早期大眾、後期大眾和跟隨者有訪談價值嗎？完全抵制使用你產品的人，是否給你的資訊量更大？

仔細思考這些問題，選定好訪談的人群，然後問題又來了。訪談多少人合適？什麼樣的方式是最合適的方式嗎？還是說採用觀察使用者使用的方法？亦或是購買市場報告、產品及技術趨勢報告？

- 訪談的安排有關幾個方面：訪談如何開場，如何自我介紹，從什麼問題開始，如何進行，如何收尾，是否需要小禮品，如何進行回訪。
- 訪談的角色有關幾個方面：我方幾個人參與，什麼職責，誰問問題，誰記錄，誰觀察。
- 訪談過程有關幾個方面：問什麼問題，有什麼技巧，避諱什麼，訪談策略，如何讓對方樂於分享，你怎麼知道對方說的是真話，訪談需要的工具。
- 訪談技巧包含：開放式問題，多問為什麼（5 Why），看使用者實際操作（Show Me），注意對方肢體語言，不要急於打破沉默，記錄不尋常的舉動 /言辭。

POV

POV（Point of View，洞察觀點），通常由三部分組成：使用者 + 需求 + 洞察。最後的洞察，常常容易被忽視，也是最難的，卻也是區分好的產品 / 服務與差的產品 / 服務的關鍵。洞見是我們經過對使用者深刻的了解，發掘出潛伏在使用者內心深處卻進一步被感知的點，一旦發掘就會獲得相當大的共鳴。

DevOps 文化：信任、尊重與擔當

隨著 30-60-90 天的閃電行動計畫在 Agile 公司緊鑼密鼓地開展，設計思維
（Design Thinking）開始深入人心，使用者故事地圖和影響地圖早已融入 Agile
公司各個研發部門，規模化敏捷 SAFe 更是不僅在 Agile 公司內部生根發芽，
也影響到了大洋彼岸的 Sonar 公司。

對於車聯網專案，Sonar 負責研發管理的技術總監帶了一個團隊，和阿捷他們
一起做了 5 個反覆運算的發佈火車。即使如此，當收到 Agile 公司同 Sonar 成
立合資公司的郵件時候，阿捷還是大吃了一驚，沒想到這次 Agile 公司高層的
決策如此神速，這背後，一定有很多不為人知的故事。

其實，Agile 和 Sonar 公司共同成立一家專注於科技產品研發和運行維護的公
司，確實對雙方都是大有幫助。透過給 Sonar 做車聯網專案這段時間，阿捷逐
步了解到 Sonar 公司的定位，絕不僅是一家電動車製造公司，Sonar 公司 CEO
艾瑞克的雄心壯志是要把 Sonar 打造成一個提供全新清淨能源的科技公司，因
此，艾瑞克專門在 2017 年 2 月把 Sonar Motors Inc. 改名為 Sonar Inc.

對 Agile 公司來說，因為近幾年自己的電信主業在全球一直增長乏力，不僅進
行了大刀闊斧的敏捷研發和精實創新的改革嘗試，還像思科、艾瑞克森和華
為那樣，努力嘗試採用 OpenStack、CloudFoundry、Docker 和 Kubernetes 等
開放原始碼技術架構，來建置自己的雲端運算平台，但苦於沒有找到合適的
業務場景進行突破，而 Sonar 所處的新能源汽車和工業新能源領域正是 Agile
公司非常想打入的領域。

所以，當艾瑞克帶著負責對外投資與合作的副總裁造訪 Agile 公司，建議成立

一家合資公司，為 Sonar 在全球的營運提供穩定高效的支援，Agile 公司的董事會居然只經過兩次討論，就接受了成立合資公司的建議。

作為傳統的電信系統開發廠商，Agile 公司十幾年的企業研發管理經驗，分佈在全球穩定的運行維護團隊，都是 Sonar 公司所看重的。要知道，Agile 分佈在全球 7 個國家 12 個研發中心的 5000 多名技術研發和運行維護人員，可以為 Sonar 提供 7*24 全年不中斷的技術服務支援。Agile 公司以 6 西格瑪建立起為基礎的品質系統，高於 99.99% 的系統運行維護穩定性，都是 Sonar 在未來的業務發展上極為需要的幫助。

Sonar 公司希望其本身更為聚焦在電動汽車和清淨能源的智慧製造方面，把相對較重的 IT 運行維護管理和非核心業務的系統開發外包給新成立的合資公司，這樣不僅可以讓 Sonar 的核心業務更為聚焦，也可以為 Sonar 的上下游生態提供同樣的 IT 資源服務，降低協作成本。

2018 年 6 月 6 日，一個 Sonar 和 Agile 共同出資成立的戴烏奧普斯公司正式成立了。按照合作協定，Agile 公司原有有關 Sonar 業務的研發部門和運行維護團隊從 Agile 公司剝離出來，與 Sonar 相關的業務運行維護團隊合併，成為新公司的技術研發與運行維護中心，阿捷帶領大民他們順其自然地加入新成立的戴烏奧普斯公司。

阿捷知道新成立的戴烏奧普斯公司挑戰重重，並不是一個簡單地把業務切分出來再加上一些股權激勵就可以解決的。

首先，按照目前 Agile 公司的組織架構和運行維護能力，想要承接 Sonar 所公司希望的快速業務上線與以雲端平台為基礎的自動化運行維護，還有很多需要改進的地方。雖然 Agile 在傳統的運行維護領域有一定的累積，但完全沒有針對雲端平台的運行維護經驗，而 Sonar 大部分業務都將執行在公有雲和自建的私有雲上。

其次，兩家公司的企業文化差異極大，Agile 是標準的傳統科技類公司研發 /運行維護 / 市場體制，而 Sonar 是典型的創業公司，這是兩個不同「物種」的融合。

萬丈高樓平地起，不去試一下怎麼能夠知道呢？當阿捷、大民依依不捨離開

Agile 北京研發中心，進駐到具有濃重創業氣氛的中關村大街，看著週邊都是那些 A 輪、B 輪的初創公司，這種創業活力，大家的戰鬥力一下子燃了。

迎接阿捷團隊的第一個新專案，是要將原先執行的 Oracle 資料庫逐步遷移到以 AWS 為基礎的 MySQL 資料庫。阿捷知道其實無論在全球、還是中國，去大型關聯式資料庫的趨勢在所難免，如果阿捷他們成功把 Sonar 所用的 Oracle 資料庫全部遷移成功，每年可以減少數百萬美金的版權費用，這可都是實實在在的真金白銀。

理想是豐滿的，現實是骨感的，阿捷他們在專案一開始就應了這句網路流行語。還沒開始做基礎的方案驗證，阿捷開發團隊的小寶就和原來負責 Oracle 運行維護的 Sonar IT 運行維護團隊掐了起來。

事情的起因很簡單。為了做資料庫遷移方案的原型驗證，阿捷吩咐小寶帶著他的團隊開發一套小工具，用於連接原有系統中的 Oracle 資料庫，自動掃描並分析它的結構或資料，然後產生可以載入到 MySQl 資料庫的 SQL 指令稿。

產生 SQL 指令稿本身的程式撰寫其實不難，關鍵是需要用到大量的資料進行實測，並根據不同的資料模型進行驗證和調整。對用於測試的資料，小寶和負責運行維護的老主管 Wayne Chen 看法截然不同。在小寶看來，直接從生產環境取回脫敏資料，以真實資料進行程式偵錯是最高效為基礎的方式。而在 Wayne 看來，運行維護上的任何操作能少就少，能不動就千萬別動；別說分析清洗過的資料庫運行維護資料，就連正常的業務上線變更也最好一個月只有一次；如果想去做資料庫遷移偵錯，小寶就應該拿著資料庫測試文件自己造一些 Mock 的假資料就好，絕對不能碰他運行維護環境的任何資料；他的運行維護團隊更沒時間去為開發團隊做什麼資料脫敏的處理。

阿捷團隊第一個專案剛開始就遭遇了挫折。這天晚上吃飯的時候，阿捷把目前團隊所遇到的情況以及自己的困擾說給趙敏聽。趙敏反問阿捷：「你知道 DevOps 中的開發與運行維護團隊的文化衝突嗎？其實你所遇到的情況是絕大多數傳統企業的開發和運行維護團隊都會遇到的，雖然你們是從 Agile 公司和 Sonar 公司剝離出來新成立的合資公司了，但是文化還是各自的，不衝突是不可能的。」

「DevOps 還有文化？ DevOps 不就是個打通開發和運行維護的持續部署實作嗎？我們也有用 Jenkins 做持續整合，雖然目前僅整合到測試環境，生產環境的部署還是靠傳統的手動執行指令稿方式來進行，依舊需要開設升級時間視窗等。這些跟我們團隊和運行維護要資料有什麼關係呢？」阿捷不解地問道。

趙敏微笑著反問道：「你們用的 Jenkins 只是用來實現持續整合的工具而已，其實 DevOps 遠遠不止是架設持續整合工具、架設持續發佈管線來進行自動化部署這麼簡單，你有想過為何負責運行維護的 Wayne 不願意讓你們動他的運行維護環境嗎？」

「那還不是山頭思維作祟？ Wayne 他們這幫傢伙從 Sonar 分出來的時候就不怎麼高興，認為 Sonar 對他們一點都不重視，隨意剝離，最近提出來離職的人員許多；老舊的 OracleX86 伺服器又偏偏故障多多，他們自己人力都不夠應付的，再加上支援遷移 Oracle 的工作，簡直就是動了他們的根基，一定不願意配合我們。」

「嗯，你分析得不錯，這些都是一些客觀因素。其實，最主要的還是運行維護團隊和你們開發團隊的團隊利益與工作目標的衝突。作為運行維護團隊，確保運行維護系統 7*24 小時穩定是他們的第一要素；而作為開發團隊，不斷反覆運算完成業務系統開發，快速發佈是你們的頭等大事。所以雖然你們開發團隊已經和 Sonar 運行維護團隊合併在一起，但相關團隊利益和工作目標其實都不盡相同，這就是 Dev 和 Ops 不同目標和思維模式的衝突。」

「嗯，確實是這樣，那有什麼辦法進行破局嗎？有讓開發和運行維護目標一致的可能嗎？」阿捷放下筷子認真地問道。

「信任，尊重，擔當！這就是我和你之前提的 DevOps 文化。其實對於你們新成立的戴烏奧普斯公司，如果可以建立起自己的 DevOps 文化，而不僅是技術的堆積和自動化工具的使用，別說進行資料庫遷移這種問題，後面更艱難的車聯網 OTA 系統開發工作，你們都可以輕鬆搞定！」趙敏對此成竹在胸。

「嗯，信任，尊重，擔當。DevOps 文化，確實很有意思，可以介紹得更詳細一下嗎？」阿捷越聽越專注，乾脆把面前的碗筷移開騰出地方，開啟自己的 Macbook 準備好好地記錄下來。

趙敏一看阿捷如此認真，笑著説：「你這傢伙，還讓不讓人吃飯了？好，那今天再給你上一課。

「首先信任。這是 DevOps 文化中最為重要的基礎。對你們新的戴烏奧普斯公司來説，無論是研發還是運行維護，大家的目標和核心都是一致的，就是提供以雲端運算為基礎的安全穩定的車聯網服務。你想想看，Wayne 他們運行維護人力短缺，本身老舊的 Oracle 系統又經常當機，各種大幅小小的故障層出不窮，他們當然不願意再為你們去準備遷移測試資料。而你們原先也只是為 Sonar 服務的乙方研發單位，雖然現在合併在一起，但相互的信任和了解還沒有建立起來。你應該好好考慮一下如何在兩個團隊間建立信任。

其次是尊重。阿捷讀者，你做了那麼多年軟體開發，應該知道，軟體開發和系統運行維護是完全不同並且獨立的專業領域。Wayne 他們團隊一直在 Sonar 公司做資料庫運行維護，雖然對敏捷開發和 DevOps 都不是特別了解，但原有的運行維護流程和技術累積還是非常多的。你不能因為讓他們為你們提供測試資料，説改就改流程。在專業的知識領域上，你們都要相互尊重。

最後是擔當。敢於擔當是 DevOps 文化中的關鍵因素。你有沒有想過，在運行維護團隊人力緊張的時候，讓具備 Oracle DBA 能力的開發同事去支援一下 Wayne 的運行維護團隊，一起配合把資料脱敏，你們拿來驗證遷移程式，而非僅要求 Wayne 團隊為你們提供資料驗證服務。借你的 MacBook 一用。」説完趙敏麻利地開啟馬丁·福勒（Martin Fowler）的部落格，找出勞安·威爾瑟拉奇（Rouan Wilsenach）一張 DevOps 協作示意圖。

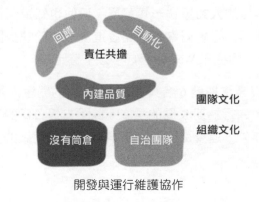

開發與運行維護協作

「來，阿捷讀者請看，如果你想在企業內部建立起好的 DevOps 文化，需要在開發團隊和運行維護團隊之間，做好責任共擔（Shared Responsibility），並且在企業組織上進行必要的調整，進一步打破部門牆，建立起團隊自治的文化。就像勞安所說的那樣，也許你無法直接改變文化，但你可以改變員工的行為，而員工的行為就會逐步變成一種文化。」

阿捷邊聽邊若有所思地點了點頭。

趙敏接著補充道：「還記得我們一起看過的《紙牌屋》，出品方網飛公司（Netflix）就是著名的 DevOps 行動派。要知道，在全球視訊網站市場中打拼，網飛面對的不僅是傳統媒體和影視製作公司，更需要應對像 Youtube 和 Hulu 這樣的網際網路視訊巨頭，如果他們不能在業務和技術上不斷創新，早就死翹翹了。網飛的微服務應用架構，一直都是業界學習參考的榜樣，而他們的 DevOps 文化更是獨樹一幟。網飛自己獨到的企業文化，對於驅動團隊自我組織非常有參考意義。例如你們原來 Agile 公司的休假制度，已經夠彈性靈活了，但其實人家網飛公司根本就沒有設定請假制度，而是讓員工自己選擇合適的時間和休息的天數，因為在網飛看來，把管理的權力還給員工，相信他們，給他們充分的自由，他們也一定會設身處地的為公司考慮，履行好自己的責任，推動公司不斷向前發展。」

第二天早上，阿捷把 Wayne 約到樓下的星巴克，鄭重其事地問他，如果開發團隊出一些 DBA 協助他進行運行維護管理，Wayne 是否可以接受。

Wayne 有些不敢相信自己的耳朵，這種天上掉餡餅的事情是從何而來呢？雖然他一直為運行維護的人力短缺一籌莫展，但他也知道阿捷的研發團隊也一直處於人力緊缺狀態，好幾個專案的開發進度都由於缺少開發人力而延誤。兩杯拿鐵咖啡過後，阿捷和 Wayne 達成了以下協定。

1. 阿捷從他的開發團隊抽調 6 名具備 DBA 能力的開發人員，加入 Wayne 的運行維護團隊，進行為期 8 周的輪崗，除了支援日常的系統運行維護和軟體更新升級工作外，還要進行 Oracle 資料庫遷移而做的資料獲取和驗證工作。

2. Wayne 運行維護團隊每次派出 4 名運行維護人員到阿捷所帶領的 4 個開發團隊進行為期兩周的輪崗，協助開發團隊完成和運行維護管理與 DevOps 工具相關的開發工作。

3. 每週五上午 8 點，阿捷團隊和 Wayne 團隊的第一線主管們，一起召開時間為一個小時的開發運行維護聯席會，在會上每個團隊 8 分鐘，分別介紹和討論本周工作中所遇到的開發與運行維護的種種問題，討論可行的解決方式，並根據方案訂制可以追蹤的計畫等等。

經過趙敏的啟發，阿捷知道，對目前的戴烏奧普斯公司開發和運行維護團隊來說，必須用責任共擔的方式來代替傳統的責任劃分的制度，才有可能讓開發團隊與運行維護團隊產生合作，如果還是按照老舊的劃分清晰的各部門責任邊界，每個人都一定是偏好做好分內的事情，而不會去關心其他團隊的工作，更不會關心這些工作是否會對整個公司有利。

對阿捷的開發團隊來說，運行維護工作枯燥乏味，技術水準低的認知早已根深蒂固，但小寶他們沒有意識到，雲端運算大數據時代的運行維護其實早已不是傳統運行維護那麼簡單，運行維護工作對技術的要求並不會比軟體研發少，只有讓開發團隊全程介入運行維護，他們才能對運行維護的技術痛點和流程感同身受，進一步才有可能在開發過程中加入對運行維護工作的考量。

對於 Wayne 的運行維護團隊，透過輪崗的方式加入到阿捷的開發團隊後，對開發團隊的業務目標和責任更加了解，透過為開發團隊介紹那些對開發運行維護的技術要求，進一步幫助開發團隊建立起產品運行維護意識。

透過這次輪崗，阿捷和 Wayne 團隊打破了原來組織中的孤島，用實際的行動來建置屬於戴烏奧普斯公司自己的 DevOps 合作文化。如同華為宣導的「勝則舉杯相慶，敗則拼死相救」，只有這樣的責任共擔的工作方式，才能避免相互的糾纏與指責。

一晃 4 周就過去了。去 Wayne 團隊做資料庫運行維護的 DBA 同事，均感覺到運行維護其實是一件技術水準極高的工作，原先沒有輪崗計畫的 Java 和 C 的開發人員也紛紛申請到運行維護團隊輪崗；而加入到阿捷開發團隊的運行維

護同事，不僅用自己豐富的運行維護經驗，幫助開發團隊提升了軟體部署效率，更重要的是兩個團隊變得合作起來。

就連一直對運行維護團隊有成見的小寶讀者，也對這幾周產生的神奇效果欣喜。他一直發愁的 Oracle 資料庫驗證工作，也進展神速。小寶自己也抽了 3 天時間到資料庫運行維護團隊進行輪崗，了解如何確保 Oracle 資料庫生產環境的變更穩妥，需要做哪些實際工作：譬如跨功能上線運行維護，如何確保系統性能和安全，如何自動化驗證，如何快速讓系統回復等。

透過這次輪崗，打通了開發環境到測試環境再到上線的設定和部署自動化。讓開發的同事們把這方面精力釋放出來，更專注於功能的開發工作，還有效減少了部署上的人為設定失誤。

同時，兩個團隊還開了幾次回顧歸納會，針對現狀，提出了對研發到運行維護的監控，是下一步的工作重點，形成一個囊括運行維護故障診斷與研發上線管理的正向回饋環。儘管每個團隊的工作有差異，改進的方式和方法也不盡相同，但沒有什麼絕對的對錯，只要適用，阿捷就鼓勵大家去嘗試改進。

為了鼓勵大家，阿捷和 Wayne 商量了一下，借用微服務中去中心化的思維，建立去中心化的組織結構，為各個團隊進行充分的授權，讓團隊能夠在有限的風險控制中開展改進。因為自動化工具僅是透過技術方法降低變更和系統上線的風險，更需要的是建置一系列的實作和制度，來分散高度集中化和集權化管理所帶來的風險。

一段時間下來，阿捷驚喜地發現，原來那些他認為只有他或 Wayne 才能做的決定，其實大民和小寶都可以來做。例如之前，任何變更都必須由阿捷和 Wayne 批准，有些甚至要上報到更高一級才能去做的決定，現在讓小寶他們直接決定，並沒有帶來任何問題，決策效率更高。

阿捷知道，只要在 DevOps 的道路上知行合一，最後一定會走出一條具有自己特色的 DevOps 之路。

本章重點

1. 2009 年，網飛放出了一份《網飛文化》的 PPT，閱讀和下載量超過 1500 萬次。它被臉書的首席營運官桑德伯格稱作是「最能代表矽谷公司創新文化的一份檔案。」以下是《網飛文化》中所說明網飛文化的 7 個方面：

   - Values are what we Value（價值觀來自我們推崇和珍視的價值）
   - High Performance（追求高績效）
   - Freedom & Responsibility（自由和責任）
   - Context，not Control（情景管理而非控制）
   - Highly Aligned，Loosely Coupled（認同一致，鬆散耦合）
   - Pay Top of Market（支付市場最高薪水）
   - Promotions & Development（晉升和成長）

2. 《網飛文化》只列出了網飛文化的架構，想要真正了解網飛文化的精髓，還需要看一下帕蒂‧麥科德（Patty McCord）所著的《網飛文化手冊》一書。帕蒂在網飛工作了 14 年，參與了網飛初始高管團隊的組建，曾任網飛首席人才官。以下是《網飛文化手冊》中描述網飛的 8 個文化準則：

   - 文化準則 1：我們只招成年人
   - 文化準則 2：要讓每個人都了解公司業務
   - 文化準則 3：絕對坦誠，才能獲得真正高效的回饋
   - 文化準則 4：只有事實才能捍衛觀點
   - 文化準則 5：現在就開始組建你未來需要的團隊
   - 文化準則 6：員工與職位的關係，不是比對而是高度比對
   - 文化準則 7：按照員工帶來的價值付薪
   - 文化準則 8：離開時要好好說再見

3. 對失敗寬容並不表示不為失敗承擔責任，而是要從失敗中學習到經驗，向成功的目標不斷地努力。進行下一場「改進冒險」。成功很可能是巧合，但失敗必然有原因，避免了那些失敗的原因，就有很大的機會走向成功。

4. 每個團隊在每個反覆運算都定義了 SMART 目標，畢竟「沒有度量，改進就無從談起」。在改進之前，設定好度量指標，然後再透過資料來確保改進的有效性。

冬哥有話說

網飛（Netflix）有一百多個微服務，每天產品變更超過一千次，超過一萬個虛擬實例，每秒鐘有十萬多使用者互動，超過一百萬的使用者，十億多個時間序列資料，超過一百億小時的串流媒體。高峰時段，全美頻寬超過三分之一被網飛消耗，號稱北美峰時頻寬殺手。這樣的企業，你猜有多少運行維護工程師？才十幾個！而且沒有自建的資料中心，完全基於 AWS。

那麼，網飛是如何看待 DevOps 的呢？看下面這張圖，左邊是他們不做的，右邊的是需要他們做的。舉例來說，他們不會去建置一個拒絕變更（SAY NO）的系統，而是依賴於員工的自由和責任；再例如他們不會依賴於流程和控制，而是基於信任和上下文；他們不會去做標準，而是給員工賦能；最重要的一點，網飛説他們不做 DevOps，而是去建置文化。

不做	要做
構建「説不/拒絕變更」的系統	自由與責任
花成本的正常執行時間	創新速度
流程和步驟	信任
控制	上下文
被要求的標準	賦能
筒倉，牆，籬笆	讓責任更清晰（誰構建,誰負責）
猜測	資料
DevOps	文化

網飛文化的結果，像極了 DevOps 的效果（The Result of Netflix Culture Looks a Lot Like DevOps）。所以網飛説，你有的是文化的問題，而非一個 DevOps 的問題。文化可以化解一切，而一切的根源又歸結於文化。

在網飛看來，DevOps 的企業文化重於一切，只有當具有相同價值觀的人聚集在一起，透過指定他們使命和責任，才能觸發他們最大的潛能，共同為企業的發展而努力。

網飛推崇自由、責任與紀律的文化。網飛認為，管人的人不是企業的管理者，而是員工自己；自由與責任的核心，就是將權力還給員工。不是要對員工賦能，而是提醒他們擁有權力，並且為他們創造條件來行使權力，同時去欣賞他們的權利。

被稱為「全球第一 CEO」的傑克・韋爾奇說過，管理者的績效是透過團隊來表現的。同樣，網飛認為管理者的本職工作是建立偉大的團隊，按時完成那些讓人覺得不可思議的工作，而非去強調員工忠誠度，保持人員穩定等方面；識別你希望看到的行為，讓其變成持續不斷的實作，然後用紀律來保障這些實作得以順利進行。

一個公司真正的價值觀和動聽的價值觀宣傳或許不同，是實際透過哪些人被獎勵、被提升和被解雇來表現；真正的價值觀是被員工所重視的行為和技能。網飛特別珍視以下 9 項行為和技能：判斷力，溝通力，影響力，好奇心，創新，勇氣，熱情，誠實，無私。

「只招成年人」，渴望接受挑戰的成年人，持續清晰地和他們溝通所面對的挑戰是；真正被觸發的成年人，每天都盼著去工作，要和這些人一起解決問題；人們最希望從工作中獲得的東西，是加入讓他們信任和欽佩的團隊中，大家一起專注於完成一項偉大的工作，所以「從現在就開始組建你未來需要的團隊」。

盡可能簡潔的工作流程和強大的紀律文化，遠比團隊的發展速度更重要。網飛強調自由、責任與紀律，DevOps 同樣也強調人員的素質與紀律。你不需要為每樣事情都制定規則，這種自由的氣氛，是依靠成年人的責任與自律來維護的。很多公司建立有各種規章制度，目的是讓人正確地做事。事實上，員工只需要知道他們最需要完成的工作是什麼，即什麼是正確的事情，讓每一位員工了解，他為客戶帶來的體驗是如何直接影響公司利潤的。

領導者能夠坦承錯誤，員工就能暢所欲言；領導者不但坦然接受錯誤，而且樂於公開承認錯誤，就相當於傳遞給員工了一個強烈的訊號：請暢所欲言。

對待員工同樣需要坦誠。如果員工做得不好，應該告訴員工真相，這是獲得信任和了解的唯一途徑。既然是成年人，就應該有能力聽到真相，就有責任告訴他們真相。員工從收到負面回饋的打擊中迅速振作起來，不僅學會了珍惜這種回饋，也學會了始終如一和考慮周全的給予他人這種回饋；不給即時的回饋，會給管理者帶來不必要的壓力，最後也對員工造成了傷害。「難道你不應該在幾個月前告訴我嗎？」員工在年度評估中因為好幾個月前的績效問

題而被指責，連給他解決問題的機會都沒有，就好像研究幾個月之前的 Bug 一樣，無法讓員工及時地獲得回饋、學習、改進和成長的機會。要學會列出受歡迎的批評，以不帶情緒的方式，用實際實例說明，並提出對應的解決建議。

站在六個月後的未來檢查你現在的團隊，了解團隊對即將到來的變化是否已經準備就緒，針對未來去思考你需要什麼樣的團隊。公司的目的不是職業生涯管理，員工應該自己管理自己的職業發展；應該像規劃產品一樣規劃自己的職業生涯，像營運產品一樣營運自己的職業發展；建立更具流動性的團隊帶來的好處是雙向的，保持靈活，不斷學習新技能，不斷考慮新機會，經常接受新挑戰，保持工作的新鮮感和延展性。

「離開時要好好說再見」，離職的人可能是企業永遠的朋友，也可能是永遠的敵人。理想的公司，就是那種，離開之後，依然覺得它很偉大的公司。如果員工的表現不好，及時告訴他們不是校正過來，就是去一家新的公司。不要把與工作不再符合的員工歸結為失敗者，並積極幫助離職員工找到新的好機會。

35

跨越敏捷與 DevOps 的鴻溝

雖然説阿捷的研發團隊與 Wayne 的運行維護團隊透過雙向輪崗、結對工作等方式，將兩個團隊協作起來，打通了敏捷快速開發與頻繁運行維護上線的重要一環，但大家對敏捷與 DevOps 的概念與範圍，卻依然有些傻傻分不清楚，像小寶這些平時總想對運行維護指手畫腳的「激進分子」，尤其喜歡插手運行維護團隊的功夫。

如何才能幫助大家弄清楚敏捷與 DevOps 的「道、法、術」，阿捷決定厚著臉皮，再請趙敏出山為大家講講敏捷與 DevOps 的關係。

為了幫助趙敏做好準備，阿捷提前收集了大家的一些問題。

- 敏捷是什麼？ DevOps 是什麼？兩者有什麼區別？
- 持續整合不是 XP 裡面的嗎，怎麼 DevOps 也有持續整合？
- DevOps 是不是只與開發與運行維護兩個角色有關？
- DevOps 與規模化敏捷又是什麼關係？
- 我們之前在做敏捷轉型，現在又開始 DevOps 轉型，到底有什麼區別？
- 是不是需要先敏捷，才能再 DevOps?
- DevOps 的實作包含 Scrum 和使用者故事的實作嗎？
- DevOps 與敏捷和精實的關係是什麼？
- DevOps 的落地工具有哪些？
- DevOps 的起源？
- 既然有了敏捷，為什麼還要搞 DevOps？
- 敏捷、精實創業、設計思維、SAFe、DevOps 這些該如何組合應用？

- 「快速將產品推向市場」與「提供穩定、安全並可靠的 IT 服務」是否可以兼得？
- 如何用更少的資源完成更多的業績，既要保持競爭力，又要削減成本？
- 如何解決工作交接出現的問題，例如業務與開發，開發與運行維護之間；
- 運行維護人員是否可和其他人一樣，正常上下班，而不用在夜裡或週末加班？
- 「持續發佈與持續部署，到底誰應該包含誰？」
- DevOps 所追求的願景是什麼？

週五，趙敏隨阿捷驅車趕往中關村創業大街，雖然說北四環上有些小堵，但兩個人一起上班的感覺還是很溫馨的。畢竟各自忙各自的工作，每天下班都很晚，再加上趙敏總是出差，兩人最近見面的時間又少了很多，阿捷越發懷念起一起並肩推動 SAFe 落地的日子。這次安排了兩天的教育訓練「無敵 DevOps 精粹」（Incredible DevOps Professional Essential），再加上週末，兩人連續在一起的時間一下子就超過了 72 小時，在這個快節奏的都市，很是難得。

開場，趙敏先帶著大家玩了一把 DevOps 樂高遊戲，先讓大家掉到坑裡，然後再透過開發與運行維護的協作努力爬出來，再次讓大家感悟到開發與運行維護協作的重要性。

「我看了大家之前提出的問題，我覺得，與其糾纏於各個名詞的定義與區別，不如踏踏實實做點事情。其實我們沒必要太糾結，因為敏捷與 DevOps 都在演進，兩者也越來越像。」趙敏用她悅耳的聲音為大家開啟了兩天的教育訓練。「狹義的敏捷與 DevOps，也許是你們想聽到的兩者區別。強調一下，這裡說的，注意是狹義而非狹隘；有狹義就有廣義，廣義的在後面會講。」

……

兩天的教育訓練一晃而過，大家不僅收穫到了書本外的知識以及最新的發展趨勢與實作，更是對之前的各種疑問有了清晰的認知。阿捷更是歸納了一堆筆記，趙敏看著阿捷根據趙敏所講繪製的一張連結圖笑著說：「你都可以寫本書出來啦。」

從圖中可以看出，傳統的敏捷是為了解決第一個鴻溝，即業務與開發之間的鴻溝。結合敏捷宣言（強調個體和互動、可工作的軟體、客戶合作、回應變化）、12 條原則（儘早、連續地高價值發佈、自我組織團隊、小量發佈、團隊節奏、可改善可持續的流程、保持溝通等）以及包含 Scrum、Kanban 與 XP 在內的許多管理和工程實作來實現開發與業務之間的頻繁溝通，快速回應變化。

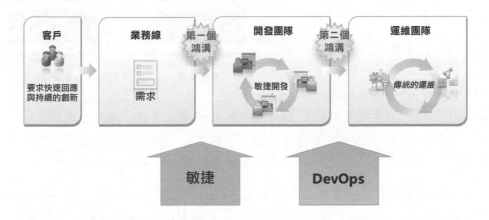

DevOps 的出現，是為了解決圖中的第二個鴻溝，即開發與運行維護之間的鴻溝。前面的敏捷是快了，卻發現因為開發部門與運行維護部門之間的隔閡，無法真正地將價值持續的發佈給客戶。開發側求快，運行維護側求穩，這個就是我們常說的開發與運行維護之間固有的衝突，即下圖中的混亂之牆。畢竟開發與運行維護具有不同的價值需求與目標方向：開發部門的驅動力通常是「頻繁發佈新特性」，而運行維護部門則更關注 IT 服務的可用性和 IT 成本投入的效率，降低風險。兩者目標的不符合，在開發與運行維護部門之間造成了鴻溝，進一步減慢了 IT 發佈業務價值的速度。因為運行維護從維穩出發，自然希望生產系統部署上線次數越少越好，而上線頻度降低，對開發人員是一個負激勵：反正我辛苦開發出的版本也不會及時上線，即使我再積極也不能即時表現出來，團隊積極性和人員士氣都會受到打擊。與此同時，業務部門則希望業務需求儘快地推向市場，而維穩的要求導致價值發佈使用者的速度被延緩，價值無法迅速獲得回饋驗證。

DevOps 就是在這種背景下出現的，最初是為了打破開發與運行維護之間的部門牆。從這點上來説，DevOps 是敏捷在運行維護側的延伸。

為什麼這麼講呢？因為從 DevOps 的起源來看，可以分為兩條線。

第一條線是比利時獨立諮詢師 Patrick Debois（派翠克‧德波斯）。2007 年他在比利時參與一個

混亂之牆

開發部門

本地目標:
交付新的功能
(最好還有品質)

產品文化
(軟體開發)

希望交付

運維部門

本地目標:
保障應用運行
(穩定)

服務文化
(歸檔, 監管, 支援)

希望理性

測試工作時，需要頻繁往返於 Dev 團隊和 Ops 團隊。Dev 團隊已經實作了敏捷，而 Ops 團隊還是傳統運行維護的工作方式。看到 Ops 團隊每天忙於救火和疲於奔命的狀態，他在想：「是否可把敏捷的實作引用 Ops 團隊呢？」

第二條線是當時雅虎旗下的圖片分享網站 Flickr。這家公司的運行維護部門經理 John Allspaw（約翰‧沃斯帕）和工程師 Paul Hammond（保羅‧哈蒙德），在美國聖荷塞舉辦的 Velocity 2009 大會上，發表了重要的演講「每天部署 10 次以上：Flickr 公司的 Dev 與 Ops 的合作」。

這個演講有一個核心議題：「Dev 和 Ops 的目標到底是不是衝突？」傳統觀念認為 Dev 和 Ops 的目標是有衝突的，Dev 的工作是增加新特性，而 Ops 的工作是保持系統執行的穩定或快速；而 Dev 在增加新特性時所帶來的程式變化，會導致系統執行不穩定和變慢，進一步引發 Dev 與 Ops 的衝突。然而從全域來看，Dev 和 Ops 的目標是一致的，即都是「讓業務所要求的那些變化能隨時上線可用」。

了解了這個演講的議題後，Patrick Debois 撸起袖子，2009 年 10 月 30 至 31 日，他在比利時根特市，以社群自發的形式舉辦了一個名為 DevOpsDays 的大會。這次大會吸引了不少開發者、系統管理員和軟體工具程式設計師前來參加。會議結束後，大家繼續在「推特」上「相聚」，Debois 把 DevOpsDays 中的 Days 去掉，而建立了 #DevOps 這個「推特」聊天主題標籤，DevOps 誕生

了。此後，DevOps 成為了全球 IT 界大咖在各種活動中熱議和討論的焦點話題。Debois 也因此而被全球 IT 界稱為「DevOps 之父」。

Flickr 公司的兩位演講者所表達的「Dev 和 Ops 的共同目標是讓業務所要求的那些變化能隨時上線可用」這一觀點，其實就是 DevOps 的願景，而要達到這一點，可以使用一個現成的工具，即精實。因為來自豐田生產方式的精實的願景，就是「最短前置時間」（Shortest lead time），即用最短的時間來完成從客戶下訂單到收到貨物的全過程。這剛好能幫助實現 DevOps 的上述願景。《持續發佈》的作者之一 Jez Humble 也體會出精實在 DevOps 中的重要性，所以將 DevOps 的 CAMS 架構修訂為 CALMS，其中增加的 L 指的就是 Lean（精實）。

後來，有人把 DevOps 歸納到了維基和百度百科網站：

> 「DevOps 是軟體開發、運行維護和品質保障三個部門之間的溝通、協作和整合所採用的流程、方法和系統的集合。它是人們為了及時生產軟體產品或服務，以滿足某個業務目標，對開發與運行維護之間相互依存關係的一種新的了解。」
>
> —— 維基百科

> 「DevOps（英文 Development 和 Operations 的組合）是一組過程、方法與系統的統稱，用於促進開發（應用程式 / 軟體工程）、技術營運和品質保障（QA）部門之間的溝通、協作與整合。它的出現是由於軟體企業日益清晰地意識到：為了按時發佈軟體產品和服務，開發和營運工作必須緊密合作。」
>
> —— 百度百科

根據維基百科上的歸納，DevOps 的出現有以下四個關鍵驅動力：

- 網際網路衝擊要求業務的敏捷
- 虛擬化和雲端運算基礎設施日益普遍
- 資料中心自動化技術
- 敏捷開發的普及

近些年來，業務敏捷、開發敏捷、運行
維護側自動化以及雲端運算等技術的普
及，幾乎打穿了從業務到開發到運行維護
（當然裡面還有測試）之間的隔閡，所以
雖然字面上是 Dev 到 Ops，事實上，已
經是 BizDevTestOpsSec 了，即從狹義的
D2O，前後延伸到 E2E，點對點廣義的
DevOps 了。

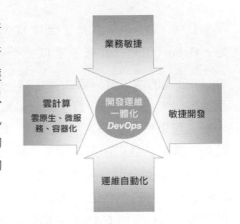

IBM 公司正是從這一角度出發，提出了 D2O 和 E2E 兩個概念。D2O，即 Dev
to Ops，是經典、狹義的 DevOps 概念，解決的是 Dev 到 Ops 的鴻溝；E2E，
即 End to End，是點對點、廣義的 DevOps，是以精實和敏捷為核心的，解決
從業務到開發到運行維護，進而到客戶的完整閉環。

IBM 認為 DevOps 是企業必備的持續發佈能力，透過軟體驅動的創新，確保
抓住市場機會，同時減少回饋到客戶的時間。所以在推進廣義 DevOps 落地
時，提出了 DevOps 的 6C，即 Continuous Planning，Continuous Integration，
Continuous Testing，Continuous Deploy，Continuous Release，Continuous
Feedback，實際中文寓意見下圖。

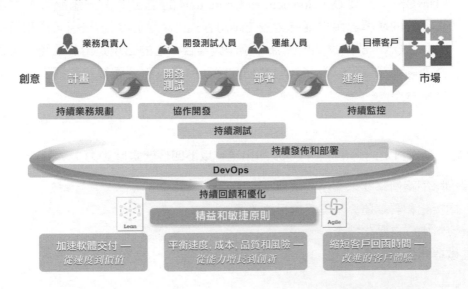

從以上 DevOps 的發展歷程，比較敏捷來看，敏捷的優點是，有一個敏捷宣言，宣告其誕生；而敏捷的缺點，也是因為其敏捷宣言，有些人常常拿著敏捷宣言來判斷是否在做敏捷，敏捷宣言並不應該被拿來約束和限制敏捷的範圍。而且敏捷宣言也說要擁抱變化，宣言誕生於 2001 年，時至今日，應該也當然會與時俱進，只是後來再沒有這樣的標示性的事件來做宣告。當年在雪鳥簽署敏捷宣言的 17 位大師，後來也都各自對敏捷有了新的認識和發展，只是沒有再表現到敏捷宣言中。

DevOps 的缺點是沒有一個明確的定義；而 DevOps 的優點也正是因為沒有一個明確的定義做限制，所以一切好的東西，都可以為我所用。從上面兩條線來看，DevOps 來自草根，沒有什麼架構，所以如何定義 DevOps 成了 DevOps 社群裡面的大難題。一些 DevOps 從業者，紛紛列出自己的 DevOps 架構。其中比較有名的架構有前面提到的戴明所定義並被 Jez Humble 所修訂的 CALMS（細節見本章重點）和 Gene Kim 所定義的 The Three Ways（三種做法）。

隨著時間的流逝，敏捷與 DevOps 都已經不再是原來的那個敏捷和 DevOps 了。世界變化太快，問題域發生了變化，解決方案域自然也要隨之變化。後來，Nicole Forsgren（尼古拉・佛斯葛蘭）博士、Jez Humble 以及 Gene Kim 三位大師，在多年 DevOps 現狀報告的基礎上，也歸納出了一個 DevOps 能力成長模型，很顯然，這依然不是終點。

隨著 DevOps 理念及各種實作的落地，有了各種工具的支撐，陸續出現了持續發佈（Continuous Delivery）、持續部署（Continuous Deployment）、持續發佈（Continuous Release），再加上 XP 很早就提出的持續整合（Continuous Integration），不僅讓吃瓜群眾傻傻分不清楚，連很多大師們的表述也是前後矛盾。目前，業界較為認同的是《DevOps 手冊》上對持續發佈和持續部署的定義：

> 「持續發佈是指，所有開發人員都在主幹上進行小量工作，或在短時間存在的特性分支上工作，並且定期向主幹合併，同時始終讓主幹保持可發佈狀態，並能做到在正常執行時段裡隨選進行一鍵式發佈。開發人員在引用任何回歸錯誤時（包含缺陷、效能問題、安全問題、可用性問題

等），都能快速獲得回饋。一旦發現這種問題，立即加以解決，進一步保持主幹始終處於可部署狀態。」

「持續部署是指，在持續發佈的基礎上，由開發人員或運行維護人員自助式的定期向生產環境部署優質的建置版本，這表示每天每人至少做一次生產環境部署，甚至每當開發人員提交程式變更時，就觸發一次自動化部署。」

「持續發佈是持續部署的前提，就像持續整合是持續發佈的前提條件一樣。」

其實，對於持續發佈以及持續部署等概念的解讀，核心就是一句話：將技術行為與業務決策解耦。如果抓住了這個第一性原理，任何疑惑都可以迎刃而解。

「大家還有問題嗎？再提問題的就要發紅包啦！50 元起！」阿捷看了看手錶，此時已經下午 6：30 啦。面對高昂的學習熱情，阿捷不得不給大家喊停！「相信大家還有很多未解之惑，在未來的實作之路上，大家可以共同探討，不需要畢其功於一役。讓我們把掌聲送給我們敬愛的趙敏老師！」

熱烈的掌聲、熱情的話語、興奮的人群。趙敏知道，這其實只是幫他們開啟了一扇窗戶，更多的未知領域需要他們自己去探索。

本章重點

1. 從字面意義上了解，DevOps 是英文單字 Development 和 Operations 的組合，實際上，DevOps 所有關到的不僅侷限於開發和運行維護之間的協作。

2. 敏捷與 DevOps 的目的都是為了解決問題，不是為了樹碑立傳，更不是為了佔領地盤。兩者並非涇渭分明，沒有一條線能夠劃出來，說哪邊是敏捷，哪邊是 DevOps。討論敏捷與 DevOps，目的是為了了解兩者之間的內在聯繫，而非為了劃清界限。

3. 常常討論的是狹義的敏捷與 DevOps 概念，而廣義的敏捷與 DevOps，已經趨同。兩者都是試圖去解決相同、或相近的問題，只是革命尚未成功，同志還需努力。

4. DevOps 的精髓是「CALMS」的主旨：

- Culture（文化）是指擁抱變革，促進協作和溝通；
- Automation（自動化）是指將人為干預的環節從價值鏈中消除；
- Lean（精實）是指透過使用精實原則促使高頻率循環週期；
- Metrics（指標）是指衡量每一個環節，並透過資料來改進循環週期；
- Sharing（分享）是指與他人分享成功與失敗的經驗，並在錯誤中不斷學習改進。

5. 持續發佈、持續部署、持續發佈的區別，更多的是技術行為與業務決策的區別。

- John Allspaw 說：「我不知道，在過去 5 年裡的每一天，發生過多少次部署……我根本就不在乎，黑啟動已經讓每個人的信心大到幾乎對它冷漠的程度」。
- 解耦不是分家，最後整體團隊的衡量，還是要由業務形成閉環。持續發佈是以持續部署為基礎，持續部署提供技術能力，使得業務根據市場需要，隨時進行特性發佈，或是進行特性實驗。
- 正是因為技術的支援，持續部署到生產環境，才能讓業務前所未有的具備如此靈活的能力，任何業務的決策，可以不再如此緊密地依賴於 IT。

6. 如果混淆了部署和發佈，就很難界定誰對結果負責。而這剛好是傳統的運行維護人員不願意頻繁發佈的原因，因為一旦部署，他既要對技術的部署負責，又要對業務的發佈負責。解耦部署和發佈，可以提升開發人員和運行維護人員快速部署的能力，透過技術指標衡量；同時產品負責人承擔發佈成功與否的責任，透過業務指標衡量。

7. 隨選部署，即視技術的需要進行部署。透過部署管線將不同的環境進行串聯，設定不同的檢查與回饋。

8. 隨選發佈，讓特性發佈成為業務和市場決策，而非技術決策。

9. 持續部署更適用於發佈線上的 Web 服務；而持續發佈適用於幾乎任何對品質、發佈速度和結果的可預測性有要求的低風險部署和發佈場景，包含嵌入式系統、商用現貨產品和行動應用。

10. 從理論上講，透過持續發佈，已經可以決定每天、每週、每兩周發佈一次，或滿足業務需求的任何頻度。

11. 對於網際網路應用，從持續發佈到持續部署，只是一個按鍵決策，是否將其自動化的過程。持續發佈，更像是沒有特性開關支援之下的業務決策。

冬哥有話說

方法也好，實作也好，其價值應該由客戶價值來表現。對客戶而言，需要解決的問題，是點對點的，是全域而非局部最佳化；所以，是什麼，不重要；能解決什麼，要解決什麼問題，很重要。

DevOps 的核心，是精實與敏捷的思維和原則，所以說到底是敏捷包含 DevOps 呢，還是 DevOps 包含敏捷呢？我覺得沒必要糾纏，兩者原本已經無法區分，也無須區分。

敏捷也好，DevOps 也罷，能「抓住耗子就是好貓」。實際應該叫什麼，何苦那麼糾結？

DevOps 是集大成者，是各種好的原則和實作的融合；敏捷又何嘗不是如此。2001 年的 17 位雪鳥大師，各自在踐行著不同的敏捷架構和實作，敏捷宣言和原則，原本就是一次融合；2003 年波彭迪克夫婦的精實軟體開發方法，即使是已經有敏捷宣言的前提下，不也一樣納入敏捷開發的範圍嗎？敏捷也是在不斷前行，DevOps 與敏捷殊途同歸，是同一問題的不同分支，最後匯集到同一個目標。

一個好的方法論，應該是與時俱進，相容並蓄的；應該是開放的、演進的而非固定的。方法論如此，學習和實作方法論的人，更應該如此，以開放的心態，接納一切合理的存在。

灰階發佈與 AB 測試

新出場人物 Jim（戴烏奧普斯公司新任 CTO 艾瑞克·陳（Eric Chen.DBA 帶頭人））2018

「我們什麼時候可以上線發佈？」週一早，阿捷剛剛坐下還沒喘口氣，就被週末帶著團隊連續加了 2 天班的小寶讀者堵在了座位上。自從大民、小寶、阿朱他們聽完趙敏講的關於跨越敏捷和 DevOps 的鴻溝之後，對 DevOps 又有了更進一步的認識。

「小寶，別著急。先給我講講你們週末內測情況如何？阿朱、阿紫她們的測試報告呢？」阿捷安撫著急衝衝的小寶。

「就知道你會這樣問，都給你準備好了。這是阿朱的測試報告，週末我們從 Oracle 資料庫遷移到 MySQL 的內測工作非常順利。用來進行驗證的生產環境 Oracle 資料庫核心資料已經全部遷移到 UAT（User Acceptance Test）環境上的 MySQL 中。」小寶一邊說一邊把列印好的測試報告遞給阿捷。

其實在 Agile 公司的時候，阿捷的研發團隊已經採用 SAFe 架構下的敏捷發佈火車（ART）方式進行產品更新與發佈上線，但從 Sonar 公司合併過來的運行維護團隊卻還是一直遵循著傳統的瀑布開發模式，嚴格遵守著從功能接受度測試（FVT）到系統整合測試（SIT）再到使用者接受度測試（UAT）流程。

新的戴烏奧普斯公司成立後，在發佈流程上其實還是割裂開的，阿捷一直希望把 SAFe 的敏捷發佈火車可以一直開到運行維護環境，真正地實現持續發佈中的一鍵式部署。為此阿捷還專門約著 Wayne 和戴烏奧普斯公司新任的 CTO Jim 談了兩次，把自己的想法和後續實際執行版本發佈火車的流程做了詳細的

介紹。Jim 是一個非常謹慎的老 IT，但也原則上支援阿捷他們對 DevOps 中針對運行維護的持續發佈實作。

這次小寶所做的 Oracle 資料庫遷移的工作，其實是一次不錯的資料服務持續發佈的嘗試機會。難得的是 Wayne 的運行維護團隊在經歷過 DevOps 文化運動後，也看到了變革帶給他們的好處，對持續發佈整合式部署到運行維護的工作全力支援。

實作出真知。阿捷和 Wayne 帶著參與這次 Oracle 資料庫遷移升級的相關人員，一起開了一個系統上線評審會，參與的人員包含小寶的開發團隊，阿朱的測試團隊和 Wayne 團隊負責資料庫運行維護的 DBA 負責人 Eric Chen。大家一致決定，先將 Sonar 車輛註冊資訊的 Oracle 資料移轉到 MySQL 資料庫中，因為相對於車輛行駛資訊和充電狀態資訊，這些車輛的使用者註冊資訊資料量相對較少，更易於處理和驗證，而且車輛註冊資訊也是後續資料移轉的基礎，方便對客戶進行分類和鑑別。

系統遷移時間定到了 2018 年 9 月 1 日的 20 點，小寶、阿紫戲說這是他們的開學典禮。資料庫遷移相關的研發團隊和運行維護團隊的相關人員都已經整裝待發，遷移指令稿和操作手冊早已被演練了多次，Sonar 車主 App 上也已發送了應用維護通知，告知車主們，在 1 日 20 點到 2 日 8 點的 12 個小時間，App 應用的使用者註冊服務將暫停。

20 點整一到，Wayne 運行維護團隊的 DBA 負責人 Eric 帶領他的運行維護工程師，準時將使用者註冊服務停止，將生產環境原有的 Oracle 資料庫進行備份後，開始執行小寶研發團隊開發的遷移工具，準備將 Oracle 生產環境資料庫一次性遷移到全新的 MySQL 資料庫中。

由於經歷過多次演練，遷移工具和執行指令稿都非常順利，經過近 4 個小時的操作，Sonar 車主使用者註冊資訊的完整函數庫全部遷移完成，在遷移過程中僅有幾個 warning 等級的警告，沒有出現任何關鍵性錯誤訊息。

守在現場的阿捷、小寶、阿朱、阿紫和 Wayne 團隊的運行維護同事都滿心歡喜，小寶更是興高采烈地對大家說：「還是今天的日子選的好，開學典禮大獲

成功啊。阿朱、阿紫，你們趕緊做資料驗證，等驗證通過，我請大家去簋街吃小龍蝦。」

阿朱看著小寶如此自信，笑著對小寶說：「你別高興得太早，如果真沒問題了，一定會讓你請吃大餐。」

小寶對阿朱撇撇嘴，拉著阿捷和大民到樓下的金鼎軒，給大家買夜宵去，而阿朱帶著阿紫和 Eric 開始了緊張的資料驗證和 App 應用實測。

阿捷他們給大家點好夜宵，邊等著待者包裝，邊聊著這次系統升級的成功經驗。就在此時，阿捷的電話突然響了，阿捷一看是阿朱的號碼，心裡不由一緊，趕忙接起來，就聽見平時說話慢騰騰的阿朱急迫地說著：「阿捷，你趕緊帶著小寶他們回來，資料庫遷移出問題了，有好幾張表的一致性測試都沒有成功！」

阿捷他們一聽，包裝的點心也不等了，拔腿就往辦公室跑，小寶邊跑還邊嘟嚷著：「這怎麼可能啊，該測的都測過了啊。」

回到辦公室，阿捷發現氣氛變得格外緊張，負責 DBA 運行維護的 Eric 緊鎖眉頭，阿朱和阿紫還在螢幕前討論著：「你來看，這張表的資料也有點不對」，就連一貫沉穩的 Wayne 也在緊張地走來走去。

小寶衝到阿朱的 MacBook 螢幕面前，急迫地問道：「出了什麼問題？不是剛才遷移一個顯示出錯都沒有嗎？」

阿紫指著螢幕說：「小寶哥你看，你的遷移工具確實沒有顯示出錯，但這幾張表的資料都對不上啊！你看，這原本在 Oracle 資料庫裡應該是 Null 的值，怎麼在 MySQL 裡都變成了數字 0，App 應用也報了錯，有接近 5% 的 Sonar 車主 App 會受到影響。現在已經凌晨 1 點多了，如果在早上 8 點前我們沒有解決，這可怎麼辦啊？」

阿捷也湊過來在螢幕前仔細檢視，確實如阿紫所說，好幾張表單的資料對不上。細心的阿朱提示阿紫：「我們再把遷移過程的 log 開啟仔細看看那些 warning 的提示，看看是否可找到一些蛛絲馬跡？」

果真，沒過多久，阿朱和阿紫就在許多的記錄檔中查詢到某一張表單存在以下的 warning 提示，而這張表正是沒有驗證通過的幾張表之一。

```
[dbadmin@test 01:12:17>show warnings;
+---------+------+----------------------------------------------------------+
| Level   | Code | Message                                                  |
+---------+------+----------------------------------------------------------+
| Warning | 1366 | Incorrect integer value: '' for column 'age' at row 2    |
| Warning | 1366 | Incorrect integer value: '' for column 'age' at row 3    |
| Warning | 1265 | Data truncated for column 'birthday' at row 3            |
+---------+------+----------------------------------------------------------+
```

看著記錄檔中的 warning 提示，小寶深思許久，一下子從凳子上跳了起來，興奮地說道：「原來問題出在這裡！可是為何原來在 Oracle 資料庫中的值會是 Null 呢？之前從來沒有這樣的測試資料啊。」

阿捷、Wayne 和 Eric 聽見小寶找出了問題，立刻都圍了過來。小寶指著螢幕上的記錄檔對大家說：「你們看，在 Oracle 資料庫中車主的年齡和生日這些資訊都是用 int 類型來儲存，所以我們在 MySQL 資料庫中也是採用同樣的 int 類型。但這幾張表中因為某些原因，車主沒有選擇自己的生日，所以在 Oracle 資料庫中的值是 Null，但是在 MySQL 裡 int 類型如果插入的為 Null 的話，就會自動轉為數字 0。應用程式如果發現車主資訊中，生日或年齡這些關鍵資料為 0，就會認為是虛假資料而顯示出錯，設想一下，怎麼會存在 0 歲的 Sonar 車主呢？你們看，這幾張表都是這樣的情況。」

```
dbadmin@test 01:12:31>select * from t where name is null;
Empty set (0.00 sec)

dbadmin@test 01:13:00>select * from t where name='';
+------+------+------+---------------------+
| id   | name | age  | birthday            |
+------+------+------+---------------------+
||   2 |      |    0 |                     |
|    3 |      |    0 | 0000-00-00 00:00:00 |
+------+------+------+---------------------+
[2 rows in set (0.00 sec)
```

Wayne 也恍然大悟，說：「在早期 Sonar 手機 App 的版本中，因為隱私的關係，我們確實允許車主在註冊時不填寫年齡和生日等資訊，但是，近幾年系統已將生日這些資訊變為必填項，不過那些沒有填寫生日的車主，如果自己不主動更新相關資訊，在 App 應用中就還是會以 Null 來儲存，應用程式不會對生日為 Null 的資料進行驗證。但這種的車主人數並不會很多。小寶，你在之前做 Oracle 資料庫驗證選取資料時，很有可能沒有擷取到類似為 Null 的資料。」

問題找到了，但在如何解決的方案上大家又產生了爭執。小寶堅持認為給他的團隊 2 個小時，他們就可以重新執行指令稿，將原先為 Null 的資料繼續保持為 Null，並對 int 類型進行嚴格限制。但阿捷和 Wayne 卻選擇了更為穩妥的辦法：切回原有的 Oracle 資料庫，確保早上 8 點生產環境上的 App，應用存取萬無一失，等待下一次的升級視窗，再進行 MySQL 資料庫的切換。

早上 9 點，當阿捷拖著疲憊的身體回到家裡的時候，趙敏正帶著鐘點清潔工打掃。阿捷打了個招呼，走進臥室倒在床上一覺就昏睡到了下午。望著醒來後還是一張熊貓臉的阿捷，趙敏心疼地問：「怎麼累成這個樣子，你們資料庫遷移的事情搞定了沒有？」

阿捷給自己泡了杯普洱茶，把昨天折騰一晚，最後為了穩妥起見，又切換回 Oracle 資料庫的事情，一五一十地給趙敏講了一遍。

聽完這些，趙敏笑著對阿捷說：「你聽過金絲雀發佈嗎？其實你們早就應該採用 DevOps 中的灰階發佈、藍綠部署或 AB 測試這些實作了。你見過現在還有哪個網際網路公司會採用傳統的停機升級和時間視窗？京東商場 App 和淘寶、天貓他們的 App，好像從來沒有發過通告說某某時間到某某時間停服吧？」

「金絲雀發佈？金絲雀發佈是個什麼鳥發佈？可以再多給我介紹一下嗎？」阿捷聽得一臉懵圈，不過他確實知道趙敏所說的網際網路公司從不停機升級的事情，阿捷在京東工作的大學好友彪哥也這樣講過，但是實際怎麼實作阿捷並不了解。

趙敏解釋道：「你知道採煤的時候最怕瓦斯爆炸吧？在英國，17 世紀的時候，英國礦井工人發現金絲雀對瓦斯這種氣體十分敏感，如果在採煤的坑道中哪怕有極其微量的瓦斯，金絲雀也會停止歌唱，當瓦斯標準超過一定限度但對人類還沒有危害時，小小的金絲雀卻會被瓦斯毒發身亡。在當時相對簡陋的條件下，下井的礦工們每次都會帶上一隻金絲雀作為『瓦斯檢測指標』，以便在危險狀況下緊急撤離。而我剛才給你講的金絲雀發佈，就是指在原有版本可用的情況下，同時部署一個新版本作為金絲雀應用，測試新版本的效能和表現，以保障在整體系統穩定的情況下，儘早發現、調整問題。」

阿捷一臉興奮地回應道：「原有版本可用？不停機升級？對於我們的資料庫切換也是適用的嗎？快教教我怎麼做？實在熬不動通宵了。」

「好，學費呢？你準備付我多少學費？」趙敏調侃著說道。

「還付學費？我薪水卡都在你那裡好不好？趙老師，您可憐可憐我們，十幾個人，大週六的折騰了一個通宵，什麼都沒搞定，還把原有的 Oracle 資料庫又切換回去了。我們容易嗎？」阿捷裝出一個可憐兮兮的樣子。

看著可憐巴巴的阿捷，趙敏不由得認真起來：「其實你們不能僅只有 DevOps 意識，還需要利用好 DevOps 的優秀技術實作。你們現在內部有以 vSphere 和 OpenStack 為基礎的私有雲，在外部有以 AWS 和 Azure 為基礎的公有雲，可以好好嘗試一下用藍綠部署、灰階發佈這些 DevOps 的技術實作。

先給你講講灰階發佈，也就是金絲雀發佈。其實灰階發佈系統的作用，就在於可以讓你們根據自己的系統組態，將實際使用者的流量先小量切換到新上線的系統中，來快速驗證你們開發的新功能。如果驗證通過並穩定執行，再透過灰階策略進行輪流升級。而一旦系統出現問題，也可以馬上進行回復。

灰階發佈的流程分四步。

- 選定策略：包含本次灰階的使用者規模和篩選原則、功能覆蓋度、回復策略、營運策略、新舊系統部署策略等。
- 灰階準備：準備好灰階發佈每個階段的工件，包含：建置工件，發佈指令稿，測試指令稿，回復指令稿，設定檔和部署清單檔案等內容。
- 執行灰階發佈：首先從負載平衡列表中移除準備進行灰階的「金絲雀」伺服器。升級「金絲雀」應用（排除原有流量並進行部署）；然後對應用進行

自動化煙霧測試，確保應用基本功能正常；再將「金絲雀」服務器重新增加到負載平衡清單中，確保服務連通性和透過服務的健康檢查。如果「金絲雀」應用線上測試成功，透過捲動方式升級剩餘的其他伺服器；如果應用升級失敗，則透過摘除負載平衡中失敗的金絲雀應用，進行回復，確保對客戶服務的不間斷。

■ 發佈歸納：使用者行為分析報告、灰階策略實施歸納、產品功能改進清單等內容。」

趙敏侃侃而談，阿捷聽得津津有味，見趙敏停下來，趕忙給趙敏沏上茶問：「那藍綠部署是指什麼？ AB 測試又是講什麼的呢？難道還有紅黃部署和 CD 測試不成？」

趙敏被阿捷逗笑了，說道：「哪裡有那麼多顏色供你部署，你以為是共用單車玩彩色拼圖呢？其實藍綠部署的概念很早就出現了。只是近些年，隨著雲端運算和虛擬化技術的成熟，特別是 Docker 容器和以 Kubernetes 容器編排技術為基礎的引用，運算資源可以隨選切分為更小粒度，為各種應用和服務所使用，原來的資源受限和申請資源緩慢問題也已經逐步解決，部署應用可以做到彈性隨選分配。這些都為藍綠部署提供了基礎保障。

因此，我們可以很方便地在一次部署前，分配兩組運算資源，一組是執行現有版本的藍色環境，一組執行待上線的新版本綠色環境，再透過負載平衡器切換流量的方式，完成新舊版本的發佈，這就是所謂的藍綠部署，其簡化過程以下圖所示。」

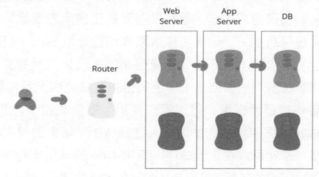

圖片來自 Martin Fowler 2010 年 3 月 1 日的 blog
https://martinfowler.com/bliki/BlueGreenDeployment.html

趙敏開啟圖，講道：「其中，藍色路徑版本稱為藍組，綠色路徑版本稱為綠組，發佈時透過 Load Balance（負載平衡）一次性將流量從藍組直接切換到綠組，不經過金絲雀和捲動發佈，藍綠發佈由此得名。

如果在藍綠部署過程中出現問題，進行回復的方法也很簡單，即透過 Load Balance 直接將流量切換回藍色環境。

對於藍綠部署，當部署成功後，藍色環境的資源一般不進行直接回收釋放，而是設定一個保留期，如果有有關到資料庫資源的情況，藍綠環境的資料庫需要有一個資料同步的機制，確保一旦綠色環境出現問題，應用和資料可以快速切換回藍色環境。實際的觀察期，視應用和服務的實際情況來設定。在觀察期過後，確認藍綠部署成功後，對藍色資源進行回收，並為下一次藍綠部署進行準備。

從藍綠部署的設計上，你就會發現其優勢就是應用版本升級的切換和回復速度非常快。但對於資源的消耗是比較多的；另外由於版本回復是全量回復，如果綠色環境版本有問題，不太容易透過類似灰階發佈的方式較人性化的進行切換，對使用者體驗會有一些影響。

所以，藍綠部署一般要求運算資源較為充足並且對使用者體驗有一定容忍度的場景。」

「那 AB 測試怎麼講？」阿捷繼續問道。

「AB 測試則和灰階發佈與藍綠部署完全是兩碼事。AB 測試常發生在網際網路領域，針對某類別應用或服務，看其是否受最後使用者受歡迎，或功能是否可用，以前端應用為主。一般來說樣本取樣均設定為 50%，目的在於透過科學的實驗設計、取樣樣本代表性、流量分割與小流量測試等方式，來獲得具有代表性的實驗結論，根據結論，決定是否在全系統中進行推廣。所以，AB 測試和灰階發佈與藍綠部署，可以同時使用。舉例來說，你想在設計 Sonar 前端應用 App 遠端開車門操作的時候，透過 AB 測試來取得哪種設計更符合客戶使用習慣，你就可以在全流量中，切出 10% 的流量進行灰階發佈，其中 5% 的流量分給 App 遠端開車門設計 A，另外 5% 的流量分給 App 遠端開車門設計 B，透過一段時間的樣本取得與資料分析，最後確定那個更受使用者歡

迎的設計,來進行捲動的灰階發佈。講了這麼多。阿捷你都吸收了嗎?說的不如做的,聽別人的不如自己親自練的,你加油吧。」趙敏看著阿捷記有滿滿兩頁的筆記說道。

2018 年 9 月,中秋節前一天的上午 10 點,戴烏奧普斯公司成立之後,第一次在白天非停機狀態的系統升級發佈,準時開始。

首先是確定發佈的策略。阿捷和 Wayne 他們經過多次討論和多輪技術驗證,最後選擇了透過金絲雀發佈的方式來進行 MySQL 替代 Oracle 資料庫的升級。由於目前戴烏奧普斯公司的私有雲端運算資源比較充分,經過驗證,大家一致決定透過在私有雲雲管平台上,新申請一批虛機資源,將 MySQL 伺服器發佈到新資源上,再透過灰階的方式,切一部分前端流量到 MySQL 的環境中進行驗證。

其次是灰階發佈的準備工作。小寶的開發團隊準備好灰階發佈的升級發佈指令稿、回復指令稿和部署清單檔案;阿朱、阿紫的測試團隊準備好自動化測試指令稿;Wayne 的生產運行維護團隊對各環境中的設定檔、發佈指令稿、回復時負載平衡切換等內容進行過反覆檢查與驗證。

就這樣,當阿捷親自按下執行灰階發佈指令稿的按鍵時,小寶還開玩笑地說,他可不想中秋節時還帶著大家恢復系統,氣得阿紫一頓呸呸呸,說他烏鴉嘴。

不管怎樣,阿捷都知道,開弓沒有回頭箭。隨著灰階發佈指令稿的執行,首先從生產環境 Database Proxy 的負載平衡列表中,加入已經做好資料同步和驗證的 MySQL 伺服器,並按照之前設定的灰階策略,切入部分應用的存取流量。然後從前端應用監控,檢視應用存取資料情況,確保資料庫服務連通性和完整系統的健康檢查。

如之前驗證過的那樣,隨著前端 App 應用不斷成功連線 MySQL 服務叢集,監控中的應用存取狀態和資料連接狀態,都清晰地呈現在阿捷、阿朱和 Wayne 等人面前。透過輪流升級的方式,下午 2 點,Wayne 和小寶他們就成功升級完資料庫伺服器,將原有的 Oracle 資料庫叢集從負載平衡中摘除下線。

但為了確保系統穩定和萬一出現失敗後進行回復，Wayne 的生產運行維護團隊並沒有對原有的 Oracle 資料庫進行停機，釋放運算資源，而僅是中斷與前端的連接。同時，運行維護團隊也按照灰階計畫，採用小寶開發的一套資料庫同步程式，將寫入到 MySQL 中的資料，同步寫一份到原有的 Oracle 資料庫中，確保新版本的 MySQL 和舊版本的 Oracle 資料庫服務的一致性。按照計畫，Oracle 資料庫在保留一周後，會逐步關機下線，完成自己的歷史使命。

隨著週五下班時間的臨近，這次 MySQL 資料庫升級的灰階發佈大獲成功。阿捷和 Wayne 決定在中秋節後上班的第一天，針對本次灰階策略和灰階發佈實施過程進行歸納，並對潛在的改進點進行開放式討論。

本章重點

1. 灰階發佈（又名「金絲雀發佈」）是指在黑與白之間能夠平滑過渡的一種發佈方式。它可以讓一部分使用者繼續使用原有版本的產品，另一部分使用者（常被稱為「灰階使用者」）開始使用新版本的產品。如果灰階使用者對新版本測試成功，並且沒有什麼反對意見，那透過輪流升級等策略，逐步擴大灰階範圍，最後把所有使用者都升級到新版本上。灰階發佈可以確保整個系統的穩定，在初始灰階的時候就可以發現、調整問題，以滿足應用。

2. 灰階期：灰階發佈開始到結束期間的這一段時間，稱為灰階期。

3. 灰階發佈常見三種類型。
   - Web 頁面灰階：按照 IP 造訪網址或使用者 cookie 等標識進行流量切分。可具有一定的隨機性或方向性，可以控制切分流量的比例；
   - 服務端灰階：比較考驗服務端負載平衡的切分能力，可做邏輯切換開關，按照之前所設定的灰階策略逐步進行流量切分；
   - 用戶端灰階：按照前端使用者的分類進行逐步的灰階，主要包含 PC 端（如 Windows 系統，Linux 系統或 macOS）、行動端（Android，iOS）等。

4. 對於如何選取灰階發佈的目標使用者，即選取哪些使用者先行體驗新版本，是強制升級還是讓使用者自主選擇等，可考慮的因素很多，常見的策略包含但不限於地理位置、使用者終端特性（如螢幕解析度、GPU 效能、是否有指紋識別等）、使用者本身特點（性別、年齡、使用習慣、忠誠度）等。

5. 對於細微修改（如文案、少量控制項位置調整）和對安全性具有強要求的，如支付寶出現支付安全性漏洞等情況，一般會要求強制升級，對於類似騰訊微信改版（如新增搶紅包功能）這樣的系統升級，應讓使用者自主選擇，並提供讓使用者自主回復至舊版本的通道。

6. AB 測試的作用在於及早獲得使用者的意見回饋，增強產品功能，提升產品品質。並透過灰階策略選擇 A、B 使用者，讓其參與產品驗證，加強與使用者的互動，並降低產品升級所影響的使用者範圍。

冬哥有話說

持續發佈，持續部署，傻傻分不清楚

「持續發佈與持續部署，到底誰應該包含誰？」

Jez Humble 説：「在過去的 5 年裡，人們對持續發佈和持續部署的區別有所誤解。的確，我自己對兩者的看法和定義也發生了改變。每個組織都應該根據自己的需求做出選擇。我們不應該關注形式，而應該關注結果：部署應該是無風險、隨選進行的一鍵式操作。」

爭辯持續發佈的定義意思不大，關鍵是在這個概念背後，都有哪些實作，以及原因和產生的結果，相比叫什麼，更重要的是為什麼。

這裡面有關到幾個概念：持續整合、持續發佈、持續部署以及持續發佈。

持續整合

持續整合的概念基本沒有什麼問題，要求每當開發人員提交了新程式之後，就對整個應用進行建置，並執行全面的自動化測試集合。根據建置和測試結果，我們可以確定新程式和原有程式是否正確的整合在一起。如果失敗，開發團隊就要停下手中的工作，立即修復它。這正是豐田安燈系統的實作

以下幾張圖出自 https://www.mindtheproduct.com/2016/02/what-the-hell-are-ci-cd-and-devops-a-cheatsheet-for-the-rest-of-us/ ）。

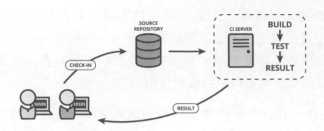

持續整合的目的是讓正在開發的軟體始終處於可工作狀態。同時強調，程式的提交是一種溝通方式，既然是溝通就需要頻繁，下圖中程式的提交過程，事實上就是各條分支之間的對話過程。

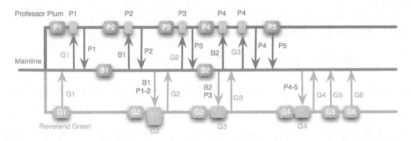

持續發佈

持續發佈（Continuous Delivery，CD）持續發佈是持續整合的延伸，將整合後的程式部署到類別生產環境，確保可以以可持續的方式快速向客戶發佈新的更改。如果程式沒有問題，可以繼續手動部署到生產環境中。

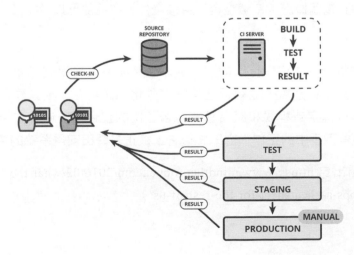

持續部署

持續部署是在持續發佈的基礎上,把部署到生產環境的過程自動化。如果真的想獲得持續發佈帶來的收益,應該儘早部署到生產環境,以確保可以小量發佈,在發生問題時快速排除故障。

持續測試

持續測試始終貫穿在整個內部研發流程中,從持續整合到持續部署,都有自動化測試的存在。

「沒有自動化測試,持續整合就只能產生一大堆沒有經過編譯並且不能正確執行的垃圾。」自動化測試是持續整合的基礎,同樣也是其他實作的基礎,越靠前的測試越應該自動化。

測試是取得回饋最有效的方式,從部署管線中,能夠看到在不同的環節,不同環境上執行的不同層面的測試。

從以下理想的測試自動化金字塔來看,截止到持續發佈階段,在開發環境、測試環境以及類別生產環境,已經把開發內部需要執行的所有測試全部執行完畢了。

所以在這個點,從技術的層面上講,程式是可以被部署到生產環境的;從業務的層面上講,需要判斷是否發佈特性給使用者,以取得最後的使用者回饋。

將部署與發佈解耦

讓上帝的歸上帝,凱撒的歸凱撒。

需要將部署和發佈解耦,部署和發佈是不同的動作。部署更多的是一個技術行為,而發佈更多的是業務決策。不要把技術與業務決策混為一談。部署與發佈的解耦過程,也就是技術與業務的解耦過程。

- 部署:在特定的環境上安裝訂製版本的軟體。部署可能與某個特性的發佈有關,也可能無關。
- 發佈:把一個或一組特性提供給(部分或全部)客戶的過程。

要實現部署與發佈解耦，需要程式和環境架構能夠滿足：特性發佈不需要變更應用的程式。

如果混淆了部署和發佈，就很難界定誰對結果負責，而這剛好是傳統的運行維護人員不願意頻繁發佈的原因，因為一旦部署，他既要對技術的部署負責，又要對業務的發佈負責。

解耦部署和發佈，可以提升開發人員和運行維護人員快速部署的能力，透過技術指標衡量；同時產品負責人承擔發佈成功與否的責任，透過業務指標衡量。

隨選部署，視技術的需要進行部署，透過部署管線將不同的環境進行串聯，設定不同的檢查與回饋。

隨選發佈，讓特性發佈成為業務和市場決策，而非技術決策。

「持續部署更適用於發佈線上的 Web 服務，而持續發佈適用於幾乎任何對品質、發佈速度和結果的可預測性有要求的低風險部署和發佈場景，包含嵌入式系統、商用現貨產品和行動應用。」

從理論上講，透過持續發佈，已經可以決定每天、每週、每兩周發佈一次，或滿足業務需求的任何頻度。

而對於網際網路應用，從持續發佈到持續部署，只是一個按鍵決策，是否將其自動化的過程。持續發佈，更像是沒有特性開關支援之下的業務決策。

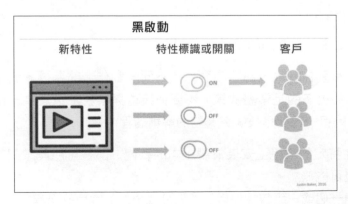

黑啟動

詳情造訪 https://tech.co/the-dark-launch-how-googlefacebook-release-new-features-2016-04。

當有了低風險發佈的各種方法，例如阿捷所實作的，以環境為基礎的藍綠部署、金絲雀發佈以及以應用為基礎的特性開關、黑啟動等；尤其是特性開關，將其部署到生產環境，並不表示特性的發佈，實際何時發佈，對誰發佈，都可以由業務決定。

也就是說，從技術上可以支撐持續的部署，同時與業務決策進行解耦。所以，此時只需要視不同的業務場景，來決定是否以及開啟哪些特性開關，持續部署已經幾乎可以脫離業務層面。

結語

對於持續發佈以及持續部署等概念的解讀，個人認為核心就是一句話：將技術行為與業務決策解耦。持續發佈、持續部署、持續發佈，更多的是技術行為與業務決策的區別。

所以，核心是技術決策與業務決策的分離。持續部署，是一個技術行為，持續發佈是業務行為，發佈的是業務價值。是否需要持續的部署到生產環境，是由業務形態決定的。

即使部署到了生產環境，並不表示正式發佈。透過技術方法，我們可以將部署與發佈解耦，透過特性開關和黑啟動（Dark Launch）等技術方法，賦能業務進行 A/B 測試和灰階發佈等業務行為，這是技術賦能業務最典型的場景，也是最有力的支撐。

37

持續發佈管線與運行維護可用性

國慶日後的北京，進入到一年最美的秋高氣爽的季節，然而，阿捷卻被 Protocol 開發團隊的 Leader 韓旭煩到不行。

作為 Sonar 車聯網負責通訊協定模組研發團隊的主管，韓旭在 Agile 的資歷可比阿捷、大民他們都老，絕對可以稱為研發老司機。可正應了那句俗話：老司機遇到了新問題。

事情還要從 Sonar 車聯網底層協定變更的需求説起。作為新能源汽車代表的特斯拉電動汽車，最引以為傲的，莫過於能像蘋果手機或 Android 手機那樣實現 OTA（Over The Air）升級。透過 OTA 方式，不僅可以快速修復 bug，更能夠將新的產品功能特性發送給車主。這樣 Sonar 每一次新系統發佈，都能使車主找到駕駛一台「新車」的感覺，這種不斷保持的新鮮感是傳統汽車遠遠所不能及的，更何況 OTA 的升級服務還是免費的。

而在 OTA 的設計中，透過行動通訊的空中介面，對 SIM 卡資料及應用進行遠端系統管理的技術是核心。因此，OTA 底層會轉換多種通訊協定，從 2G、3G、4G 到 WIFI 的 802.11 a\b\g\n 等，甚至於簡訊技術和語音服務。正是由於轉換了多種網路通訊協定，Sonar 的車輛才可以在各種網路中確保穩定的網路連通，為車主提供諸如遠端空調預熱、無鑰匙啟動等多種奪人眼光的實用功能。

隨著 5G 網路的商業試用，韓旭所負責的車聯網 OTA 協定研發團隊，也承接了 Sonar OTA 系統 5G 網路的預研支援工作。本來通訊協定就是韓旭他們這幫老司機的強項，看著小寶、大民他們今天弄一個灰階發佈，明天折騰下 AB 測

試，風光到不行，韓旭和他的團隊早就憋了一股勁兒，希望可以在 Sonar OTA 系統 5G 預研的專案上發揮一下自己的強項，出出風頭。

誰曾想，由於 5G 標準和相容協定，需要根據業務要求頻繁變更進行測試，更要對原有系統進行轉換支援，對 5G 試驗網測試的時間要求也非常緊張。而且對 OTA 升級的驗證流程來說，是需要將認證內容，例如待升級的新系統或更新，透過車輛所在的可用網路下載至車內。在進行升級時，Sonar 車輛的 OTA 系統會收到一份清單，上面列明瞭所有的待升級專案，當車輛發出 OK 訊號後，Sonar 車聯網部署在雲端的服務就會發送自己的簽名，交由待升級的車輛進行驗證。驗證通過後，Sonar 車輛的電子控制單元（Electronic Control Unit，又稱「行車電腦」或「車載電腦」）就會開始執行首個升級工作。如果升級安裝過程失敗，系統必須能夠啟動「恢復」（restore）功能，以便恢復至升級前的狀態。

雖然阿捷的研發團隊已經在用 Jenkins 架設的非常成熟的持續整合系統，從 Gitlab 中取程式進行編譯建置，並對建置物的相依關係和測試環境透過指令稿進行自動化管理，但由於業務方需要將 OTA 系統中的協定層線上升級，並根據不同類型的協定在 5G 試驗網中進行驗證，一旦出現升級失敗，系統必須百分之百地回復恢復到原有系統。目前阿捷他們所用的老版 Jenkins 持續整合系統並沒有辦法支援，只能透過手動將 Jenkins 編譯建置好的安裝套件部署到生產環境，出現問題也需要手動方式進行回復，並沒有打通從持續整合到業務最後上線部署和發佈的最後一公里。

因此，在 Sonar 5G 車聯網測試的過程中，韓旭他們團隊的部署效率和業務驗證進度，都不理想，更何況 5G 的網路架設，也都是由協力廠商電信業者所選用的裝置製造商來提供，一旦業務測試人員發現問題後，韓旭他們開發團隊修復 Bug 的週期又很長。由於這個緣故，負責 Sonar 車聯網 5G 業務測試的業務老大，直接客訴到戴烏奧普斯公司 CTO Jim 那裡，説阿捷團隊的研發支援不給力，拖延了 Sonar 車聯網 5G 業務，如果再不進行改進，讓競爭對手搶了先機，就會如何如何。同時，韓旭也和阿捷抱怨：Sonar 的業務人員各種蠻橫不講理，壓著他們開發團隊從國慶日就開始各種加班，但還不滿意開發和測試進度，強詞奪理，欺人太甚。

韓旭他們團隊的研發能力阿捷是放心的，畢竟有那麼多年的電信協定研發經驗了；車聯網 OTA 升級的複雜性和驗證流程的繁瑣，阿捷也是了解的，知道沒有韓旭原先想得那麼好做。但如何打通業務發佈的流程，讓系統驗證變得快速起來，阿捷卻一直沒有想法。

此時，大學同宿舍的好友昶哥國慶剛從西藏自駕回來，約阿捷這幫老友聚會，觀看旅行中拍攝影片，阿捷沒有心思去。

昶哥在電話裡聽出了阿捷的猶猶豫豫，笑著問：「你小子不是和趙敏吵架了吧？怎麼這樣畏畏縮縮的，不像是你的風格啊？」

阿捷苦笑著，把這些天自己在工作中遇到的 5G 試驗網測試問題和昶哥簡單說了一下：「昶哥，不是不想去喝酒看片，真是被工作壓得沒有心情。你在京東那麼多年，你們網際網路公司有什麼好實作，快幫我出出主意，有什麼解法？」

在了解了阿捷目前所面臨的情況後，昶哥在電話中說：「既然你們都已經在用 Jenkins 做持續整合，也有做灰階發佈和 AB 測試的經驗，為什麼不百尺竿頭更進一步，採用持續發佈管線的方式，打通業務發佈的最後一公里？你小子要是今晚能給趙敏請個假，來我這裏，我給你詳細講講，電話裡一句兩句說不透。」

就這樣，阿捷和昶哥在鼓樓後街一個小院裡的大槐樹下，一碟花生米加兩杯 IPA，就著一張持續發佈工具圖，昶哥把持續發佈的精髓向阿捷一一道來。

作為極限程式設計中最佳做法「持續整合」的延續，早在 2011 年 Jez Humble 就根據自己在專案中的實作，針對軟體部署的管線，增量開發、軟體版本管理，以及基礎設施、部署環境和資料管理等場景，出版了著名的《持續發佈：發佈可靠軟體的系統方法》一書。

書中只是列出了先進的思維和有限的實作作為參考，不同業務、不同產品和不同的技術堆疊，導致持續發佈的實作註定會因專案和產品而異。這些年，大家不斷摸索從持續整合到持續發佈的方法，DevOps、微服務架構、容器技術和雲端運算等技術不斷成熟起來。

以 cgroup 和 namespace 為基礎的 Docker 容器技術的出現，讓不同的開發語言和不同的執行環境都可以透過 Docker Image 的形式進行包裝；Swarm、Mesos 和 Kubernetes 等技術的成熟，可以讓不同架構的應用系統經過方便快速的容器編排，在雲端或物理機上進行部署和監控。目前無論是國外的 AWS、Azure 和 GCP，還是國內的阿里雲、騰訊雲、華為雲和京東雲，都支援程式實例的容器部署。

微服務架構的出現，更是將輕量級服務機制和去中心化思維將軟體架構設計帶入了一個全新的領域。微服務架構中的單一職責的思維，12 要素法則（12 factor）把應用程式建置為服務元件，將有狀態的後端服務和無狀態的服務進行區分，定義服務元件的邊界，允許不同的團隊採用不同的開發語言撰寫不同的服務，只需要顯示宣告相依關係，將服務之間的耦合關係降到最低。這樣就可以在持續發佈中，業務發佈可以按照類別進行更為輕鬆便捷的部署，而非傳統的費時費力的一體化升級和回復。

DevOps 中的灰階發佈、藍綠部署等實作也為持續發佈提供了業務點對點部署的能力，透過灰階策略和金絲雀發佈的選擇，讓原來必須的全量版本升級的佈署情況獲得了完全的改善，透過小流量的切換和發現問題的自動回復，讓面對最後業務的持續發佈有了低成本試錯的可能。

這也是為什麼其實類似 OpenStack、vSphere 等公有雲、專有雲和混合雲端平台，以 Docker 和 Kubernetes 為基礎的容器技術，與微服務架構這些看起來都是獨立的技術領域，以及像 Git、Jenkins、Chef、Puppet、Ansible 這些開放原始碼工具，都會在今天持續發佈實作中被廣泛採用的原因。

聽完在京東商場技術團隊摸爬滾打了多年的昶哥一番解釋，阿捷如醍醐灌頂般地豁然開朗。其實阿捷他們去年也採用了 Docker 加 Kubernetes 作為容器化技術的基礎，但軟體架構設計上並沒有採用微服務架構設計，而只是利用 Docker 容器方便包裝易於部署的好處，在一些系統耦合性原本就不是很強的元件上使用。

作為在電信領域摸爬滾打多年的開發團隊，無論是以 IP 加通訊埠為基礎的四層負載平衡，還是以 URL 等應用層資訊為基礎的七層負載平衡，對阿捷他們

來說都不是什麼難事。阿捷他們在之前的灰階發佈實作中，就採用了主要以分析 IP 層加 TCP/UDP 層為主實現流量負載平衡的四層交換機，與以開放原始碼 HAProxy 為基礎的七層軟負載平衡器搭配使用，來控制灰階發佈策略中以 Cookie 資訊或 URL 為基礎的處理。目前，Sonar 車聯網系統的車主應用 App 端，本身也是執行在亞馬遜的 AWS 公有雲上，車聯網的核心系統和資料都在阿捷他們所部署的私有雲上。

聽到阿捷已經有了這些基礎，昶哥舉起手中裝滿 IPA 啤酒的杯子，一邊和阿捷碰了碰杯，一邊說：「兄弟，你或許真應該在這次 5G 測試中嘗試一下持續發佈，用好你們充足的雲端運算資源，透過灰階發佈的方式，讓持續發佈管線打通 DevOps 的最後一公里。這幾年，隨著這些新技術的變化和成熟，你們之前所採用的很多傳統持續整合開放原始碼工具，也都有持續演進，就拿你們最熟悉的 Jenkins 來說，其實早在 2016 年推出 2.0 版本的時候，就已經支援了 Pipeline as Code（管線即程式）的功能。就這個 Pipeline 管線功能，絕對是幫助 Jenkins 實現從持續整合（Continuous Integration）到持續發佈（Continuous Delivery）的關鍵抓手。

更重要的是，Pipeline 管線並不複雜。簡單來說，就是一套執行於 Jenkins 2.0 上的工作流架構，將原本獨立執行於單一或多個節點的工作連接起來，實現之前單一工作難以完成的複雜系統發佈的流程。而 Jenkins 中 Pipeline 的實現方式，其實就是一套 Groovy DSL，類似 Gradle，任何發佈流程都可以表述為一段 Groovy 指令稿，並且 Jenkins 支援從你的 GitLab 程式庫直接讀取指令稿，進一步實現了 Pipeline as Code 的功能。給你看看 Jenkins 自己是怎麼透過 Pipeline 管線功能來進行 Jenkins 本身的持續發佈。」

昶哥從 IT 男標準配備的雙肩包書包裡取出自己的筆記型電腦，放在大槐樹下的長條桌上，開啟了 Jenkins 的官方網站 jenkins.io，給阿捷講管線的使用方法。

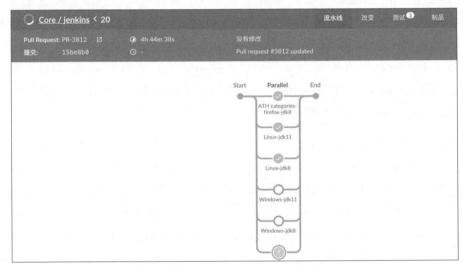

註：圖片來自 jenkins.io 網站的管線建置

無論是以微服務為代表的網際網路應用，還是傳統的一體式應用，每一次系統升級常常要有關到多個模組元件的協作發佈，單一 CI 流程，無論怎麼透過發佈指令稿來控制和改造效果都不會很好。

而隨著敏捷開發實作的廣泛應用，軟體產品反覆運算週期不斷縮短，對發佈的需求也從簡單的持續整合，升級到針對最後業務的持續發佈。再看看你們，也早就用 Git 取代了 ClearCase 和 SVN 這些傳統的設定管理工具。Git 拉分支是非常便捷，但隨著你們不同專案的諸多 Git 分支，原本集中式的工作

設定就會成為一個瓶頸，其實你們應該把工作設定的職責下放到各個應用團隊，這樣才可以方便快速地進行持續發佈管線的設定和管理。

「還有一個關鍵，就是在 DevOps 中，對於運行維護要求和職責的轉變，不僅是一個簡單的運行維護自動化的支援，更需要對整個運行維護系統和流程，進行全面的整理，打破傳統運行維護裡認為運行維護系統不能出現任何錯誤，穩定性高於一切的觀念。這樣才能讓有決策權的老闆們敢於支援你們對最後業務進行點對點的持續發佈，真正的達到從研發到運行維護的一鍵式部署。另外，你們的運行維護有 SRE 的角色嗎？」昶哥突然停下來喝了一大口IPA 向阿捷問道。

阿捷津津有味地聽著昶哥對持續發佈看法的長篇大論，猛地被問道一個什麼SRE 的問題，有點懵圈。

「SRE？ SRE 是個什麼東西？我只知道有個 GRE。另外你得給我講講什麼叫打破傳統運行維護裡認為運行維護系統不能出現任何錯誤，穩定性高於一切的觀念？」阿捷苦笑著回應著昶哥。

「就猜到你會這麼驚訝。你做了這麼多年技術研發，之前老說擔心系統升級導致業務出故障，請問，在你經歷過的這些運行維護故障中到底有多少是直接與系統升級相關？而從來沒有升級過的系統有沒有出過運行維護故障呢？」昶哥對阿捷反問道。

阿捷想了想昶哥的話，別看昶哥喝得老臉微紅，但確實說的不無道理，畢竟像伺服器硬體故障，運行維護人員操作失誤這些都是在所難免的事情，想要達到真正的運行維護系統零故障確實還是一件比較艱難的事情。

看見阿捷有些領悟，昶哥笑著繼續說：「像國外的科技巨頭 Google、臉書和亞馬遜以及國內你經常用的淘寶、京東這些電子商務平台，現在都不可能採用IBM Power、Oracle 和 HP 這些小型主機做底層架構，他們一定是採用更為廉價的 x86 伺服器作為自己的計算節點。你也知道，x86 伺服器的穩定性不可能比傳統的 IBM Power 小機好。

還記得那個著名的墨菲定律，只要是有可能出錯的事情就一定會發生出錯，你越擔心什麼，就越有可能發生什麼。所以像 Google 這樣的大公司，根據這

麼多年運行維護 x86 的經驗，已經預設系統運行維護的過程中可能會出現各種各樣的故障和運行維護問題。

一方面，Google 和臉書這種網際網路公司已透過微服務的方式重構自己的業務架構和技術架構，讓服務和服務之間的耦合性降到一個自己可控可管的程度；另一方面，Google 還專門設定了負責運行維護可用性的組織 SRE（Site Reliability Engineering），該組織的成員直譯過來就是「網站可用性工程師」（Site Reliability Engineer）。

SRE 讓傳統的運行維護人員慢慢退出歷史舞台。Site Reliability Engineering，顧名思義，首要工作就是保障業務的穩定執行，SLA 是衡量其工作的重要指標。對 SRE 來說，其原則之一就是針對不同的職責，列出不同的測量值。對工程師、PM 和客戶來說，整個系統的可用程度是多少以及該如何測量，都應有不同的定義方式。

要知道，如果無法衡量一個系統的執行時間與可用程度的話，是很難運行維護一個已經上線的系統，就像之前你提到過你們負責運行維護的團隊那樣，負責運行維護的同事會處在一個持續救火的狀態。

同樣，對開發團隊來說，如果無法定出系統的執行時間與可用程度的測量方法，開發團隊常常不會將『系統的穩定度』視為一個潛在的問題。為了解決這樣的問題，Google 才建立起自己的 SRE 組織，並定義了 SLA、SLI 和 SLO。」

聽到昶哥講到 SLA、SLI 和 SLO，阿捷忍不住打斷他，問道：「SLA 我知道是指 Service Level Agreement，那 SLI 和 SLO 又是指哪些呢？」

昶哥笑著說：「就猜你會被這些名詞繞進去。其實並不複雜，在 SRE 組織中，SLI 是指 Service Level Indicators，它定義了和系統『回應時間』相關的指標，例如回應時間、每秒的傳輸量、請求量等，常常會將這個指標轉化為比率或平均值。

而 SLO 則是指 Service Level Objectives，是 SRE 在經過與 Product Owner 討論後，得出在一個時間區間，期望 SLIs 所能維持在一個約定值的數字，屬於偏內部的指標。」

和昶哥談完後的幾天裡，阿捷一直在想這樣兩個問題：在戴烏奧普斯公司，適不適合搞持續發佈；需不需要在負責服務 Sonar 車聯網的運行維護團隊，進行 SRE 的嘗試。

經過幾天的研究和思考，在與大民、小寶、阿朱他們討論後，阿捷先讓阿朱帶著負責持續整合的幾個同事，把 SIT 和 UAT 環境上的 Jenkins 環境升級到 2.0，嘗試了一下 Jenkins 管線的功能。同時，阿捷讓韓旭負責協定開發的團隊，根據灰階發佈的策略，將灰階發佈中撰寫的自動化指令稿與 Jenkins 的管線結合起來，透過 Jenkins 管線，讓以 5G 車聯網測試為基礎的流程，根據灰階發佈不同的策略真正實現了一鍵式部署。小流量的金絲雀發佈，將待驗證的功能和協定發送到指定的車輛 OTA 系統中，並根據灰階後實際執行的資料比對，確保 OTA 系統穩定後，再進行下一輪的持續發佈。

對於運行維護可用性的問題，阿捷知道，其實 SRE 的理念，在於透過產品研發團隊和運行維護團隊與業務之間的討論，根據實際業務穩定性的情況，建立一個合理的可用性目標，並不是一味地投入人力去達成所謂的 99.995% 或 99.999%，甚至於更高的 99.9999%。

透過設定「錯誤預算」的方式，讓研發團隊和 SRE 運行維護團隊在一個合理的「錯誤預算」內進行系統的開發、升級和運行維護。對 5G 的實驗網驗證來說，不應改變原有各元件服務的 SLA。如果之前約定的 OTA 網路通訊穩定性 SLA 是 99.99%，那韓旭他們開發團隊在進行 5G 生產環境線上部署和發佈的「錯誤預算」就是 0.01%，只有在有可用的「錯誤預算」時，韓旭的研發團隊才能透過持續發佈進產業務升級和上線操作。

因此，Wayne 他們運行維護團隊的系統運行維護目標不再是「零事故運行

維護」，而變成「可用性可控可管的運行維護」。把未知的運行維護故障儘量避免，透過需求預測和容量規劃，讓每一個業務都有一個增長需求的預測模型，並根據有週期性的壓力測試，將系統原始資源，現有業務容量和未來預計增長的業務容量對應起來，由 SRE 來控制業務上線部署和運行維護可用性的各項指標。

在和運行維護部門進行了充分的溝通後，阿捷和 Wayne 一致認為，可以在公司的運行維護系統中增加 SRE 的角色，由阿捷從產品研發團隊抽調具備開發能力、並了解一定的軟體基礎架構和應用服務的同事，將產品研發、軟體基礎架構、故障問題排除等能力帶到運行維護。當然，Wayne 運行維護團隊的同事，如果有想做 SRE 的，也可加入到 SRE 團隊中。

阿捷和 Wayne 約定，傳統運行維護工程師對生產環境的系統和服務上線進行管理；SRE 團隊則全權負責生產環境中各項服務的可用性與效能，並根據需求預測和容量規劃，透過建立業務預測模型，根據業務增長需求來計算基礎設施資源的分配。

在運行維護過程中，一旦發生任何故障，作為 SRE 首先緊急修復系統，恢復服務；然後根據故障類別和系統執行狀態與相關的開發團隊進行溝通，將運行維護故障記錄檔和相關資訊同步給產品研發團隊，由開發團隊來修復 Bug。

而對於最容易出現故障的業務系統更新，開發團隊不僅要提前通知 SRE 運行維護，做好各種準備工作，SRE 團隊還要檢視目前的錯誤預算是否足夠，確保系統穩定性符合之前設定的 SLA 後，才能發佈新的服務。

帶著整理好這些內容的建議方案，在 11 月第一個 CTO Staff Meeting 上，阿捷向公司的 CTO Jim 做了關於針對業務的持續發佈和針對運行維護可用性群組建 SRE 團隊的報告。

Jim 首先問了阿捷和 Wayne 對 SRE 團隊職責劃分與業務 KPI 設定等問題，又詳細檢視了韓旭團隊在進行持續發佈和 SRE 試執行的系統資料，看到阿捷他們對 SRE 和 DevOps 持續發佈如此有信心，同意給阿捷半年的試驗期，如果半年後 KPI 達成，將提交到公司經營管理委員會進行正式的部門職責重新設定和人員組織調整。

本章重點

1. 持續整合：持續整合注重在開發人員提交程式後所進行的編譯建置、整合測試和驗證的階段。根據持續整合的測試結果，開發人員和測試人員可以確保程式變更正確地整合。

2. 持續發佈：持續發佈則注重針對業務發佈，透過快速、可持續和小量地部署經過持續整合階段測試驗證通過的程式，來降低業務上線的發佈風險。

   持續發佈在持續整合的基礎上，首先需要將整合後的程式部署到更接近真實執行環境的准生產環境或被稱之為類別生產環境。在經過准生產環境中充分驗證後，再透過持續發佈管線採用灰階發佈方式部署到生產環境中。

3. 持續部署和發佈：一般認為，持續部署是在持續發佈的基礎上，透過自動化的方式完成生產環境的部署；而對最後使用者可見的功能變化稱之為「發佈」。

   透過使用特性開關（Feature Toggle，詳情可參見 https://martinfowler.com/bliki/FeatureToggle.html）或灰階發佈等 DevOps 實作，可以幫助開發和運行維護人員頻繁地部署變更到生產環境中，並根據業務需求和運行維護穩定性等因素決定在何時發佈這些功能。

   對於 DevOps 而言，CI/CD 都是從開發到運行維護的必經之路。其核心思維都是切分工作，縮短每次反覆運算的間隔（對應的是細小工作和細小時間），然後透過自動化的方式將測試、部署和發佈方便快速地完成，並確保系統的穩定性和可用性。

4. SRE：無論是作為網站可用性工程組織的 Site Reliability Engineering，還是作為其成員的 Site Reliability Engineer，其出現的過程都和微服務、雲端運算和 DevOps 相關。

   只有當採用微服務化的架構設計，服務和服務之間的耦合關係才可以降低。微服務設計法則中的單一職責原則會讓每個服務的 SLA 有可能根據業務類別和對可用性要求的不同而不同。

   無論是公有雲、私有雲還是混合雲，雲端運算中的多區域、多可用區的設計，按業務需求和實際系統使用量進行運算資源與網路資源的彈性伸縮等雲端運算平台的特性更是為 SRE 提供了最基礎的支援。

DevOps 的普及和被廣泛接受讓全端工程師成為一種可能，DevOps 文化的建立讓開發工程師和運行維護工程師重新查看自己的價值。運行維護不再是一件高重複、缺乏趣味的工作，SRE 在確保系統可用性的同時，更會花費大量時間和精力去進行那些確保系統穩定執行和可以快速完成故障定位的開發工作。

冬哥有話說

鳳凰伺服器 Phoenix Server

馬丁大叔（Martin Fowler）在部落格（https://martinfowler.com/bliki/PhoenixServer.html）中，開玩笑說自己想做一項認證服務，認證評估的內容是，他會和同事一起，進入資料中心，用包含但不限於電鋸、棒球棍和水槍等方法，將資料中心癱瘓。測試評估運行維護團隊能在多長的時間內將所有的應用恢復起來。

鳳凰就像是《反脆弱》一書中的九頭蛇，每砍掉一個頭，就會長出兩個，每一次浴火重生，都讓鳳凰更加年輕有力。

定期的模擬伺服器當機是一個好主意，而這一概念在網飛的 Chaos Monkey 獲得充分的表現。當 AWS 的穩固性已經足以忽略 Chaos Monkey 的時候，網飛適時地推出 Chaos Gorilla 以及 Chaos Kingkong。從最早的 Chaos Monkey 模擬實例的中斷，到 Gorilla 模擬整個 AZ 被當機，再到新的 KingKong 模擬一個 Region 癱瘓力道越來越大。

伺服器應該像鳳凰一樣，能夠從灰燼中重生，而每一次的重生，提供給它更強的生命力。這一生命力，不來自堅硬的硬體 Hardware，而是來自運行維護人員的軟技能。

訓練日 Game Days

https://queue.acm.org/detail.cfm?id=2371297

無獨有偶，亞馬遜在 2000 年初創造了 GameDay，設計用來提升系統從故障中恢復的能力，包含系統嚴重當機、子系統的依賴以及缺陷等。GameDay 練習用來測試一個公司的系統、軟體以及人員應對災難事件的回應能力。

用了幾年時間，GameDay 的理念才被亞馬遜等公司廣泛接受。

現在許多的公司都開始採納並衍生出自己版本的 GameDay，例如 Etsy，Google 等。約翰‧沃斯帕（John Allspaw）是 Esty 的工程 VP，一手主導了 Etsy 版本的 GameDay。

GameDay 的啟示是，一個組織首先要接受系統和軟體是有失誤的，這是一個必然，以開放的心態去接受，並從失誤中學習。GameDay 的另外一個優點在於，當模擬的攻擊發生，許多團隊需要協作起來一起解決問題，而這一場景，很難在日常開發過程中出現，這有助團隊之間的溝通協作。當真正的事件發生時，團隊間已經建立起了彼此的了解和信任，同時知道出現什麼事情應該如何應對。而這一點，也正是反脆弱的表現。

如何建置一個免責、安全、具有成長型思維、從失誤中獲益的、反脆弱型的組織，是所有組織和團隊都需要思考的問題。

三隻袖子的毛衣

詳情造訪 https://qz.com/504661/why-etsy-engineers-send-company-wide-emails-confessing-mistakes-they-madc/。

在 2017 年 9 月的一次訪談中，Etsy 的 CEO 柴德·迪克森（Chad Dickerson）透露，Etsy 有一個傳統，鼓勵人們把自己犯的錯誤寫下來並透過公開的郵件廣而告之：「這是我犯的錯，大家不要再犯哦。」

柴德稱之為「公正文化」（Just Culture）。基於這樣一個理念，即免責會讓人們更有責任心，並願意承認錯誤，進一步讓自己以及他人從自己的錯誤中吸取教訓。

Etsy 的 CTO 約翰·沃斯帕（John Allspaw）曾在部落格中描述，Etsy 會給「搞砸的」工程師一個機會，詳細描述他們做了什麼，結果是什麼，原先的預期和假設是什麼，從中獲得了什麼教訓，以後應該怎麼做。原原本表述出來，但不會因此受到懲罰，這被稱為「不指責的回顧」（a blameless post-mortem）。

第一封 PSA 郵件來自一個工程師，他遇到一個特別的、模糊不清的、常識裡沒有的缺陷，而他認為別人可能也會遇到的問題，因此把這一問題分享給大家，以免他人重蹈覆轍。從此，PSA 開始在 Etsy 廣為實作。

以下是沃斯帕分享的一封 PSA 郵件範例，可以從中看到內容架構，並從語氣中感覺到 blameless 的氣氛：

Howdy!

While <doing some specific development> I introduced some bugs into the code. <Engineer #1> alerted me to what could have been a serious problem when they reviewed the code. I share this with you all to remind you of a few things：

1.Tests tell you what you tell them to. I wrote tests，the tests passed. That made me confident that everything was okay when it really wasn't. One of these tests in particular was literally proving that I was calling a method incorrectly. Lesson：you can write tests that pass when things are wrong –a passing test is great but doesn't mean you're done.

2.I got the code reviewed but no one caught the problem（the first time）. Lesson: get more eyes on your code. The more risk involved, the more eyes you'll need. If I hadn't gone to <specific team> to get this code reviewed by more folks，there could have been problems with <specific feature>. No one wants problems with

<feature>! Additional Lesson: Be like <Engineer #1> –read reviews with care. Bonus Lesson: One of the bugs they caught had no direct relation to their team's code. Domain knowledge is not a direct requirement for thorough code review.

3.Manually test! In this case, the manual test would have failed. I hadn't gotten to that yet, and wasn't planning on skipping out on manual testing, but I'm mentioning it to reinforce the trifecta of confidence. Don't skip manual tests!

Etsy 還有一個非常有趣的舉動，公司每年會頒發一個年度大獎，一件真的具有三隻袖子的毛衣，這一毛衣，頒發給當年造成最大意外失誤的員工，而非造成最壞結果的，這是在提醒員工，許多事情的發生常常與預期的情況大相徑庭。

這也同時表明瞭公司的態度，犯錯不是什麼應該羞恥的事情，Etsy 的員工反而會因收到這一毛衣而開心，因為他無意中犯下的錯誤，給了所有 Etsy 員工一個成長的機會。

網飛的猿猴軍團（Simian Army）

網飛公司所用流量超過北美高峰時段網路流量的 1/3，背後所依靠的是 AWS 的支撐。無論是底層網路、儲存與計算，還是大數據、人工智慧應用，網飛可是把 AWS 各項服務的能力用到了極致。

墨菲定律告訴我們，但凡一件事可能發生，它就必然發生。網飛網路使用者數量及平行處理存取非一般技術公司能夠想像。一般的做法無非是加強測試，盡可能模擬一切可能發生的事故。但現實中很多事故無法在實驗室模擬，例如大規模當機，有些無法預先想像的錯誤，還有無處不在的 rm -rf * 故事。

對這些不可預測的問題，有些公司會選擇回避，當事件真正發生時再作處理，畢竟在這種小機率事件上花費不成比例的精力，有些得不償失。Netflix 公司追求的是極致的使用者體驗，以及對本身技術能力的無限追求。如果你的應用無法容忍系統故障，你是否願意在凌晨 3 點被叫醒。

於是乎，網飛公司在 AWS 上建立了一個叫 Chaos Monkey 的系統，這些「猴子」會在工作日期間隨機殺死一些服務，製造混亂，來測試生產系統的穩定性。Chaos Monkey 是一種服務，用於將系統分組，並隨機終止某個分組中的系統的一部分；Chaos Monkey 執行在一定的受控時間段和時間間隔內，並且僅在上班時間內執行。在大多數情況下，我們的應用設計要保障當某個 peer 下線時仍能繼續工作，但是在那些特殊的場景下，我們需要確保有人值守，以便解決問題，並從問題中進行經驗學習。基於這個想法，Chaos Monkey 僅限於工作時間內使用，以保障工程師能發現警告資訊，並做出適當的回應。一開始，每當這些「猴子」開始騷擾，相關的工程師們不得不放下手頭的工作，手忙腳亂地尋求應對之策。隨著系統的不斷增強，猴子們的攻擊能力和攻擊範圍雖然也在不斷提升，但整個網飛的服務穩定性、自愈能力以及抗擊打能力卻在不斷上升。

如今 Chaos Monkey 已經升級為 Simian Army，可從可用性、一致性、安全性、健康性等各方面對系統進行各種擾亂。想像一下，一群潑猴（Monkey），小到蹦蹦跳跳的猴子，大到猩猩、金剛，在你的機房不知道會搞出什麼麻煩，而同時又要求你的系統防禦、自愈以及運行維護能力能夠抵禦這些全方位的極限攻擊。長時間曝露在這樣高強度的壓力之下，系統和團隊的能力將獲得怎樣的長足進步。

小結

Chaos Monkey 的原則：避免大多數故障的主要方式就是經常故障。思考最頻繁發生的且痛苦的是什麼？堅持經常做，一步步自動化，減少人工重複工作。從失敗中吸取教訓，從錯誤中學習，成長。

Google 花了兩年時間研究了 180 個團隊，歸納出成功的 5 個要素，其中一點就是心理安全。每個人不用擔心自己會承擔風險，可以自由地表達意見，並提出不會被批判的問題。管理者提供一種保護文化，使員工可以暢所欲言，大膽嘗試。

反脆弱、成長型思維與安全的文化，三者相輔相成，如同源之水，缺一不可。

熵減定律、演進式架構與技術債

「快看！華為的任總又在説熵減啦！」趙敏很快把一篇文章微信給了阿捷。

「熵減？不都是熵增嗎？我記得上大學的時候，物理老師是這麼教的，好像還是熱力學第二定律吧！」阿捷滿腹狐疑。

「沒錯！熵增是第二定律，但任整體熵減是另外一個概念。你看他為《華為之熵：光明之矢》一撰寫的序。」趙敏把一張照片傳給了阿捷。

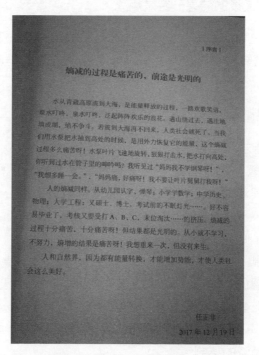

「有點意思，我研究研究。」喜歡追根究底的阿捷又有了新的學習物件。

熱力學第二定律，熵增定律

熵理論源於物理學，常用於衡量系統的混亂程度，大至宇宙、自然界、國家社會，小至組織、生命個體的盛衰，同樣也適用於軟體系統。魯道夫・克勞修斯發現熱力學第二定律時，定義了熵。自然社會任何時候都是高溫自動向低溫傳輸的。在一個封閉系統最後會達到熱平衡，沒有了溫差，再不能做功。這個過程叫「熵增」，最後狀態就是熵死，也稱「熱寂」。

特征	解讀
熵增混亂無效的增加，導致功能減弱、故障	人的衰老、組織的滯怠是自然的熵增，表現為功能逐漸喪失
熵減更加有效，導致功能增強	透過攝入食物、建立活力機制，人和組織可以實現熵減，表現為功能增強
負熵帶來熵減效應的活性因數	物質、能量、資訊是人的負熵，新成員、新知識、簡化管理等是組織的負熵

封閉系統一定是熵增的過程。就好像宇宙，從宇宙奇點，大爆炸開始，就一直是膨脹的過程，最後的結果一定是熵死。

開放系統可以有熵減的機會，能量植入，打破表面平衡、有序之下掩蓋的死寂、無趣；能量也要輸出，成為耗散系統，耗散的目的是為了能量流動和轉化。

熵遵從以下四條規律。

1. 只有開放的系統才能熵減。
   保持開放的心態，兼收並蓄。接受不穩定性，因為不穩定中孕育著可能性，表示變化與活力。雲端運算相較於傳統的資料中心，正是透過不穩定的分散式，帶來了擴充的可能性。
2. 負熵打破平衡，促進熵減。
   要製造熵減機制，必引用負熵。熵增的過程是自然規律，水往低處流，熱量從高溫往低溫的方向去，這都是符合自然規律的。但是，衰老與死亡同樣是自然規律，對組織如此，對人體如此，對軟體系統也是如此。順其自然只會歸於平庸，需要依靠反自然、反人類天性的方式，才能減緩或逆轉，才能製造熵減的機制。

3. 引用負熵要適量並且高品質，負熵不是越多越好，負熵的品質很重要。
   運動過量會導致身體受傷，負熵過多，或是不恰當的引用，都會導致機體
   排斥。品質沒有絕對的評判標準，適合的才是好的。
4. 熵增和熵減的對抗消長。
   熵增和熵減同時並存，人在不斷衰老，同時依靠運動獲得活力；組織不斷
   臃腫，依靠組織換血取得動力。

任正非的熵減理論與實作

熵和耗散，是任正非特別喜歡使用的兩個概念。

熵減，被任正非用於企業的發展之道，成為貫穿任正非管理的思維精華。熵
是無序的混亂程度，熵 說明世界上一切事物發展的自然規律都是從井然有序
走在混亂無序，最後滅亡。對於企業而言，企業發展的自然法則也是熵由低
到高，逐步走向組織疲勞並失去發展動力。任正非說，要想生存就要逆向做
功，把能量從低到高抽上來，增加勢能，這樣才能發展了，故由此誕生了厚
積薄發的華為理念；人的天性就是要舒服，這樣企業如何發展？故由此誕生
了「以奮鬥者為本，長期艱苦奮鬥」的華為理念。

耗散結構理論於 1969 年由比利時學者普利高津，他認為：「處於遠離平衡狀
態下的開放系統，在與外界環境交換物質和能量的過程中，透過能量耗散過
程和系統內部非線性動力學機制，能量達到某種程度，熵流可能為負，系統
總熵變可以小於零，則系統透過熵減就能形成『新的有序結構』。」[1]

任正非曾經非常具體地表達了他對耗散結構的了解：「公司長期推行的管理
結構就是一個耗散結構，我們有能量一定要把它耗散掉，透過耗散，使我們
自己獲得一個新生。我提一個問題，什麼是耗散結構？你每天去鍛煉身體跑
步，就是耗散結構。為什麼呢？你身體的能量多了，把它耗散了，就變成肌
肉了，就變成了堅強的血液循環了。能量消耗掉了，糖尿病也不會有了，肥
胖病也不會有了，身體也苗條了，漂亮了，這就是最簡單的耗散結構。那我
們為什麼要耗散結構呢？大家說，我們非常忠誠這個公司，其實就是公司付

1　編注：1977 年，普利高津因為這一理論而獲得了諾貝爾化學獎，先後出版過《確定性的
　　終結》《時間之箭》《從存在到演化》《探索複雜性》等著作。

的錢太多了，不一定能持續。因此，我們把這種對企業的熱愛耗散掉，用奮鬥者，用流程最佳化來加強。奮鬥者是先付出後獲得，與先獲得再忠誠，有一定的區別，這樣就進步了一點。我們要透過把我們潛在的能量耗散掉，進一步形成新的勢能。」

簡單用一句話來說，任正非希望，以熵減對抗惰怠；用耗散取得新生！

對抗熵增，需要演進式架構

研究了來龍去脈後，阿捷深受啟發，想到軟體系統與產品的生命週期，同樣也是一個熵增過程，因為軟體系統的技術債務一定是不斷累積的過程。這就像人的生命週期，一開始是弱小的，但充滿了活力和可能性，同時也是開放的，學習型的。隨著成長壯大，逐漸熵增，身體會堆積各種毒素、脂肪，這時候就需要引用負熵，進行健身和塑形。架構的演進，技術債務的定期清理，就是對組織和系統進行熵減，找到耗散結構的過程。

Jez Humble 曾經說過：「任何成功的產品或公司，其架構都必須在生命週期中不斷演進。」易趣和 Google 都曾從上往下地把整個架構進行過 5 次重構，還不算上大幅小小的日常類型的重構。

架構應該是不斷演進的，每個公司應當選擇適合自己目前以及近期未來的架構，綜合考慮業務回應要求、人員技能水平、技術架組成熟度等因素。不是所有公司都適合選擇微服務架構，即使現在看來，也是如此。正如 Martin Fowler 建議的，創業公司或新型的產品，一開始的架建置議選擇單體架構，便於快速架設，當業務模式獲得驗證，業務發展到某種程度，再逐步演進到微服務架構。

技術作家 Charles Betz 指出：「IT 專案負責人並不對整個系統的熵負責。」換而言之，降低系統的整體複雜性以及加強整個開發團隊的生產力，幾乎從來都不是某一個人的目標，而應該是整個團隊，作為一個有機體存在的目標。

對抗熵增，需要及時消除技術債

技術債是最常見的系統熵增的表現。技術債過多的表現可能是，每當試圖提交程式到主幹分支或將程式發佈到生產環境，都有可能導致整個系統出現故

障。正因為此，所以開發人員會儘量避無線交，進一步導致情況進一步惡化：程式堆積，大量提交，而且是未經測試驗證的，同時提交時會出現各種的程式衝突，部署的工作量加強，難度提升，整合和測試工作變得更加複雜和難以控制，問題發生的機率進一步增加。

如同人體機能的老化，越是害怕摔跤，越是不敢運動，機能越是進一步退化。

所以，軟體系統也需要有一個負熵與熵減的過程，減速剎車，並且反向減少複雜性和混亂的狀態。這正是定期消除技術債務的必要性所在。

常見的技術債務有：緊耦合的架構、缺乏自動化測試、延遲整合與發佈、缺乏重構、團隊豎井、人員能力豎井、缺乏過程與工具支撐等。

技術債務需要管理，《DevOps 實作指南》中建議，將至少 20% 的開發和運行維護時間，用於消除技術債務（投入到重構、自動化工作、架構最佳化中）以及滿足各種非功能性需求（例如可維護性、更好的封裝、低耦合、可管理性、可擴充性、可用性、可測試性、可部署性、安全性）等。

要管理好技術債務，就好像身體需要鍛鍊排毒一樣。如果技術組織不願意支付這 20% 的稅，那麼技術債務最後會惡化，耗盡所有可用資源，無論是人力資源，還是計算與儲存資源。

對於技術債務，只有三種選擇：

- 聽之任之，選擇死亡；
- 休克療法，全部停工，集中力量進行改造；
- 漸進療法，在日常工作中定比例地進行償還，演進式架構。

架構是影響工程師生產力的首要因素

根據 Puppet Labs 的《2015 年 DevOps 現狀報告》，架構是影響工程師生產力的首要因素，它還決定了是否能快速和安全的實施變更。

以下內容摘取自此報告。

「特定的軟體架構特性與 IT 高績效密切相關，這些特性包含：適用整合環境開發的能力、開發者從自動化測試取得可了解的回饋的能力、獨立部署相互

依賴的服務的能力、採用微服務架構。毋庸置疑，良好的軟體架構能夠帶來更高的 IT 績效和更高頻次的部署。

軟體開發傳統的觀點認為在團隊增加開發者會增加團隊整體的生產力，但由於需要更多的溝通和資訊整合，每個開發者的生產力會下降。在布魯克斯的《人月神話》一書中提到了一個經典的反面實例：在專案晚期，增加開發者不僅會降低開發者的平均生產力，也會降低團隊整體生產力。

但是透過模組化的軟體架構，開發和運行維護可以一起工作，持續整合、部署程式和執行環境，至少每天把程式合併到 trunk 上、測試部署到生產環境，而不會造成全域破壞和當機。資料顯示，開發效率可以隨著開發者數量的增多而增加。

我們提出了一個問題：如果調查中的引數不僅是「部署次數 / 天」，而是「部署次數 / 天 / 開發者」，結果會如何？隨後今天的調查中，我們對此進行了測試。下面的圖中表示每天至少部署一次的開發者。我們調查了這些團隊是否與大型 DevOps 團隊展現出同樣的特點。隨著開發者數量的增加，我們有以下三大發現：

- 低績效者（淺紫色線）的部署頻率不斷降低。
- 中等績效者（深紫色線）部署頻率不變。
- 高績效者（黃色線）部署頻率顯著上升。

換句話說，採用「部署次數 / 天 / 開發者」為單位，我們需要關注與高 IT 績效相關的所有因數：目標為中心的公司文化，模組化的架構，支援持續發佈的工程實作和有效的主管力。

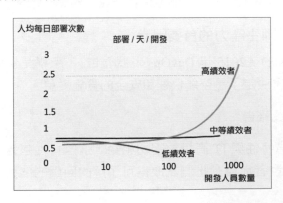

只有有了成熟的持續整合、自動化測試、持續部署等基礎實作為開發保駕護航時，向團隊加人，才有可能提升團隊及個人生產率。不然只能是適得其反。

亞馬遜的架構演進之路

2001 年，亞馬遜零售網站還只是一個大型的單體，多層結構，每層都有多個元件，但是耦合度很高，執行起來就像一個整體。許多初創的企業專案開始時都採用這種架構，因為這種方式起步快，但是隨著專案的成熟和開發者的增多，程式庫會變得越來越龐大，架構也會變得越來越複雜，單體架構會帶來額外的負擔，軟體開發週期也會變慢。

亞馬遜有大量的開發者服務於這個龐大的單體架構的網站，儘管每個開發者只負責這個應用中的一小區塊，一旦有更新，也還是要在與專案中其他模組的協調中花費大量精力。

而增加新功能或修改 bug 時，需要確保這些更新不會打斷其他人的工作；如果要更新一個共用的函數庫，需要通知每個人去升級這個函數庫；如果要進行一個快速修復，不僅要協調自己的時間，還要協調所有的開發者。這使得一些需求更新就像 merge Friday 或 merge week 一樣緊張，所有開發者的更新集合到一個版本中，要解決所有的衝突，最後產生一個 master 版本，發送到生產環境中。

每次的更新規模很大，給發佈環節帶來了很大的負擔，整個新的程式庫需要被重新建置，所有的測試使用案例需要重新執行，最後要將整個應用部署到生產環境中。

在 2000 年左右，亞馬遜甚至有一個團隊專門負責將應用的最新版本，手動部署到生產環境中。對軟體工程師來說這很令人沮喪；最重要的是軟體開發週期變得很慢，創新能力也減弱了，所以他們進行了架構和組織的重大變革。

史蒂文・葉戈（Steve Yegge），亞馬遜的前員工，在 2011 年爆料過這一過程。據說他本來只是想在 Google+ 上和 Google 的員工討論一些關於平台的東西，結果不小心把圈子許可權設成了 Public，結果這篇文章就公開給了全世界，引起了劇烈的反應。發佈後很快他就把這篇文章刪除了，不過，網際網路上早已有了備份。隨後史蒂文趕緊解釋說是喝多了，而且又是在凌晨，

所以大腦不清，文章中的觀點很主觀、極端且不完整，等等。（英文原文：
http://www.businessinsider.com/jeff-bezos-makes-ordinary-control-freaks-look-
like-stoned-hippies-says-former-engineer-2011-10。 中 文 版 解 讀：http://blog.
jobbole.com/5052/。）

大概是 2002 年，貝索斯下了一份指令，堅持所有的亞馬遜的服務，必須相互
之間可以透過 Web 協定輕鬆溝通，誰不遵守，立即開除。

貝索斯郵件的英文版如下：

1. All teams will henceforth expose their data and functionality through service
   interfaces. 所有團隊從此將透過服務介面公開他們的資料和功能。
2. Teams must communicate with each other through these interfaces. 團隊間必
   須透過這些介面相互通訊。
3. There will be no other form of interprocess communication allowed：no direct
   linking，no direct reads of another team's data store，no shared-memory model，
   no back-doors whatsoever. The only communication allowed is via service
   interface calls over the network. 不允許其他形式的處理程序間通訊：不允許直
   接連接；不允許直接讀取另一個團隊的資料儲存；不允許共用記憶體模型；
   不允許任何後門。唯一允許的通訊是透過網路上的服務介面呼叫。
4. It doesn't matter what technology they use. HTTP，Corba，Pubsub，custom
   protocols──doesn't matter. Bezos doesn't care. 使用什麼技術並不重要，
   HTTP、Corba、Pubsub、自訂協定，都無關緊要。貝索斯不在乎。
5. All service interfaces，without exception，must be designed from the ground
   up to be externalizable. That is to say，the team must plan and design to be
   able to expose the interface to developers in the outside world. No exceptions.
   所有服務介面，無一例外，必須從頭開始設計，以便外部化。也就是說，
   團隊必須進行規劃和設計，以便能夠向外界的開發者展示介面。沒有例外。
6. Anyone who doesn't do this will be fired. 違者將被解雇。
7. Thank you，have a nice day！謝謝你，祝你愉快！

哈哈！你們這群 150 位前亞馬遜員工，當然能馬上看出第 7 點是我開玩笑加
上的，因為貝索斯絕不會關心你的每一天。」

很明顯，貝索斯對第 6 點是很認真的，於是，所以人們都去工作。貝索斯甚至派出了幾位首席「牛頭犬」（Chief Bulldogs）來監督並確保進度，帶頭的叫瑞克‧達熱爾（Rick Dalzell），一名前陸軍突擊隊隊員，西點軍校畢業生，拳擊手，沃爾瑪的首席虐刑官（CIO）。據説他是個令人敬畏的人，經常説話冷酷無情。

簡而言之，貝索斯在 2002 年，就認為亞馬遜應該成為一個對內外部開發者而言，易用和溝通的平台。

隨後，所有程式按照功能模組分隔，每個模組用網路服務介面封裝，各個模組間的通訊必須透過 web service API。這樣，亞馬遜就建造了一個高度解耦的架構，這些服務可以相互獨立地反覆運算，只要這些服務符合標準的網路服務介面。那時，這種架構還沒有名字，現在我們都叫它微服務架構。

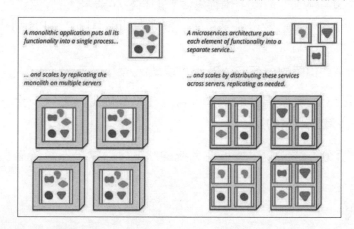

亞馬遜將這些改變也應用到了組織架構中，他們將中心化、層級的產品開發團隊，打散成了小的兩個披薩的團隊（two-pizza teams）。

「最初我們希望每個團隊控制在兩個披薩就夠吃飽的規模，實際上現在每個團隊有 6-8 個人開發者。」每個團隊都對一個或幾個微服務有絕對的控制權，在亞馬遜這表示三點：要和顧客對話（內部和外部的），定義自己的特性路線圖，設計並實現這些特性，測試這些特性，最後部署和運行維護這些特性。

亞馬遜用了 5 年的時間，經歷了極大的架構變遷，從兩層的單體架構，轉為分散式的去中心化服務平台。亞馬遜在切換到針對服務的架構後，開發和運

行維護流程都受益匪淺，進一步強化了以客戶為中心的團隊理念。每個服務都有一個與之對應的團隊，團隊對服務全面負責。

在經過架構和組織的重大變革後，亞馬遜相當大地加強了前端開發的效率。產品團隊可以很快地做決定，然後轉化為微服務中的新 feature。現在亞馬遜每年要進行 5000 萬次部署，這都多虧了微服務架構和他們的持續發佈流程。

在這個華麗轉身的過程中，他們學到了很多的東西。以下是部分資訊。

- 支援：團隊間的支援與介面變得重要。
- 安全：每個團隊都成為潛在的 DOS（拒絕存取服務）攻擊者，需要服務等級、配額和限制。
- 監控 /QA：監控與 QA 內部打通，需要更聰明的工具，不只是告訴你什麼在執行什麼當掉了，而是準確提供想要的資料和結果。
- 發現：服務發現機制變得非常重要，你需要知道有哪些 APIs 到哪裡能找到它們。
- 測試：沙盒與偵錯對所有的 API 不可或缺。

架構也是如此。對於緊耦合的架構，可以在其基礎上，進行安全的演進式的解耦，進一步減少架構的熵。

系統解耦，拆分方法需要根據遺留系統的狀態，通常分為絞殺者與修繕者兩種模式。

絞殺者模式

絞殺者模式，源於老馬（Martin Fowler）在澳洲旅行時，由當地藤類別絞殺植物獲得的啟示：「藤的種子落在無花果樹的頂部，藤蔓逐漸沿樹幹向下生長，最後在土壤中生根。多年以後，藤蔓形成奇妙和美麗的形狀，但同時絞殺了其宿主樹。」

- 絞殺者模式指在遺留系統週邊，將用新的方式建置一個新服務，隨著時間的演進，新的服務逐漸「絞殺」老系統。對於那些老舊龐大難以更改的遺留系統，推薦採用絞殺者模式。絞殺者模式用 API 封裝已有功能，並按照新架構實現新的功能，僅在必要時呼叫舊系統。能夠在不影響呼叫者的情況下變更服務實現，降低了系統的耦合度。
- 修繕者模式就如修房或修路一樣，將老舊待修繕的部分進行隔離，用新的方式單獨修復。修復的同時，需保障與其他部分仍能協作服務。

絞殺者模式尤其適用於將單體應用或緊耦合服務的部分功能，遷移到鬆散耦合架構，這也被《DevOps 實作指南》所推薦。

Jez Humble 建議的絞殺者模式遊戲規則：

- 從新的功能發佈開始；
- 不要重新定義已有的程式，除非是為了簡化；
- 快速發佈；
- 設計時必須考慮可測試性和可部署性；
- 新的軟體架構執行在 PaaS 上。

透過不斷地從已有的緊耦合的系統中解耦功能，工作被交付到安全且充滿活力的新的架構生態中。

在做了充足的儲備研究後，阿捷專門找大民商討了幾次，重點是如何對現有的 OTA 產品進行熵減，如何應用演進式架構，如何削減技術債務，特別聊了一下絞殺者模式落地策略。

本章重點

1. 組織與軟體系統是熵增系統，需要建立機制，引用負熵，形成熵減。
2. 系統是一個進化的過程，不是一蹴而就的，在整個架構的生命週期，都應該不斷地整理重構，形成演進式架構模式。
3. 技術債務與架構的老化無法避免。在反覆運算過程中安排一定比例時間，清理技術債務，進行系統重構，管理自動化測試，最佳化流程，最佳化監控與回饋，保障系統有效的熵減。

4. 老馬（Martin Fowler）建議，創業公司或新型的產品，一開始的架構儘量選擇單體架構，便於快速架設；當業務模式獲得驗證，業務發展到某種程度，再逐步演進到微服務架構。

5. 技術債務需要管理。《DevOps 實作指南》中建議，將至少 20% 的開發和運行維護時間，用於消除技術債務，投入到重構、自動化工作、架構最佳化，以及滿足各種非功能性需求，例如可維護性、更好的封裝、低耦合、可管理性、可擴充性、可用性、可測試性、可部署性、安全性等。

6. 絞殺者模式指在遺留系統週邊，將新功能用新的方式建置為新的服務。隨著時間的演進，新的服務逐漸「絞殺」老系統。對於那些老舊龐大難以更改的遺留系統，推薦採用絞殺者模式。絞殺者模式用 API 封裝已有功能，並按照新架構實現新的功能，僅在必要時呼叫舊系統。能夠在不影響呼叫者的情況下變更服務實現，降低了系統的耦合度。

冬哥有話說

架構做得不好，留下的是什麼？技術債務。那麼問題來了，技術債務都是不好的嗎？當然也不是。

開發中也要採納經濟角度。技術債務就像是經濟負債，如同 Kent Beck 的 3X 曲線。在早期應該有意識地去背負一些債務，來換取時間視窗，來撬動經濟槓桿。當然，這個應該是有意而為之的事情，不是懵懂無知的。

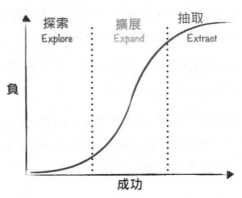

架構是演化來的，不是設計出來的。不要過度設計，早期做嚴密的架構設計，在未來業務走向並不清晰的情況下，大機率會變成浪費，精實軟體開發中最重要的原則，就是消除浪費；另一個重要原則是延遲決策。這兩條原則在演進式架構上獲得了充分的表現。

保持簡單設計。Kent Beck 說，為明天而設計，而非將來。將來有太多不確定性，將來甚至永遠不會來臨，也許你會在將來臨前學到更好的工作方法。

延遲決策的前提是隨著時間的演進，更改的成本要能夠保持一直很低，否則人們就沒有勇氣來進行決策的延後。而更改的成本，是依賴於工程能力以及團隊紀律，例如 CI/CD 管線，自動化測試，對 DoR 和 DoD 的遵循，還有頻繁的團隊溝通。

系統設計的目的，首先是為了溝通程式設計師的意圖；要把設計看作是一種溝通媒介，如果溝通受到限制，就必須找到方法，消除複雜的邏輯，而這就是重構和架構演進的時機。

除了有意識的背負一定的債務來撬動經濟槓桿，還需要有計劃地制定償還技術債務的活動，將其制度化，正常化。可以安排和進行為期幾天和幾周的閃電戰來改善日常工作，例如解決日常中的臨時性方案。

償還技術債務包含但不侷限於以下的活動：

- 重構；
- 持續整合；
- 以主幹為基礎的開發；
- 對測試自動化進行重大投資；
- 建立硬體模擬器以便在虛擬平台上執行測試；
- 在開發人員工作站上再現測試失敗；
- 以適合部署的方式包裝程式；
- 建立預設定的虛擬機器映射或容器；
- 自動化中介軟體的部署和設定；
- 將軟體套件或檔案複製到生產伺服器上；
- 重新啟動伺服器，應用程式或服務；
- 從範本產生設定檔；
- 執行自動化煙霧測試，以確保系統正常執行並正確設定；
- 執行測試程式；
- 撰寫指令稿並自動化資料庫遷移。

架構的解耦，可以有效地支撐持續整合、持續測試以及持續部署的進行。不只是架構需要熵減，組織架構也需要「折騰」。

根據康威定律，除了技術架構層面的解耦，組織架構層面也需要與架構相比對，從功能型組織，豎井的工作模式，部門牆林立，變為產品型的組織，每個產品或服務作為獨立的利潤中心，阿米巴模式。

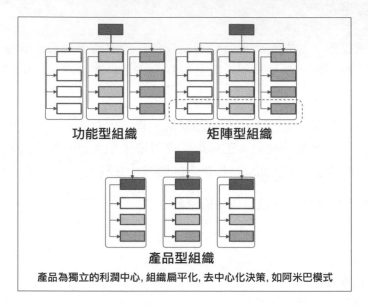

《賦能》一書中提到的分散式小型團隊，事實上是進一步去中心化，甚至都沒有穩定的小團隊，以交易驅動開發。

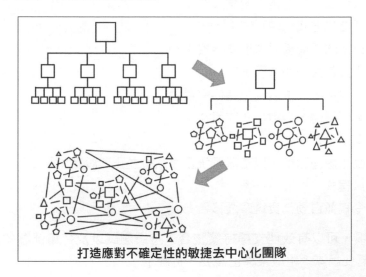

39

樸素的 DevOps 價值觀

「道可道，非常道。」這是老子《道德經》的第一章，開篇名義。

與老子年代相距不遠的韓非子在《解老》中這樣說：「道者，萬物之所然也。萬理之所稽也。理者成物之文也。道者萬物之所以成也。故曰道，理之者也。」他將道與物區分為兩種不同的存在，即「道者，萬物之所然也。」同時，萬物還須遵循道，這是「之所然」的含義。

那麼，在現實生活中，我們應當如何了解道，如何遵從道？

首先，我們應當敬畏道，敬畏遵從道而運作的大自然；其次，我們要在紛呈的生活中尋找到自己應當堅守的道，不因為惡劣的環境而放棄自己的立場。同時，我們還應意識到道並非是一成不變的，它隨著時間、外部環境的改變隨時發生著微妙的變化。我們應當順應道的變化而調整自己的立場與觀點，跟上環境的變化，不使自己成為「落伍者」。

想到這裡，阿捷忍不住發問：「小敏，你覺得敏捷中的道是什麼？」

「那一定就是《敏捷宣言》，大家不是經常把這個宣言當成價值觀來看待嗎。」趙敏不假思索地回答，「17 位大師簽署敏捷宣言的時候，也是求同存異，摒棄了各自的分歧後，得出大家一致認可的關鍵理念。」

阿捷在紙上畫了幾下：「嗯，那麼法又應該是什麼？」

「12 個原則！敏捷宣言過於概括，後來的 12 個原則相比較而言更接地氣，更能指導大家的實作。」

「那麼，Scrum、XP、FDD、Crystal、DSDM、Kanban、SAFe 等等，就都是術的層面啦！」阿捷繼續在紙上高速的畫著。

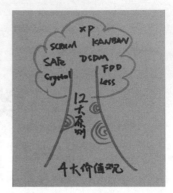

「你看，如果把敏捷宣言、12 個原則、各種方法論比喻成了一棵樹，如何？」阿捷把一張紙遞給了趙敏，「宣言是價值觀，是樹根；12 個原則，就是樹幹；樹冠就是各種方法論，還在不斷地開枝散葉中！」

「這個比喻很好！很貼切。」

「敏捷經過 20 多年的發展，已經很成熟啦，DevOps 相對而言，還不是很成熟，我們也來歸納一下 DevOps 的價值觀，好不好？」阿捷望著趙敏。

「嗯，好啊！我們試著推演一下。從哪裡入手呢？」

「敏捷也好、DevOps 也罷，都是為業務服務的！而業務的落地，離不開產品的設計與架構，也離不開技術實現，那麼我就先從業務、架構與技術開始吧！」

「業務（Business）、架構（Architecture）、技術（Technology）可以縮寫為 BAT，這個説法好！」趙敏拿起筆，在紙上快速地寫了下來。

- Business matters...Architecture doesn't 業務勝過架構
- Architecture matters...Technology doesn't 架構勝過技術

「這是什麼句式？有什麼背景？」阿捷有點丈二金剛摸不著頭腦。

「尼柯爾·佛斯葛蘭（Nicole Forsgren）博士在 DevOps Enterprise Summit（DOES 企業高峰會）上一次演講中，有一句話就是這麼説的 Architecture matters...Technology doesn't（業務勝過架構），我當時聽了後，很有感觸。剛才你提到了業務、架構、技術，我就靈機一動，把這個格式套用下來。」

「不是經常有人問到，初創公司在業務方向不明確的情況下，如何拆分微服務，我覺得『架構是服務於業務的，太過超前的架構是浪費』，由此想到架構與業務其實也有相似的關係，畢竟架構是服務於業務的。」

「所以關於初創公司，新型的業務，是否需要採納微服務，回答當然是視情況而定的。但通常建議從單體應用開始。對吧？」阿捷所有所思，「回顧我們戴烏奧普斯的車聯網 OTA 應用，一開始也就是一個單體應用！畢竟還沒有那麼多的業務量。先用單體跑起來，然後再說微服務的事！」

「孺子可教也！初創公司或大公司的初創業務，因為你的業務方向還處在探索階段，服務的邊界是模糊的，這些都是不確定性，即使微服務的技術儲備足夠，也不要一開始就搞微服務架構，而應該用最簡單直接的方法搞定快速變化的業務訴求。這就是業務優先！」趙敏開啟 MacBook，快速找出一張圖。「微服務價值極大，但挑戰一樣明顯。老馬（Martin Fowler）繪過一幅圖。」

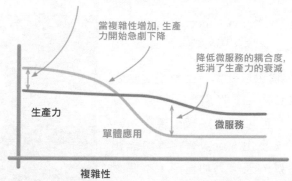

趙敏指著圖說：「用貸款買房來類比架構投入，先期支付的首付款就像是前期在架構上的投入，貸款有如是減少一定的架構投入，但需承擔技術債務。

- 貸款買房，預期未來房產的加值，貸款的利息是可以接受的；創業期也是同樣，此時承擔一定的技術債務是明智合理的選擇。
- 一味追求全款買房，就會錯過買房的最佳視窗時間；業務的時間視窗更短，需要不斷的快速試錯，期望在架構層面一步就位是不現實的。
- 不能貸款過多，否則無力承擔月供；架構可以一開始簡單些，原始一些，但基本的品質和 NFR 還是需要滿足的；而一旦找對業務方向，又需要快速展開，所以架構需要具備一定的擴充能力。

- 要定期清理債務，房貸車貸過多，即使有能力償還，生活品質也會下降，脫離了原始購房改善生活品質的初衷；技術債務也需要定期償還，定期清理，不能讓因為技術債務產生的額外時間成本，大於承擔技術債務所帶來的機會成本。
- 這其實是一個經濟槓桿，用短期或長期的負債，來換取時間成本和機會成本。」

「哈，你這個隱喻用得好，我看你以後可以攻讀經濟學博士去啦！看來做架構也好，做 DevOps 也好，都需要有經濟的頭腦。記得 SAFe 的第一條原則採取經濟角度（Take an economic view），也有這層含義。」

「是的！這是一個平衡，初創業務就是一場與時間的賽跑，總而言之，業務訴求高於一切。因為業務戰略需要，主動有意識的承擔技術債務，那是可以的；但如果是無意識的負債，那就叫奢侈浪費，就應該消除。」

「嗯，那這條怎麼了解？Architecture matters... Technology doesn't 架構勝過技術。」

「同技術相比，架構更重要。一旦業務清晰起來，就要根據業務需要，考慮逐漸切換到微服務架構，才不至於堆積太多技術債務，對於可擴充性、可規模化、可部署性等也都非常重要。優雅良好的架構更加重要，不要讓微服務等技術成為另一座巴別塔[1]。」

「理論上微服務可以最大化利用各種語言的優勢，但如果沒有好的服務切分與架構設計，微服務只會是碎片化而非去中心化，變成更

---

1 《聖經·舊約·創世記》第 11 章記載，當時人類語言相通，同心協力，聯合起來興建希望能通往天堂的高塔，「來吧，我們要建造一座城和一座塔，塔頂通天，為要傳揚我們的名，免得我們分散在全地上。」此舉驚動了上帝，為了阻止人類的計畫，於是他悄悄地離開天國來到人間，改變並區別開了人類的語言，使他們因為語言不通而分散在各處，那座塔於是半途而廢了。

大的災難。微服務的目的是更靈活的協作,如果服務之間缺少溝通,就背離了微服務設計的初衷。」趙敏說道。

「嗯,我聽說 Google 內部有三大開發語言 C/C++,Python,Java,分別是官方編譯語言,官方指令碼語言和官方 UI 語言。堅持三大語言表示內部溝通的順暢。Google 雖然沒有使用最新的技術和語言,但並沒有影響技術與業務的發展,反而有助 Google 快速成為世界頂級的公司。」阿捷附和道。

「是的!團隊效率高於個人效率,統一技術堆疊帶來的收益,常常大於使用最新技術堆疊帶來額外的維護和溝通成本。Etsy 在 2010 年,決定大量減少生產環境中的技術,統一標準化到 LAMP 堆疊,『與其說這是一個技術決策,不如說是一個哲學決策』,這讓所有人,包含開發和運行維護,都能了解整個技術堆疊。」

「另一個反面實例,Etsy 同樣在 2010 年引用 MongoDB,結果是『無模式資料庫的所有優勢都被它們引發的運行維護問題抵消了』,最後 Etsy 還是放棄了 MongoDB,遷移到原來支援的 MySQL。」

「我們再來討論一下人(People),流程(Process),工具(Tool),傳說中的 PPT 模型吧! People matters...Process doesn't 人勝過流程。」

「好啊!最近敏捷微信群裡 CMMI 之爭沸沸揚揚。我參加過公司的 CMMI 2/3 級評估,CMMI 應該是團隊做到某種程度,拿來對本身進行現狀評估,用以指導下一步改進的參照。CMMI 模型的初衷是好的,設定還算合理,模型事實上也是在演進的,只是被不合理地使用了。」阿捷回憶起敏捷轉型之前,Agile 公司一直沿用的是 CMMI 的管理模型。

「所以模型也好,流程也好,使用它們的人以及用法,才是最重要的。」趙敏用手拂了拂長髮,「這有如聚賢莊一戰,喬峰用一套太祖長拳,打敗天下英雄。太祖長拳,號稱三歲孩童都會的拳法,為何可以在喬峰手裡發揮如此極大的威力?」

「實際的武功招式，方法流程，並不重要，重要的是看誰在用，如何用。」阿捷揮手來了一招推山倒海，「接招！！」

「我這是無招勝有招！」趙敏笑著不動，「奈何不了我吧？！」

「嗯！老婆大人自然是武功蓋世。關於流程的另一個問題：如果流程是最重要的，那麼到底是流程要求得多好，還是流程要求得少好？」

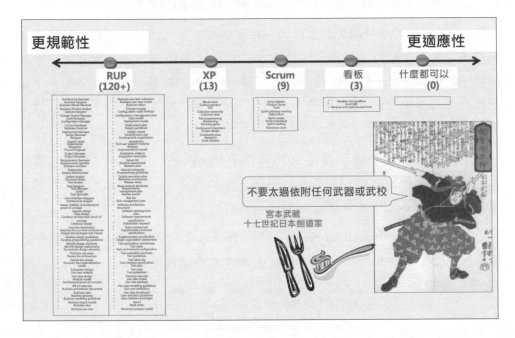

趙敏想了想：「Henrik Kniberg 在《相得益彰的 Kanban 與 Scrum》一書裡，對 RUP、Scrum、Kanban 等方法的約束列出了最直觀的感覺：RUP 有 120 多個要求，XP 有 13 個，SCRUM 是 9 個，而 KANBAN 只有 3 個。RUP 是最重視流程和方法的，而 KANBAN 是最不重視的，孰優孰劣？很難講，我並不覺得 RUP 就一定不如 KANBAN，RUP 在實際採納時需要修改，只是因為修改的過程對人的能力要求太高；Henrik 說，『Scrum 和 RUP 的主要區別在於，RUP 給你的東西太多了，你得自己把不需要的東西去掉；而 Scrum 給你的東西太少了，你得自己把需要的東西加進來。看板的約束比 Scrum 少，這樣一來，你就得考慮更多因素』。」

「一邊是需要修改，另一邊是需要增加，所以執行到最後，成熟的團隊的研發流程，大抵都能找到很多相似之處。所以，武功最後都會返璞歸真，流程也都會最後歸結到人的維度！我們再來看看下面這條吧！ Process matters...Tool doesn't 流程勝過工具。」

「現在一提到 DevOps，大家談得比較多的，是如何用工具架設管線，如何用工具架設容器化開發平台，持續整合應該用什麼工具，自動化測試應該用什麼工具，諸如這種。

我們常見的持續發佈工具圖譜，大多是 5 年前、10 年前甚至更早就推出的工具。如果工具是實施 DevOps 的關鍵，那麼十年前就有了這些工具，理論上當時我們就應該成功實施了 DevOps，實際上我們做得如何呢？」

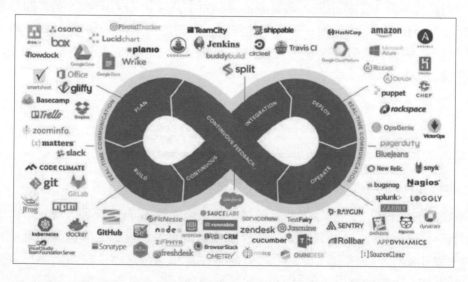

「工具當然是重要的，沒有工具是萬萬不能的。但工具不是萬能的，比工具更重要的是使用工具的方法和流程；而比流程更重要的，是執行流程和使用工具的人。」

「你說得太對啦！」阿捷點頭稱是，「簡單如 SVN，複雜如 Clearcase，都有實施持續整合非常成功的企業。老馬（Martin Fowler）對 CI 的定義和建議（https://martinfowler.com/articles/continuousIntegration.html），從 2006 年至今，居然未曾修改過。即使到現在，又有幾個人敢拍著胸脯說真正把 CI 這些

實作做到實的？」

「所以流程也好，工具也罷，最重要的是執行的人；而對人來說，關鍵的是思維模式（Mindset）的轉變，用今年的熱詞，我稱之為原則。」趙敏話鋒一轉，又在紙上寫下了幾個關鍵字，「原則 Principle，方法 Method，實作 Practice，縮寫為 PMP ！」

- Principle matters...Method doesn't 原則勝過方法

「敏捷的方法有很多，講了很多年依然任重道遠；豐田 TPS 被各大車企學習了30 年，沒有幾家能學到真經的。有人說，豐田的生產模式，最重要的是背後的卡塔（KATA），即豐田策略，如何使得改善和加強適應性成為組織日常工作的一部分，而的書出版也快 10 年了，好像依然沒有多大改觀。」

「敏捷的方法有很多，Scrum，精實看板等，SAFe 是大規模的敏捷，DevOps也有很多種模型。比模型更重要的是背後的原則，雖然這些模型從表面上相差甚遠，但其背後的原則卻十分相似，例如敏捷宣言的 12 條原則，SAFe 的 9大原則以及 DevOps 的 CALMSR 原則。」

「CALMSR 原則？這又是哪些詞的縮寫啊？求賜教！」阿捷不放過每一個基礎知識！

「先別急，下回分解，我們先保持專注。」趙敏笑了笑，賣了個關子，「方法論的表現形式有很多，實際落地執行要根據不同企業千變萬化，但不變的，是背後的原則。」

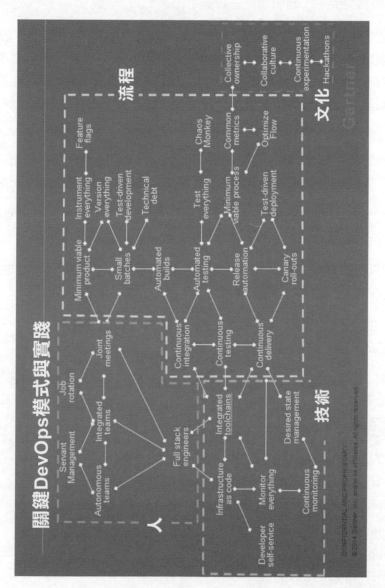

「好吧！這有如張三豐教張無忌太極劍，張三豐教得快，每次的招式還都不同，張無忌學得快，忘得更快。武功招式始終是下乘的，心法精髓才是上

乘，守住了心法，招式就可以隨心而變，不必拘泥。」阿捷站起身，來了一招
白鶴亮翅，「看我這招敏捷版的白鶴亮翅如何？」

「您這叫野鵝亂跳！」趙敏噗呲一聲笑了出來！

「下面這條 Method matters...Practice doesn't 方法勝過實作。還記得《雷神 3》
裡的這個橋段不？奧丁的女兒海拉輕易就捏爆了雷神之錘，索爾靈魂出竅，
一時仿佛看到他已故的父親奧丁。他向父親求助。奧丁：『索爾，你是錘子之
神嗎？那錘子，是為了讓你控制你的力量，讓你更專注，它不是你的力量的
來源，你才是』。」

真不愧是阿捷：「必須記得！我懂你的意思啦！我們經常會獲得錘子，錘子很
重要，它是個開始；錘子又不重要，當你能夠控制你的力量的時候。」

「是的！ DevOps 原本就是偏實作層面的，有很多實作歸納，例如 Gartner 的
DevOps 模式和實作圖，也稱為『DevOps 地鐵圖』。」

「如果你只關注實際的實作，那就會只見樹木不見森林，他們缺少彼此之間的
連結和依賴，需要用方法將其串起來。」

「明白！這也是為什麼一套辟邪劍法的劍招，缺了葵花寶典的心法，就稀疏平
常淪為三流一樣。」阿捷用手作勢揮出一劍。

趙敏也來了興致，假裝用劍擋住，並回刺了過去，二人在客廳比劃起來。

本章重點

1. 樸素的 DevOps 價值觀 1（BAT 模型）。
   - Business matters...Architecture doesn't 業務勝過架構
   - Architecture matters...Technology doesn't 架構勝過技術
2. 樸素的 DevOps 價值觀 2（PPT 模型）
   - People matters...Process doesn't 人勝過流程
   - Process matters...Tool doesn't 流程勝過工具
3. 樸素的 DevOps 價值觀 3（PMP 模型）
   - Principle matters...Method doesn't 原則勝過方法

- Method matters...Practice doesn't 方法勝過實作

冬哥有話說

樸素的 DevOps 價值觀之所以樸素，是因為這只是我們一個比較原始的想法，雖然經過了仔細推敲與提煉，但還需要時間的檢驗。稱之為價值觀，是因為覺得他們應該具有相當的普遍性；同時我們也希望，如果有幸真的可以逐漸形成價值觀，它也應該是簡單質樸的。

樸素的 DevOps 價值觀有關 9 個要素：業務、架構、技術、人、流程、工具、原則、方法、實作，這 9 大元素不能孤立的來看，是相輔相成，密切相關的。原則（Principle）背後，其實是人的思維模式（Mindset），而一堆人遵循同樣的原則（Principle），就演化成了文化（Culture）。方法（Method）也好，流程（Process）也好，最後都由實作（Practice）透過工具（Tool）落地。

沒錯，趙敏與阿捷對於「業務、架構、技術」的討論是非常值得業界警醒的，DevOps 也並非只有 Web 應用、SaaS 或是開放平台才適用，我們聽到太多傳統銀行的轉型案例，主機開發的案例，技術並非 DevOps 的絕對先決條件。

技術圈總是喜歡追逐潮流，總是存在各種鄙視鏈。就像前一段看到的 PHP 與其他各種語言的互噴群；還有類似容器編排技術，大家一窩蜂地從 Swarm、Mesos 遷移到 K8s。技術永遠不是第一位的，最新的未必是最合適的，不切實際地追逐最新的技術，會喪失了自我的思考和技術的累積。

所有的元素都重要，缺一不可；但不要捨本逐末，需要了解什麼是根因，什麼是方法。技術、工具、實作，都是服務於方法和流程的，需要遵循核心的原則，最後的目的是為了商業的訴求，為了快速的價值發佈。DevOps、微服務和容器的三劍客，也是方法、架構與技術與工具的極佳結合。

方法、實作、工具，都是形；原則、思維模式、人，才是根。

從實作（Practice），到方法（Method），再到原則（Principle），也是從照做（Doing），到思考（Thinking），再到追求（Being）的過程。Being DevOps 並

非一蹴而就的事情，需要從實作做起，心裡要有方法論，過程中始終嚴守原則。在落地 DevOps 的過程中，不能固守著那把實體的錘子，方法也好，實作也好，都只是達成目標的途徑，而原則才是指南針。

沒錯，趙敏與阿捷對於「業務、架構、技術」的討論是非常值得業界警醒的，DevOps 也並非只有 Web 應用、SaaS 或是開放平台才適用，我們聽到太多傳統銀行的轉型案例，主機開發的案例，技術並非 DevOps 的絕對先決條件。

技術圈總是喜歡追逐潮流，總是存在各種鄙視鏈。就像前一段看到的 PHP 與其他各種語言的互噴群；還有類似容器編排技術，大家一窩蜂地從 Swarm、Mesos 遷移到 K8s。技術永遠不是第一位的，最新的未必是最合適的，不切實際地追逐最新的技術，會喪失了自我的思考和技術的累積。

華麗的 DevOps 原則

阿捷最近讀了楊少傑的《進化：組織形態管理》一書，後記「何謂『道』？」讀來頗有意思：

「道」是對「管理」規律的了解，是一種理性認知，以抽象的形式存在。不同的了解形成不同的思維、理論，因此也就有了「道可道，非常道」的說法。一切根據和符合於「道」的思維對管理實作起促進作用；反之，則會起阻礙作用。

與低調做人，高調做事類別同，DevOps 落地需要先在價值觀上形成一致，講的是有所為有所不為，因此是低調而樸素的。畢竟價值觀決定行為方式。人的價值觀決定一個人的行為和決策模式，宇宙的價值觀決定宇宙本身在時間和空間中的運動方式。正所謂「道不同，不足以為謀」。

「法」是指導如何做事，是價值觀背後應該遵循的基本原則，必須是高調而華麗的。那 DevOps 的原則又該如何定義呢？阿捷與趙敏討論了一輪又一輪，覺得無論 CAMLS，還是 CAMLR，都有些虛，不如敏捷 12 原則那樣接地氣，決定另闢蹊徑，歸納出適合 DevOps 的 10 大原則。

1. 遵循第一性原理（Follow the First Principle）

現有的創新想法，常常是採用類比設計的方法，例如銀行創新，想的還是如何將線下的網點業務，搬到線上，搬到手機端，而整個過程依然是遵循銀行現有的方式和流程。例如依然需要有一張銀行卡，需要有密碼輸入，必要時還得去線下網點開通業務。這不叫創新，頂多叫創意。

類比設計的基本思維是，透過技術和工程能力的提升，用更快、更好的方法來解決問題；但類比設計最大的問題在於被原有的方式束縛，所以只是累積小的進步，而無法達成革命性的改變。

特斯拉公司的 CEO 馬斯克信奉「第一性原理」（First Principle），第一性原理原本是量子力學中的術語，意思是從頭開始，無須任何經驗參數，只用少量基本資料（質子／中子、光速等）做量子計算，得出分子結構和物質的性質，這最接近於反映宇宙本質的原理，被稱為第一性原理。馬斯克說：「我們運用第一性原理，而非類比思維去思考問題；在生活中我們總是偏好比較，別人已經做過的或正在做的事情我們也都去做，這樣發展的結果只能產生細小的反覆運算發展。」

與類比思維不同的是，第一性原理強調回歸問題的本質真相，回歸設計的初心，而非如何更進一步地實現現有的方案；第一性原理的思維方式強調獨立思考，而非人云亦云。

- 我們要的不是一匹快馬，而是一輛汽車（福特）。
- 我們要的不是更好音質的音樂播放機，而是要將幾千張 CD 裝進口袋（iPod）。
- 我們要的不是通話品質更清晰的手機，而是隨時隨地連接世界的入口（iPhone）。
- 我們要的不是去擁有一輛單車，而是便捷的交通（優步，摩拜單車）。
- 不是更快、續航能力更強的電動汽車，而是製造超級充電網路、太陽能充電站、自動駕駛系統、線上升級系統，最後呈現出極致的使用者駕乘體驗。

第一性原理就是要從最基本的原理，引出更深層次的思考，擺脫現有方式的束縛，擺脫類比的方法，去直擊根源的訴求，進一步用最佳的方式解決核心

問題。第一性原理就是「勿忘初心」，從頭開始，思考如何最佳化地解決一個問題，而非從即有的產品或方案出發。

從零開始打造一個產品並非易事。即有的知識背景，會變成包袱，需要消除知識的詛咒，一秒鐘變小白，需要真正的穿著使用者的靴子去思考問題。良好的應用設計思維，就是遵循第一性原理的表現。

克里斯坦森的《創新者的窘境》一書中歸納的「失敗架構」說，你很難透過改善「延續性技術」打敗大企業，只有「破壞性技術」才能透過截然不同的價值主張，顛覆大企業的商業模式根基。延續性技術一定會發展到過度滿足市場的需求，進一步飽和，發展停滯。延續性技術，就是類比設計的模式，而破壞性技術所遵循的，就是第一性原理。

以第一性原理作為十大原則之首，不僅因為第一性原理就是 the First Principle，還因為它是商業模式探索，顛覆式創新，破壞性技術產生的根本；而敏捷與 DevOps，原本就是為商業 / 業務服務的；從業務來，到業務去，完整的閉環才是廣義的敏捷與 DevOps。

2. 採納經濟角度（Take an Economic View）

採納經濟角度，是 SAFe 的 9 項原則的首條。來自 Don Reinersten 的《流式產品開發》（Product Development Flow），他說：「你可能會忽略經濟，但經濟不會忽略你。」Roger Royce（瀑布開發模式是其父提出的）是軟體經濟學的奠基者，他提出了一整套軟體經濟學的理論。事實上，軟體開發的過程，就是用有限的投入，產出預期的回報，這原本就是經濟的範圍。

敏捷軟體開發過程，也同樣存在很多與經濟相關的話題與實作。

- 需求的優先順序排序，是軟體經濟學的表現。將資源投入在哪些需求上，是價值比較的表現。
- Don 用 WSJF 加權最短作業優先的演算法為依據進行需求排序，是綜合考慮業務價值、延遲成本、風險、投入成本等因素進行評估的方法。
- 傳統專案管理中，範圍管理、時間管理、成本管理、風險管理、人力資源管理和採購管理等過程域，都是經濟範圍的表現。
- 增量式的價值發佈，價值快速變現並持續累積。

- 同時取得回饋，對於無法創造價值的需求，儘快地止損，忽略沉沒成本，調整方向而不再糾結於已投入的成本。

消除浪費是精實軟體開發中，最為重要的原則，是其他精實軟體開發原則的基礎，也是目的所在；而經濟效能的出路，通常就是開放原始碼與節流，消除浪費就是節流的表現。

- 任何不能為客戶創造價值的事物都是一種浪費。
- 傳統製造業中的浪費有：閒置的零組件，不需要的功能，交接、等待，額外的工序，產生的缺陷等。
- 對應到軟體開發中的浪費有：部分完成的工作，多餘的過程，額外的特性，工作切換，等待，移動，缺陷。
- 要消除浪費，首先需要識別浪費，並揭示出最大的浪費源泉並消除它們。

軟體開發中，存在加值與不加值的活動。

- Winston Royce（溫斯頓‧羅伊斯）提出，所有軟體開發的基本步驟是分析和程式設計，其他的每一個步驟都是浪費。
- 對於點對點的研發過程而言，只有前半段的分析與開發過程是價值產出的過程，是創造性工作，無法強調效率或是要求縮短時間。
- 後半段的編譯、建置、測試、部署、上線等，都不增加額外的價值，這些過程，稱之為必要的非加值過程，是有必要強調效率的，如果條件允許，應該交由機器和工具進行自動化執行。

技術債務也是軟體經濟學的表現，債務原本就是將經濟用詞隱喻到軟體研發。前面章節中將創業過程與貸款買房進行類比以及 Kent Beck 的 3X 模型，都是在價值收益、投入成本，與背負債務之間進行平衡，此處不再贅述。

3. 擁抱成長型思維（Embrace a Growth Mindset）

美國心理學家 Carol Dweck（卡羅爾‧德威克）在《終身成長》一書中提出了兩種思維模式。

- 固定型思維模式的人，認為自己是最聰明的人，在面對挑戰時，選擇那些能明確證明自己能力的工作，而放棄那些可能會導致失敗卻能開闢一片新天地的工作；

- 成長型思維的人卻與之相反,他們具有好奇心、樂於接受挑戰,喜歡在挑戰和失敗中不斷學習和成長,喜歡在不確定中勝出。
- 固定型思維認為人的才能是不變的,在這種思維模式下,人表現出來的是自己的智力與能力,把已經發生的事作為衡量能力和價值的尺規。
- 成長型思維認為,人的能力是可以透過努力而取得,人的先天的、以及目前的才能、資質各有不同,但都可以透過努力、學習與經歷來加以改變。

兩種思維模式,對待成功與失敗的方式不同,在成長型思維模式下,會從失敗中學習。

- 不僅不會因為失敗而氣餒,反而會認為自己是在學習。
- 將挫折轉變為未來的動力。
- 勇於敞開心扉去迎接新的變化和想法。
- 從失敗和挫折中收益,讓自己變得更為強大。
- 成長型思維,也是反脆弱原則的表現。

這兩種思維模式,也會同樣表現到組織層面。

原則不是規則,原則比規則重要。遵循規則是固定型的思維模式,認為遵循規則就能夠成功的,就像貨物崇拜。如果去探索遵循規則背後的心理,應該是期望安全;缺什麼補什麼,事實上是缺乏安全的表現。遵循規則最後失敗了,可以推卸責任,容易向主管交代。當發現組織中所有人都跟著規則走,而非遵循原則,朝著組織的目標去努力做得更好,就要認真考慮,這種文化到底是怎麼形成的。當我們都喜歡跟隨規則時,組織的症狀就已經比較嚴重了,因為這是大家怕擔責。我們要質問為什麼形成了跟著規則走的文化,為什麼不鼓勵追求更大的目標的文化。

擁有成長型思維模式的領導者,對於嘗試、探索與失敗更加包容。無論是看待自己、他人,還是組織,他們都相信具有發展潛能;擁有成長型思維的領導者,善於建置一個充滿信任、摒棄評判的學習氣氛,「我會來教你」「你努力試試」,而非「讓我來批判你的能力」。只有在安全的氣氛下,人們才會彰顯個性,會樂於曝露問題;缺乏安全的環境,人們會趨同,從眾。

4. 採用系統思考（Use System Thinking）

庫尼芬（Cynefin）模型是 Dave Snowden（戴夫‧斯諾登）在知識管理與組織戰略中提出的，用於描述問題、環境與系統之間的關係，說明什麼環境，適合使用什麼解決方案。以下圖所示，我們週邊的系統，大多屬於複雜系統，起因與結果，只有連結關係，沒有直接的因果對應。換而言之，同樣的事情做兩次，結果未必相同。

美國心理學家斯金納（B.F.Skinner）是一代心理學宗師，也是行為主義的旗幟性人物，他在 1948 年曾經發表了一篇廣受關注的論文，解釋鴿子如何在實驗環境下變得迷信。斯金納將 8 只鴿子分別置於彼此獨立的 8 個箱子內，箱內設有機關，每隔 15 秒就會有食物落下給鴿子餵食。幾天之後，兩位觀察者分別記錄了這 8 只鴿子的行為。他們發現，這 8 只鴿子中有 6 只都在行為上出現了明顯的變化，舉例來說，有的鴿子會刻意地逆時鐘轉圈，而有的則會反覆地用表頭撞擊箱子的某個角落，還有的會將自己的脖子反覆抬升，似乎在釋放某個不存在的槓桿，而這些行為在實驗開始之前都是未曾被觀測到的。斯金納對這個現象的解釋是，鴿子誤以為是自己的某種行為導致了食物的出現，而這種因果關係其實並不存在。

複雜系統中局部到整體系統的關係，並非簡單的 1+1=2 的因果關係，也無法從局部行為來解釋或推測系統行為；人類至少在目前，是無法了解和解讀複

雜系統的行為表現，試圖用因果關係來解釋複雜系統的，就像斯金納實驗中的鴿子一樣。

傳統泰勒的科學管理理論，是還原論的思維模式，即由局部個體，來推論出整體系統的行為。這對於相對簡單的機械生產系統而言，是奏效的，但對於複雜系統，並不適用。

當個體許多時，系統的行為會表現出一個湧現的過程；個體簡單的螞蟻，匯聚成蟻群，只需要極其簡單卻有效的指令，就可以做出精巧複雜、充滿智慧的事情。蜂群也是如此，蜂巢是最完美利用空間的建築，蜂舞是最高效的溝通，蜂群的分工與蜂群大小的比例如此合理，而單一蜜蜂的智力卻並不高，即使是蜂后也只是選擇的結果而非基因的使然。人的大腦神經元也很簡單，上千億個神經元匯集在一起，就形成了人類本體的智慧和意識，其中的潛能至今沒有完全採擷。

智慧是湧現出來的，創新也是。湧現是量變到質變的過程。湧現的前提，第一要求數量；第二要多樣性；不僵化，不盲從，才是創造力的來源。

管理學大師彼得·聖吉在《第五項修煉》一書中說明瞭創造學習型組織的五項技術，其中的第五項修煉就叫系統思考；第五項修煉是最重要的一項，也是建立學習型組織的基礎。

- 軟體研發的物件，軟體系統與解決方案，是一個複雜系統。
- 軟體研發的過程本身，是一個複雜系統。
- 軟體研發的主體，研發組織，也是一個複雜系統。
- 精實軟體開發中，視覺化價值流的過程，提供了一個系統的方法來檢查產生價值的過程。
- 價值流圖（Value Mapping），將系統的邊界、系統本身以及系統內部與外部的互動過程視覺化出來。
- 這一過程，是一個整體的價值流動，而非局部行為表現。
- 透過識別價值流動中的阻塞點，從系統角度來進行整體最佳化，而非從單點的角度進行局部的最佳化。

- 約束理論告訴我們，在任何價值流中，總是有一個流動方向，一個約束點，任何不針對此約束點而做的最佳化都是假象。
- 視覺化表示把價值流動，以及問題都顯示化出來，曝露問題，而非遮掩；解決問題，而非追責。
- 思考組織如何避免再次發生，而非討論如何懲罰個體。

綜上所述，採用系統思維，不只是運用《系統思考》一書中的 CLD（因果迴路圖）那麼簡單，更需要與 VSM（視覺化價值流）、WIP（限制在製品）和 TOC（約束理論）等實作結合，提供安全不問責的企業文化，從整體進行最佳化而非做局部的改善。

5. 讓價值流動（Let the Value Flow）

流動才能創造價值，表現價值。

水的流動，商品的流動，金錢的流通，資訊的流動，流動起來才有價值，沒有流動的就只是潛在可能的價值，無法兌現。這就像固定資產一樣，在北上廣，手握一兩套房產，號稱過千萬的身價，可真正能流動起來兌換成現金的又有幾個？千萬身價都是偽命題，中年人的壓力才是真話題。

水往低處流，是勢能使然，也是一滴高山上的水價值發佈的過程，價值必須透過流動表現。研發的過程，同樣是一個價值發佈的過程，更是價值流動與發佈的過程。

精實方法中第一條就是價值流分析，即分析價值在點對點的流動。這裡面，第一強調的是點對點，完整的價值閉環；第二強調視覺化，曝露問題，去除阻塞；第三，持續改進，在價值閉環前提下，進行全域的持續最佳化。這一過程，是價值流動，價值回饋，不斷循環反覆運算創新的過程。

大禹治水，不是堵而是疏通，水災堵是堵不住的，只能順其自然，適當啟動，讓水的勢能釋放出來。

產品價值發佈過程中我們要做的也是去消除阻塞，發現問題進行疏通，而非人為設定層層的控管，有交通燈的地方常常更容易造成交通堵塞，研發過程也是一樣。

要持續識別並消除開發中的約束點，常見的約束點以及相關建議如下。

- 環境架設的約束點，採用基礎設施即程式的實作，應該讓環境架設與設定的過程自動化、版本化，提供自服務平台，啟動開發者。
- 程式部署過程的約束點，採用自動化部署實作，利用容器化與編排技術，讓應用部署與執行的過程呈冪等性。
- 測試準備和執行的約束，採納自動化測試實作，分層分級的進行測試，針對不同的階段，建立不同的測試環境，設定不同的測試目標，建立不同的回饋閉環。
- 緊耦合的架構常常會成為下一個阻塞點，要進行架構解耦，採用鬆散耦合的架構設計，將重構等實作納入日常的技術債務清理過程，演進式的採用服務化、微服務化的架構。

組織和人也會成為最大的阻塞點。一切的過程都與人有關，有人的地方就有江湖；要建立全功能、自我組織、學習型的團隊，進行分散式、去中心化的決策機制；調動員工的主觀能動性，觸發知識工作者的內在動力；而領導者是其中的關鍵，任何組織的演進，都不是自下而上能夠完成的。戴明說過，系統是必須進行管理的，它不會進行自我管理，只有管理者才能改變系統。

所以，想要讓價值順暢流動，需要採用系統思維。

6. 賦能員工（Empower the People）

管理 3.0 裡有一套授權模型，根據員工的能力以及決策的影響程度來決定使用哪種程度的授權。從一級到七級依次為告知、兜售、詢問、同意、建議、徵詢、授權。

預設為放權。除非必要；授權事實上是一種對員工的投資，無論是能力還是心理上，這就像對孩子，不放手永遠學不會走路。投資員工像是種地，你是

想要立即收割，還是讓莊稼再長一會兒？做一個園丁式的主管，締造員工生長的環境，維繫組織的氣氛，嘗試讓員工放飛一下，你會收穫不一樣的驚喜。

需要注意的是，員工賦能（empowerment）與授權（delegation）並不完全是一回事。員工賦能強調的是決策力指定和自主管理導向，並讓客戶獲得更好的直接服務與體驗。而員工授權則是管理者將工作分配至下屬，進一步將經理人從事無巨細的微觀管理中解放出來。

賦能是指定他人能力，相信員工，不斷的鍛煉員工的能力，不斷地增強組織架構。賦能就是讓正確的人去做正確的事，甚至可以不是正確地做事，也可以不一定是正確的事。要給員工空間，讓他們勇於去嘗試不同的做法，哪怕你預先知道這並非正確的做事方式，以及並非是正確的事，但在可控的前提下，給他們嘗試的機會。沒有跌倒過，又怎麼能學會走路，甚至是跑步呢？

傑克·韋爾奇說過，在你成為領導者之前，成功同自己的成長有關；在你成為領導者之後，成功都同別人的成長有關。

- 領導者是透過別人的工作，來表現自己價值的人。
- 領導者要關心自己的下屬和他們的工作，當員工不順的時候你要成為他的後盾，要建立互信的傾聽，對下屬要有同理心。
- 領導者應該有勇氣，敢於做出不受歡迎的決定，說出得罪別人的話，以保護團隊；
- 領導者要保持好奇心，同樣要保護員工的好奇心。
- 勇於承擔風險、勤奮學習、成為表率。
- 要學會慶祝，抓住一切慶祝的機會，慶祝每一個小的勝利（Small Win）。

肯特·貝克（Kent Beck）說過，好的決策來自經驗，經驗來自壞的決策（Good decision comes from experience, experience comes from bad decisions）。「我們可以找有經驗的人來，避免犯錯，但這種人很少；我們也可以找沒有經驗的人，透過鼓勵他們在工作中不斷嘗試，不斷犯錯，縮短回饋週期，降低犯錯的成本，來增長經驗，避免更大的錯誤。」

賦能就是放手讓員工去不斷嘗試，不斷犯錯，從中獲得「反脆弱」的能力，以「成長型思維」來看待員工。

7. 暫緩開始，聚焦完成（Stop Starting，Start Finishing）

一個需求，只有被發佈的那一刻，其價值才會被表現出來，未能發佈發佈的都是在製品，都是庫存，只是佔用資源而未能產生價值，可能是潛在的價值，也可能是純粹的浪費。

傳統生產製造業中，庫存是明顯可見的，哪裡有堆積，哪裡有停滯一目了然。而軟體研發中的庫存卻是不可見的，所以精實軟體開發中，第一步就是視覺化價值流，將庫存、停滯、瓶頸等顯性化，解決問題的第一步就是曝露問題。

類比交通，疏通道路阻塞的唯一辦法就是加速讓已經在路口的車輛離開，而減少路口中車輛的通往，這個道理顯而易見；而往已經阻塞的專案裡不斷填充工作，只會讓它更加阻塞，這個道理很多人卻意識不到。

對於交通，我們看的是車速，看的是是否擁堵，而道路的使用率，永遠不是最關心的。反觀軟體研發，關注資源使用率同樣也是無效的，核心是看價值有多快的流過發佈，所以我們會關注前置時間，相比起來，平行工作量則不是越大越好。要聚焦在快速完成工作，而非最大化填滿管線。

視覺化價值流，將價值流動顯性地表現在看板上；然後透過限制在製品，讓所有人聚焦去完成在製品的工件，避免被上游推動而干擾；進而曝露出瓶頸點，逐步解決並發現下一個瓶頸點。增加發佈管線的流速，最後也將增加流量，而非反過來。

與武俠小說不同的是，軟體研發中，是一寸短，一寸強；一寸長，一寸險；與武俠小說相同的是，軟體研發中，也講究「天下武功，唯快不破」。

試問，大卡車與小汽車，你認為哪個更快，哪個比較危險，哪個破壞力大？答案是顯而易見的，所以要減小量大小。

有很多實作表現了減小量大小的思維。

- 例如需求，我們有不同大小類型的需求，Epic、Feature、Story，分別以月、周、日計量，優先順序越高的需求，越放在產品待辦清單的頂端，越要清晰可測並且大小適中。過大的需求進入到反覆運算中，會造成估算嚴

重偏差，佔用過多資源，流動緩慢，一旦延遲造成的破壞極大，所以需求要大拆小。

- 再例如架構，單體的架構，牽一髮而動全身，編譯、建置、測試、部署等耗費的時間以及資源都大，而且無法獨立部署與發佈（Release on Demand）的快速要求；所以此時需要進行架構解耦，服務化、微服務化；

- 持續整合，持續部署，小團隊，短的反覆運算，快速回饋等，也都是表現了減小量大小的思維。

- 小量能產生穩定品質，加強溝通，加強資源利用，產生快速的回饋，進一步進一步加強控制力。

- 大的批次，會造成在製品的暴漲，因為每項工作佔用的資源以及時間都長，同時也會導致前置時間增加，進一步加長了回饋環路，導致問題無法及時發現。

- 大的批次發佈，會增加發現問題的難度，導致產品品質下降。

- 小量能夠快速流過價值發佈管線，進一步減少在製品，降低庫存，進一步進一步降低資源佔用。

- 前置時間更短，可以更快地完成價值發佈閉環，快速獲得客戶回饋，在提升客戶滿意度的同時，加強產品的整體品質。

- 每個批次所有關的修改較少，出現問題時可以快速找出，錯誤檢測更快。

- 小的批次也使得分層分步的進行測試更為便利，整體返工減少。

- 快速發佈價值，可使業務發生變化和調整時，船小好調頭，可以更加靈活機動的調整方向。

完成的越多才發佈越多，而非開始越多發佈越多；效率高低不取決於開始了多少工作，而在於完成了多少；讓價值流動起來，而非讓工作多起來；要聚焦於完成，而暫緩開始。

8. 建置反脆弱能力（Build Anti-Fragile Capability）

我們目前處在一個 VUCA 的時代，世界的「脆弱性」正在日益凸顯，如何在充滿變數的世界裡，應對這些未知的挑戰和風險？

免責的事後回顧，安全的企業文化，成長型思維，從失誤中獲益，這都是反脆弱的核心表現，也是反脆弱的思維來源。

免責文化給了員工安全感。員工在犯錯誤時難免心虛，自責，第一直覺會是掩蓋，這不是我的錯，考慮要不要讓別人知道。組織者應當為個人營造一個安全、免責的「認錯」機制只有透過真實的，觸動人心的真實案例，才會讓犯錯的人，能夠正視錯誤，經過全面的分析，成為日後這個事件領域的專家。

要在生產環境中主動而非被動地植入故障，來訓練並獲得恢復和學習的能力；避免故障的主要方式就是經常故障，由此訓練可恢復（Resilience）的能力。

需要注意的是，在生產環境中植入故障，要以安全為前提，以特定和受控的方式發生，我們要的是可恢復和學習的能力，而非真的去毀滅一個機房。

■ 痛苦的事情反覆做，定期執行以確保系統經常正常失敗；
■ 根據墨菲定律，會出錯的總會出錯；
■ 根據庫尼芬（Cynefin）模型，我們所處的環境是一個複雜系統，是無法預知也沒有簡單的因果關係成立的；
■ 唯一的應對就是訓練自己以及組織的反脆弱性，可恢復性，以便能夠以正常、平常的方式處理緊急事件。

我們所架構的系統本身也是一個複雜系統：

■ 我們要為失敗而設計（Design for failure）；
■ 以雲端運算為基礎的系統設計，是在一個不可靠的 x86 叢集環境下，去建置系統的可用性；所以底層的基礎設施天生就是會出錯的，要訓練系統在失敗中重生的能力，而非試圖去建立一個不會出錯的系統；
■ 我們無法防範所有的問題，這就是常說的安全系統 I 型與安全系統 II 型的區別，前者是試圖發現盡可能多的，甚至是消校正誤的部分，達到絕對的安全，這過於理想，不可實現；
■ 所以我們推薦的是後者，彈性安全，尤其是適用於雲端化的場景，允許錯誤發生，我們追求的目標是快速恢復的能力。

2014 年 DevOps 現狀報告顯示，高效能 DevOps 組織會更頻繁的失敗和犯錯誤，這不但是可以接受的，更是組織所需要的。

- 要建立公正和學習的文化，需要建立可恢復型組織，團隊能夠熟練地發現並解決問題。
- 在整個組織中傳播解決方案來擴大經驗的效果，將局部經驗轉化為全域改進，讓團隊具有自我癒合的能力。
- 建置學習型組織，將每一次的故障、事故和錯誤視為學習的機遇。
- 重新定義失敗，鼓勵評估風險。

9. 按節奏開發，隨選求發佈（Develop on Cadence，Release on Demand）

DevOps 的目標是可持續地快速發佈高品質的價值，只是簡單的快是不行的，還需要在品質上達到平衡，同時需要是可持續的。

我們常把軟體開發過程比喻為長跑，在長跑過程中，節奏是很關鍵的事情。

- 按節奏開發，保障價值的可持續發佈，是技術領域的事。
- 隨選求發佈，則是業務領域的決策：什麼時候發佈，發佈哪些特性，發給哪些使用者。
- 發佈節奏不需要與開發節奏完全一致，開發團隊來保障環境和功能是隨時可用的，由業務來決定發佈策略。
- 節奏幫助開發團隊保持固定的、可預測的開發韻律，目的是為保障價值的發佈能夠順暢、頻繁且快速的透過整個價值發佈管線。
- 使用定期的節奏可以限制變化累積。
- 可以讓等待時間變得可預測。
- 透過使用定期的、短的節奏，來保障小量。
- 透過可預測的節奏來計畫頻繁的會議。

什麼叫持續發佈？什麼樣的頻度算是持續？一週一個版本還是一天多個版本？這要視不同類型的產品來決定。

在類別生產環境驗證之後，有兩條路徑。一條是傳統的軟體模式，部署到生產環境。商務軟體產品的客戶發佈過程，就表示發佈給最後客戶，那麼這裡需要有一個業務的決策過程，是否可以將特性發佈給最後客戶。

另一條是透過技術解耦的方法，實現即使是部署到了生產環境，也並不表示

發佈給了最後客戶，例如特性開關和黑啟動（Dark Launch）。相較於第一種，這個業務決策過程相對靈活一些。

以上兩條路徑，均需要技術方法來支撐，進一步實現將特性先行發佈給一部分使用者，以及功能對使用者是否可見。

所以，按節奏開發，是從技術層面對業務的保障，透過功能開關、黑啟動等能力，賦能給業務進行發佈決策；理論上講，並非每一個功能都需要發佈給每一位使用者，而是根據不同的業務環境，來決定哪些功能需要發佈，對哪些使用者進行開放。發佈決策，由業務團隊來做。而技術團隊需要提供高效的發佈能力，並保持隨時可發佈的版本狀態。業務團隊可以靈活地進行 A/B 測試，做灰階發佈，按不同人群發佈不同功能；這是典型的技術賦能業務的場景，也是敏捷和 DevOps 的終極目標。

低風險的發佈，隨選求的發佈，讓特性發佈、目標人群、發佈節奏，成為業務和市場決策，而非技術決策。

- 透過金絲雀發佈，可以小量的選擇環境進行試驗，待金絲雀驗證通過再發全量。
- 透過捲動發佈，可以使得這一流量切換過程更加平緩，一旦出現問題，可以自動回復。
- 使用特性開關，可以確保應用上線後，由業務人員根據場景進行決策，在控制中心開啟新功能開關，經過流量驗證新功能。
- 特性開關將部署與特性發佈解耦。結合以環境和使用者群為基礎的藍綠或是捲動發佈，可以實現對不同的使用者群進行不同功能的投放，實現 A/B 測試，進一步增強了假設驅動開發的能力，可以以不同為基礎的假設路徑，進行快速靈活的發佈驗證。

要實現部署與發佈解耦，需要程式和環境架構能夠滿足以下條件。

- 特性發佈不需要變更應用的程式。
- 解耦部署和發佈，可以提升開發人員和運行維護人員快速部署的能力，透過技術指標衡量。
- 產品負責人承擔發佈成功與否的責任，透過業務指標衡量。

- 隨選部署，視技術的需要進行部署，透過部署管線將不同的環境進行串聯，設定不同的檢查與回饋。
- 隨選發佈，讓特性發佈成為業務和市場決策，而非技術決策。

「黑啟動已經讓每個人的信心達到幾乎對它冷漠的程度……大家根本就不擔心……我不知道，在過去 5 年裡的每一天中，發生過多少次程式部署……我根本就不在乎，因為生產環境中的變更產生問題的機率極低……」，約翰・沃斯帕（John Allspaw）在 Flickr 擔任營運副總裁時說了上述的話。由此可以看出，技術能夠對業務提供相當大的賦能。

如果我們能做到每天幾十次的部署到生產環境，那麼每次的變更又能有多大，一個月一次的版本，發佈的時候的確需要嚴格審核；一天幾十次呢？不難想像，此時的業務決策該有多簡單，甚至可能不需要決策過程，這就是技術能力賦能給業務決策的表現，也是精實中強調小量的原因。

按節奏開發，隨選求發佈，字面背後的含義，幾乎是敏捷與 DevOps 核心理念的代名詞。將技術與業務解耦，讓技術來賦能業務，徹底打通兩者之間的豎井，實現讓技術釋放業務的極大潛能。讓發佈不再是痛苦兩難的選擇。頻繁發佈能建立起團隊內部的信任，開發團隊與業務團隊之間，以及開發團隊與運行維護團隊之間的信任。

10. 以終為始（Begin with the End in Mind）

做事的準則是什麼，取決於目的是什麼。我們應該看到目標，然後朝著目標前進，目標就像是一座燈塔，指引我們行事的航向。史蒂芬・柯維在《高效能人士的七個習慣》中提出，以終為始，就是我們應該以原則為中心，指導我們的規劃，並始終牢記這座燈塔的位置，使自己不至於偏離航向。

「第一性原理」，類似我們平常說的「透過現象看本質」，與「以終為始」異曲同工；就是讓我們把目光從那些表面的事和別人做的事情上挪開，做任何選擇和決定都從事物最本質之處著眼，並且在做的過程中，以最根本的那個原則為參照點，不斷糾偏，直到達成目標。

經常有人問，在敏捷與 DevOps 中，持續整合應該怎麼做？自動化測試應該怎麼做？其實，那些都是解決方案域的東西，應該回歸初心，回到問題域。

很多人在還沒有弄清楚討論的是什麼問題,就急著去尋找答案。開始敏捷與 DevOps 實作之前,你要想清楚,需要解決的是什麼問題,而非去問,我應該採納什麼實作。

不探求實際問題,直接問詢解決方案,這就好像直接去找醫生說「給我開這種藥」;其實,你應該先弄清楚自己得了什麼病,然後再判斷應該吃什麼藥。

此外,實作的目的是為了解決問題,而非拿著一個錘子到處敲。我們經常能獲得一把錘子,錘子很重要,它是你聚力的方式,通常適用於解決特定的問題,但並非適用於所有的問題。「耶誕節收到一把錘子的孩子會發現所有的東西都需要敲打」,了解一個 DevOps 實作的讀者喜歡到處應用。只是在你用錘子敲打之前,先弄清楚被敲打的是不是釘子。

敏捷與 DevOps 中,同樣有很多的實作,表現了以終為始的原則。

- 例如敏捷宣言強調客戶參與,因為我們一切形式的目的,都是為客戶服務。
- 精實軟體開發中強調價值的順暢流動,因為只有流動起來,才能產生價值,才能快速發佈價值。
- 暫緩開始,聚焦完成,只有完成發佈與發佈,才能最後創造價值,才是對使用者可見的。
- DevOps 中強調的持續回饋,持續最佳化,形成回饋閉環,因為只有獲得最後使用者的回饋,才知道我們做的是否是正確的事。
- 測試要前移,為了儘快取得回饋,應該讓測試人員在更早的階段介入,加入驗證的方法;測試還要後移,要在產品發佈上線以後,依然進行相關的測試和驗證活動。
- DoR 與 DoD,只有定義了就緒的標準,以及完成的標準,將需求分析與開發工作的目標在團隊內達成一致,並顯性地公佈出來,這就是需求與開發活動的指路明燈。

仔細品味這十大原則,阿捷意識到,方法也好,實作也好,都只是達成目標的途徑,不能固守著那把實體的錘子,以終為始,把原則作為航行的指南針,就會事半功倍。

本章重點

1. 樸素的 DevOps 價值觀是道，是根本；華麗的原則是法，是實現價值觀最根本的戰略、方法、指導方針、想法；實際的敏捷與 DevOps 實作，是術；器，則是各種落地工具。

2. CAMLS 是指 Culture（文化）、Automation（自動化）、Lean（精實）、Measurement（度量）、Share（共用）。

3. CAMLR 是指 Culture（文化）、Automation（自動化）、Lean Flow（精實流）、Measurement（度量）、Recovery（恢復）。

4. 第一性原理就是要從最基本的原理，引出更深層次的思考，擺脫現有方式的束縛，擺脫類比的方法，去直擊根源的訴求，進一步用最佳的方式解決核心問題。第一性原理就是「勿忘初心」，從頭開始，思考如何最佳的解決一個問題，而非從即有的產品或方案出發。

5. 採納經濟角度，是 SAFe 的 9 項原則的首條。

6. 成長型思維認為，人的能力是可以透過後天努力而取得；

7. 智慧是湧現出來的，創新也是。湧現是量變到質變的過程。湧現的前提，第一要求數量，第二要多樣性。碰撞，不盲從，常常是創造力的來源。

8. 流動才能創造價值，表現價值。

9. 戴明說過，系統是必須被管理的，它不會進行自我管理，只有管理者才能改變系統。

10. 授權事實上是一種對員工的投資，無論是能力還是心理上，這就像對孩子，不放手永遠學不會走路。

11. 員工賦能（empowerment）與授權（delegation）並不完全是一回事。員工賦能強調的是決策力指定的自主管理導向，並讓客戶獲得更好的直接服務與體驗。而員工授權則是管理者將工作分配至下屬，進一步將經理人從事無巨細的微觀管理中解放出來。

12. 完成的越多才發佈越多，而非開始越多發佈越多；效率高低不取決於開始了多少工作，而在於完成了多少；讓價值流動起來，而非讓工作多起來；要聚焦於完成，而暫緩開始。

13. 痛苦的事情反覆做，定期執行來確保系統經常正常失敗。

14. 按節奏開發，是從技術層面對業務的保障，隨選求發佈保障使用者利益的最大化。

15. 不探求實際問題，直接問解決方案。

冬哥有話說

實作是死的，人是活的，必須根據實際情況靈活處理；別人歸納的實作需要吸收、消化和提煉，最後形成自己的實作。

實作是相對靈活多變的，根據不同的企業、不同的團隊、不同的產品形態，以及不同的成熟度時期，需要靈活轉換，所依據的標準就是原則。

複雜環境下，同樣的實作做兩次，未必能獲得同樣的結果；所以在複雜環境下，沒有最佳做法只有最適合的應用；在複雜環境下，適用的實作是浮現出來的；只有透過探測，再適當地做出回應。

沒有普遍適用的實作，需要特殊情況特殊處理，決定動作有沒有走形，決定是否遵從敏捷與 DevOps，還是要看是否遵循核心的原則。

瑞‧達利歐說：「我一生中學到的重要的東西，是（過）一種以原則為基礎的生活。」每當需要做決定時，我們就應該這樣問自己：對這樣的情況，我的原則是什麼？在進行敏捷和 DevOps 決策時，也要問自己：「對這樣的情況，我遵從的 DevOps 原則是什麼？」

超越 DevOps，更要 DevSecOps

「快去拼少少 App 裡薅羊毛！」深夜 12 點，多個微信群裡開始更新畫面這樣的訊息。阿捷笑了笑，沒當一回事，畢竟自己連拼少少的 App 都沒下載過。哪知道，第二天的頭條新聞，居然就是拼少少平台因為系統漏洞被使用者「薅羊毛」，一夜之間損失 200 多億的訊息。不少使用者透過該漏洞僅花費幾毛錢即可取得 100 元無門檻優惠券，再透過優惠券去購買商場內的商品，有網友表示透過優惠券已為手機充了近 10 年的話費。

阿捷不禁想起，一周前他和趙敏登入民宿預訂平台 Airbnb，準備預定耶誕節去法國霞莫尼滑雪的住宿時，在其 iOS App 上的付款方式選擇「人民幣支付」時出現驚天的 Bug 價。訂單價為 113.42 歐元的房子，用某寶支付變成了 113.42 元人民幣，嚇得阿捷沒敢付款，生怕登入的是釣魚網站。結果第二天就有新聞報，原來是 Airbnb 訂單結算系統出現了驚天大 Bug：在開始下訂單時選擇一個幣種，最後結算時換個幣種，訂單金額的數字居然不會按照匯率變。聽說有薅羊毛的老手，猛下狠手，11 萬英鎊的房子，結算時幣種換為越南盾，最後用 Paypal 只支付了僅合 35 塊人民幣的 11 萬越南盾，就直接入住了 11 萬英鎊的豪宅。

阿捷一時興起，把頭條下方推薦的「2018 網路安全大事件盤點」開啟掃了一眼，喔！看來還真是不少！

1. CPU 晶片漏洞

   2018 年 1 月，國外某安全研究機構公佈了兩組 CPU 漏洞：MeItdown（熔斷）和 Spectre（幽靈）。由於漏洞嚴重而且影響範圍廣泛，從個人電腦、

伺服器、雲端運算機伺服器到行動端的智慧型手機，都受到這兩組硬體漏洞的影響，引發了全球的關注。

2. Facebook 深陷醜聞，千萬使用者資訊遭洩露

作為全球使用者規模最大的社交應用，臉書的 5000 萬使用者資訊被協力廠商公司 Cambridge Analytica 用於大數據分析，根據使用者的興趣特點、行為動態精準投放廣告和資訊內容，甚至被懷疑利用資料預測使用者政治傾向，成為間接影響總統大選的隱形黑手。

3. Fappening 2.0，看熱鬧背後的資訊安全問題

艾瑪・沃森（Emma Watson）和艾曼達・塞弗里德（Amanda Seyfried）等明星的私照遭大規模洩露，拉開了 Fappening 2.0 洩露的序幕。隨後，安妮・海瑟薇（Anne Hathaway）、麥莉・賽勒斯（Miley Cyrus）和克里斯汀・斯圖爾特（Kristen Stewart）等當紅女星的私照也在國外知名討論區 Reddit、Tumblr 和 Twitter 瘋傳。這些洩露主要是因為駭客透過漏洞取得許可權或利用釣魚、社工等方法造成的。

4. Equifax，大規模資料洩露造成慘痛教訓

2017 年，美國征信巨頭 Equifax 曝出資料洩漏事件，高達 1.43 億美國居民個人資訊曝露，有關姓名、社會保險號、出生日期、地址以及一些駕駛執照號碼等。

5. 區塊鏈平台 EOS 現史詩級系列高危安全性漏洞

2018 年 5 月，360 公司 Vulcan（伏爾甘）團隊發現了區塊鏈平台 EOS（Enterprise Operation System，商用作業系統）的一系列高危安全性漏洞。經驗證，其中部分漏洞可以在 EOS 節點上遠端執行任意程式，即可以透過遠端攻擊，直接控制和接管 EOS 上執行的所有節點。

看到這些，阿捷覺得後背發涼，回想起在幾年前美國駭客大會上，幾個駭客黑進某款 SUV 的車載系統，控制轉向燈、車門開關和引擎轉速與剎車的事情。

畢竟，現在的汽車工業正處於利用人工智慧進行自動駕駛的快車道上，幾乎所有的汽車操作都將由中央電腦控制，為了讓乘客能輕鬆駕駛車輛，主動避障、上下坡輔助、自我調整巡航、無鑰匙開門和自動駕駛等新功能層出不

窮，而幾乎所有的功能都由車載電腦控制。現代汽車已經從傳統出行工具變成一個移動的數位平台，成為物聯網裝置之一，其操作和安全的更新都會透過 OTA（空中傳輸技術）進行。

作為通訊企業的老兵，阿捷知道，網路安全一直是車載系統 OTA 無法回避的話題，隨著軟體升級的方式變得簡單好用，潛在的後門漏洞絲毫沒有變少，電影裡面那些駭客攻擊並不都是虛構的，偽裝軟體並遠端控制行車電腦（ECU）不是什麼難事。作為一個工業化的產品，汽車的網路安全牽扯到非常多的地方，硬體中行車電腦需要有相關的安全模組來儲存授權鑰匙，軟體中同樣也要做鑰匙的各種演算法比對（例如 HASH 演算法），同時還要保障各種 CAN（控制器區域網匯流排）訊號的安全。同樣，在最後的生產線上，還要有一個線上認證中心類別的伺服器來加密軟體。這一套龐大的鏈條，需要投入很多的人力物力，也是目前擺在 OTA 面前很大的挑戰。

若是 OTA 出現一次帶有安全隱憂的系統升級，即使是司機控制住了方向盤和剎車，也可能造成嚴重後果。對駭客而言，只要侵入系統，就可以取得他想要的各種資訊，進而控制車輛。與其他利用 OTA 的裝置不同，自動駕駛汽車更需要高安全性能的保障。一個聯網洗衣機若是出現錯誤，最嚴重的後果無非是衣服洗壞了，但汽車若是更新出錯，就可能是致命的。因此，OTA 在車輛中的安全性不允許出任何差錯，而阿捷他們最近在做的產品就是以 5G 為基礎的 Sonar 車載系統 OTA 3.0。

阿捷看過相關的調查報告，75% 的安全性漏洞發生在應用程式層，92% 已知的安全性漏洞存在於應用程式中。程式和軟體已經成為漏洞爆發的主要平台。可以說，只要程式設計是人為的，就一定會有漏洞，漏洞雖不能杜絕，卻需要降低且提前發現修復。

DevOps 所帶來的業務效率提升是毋庸置疑的，「每天十次部署」「15 分鐘從完成更新到上線」，這些已經逐漸成為業內很多企業用於評價開發和運行維護的新標準。IT 團隊被要求要快速頻繁地發佈服務。DevOps 在某種程度上成為一個推動者，因為它能夠消除開發和運行維護之間通常遇到的一些摩擦。

在發佈越來越頻繁的情況下，如何做到漏洞的提前發現和修復？如何防範軟體應用帶病上線，大幅降低漏洞的產生呢？

阿捷向趙敏説出了自己的這些疑問，看著憂心忡忡的阿捷，趙敏二話沒説，給阿捷推薦了一位專門做安全諮詢的朋友 Vincent Chen。

在了解了阿捷的困惑和疑問後，Vincent 給阿捷説明了一遍 DevSecOps 的理念與關鍵進展後，阿捷頓時有了想法。

DevSecOps 能改變安全的尷尬處境

隨著開發和運行維護角色合併為跨職能的 DevOps 團隊，組織有機會在每個階段建置安全性。軟體安全性可以並且應該在整個軟體開發生命週期（SDLC）中增加，為此新的術語 DevSecOps 也越來越獲得更多人認知。

「我們已經採用了 DevOps，因為它已經被證明透過移除開發和營運之間的阻礙來加強 IT 的績效，」（Reevess）説，「就像我們不應該在開發週期要結束時才加入營運，我們不應該在快要結束時才加入安全。」

「安全團隊從歷史上一直都被孤立於開發團隊之外，每個團隊在 IT 的不同領域都發展了很強的專業能力」，來自紅帽的安全專家 Kirsten 認為。「為了能夠做得更好，很多公司正在整合他們的團隊，專業的安全人員從產品開始設計到部署、生產，都融入到了開發團隊中，幾方都收穫了價值，每個團隊都擴充了他們的技能和基礎知識，使他們自己都成更有價值的技術人員。DevOps 做的很正確，或説 DevSecOps，加強了 IT 的安全性。他們在整個 CI/CD 管線中整合安全實作、工具和自動化來推進 DevSecOps。」

DevSecOps 身為全新的安全理念與模式，是從 DecOps 的概念延伸和演變而來，其核心理念：安全是整個 IT 團隊（包含開發、運行維護及安全團隊）每個人的責任，需要貫穿從開發到營運整個業務生命週期的每一個環節，這樣才能提供有效保障。它提醒我們，保障應用程式安全，和建立並部署應用程式到生產中一樣重要。

Garnter 的分析師大衛（David）認為，當今的 CIO 應該修改 DevOps 的定義，使之包含安全理念變成為 DevSecOps。DevSecOps 是融合了開發、安全及營運理念以建立解決方案的全新方法。其作用和意義是建立在「每個人都對安全負責」的理念之上，其目標是在不影響安全需求的情況下，快速執行安全決策，將決策傳遞至擁有最高等級環境資訊的人員。

Synopsys 委派 451 Research 對 DevSecOps 的狀態進行研究，如報告「DevSecOps 現狀與機會（DevSecOps Realities and Opportunities）」中所述，只有一半的 DevOps 團隊在其持續整合和連續部署（CI/CD）管線中包含應用程式安全測試（AST）。DevOps 團隊在 CI/CD 管線中應用安全工具和最佳安全實作時，既面臨挑戰又面臨機遇。自動化、速度、準確性和 CI/CD 整合對 DevSecOps 成功非常重要。

這說明，在開發週期中，如果安全性原則的位置太靠後，與反覆運算設計和系統發佈相協作時，它就不夠迅速。這表示，隨著 DevOps 的推進，傳統安全性原則不再是一種有效的工作模式。作為安全從業者，要想能夠提供更大價值，必須做出對應的改變，向左偏移。

關於應用程式安全測試（AST）整合到 CI/CD 管線中的理想時間，67% 的受訪者表示「當開發人員提交程式時」，44% 的受訪者表示「在程式設計時動態執行」。但真實情況是，只有 50% 在開發人員提交程式時整合 AST，而只有 38% 在程式設計時動態執行。這表示，很多公司都未能從源頭上做好安全控管，未能大幅防範漏洞的發生。

安全需要被增加到所有業務流程中，使用工具來發現缺陷，持續測試，提前發現安全問題。要達成 DevSecOps，需要進階管理層和董事會的參與，將資訊安全作為業務營運的關鍵指標，方能在競爭日益激烈的低信任環境中，證明自己公司對客戶的價值。

不只是 DevOps，更需要 DevSecOps

軟體自動化和安全公司 Sonatype 針對 2700 多名 IT 專業人士進行的關於 2017 年 DevSecOps 社群的調查資料顯示：

- IT 企業將 DevOps 做法描述為非常成熟或成熟百分比為 67%；
- 58% 的成熟 DevOps 團隊將自動化安全作為持續整合實作的一部分。

Sonatype 副總裁表示，調查為 DevSecOps 社群回饋了一些訊息，即 DevSecOps 已經發生。但也存在對 DevSecOps 懷疑或抵制的資料。調查發現一些企業仍在抵制 DevSecOps，58% 的受訪者表示，安全性抑制了 DevOps 的敏捷性。

阿捷對 DevSecOps 仔細研究了一番後，收穫還是很大的。阿捷覺得很有必要在公司內嘗試一下 DevSecOps 的實作。

要想落地 DevSecOps，公司主管資訊安全的首席安全官（Neo He）可是關鍵人物。作為 Sonar 公司初創元老之一，Neo 平時眉頭緊鎖，一副拒人於千里之外的樣子。但阿捷仍然決定硬著頭皮去找 Neo 聊聊，畢竟安全無小事，潛在問題越早解決越好。

沒想到，阿捷剛起了個頭，介紹了一些自己想在公司內部嘗試 DevSecOps 的想法，Neo 立刻就把他手下幾個安全部門的主管都叫過來旁聽，畢竟 DevSecOps 已是大勢所趨。經過一番激烈討論，阿捷和 Neo 部門的幾位主管整理出了在戴烏奧普斯公司落地 DevSecOps 的十大原則。

DevSecOps 落地的十大關鍵原則

1. 重在改善而非苛求完美

   DevOps 需要透過細小、頻繁的程式部署逐漸改善軟體。但不幸的是，許多資深的安全專業人員很難達到這種認知，且無法根據風險對軟體的安全性要求進行優先排序。

   不要讓完美成為阻礙前行的敵人。總是會有很多想做的，但是必須確定自己的最小可行產品（Minimal Viable Product，MVP）是什麼，並將其對外發佈，如此一來，才能收集到用來改善產品的回饋資訊。這是一個反覆運算的過程，這一點非常重要！

2. 以客戶為中心，業務優先

   近 60% 的 IT 專業人士認為，安全性是 DevOps 敏捷性的抑制劑。

   安全性對業務而言確實是一個問題，尤其是在市場競爭中對敏捷性越來越依賴和重視的今天。

   想要把安全和業務產出結合起來，有時就如和把油和醋混合起來一困難。因為安全專家考慮的是如何保護企業資產的安全，而業務人員關注的是如何冒險滿足客戶的需求以增加收入。這些原則性的差異會導致雙方產生相當大的摩擦。

   而以客戶為中心，可以協調業務與安全之間的關係，進一步確保制定準確、完備的安全性原則，同時也可以減少複雜性造成的風險控制障礙。此

外，安全計畫及產出可以適應客戶需求和業務產出，其中的複雜性也可以透過自動化報告進行展示。

3. 將安全人員納入跨職能團隊

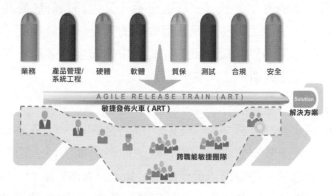

將安全人員納入到跨職能協作團隊中，才能更有效地促進合作，畢竟 DevSecOps 實作需要開發人員、運行維護人員和安全人員通力合作，目標一致，利益統一，才能站在對方的角度客觀看待問題。實際到開發人員而言，不僅需要開發技能，還需要對運行維護及安全有所了解；對運行維護人員和安全人員同樣，需要各自擴充不同領域的通用技能與知識。

安全人員想要在早期開發過程中實現保護程式的挑戰，就需要真正地了解開發過程；安全專家要想成為開發人員更好的合作夥伴，與其抱怨開發人員忘記安全性，不如找到與他們更緊密合作的方法。

4. 將安全左移

傳統的安全人員通常被視作一個守門人，在開發流程結束時，檢查所有的流程確保沒有問題，然後這個應用程式就可以投入生產了。不然就要再來一次。安全團隊以說「不」而聞名。

為什麼不把安全這個部分提到前面呢（即典型的從左到右的開發流程圖的「左邊」）？安全團隊仍然可以說「不」，但要在開發的早期說出來，這時重構的影響要遠遠小於已經完成開發並且準備上線時進行重構的影響。

這方面最常見的實作就是程式靜態分析，又也稱為靜態應用程式安全性測試 /SAST，即使用工具檢查原始程式碼的安全性，發現程式設計缺陷。在開發過程的早期識別和緩解原始程式碼中的安全性漏洞，可以幫助組織將安全在整個開發週期中「向左移」。

5. 明確界定實際安全要求

安全是一項「非功能需求」（NFR），既然是需求，就需要有明確的驗收標準（AC）。大多數安全專業人員在說明他們的期望時，通常會拋出一個非常模糊的概念，只是拋出『最佳做法』以及『NIST 標準』等要求，未能用開發人員日常工作的方式來明確界定實際要求，這自然難以收到好的效果。安全專業人員必須用開發人員的語言，描述出安全需求，還要與大家協商達成一致，得出明確的驗收標準（AC），如此才能收穫好的結果。

6. 安全視覺化

「透明、觀察、調整」是以經驗過程管理為基礎的三大支柱。只有一切透明，才能產生信任，才能進行觀察；經過觀察才能看到問題；只有看到問題，才能做出針對性的調整。對於整個生命週期裡所有階段發生的安全問題，都需要視覺化。

只有對 DevSecOps 落地的有效性進行了檢測，才能知道效果與問題。這個檢測分很多類別：一些長期的和進階別的指標，能幫助我們了解整個 DevSecOps 流程是否工作良好；一些嚴重威脅等級的警示是否立刻有人進行處理；有一些警示，例如掃描失敗是否有人修復，等等。所有這一切必須視覺化。

7. 自動化

自動化通常是 DevOps 的標示。如果你需要應對快速變化，並且不會造成破壞，你需要有可重複的過程，而且這個過程不需要太多的人工操作。實際上，自動化也是 DevSecOps 最好的切入點之一。

為了幫助開發人員避免錯誤並消除捷徑帶來的風險，SAST IDE 外掛程式透過在撰寫程式時掃描程式提供即時安全指導，而非在程式提交到版本控

制之後。透過這種方式，SAST IDE 外掛程式充當桌面安全專家：當開發人員建立可能帶來風險的程式時，它們會自動提供警示。

SAST 工具的自動化是 DevSecOps 的另一個重要組成部分，因為它可以加強程式效率和一致性，並能儘早地檢測出缺陷。

在整個軟體生命期的任何時候，發現高風險問題或漏洞時，必須中斷建置。當建置中斷時，持續整合 / 發佈管線也會中斷，通知給對應的團隊進行修復。在修復之前，不能提交任何新程式。

團隊第三個關鍵舉措是主動搜尋並測試業務資源的安全性，它有助及時發現可能會被攻擊的系統缺陷，採取主動策略保護業務資源的安全。

8. 微服務化

雖然 DevSecOps 實作適用於多種類型的應用架構，但它們對小型且鬆散耦合的元件更為有效。這些元件可以進行更新和重複使用，而且不會在應用程式的其他地方進行強制更改。目前，最好的元件形式是微服務。

但是，這種方法也帶來了一些新的安全挑戰，元件之間的互動可能會很複雜，整體攻擊面會更大，因為應用程式透過網路有了更多的切入點。

另一方面，這種類型的架構，也表示自動化的安全和監視，可以更加精細地管理應用程式的元件，因為它們不再深埋在一個單體應用程式之中，而且可以在需要時，關掉一個微服務，而不影響全域。

9. 有效管理協力廠商依賴

在現代應用程式開發過程中，很多時候，已經不需要去撰寫這個程式的大部分程式。使用開放原始碼的函數程式庫和架構就是一個很好的實例；另外，還可以從公共的雲端服務商或其他來源獲得額外的服務。許多情況下，這些額外的程式和服務比自己撰寫的要好得多。

因此，DevSecOps 需要把重點放在「軟體供應鏈」上，你是從可信的來源那裡取得你的軟體的嗎？這些軟體是最新的嗎？它們是否整合到了你為自己的程式所設定的安全流程中了？對於這些你能使用的程式和 API，你有哪些安全性原則？你使用的元件是否有可用的商業支援？

目前，沒有一套標準答案可應對所有的情況。對於概念驗證和大規模產品開發，它們可能會有所不同。但是，正如製造業長期存在的情況（DevSecOps 和製造業的發展方面有許多相似之處），供應鏈的可信是非常重要的。

10. 一切靠資料說話

　　沒有度量就沒有改進，以資料為基礎的改進才能看出效果，對於不同的價值流階段，需要定義不同的度量指標。

　　譬如對於開發，使用的度量指標和提供的報告要偏好開發效果，例如每行程式中存在的安全性漏洞數量等；對於營運，使用的度量指標可以是基礎設施和設定方面存在的缺陷和漏洞。整體而言，各種度量需要幫助各個角色排除干擾和分歧，並快速做出精準決策。

以上十大原則參考自 Gordon Haff DevSecOps 的 5 大關鍵舉措 https:// opensource. com/article/18/9/devsecops-changes-security 和 https://mp.weixin.qq.com/s/ -YkmPchetDOBsKYyn6BY8Q?（想要成為 DevSecOps 領航者？你還需要掌握這 7 大操作秘笈）。

本章重點

1. DevSecOps 身為全新的安全理念與模式，是從 DecOps 的概念延伸和演變而來的，其核心理念是：安全是整個 IT 團隊（包含開發、運行維護及安全團隊）每個人的責任，需要貫穿從開發到營運整個業務生命週期的每一個環節中。

2. 如果 DevOps 是為客戶儘快發佈高價值的軟體，那麼 DevSecOps 就表示在價值之上，增加了安全屬性。

3. 對於「安全左移」這個詞要慎重。如果簡單左移，表示安全仍然只不過是提前進行的一次性工作。在應用程式的整個生命週期裡，從供應鏈到開發，再到測試，直到上線部署，安全都需要進行大量的自動化處理，安全需要貫穿整個開發生命週期（SDLC）。

4. DevSecOps 落地十大原則：
   - 重在改善而非苛求完美；
   - 以客戶為中心，業務優先；
   - 將安全專員納入跨職能團隊；
   - 將安全左移；

- 明確界定實際安全要求；
- 安全視覺化；
- 自動化；
- 微服務化；
- 有效管理協力廠商依賴；
- 一切靠資料說話。

冬哥有話說

傳統企業轉型 DevOps 的最大阻礙常常是符合規範與安全要求。事實上，將安全植入日常的工作中，DevSecOps 是最佳選擇。

雲端運算是一把雙刃劍。雲端運算提供了諸多好處，包含加強可用性、靈活性、可管理性和可擴充性；但也要看到雲的負面影響，單一錯誤、監管失誤或計算錯誤都會導致一場徹底的災難。

傳統的資訊安全是由獨立於開發與運行維護的團隊獨立執行，就像《鳳凰專案》一書中的 CISO 首席資訊安全官約翰，幾乎成了所有人的絆腳石。但事實上，約翰是個關鍵人物，他的蛻變非常精彩，我相信如果拍成電影，他後來出現的造型一定很吸引眼光。也剛好是他大醉之後的醒悟，決定和比爾一起去拜訪 CFO 迪克，對故事情節的轉變造成了關鍵作用。

這也預示著早在這本書出版的 2012 年，Gene Kim（吉恩‧金）已然意識到 Security（安全）在 DevOps 裡的作用。而同為全球 DevOps 四大天王的 John Willis（約翰‧威利斯），已經學習 DevOpsDays，組織了 DevSecOpsDays。

各個企業正在改變其安全支出戰略，從僅注重防禦轉而更加關心探測和回應速度。全球資訊安全支出近千億美金，而對應的人才及技能卻嚴重失衡。典型的技術組織中，開發、運行維護和資訊安全工程師的比例是 100：10：1。當資訊安全人員較少，資訊安全活動自動化程度較低時，唯一能做的，就是像約翰一樣，進行符合規範性檢查，這事實上與安全工程的目的相悖，而且讓所有人都討厭，同時嚴重影響了發佈效率。

如和測試與運行維護人員在 DevOps 中一，安全人員也應該儘早地參與到團隊協作中，將安全整合到需求分析過程、開發測試過程、整合與部署過程、發佈與上線過程中。

- 安全工程師應該在需求階段，就提出與安全相關的 NFR 非功能性需求；應該參與到日常的站會，反覆運算示範會以及反覆運算回顧會議中。一旦出現與安全相關的缺陷和漏洞，應該進行記錄，嚴重的應該進行不指責的事後分析。
- 在持續整合中，將白盒靜態安全檢查、黑盒動態安全模擬攻擊等，整合入測試集；針對使用者身份驗證、許可權控制、密碼管理、資料加密、資料庫安全、金鑰、DDOS 攻擊、SQL 指令稿植入等典型的安全隱憂，進行重點的檢測。諸如 Sonatype 等工具，內建了大量的安全相關規則。
- 除了靜態檢查和動態分析，還需要對應用依賴的元件包與函數庫進行掃描，可以利用諸如 Blackduck 等工具執行。尤其是目前企業開發中會應用大量的開放原始碼元件，在享用開放原始碼帶來便利性的同時，安全與授權都是需要格外注意的。
- 二進位套件的一致性檢查，建立唯一可信源，這無論是企業內部，還是對於甲方而言，都是必不可少的。
- 系統與網路安全，更是長久以來黑白兩道必爭之處，依然需要加強。

綜上所述，安全措施分為人和技術兩種，包含：建立安全意識、在產品設計中全部融入安全考慮、採取災難恢復演習、使用 DevOps 方法，以及基礎設施運行維護、數位化基礎設施、產品的安全發佈等。最後目標是同時滿足安全性、可用性與靈活性的挑戰。

技術層出不窮，道高一尺，魔高一丈，強調安全的同時，不能因噎廢食，真正高效能的組織，應該在兼顧安全性的同時，保障業務的敏捷性；這需要依靠組建全功能團隊，跨團隊的協作，建立學習型組織，建置高效的工程卓越能力，提升人員的學習積極性、產生力與創造力等。

Jesse Robbins（吉西‧羅賓斯）說：「做正確的事，等著被開除」，其核心就是建置 DevOps 的價值觀，遵循 DevOps 的原則，以開放的心態，去不斷嘗試 DevOps 實作。」

42

化繭成蝶，打造極致用戶體驗

歷經千辛萬苦，Sonar 車聯網中最重要的 OTA V3.0 終於按時上線了！在經歷了灰階發佈的前 24 個小時，系統功能表現平穩，阿捷他們本以為可以舒一口氣，好好休整一下。誰知道第 2 天傍晚就爆了一個讓阿捷他們完全沒有想到的大雷！

事情是這樣的。一位 Sonar 車主駕車在長安街行駛時，車輛顯示 OTA 3.0 系統升級，這位車主想都沒想，直接把車掛在 P 檔，點擊了螢幕中 OTA 升級按鍵。霎時間，車內全黑，車停在了長安街主路的中間。在 1 個多小時的 OTA 升級過程中，全車斷電，車窗也無法搖下，更不要說其他的操作。要知道，這可是北京的長安街。不一會，就有交警過來問詢。因為車輛長時間停在長安街上，不僅直接影響到交通，還隱藏了重大安全隱憂。

第二天 Sonar 中國客服中心 400 的電話就被打爆了，客服電子郵件也塞滿了各種體驗問題的郵件，頭條、微博、微信、推特上更是充滿了各種關於使用者體驗的吐槽。不得已，Sonar 的 CEO 艾瑞克在推特上三連發，表示對忠實使用者的歉意。

Sonar OTA 3.0 系統居然以一種意想不到的方式輕鬆上了頭條！

艾瑞克的推文在外人看起來，緊張異常；但在內部，他既沒有召集人開會，也沒有發佈任何公告郵件。阿捷及所有參與 OTA 3.0 開發的人員都為此感到格外鬱悶。雖然已經採取了緊急補救措施，修復了關鍵問題，但影響卻是再也抹不去了。連續一周，阿捷都是輾轉反側，無法入眠，做慣了 B 端軟體的他，沒想到 C 端居然這麼難，任何一點問題，都有可能演化成一場災難。

其實，跟大多數人一樣，阿捷忽略了整個社會經濟大環境的變遷，全球已經跑步進入體驗經濟時代。這個時代，我們解決的不再是「有和無的問題」，而是「好與壞的問題」，我們不再以電子郵件發出去為樂趣，以即時通訊能聯繫到對方感到欣喜，每個人更在乎在這個過程當中個人的一種感受。功能不再是最重要的，更重要的是與使用者產生情感層面的連接，讓使用者更開心。

體驗經濟到底是什麼呢？

體驗經濟是以服務作為舞台，以商品作為道具來使顧客融入其中的社會演進階段。體驗經濟追求的最大目標是消費和生產的個性化。在體驗經濟中，企業需要向顧客呈現難忘的事件，而顧客的記憶本身就是企業所提供的產品，體驗。對體驗進行收費將成為企業創造附加值的一種自然方式。

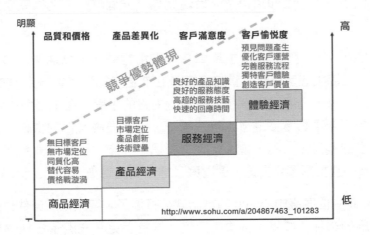

體驗經濟具備以下特性。

■ 差異性，消費者需求各不相同，只有能提供個性化產品和服務的企業才能勝出。

■ 感官性，圍繞身體五官感受，設計體驗細節。

■ 延伸性，為「客戶的客戶」增加價值。

■ 記憶性，讓消費者留下深刻美好的回憶是體驗經濟的結果性特徵。

■ 參與性，消費者可以參與到供給的各個環節之中，記憶也會更深，也更有參與感。

■ 關係性，企業需要與消費者形成夥伴關係，實現長期雙贏。

實際上，早在十幾年前，《體驗經濟》的作者就論述了作為價值主張的體驗與企業商業的關係。書中明確指出：「對什麼進行收費，你就是什麼類型的公司。」

- 如果對初級產品收費，則你就是產品企業。
- 如果你對有形產品收費，則你就是商品企業。
- 如果你對你的行動收費，則你是服務企業。
- 如果你對你和顧客相處的時間收費，則你就是體驗企業。

行動網際網路的爆發，使得體驗經濟時代下的遊戲規則也發生了巨變。企業不再是商業舞台的主角，已經從站在前排的主要演員變成了導演，從台前退到了後台，它的使命是營造舞台、架設舞台，為大家寫好整個劇本。這個劇本的主角換成了我們的使用者，使用者變成了新商業模式下的主要表演者和承擔者。我們看到大量的社會化行銷案例，都是粉絲在表演，很少看到企業本身。

這時候，企業的各種產品及服務都變成了道具。企業的使命就是寫劇本，做好道具，讓使用者來玩，這是使用者體驗思維上的一種轉變。

趙敏雖然身在國外，但從媒體上很快看到了關於整件事件的報導。她第一時間給阿捷打了電話，好好安慰了一下，承諾會找相關的資料，幫他系統性解決問題，並在週六上午飛回了北京。

「小敏，你說，我是不是應該找個專業的美工？再加強一下測試？同時透過灰階發佈控制一下影響的範圍，就可以解決使用者體驗的問題？」

「阿捷，我們來系統看一下使用者體驗問題吧！這事不是你想的這麼簡單。」趙敏拿起一張紙，在上面畫了三個圓圈。

有用
易用
美觀

「使用者體驗可以從三個層級來看，最裡面的是有用，這表示能夠解決使用者問題，是從功能性來講的；接下來是好用，是從互動流程上來講的，能夠讓使用者快速完成工作；第三層是美觀，就是要賞心悦目。」

「怎麼定義有用與好用？美觀還好了解。」

「有用是從功能的角度來講的。功能分為兩種：一種叫軟性功能，另一種叫硬性功能。説穿了先有硬性功能，再有軟性功能。什麼叫硬性功能呢？是指這個產品沒有這個功能就用不起來了，這個叫硬性功能。以瀏覽器為例，比如説輸入網址，能夠跳躍到對應的頁面，對應的頁面能夠正確的顯示，頁面裡面的連節點進去可以去到新的地方，這些稱為硬性功能。沒有這些的話，整個瀏覽器的功能就已經故障了。」

「嗯！不管 IE 還是 Chrome，任何瀏覽器都是這樣的。」

「與之對應的就是軟性功能，比如説瀏覽器裡面的我的最愛、截圖等等都可以視為軟性功能。軟性功能是什麼？沒有這些東西好像我透過其他方式也能夠搞定，比如説沒有我的最愛，我重新建一個文件，把我常用的連結複製到文件裡，什麼時候需要了，隨時可以開啟呼叫，這叫軟性功能。」

「了解。」阿捷點了點頭。

「我們今天所處的這個時代，已經過了產品功能有或無的時代了，今天所有的產品其實都在解決好與壞的問題。所以光有功能是不夠的，還必須解決便利性問題。」

「便利性有沒有比較客觀的標準？」

「我查了一下，目前只有老尼爾森先生的 LEMErS 使用者體驗 5 要素最為貼切。分別是指易學、效率、易記、容錯和滿意度。」趙敏在電腦中把一頁 PPT 找出來給阿捷看。

6. 尼爾森作為使用者體驗先驅, 提出的使用者體驗5要素LEMErS是?

- 易學 (Learnability)
  第一次使用這個功能時, 使用者能否很容易完成基本任務?
- 高效 (Efficiency)
  一旦使用者學會了這個功能, 他們能否很快完成任務?
- 易記 (Memorability)
  如果有一段時間不使用這個程式, 再重新使用這個功能時, 使用者能否很快
  恢復到原來的使用水準?
- 糾錯 (Errors)
  使用者會犯多少錯誤?這些錯誤的嚴重程度如何?使用者能否很容易地糾正錯誤?
- 滿意度 (Satisfaction)
  使用這個功能時, 使用者的愉快程度如何?

阿捷轉過電腦螢幕仔細看著，拿起趙敏畫的三個圈說:「你這三個層次我完全認同，所以我們這次是想先專注在有用上；等我們把可用性解決之後，再去讓它變得好用，最後再考慮美觀。只是還沒等我們最佳化呢，就先暴雷了。」阿捷一臉委屈。

「雖然我是按照從內到外的順序來畫的，但卻不能這麼落地！現在已經進入了體驗經濟時代，不再是缺乏經濟時代。過去人們沒得選擇，現在可以對標、選擇的產品太多了，必須三個維度都滿足使用者才行。所以，你得像切西瓜那樣，每次發佈的產品必須是有用的、好用的，而且還得美觀才行！」

「哎哎呀！你說的有道理，早點問你好了。」

「亡羊補牢，現在也不晚！我們需要系統的解決方案，而非你說的那樣找個美工，多做做測試就行的。你看有用，誰最應該負責？」

「應該是產品經理？要是我們敏捷團隊的話，就是產品負責人（PO）了。」

「沒錯！那好用呢？美觀呢？」

「美觀應該是美工，我們沒有美工，所以出了問題；好用的話，應該是開發人員吧。」

「便利性，需要有互動工程師的協助，配合開發人員一起完成！所以從這一點上來看，你現在的團隊缺乏互動工程師、美工工程師，還缺專門的前端工程師。你們現有團隊的人以前都是拿到一個需求，就一條龍做下來，那是因為你們之前做的電信監控系統介面少、互動少，所以要求不高。現在看來，你們這群人只能算是後端工程師了。產品特性不一樣，對團隊的跨職能要求也

不一樣。以此，我建議你專門補充這三方面為基礎的人員，組成一個單獨的 UED 團隊，作為各個敏捷職能團隊的共用資源。」

「遵旨！還有嗎？」

「這件事情，你得讓所有人都重視起來，因為體驗絕對不是一兩個角色的責任，是需要所有人共同努力，才能達成的。另外，落地時，需要從戰略、範圍、結構、架構與表現五個層次上著力。」

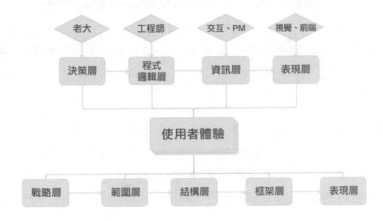

「啊？這五層又是怎麼個劃分？」

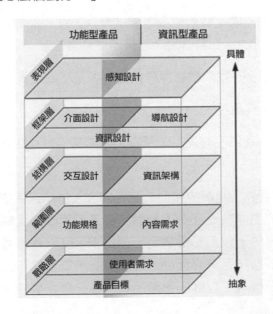

「從上往下看，表現層是視覺細節化，與外在的美觀相關；架構層確定的是實際表達，與產品的介面表現相關；結構層確定各種特性和功能的組合方式，通常表現的是互動邏輯；範圍層定義產品功能及內容需求；戰略層是從巨觀上定義企業與使用者對產品的期望和目標。」

「哦，聽起來還是有點虛，實際每一層落地的時候，都有什麼方法或工具嗎？」

「那必須要有，要不然我們諮詢師怎麼混飯吃。」趙敏輕輕笑了笑，「戰略層第一步最重要的是做關係人分析，找出核心關鍵使用者，這可以用【服務生態圖】或【產業價值流圖】；第二步是對核心使用者進行研究，辨別真偽需求，這裡你需要參考【客戶深度訪談策略與架構】；第三步是針對之前的研究結果產生洞察，細分定位、了解目標使用者，這可以用【人物誌與移情圖】；最後要做使用者場景分析，找出使用者在真實場景下（When & Where & Who & Why & How）的訴求（4W1H），這裡可以用【分鏡指令稿 / 使用者典型的一天】。」

「嗯，這些工具與方法我們在幾個月前做設計衝刺的時候，都有用到！看來各種工具與方法都是相通的。」

「沒錯！就是因為你們之前搞了設計衝刺，對使用者洞察做得很好，所有這次在產品功能設計的可用性上，沒有出什麼紕漏。」

「那範圍層呢？又該怎麼做？」

「這裡面最重要的是決定產品範圍，決定優先順序。第一個工具就是莫斯科準則！」

「莫斯科準則？」

「這是一種優先順序排序法，Mo-S-Co-W，是四個優先等級的字首的縮寫，再加上 o 以使單字能夠發音：莫斯科。Must have：必須有。如果不包含，則產品不可行。Must Have 的功能，通常就是最小可行產品（MVP）的功能，例如微信的聊天、通訊錄和朋友圈。」

「MVP 在精實創業的架構裡面有提到，那另外三個是什麼意思？」

「Should have：應該有。這些功能很重要，但不是必需的。雖然『應該有』的要求與『必須有』一樣重要，但它們通常可以用另一種方式來代替，去滿足客戶要求。

Could have：可以有。這些要求是客戶期望的，但不是必需的。可以加強使用者體驗，或加強客戶滿意度。如果時間充足，資源允許，通常會包含這些功能。但如果交貨時間緊張，通常現階段不做，可挪到下一階段做。

Won't have：這次不會有。不重要、最低回報專案，或在當下是不適合的要求。不會被計畫到目前發佈計畫中。」

「哦，有什麼實際案例嗎？」阿捷追問道。

「微信、支付寶和滴滴，這些產品現在的功能很多，但最初它們是靠著簡單的核心功能（Must have）開啟市場的。例如微信的語音資訊、朋友圈，支付寶免費轉帳、付款，滴滴的坐計程車功能。後來，增加的功能才越來越多，但我們最常用的，還是那些最初的功能，正是最初的 Must have 功能吸引了使用者，滿足了使用者的需求，培養了使用者。」

「嗯，這就是先做最重要的，小步快跑，逐步反覆運算。」阿捷長出了一口氣，「那第二個工具是什麼？」

「卡諾（KANO）模型！這個模型是一個叫狩野紀昭的日本學者提出的。卡諾就是這個日本學者姓氏的羅馬音。卡諾最初是一種產品品質管制理論，在網際網路產品設計中，也常被用來判斷產品需求。下圖中 X 軸表示滿足使用者需求的充足度；Y 軸表示使用者滿意度。卡諾模型可將產品品質屬性分為五種，其中必備屬性、期望屬性以及魅力屬性為研究使用者需求時的主要探討內容。通常需要在確保必備屬性存在的基礎上，儘量增加期望屬性和魅力屬性，減少無差別屬性的功能，杜絕反向屬性的功能。」

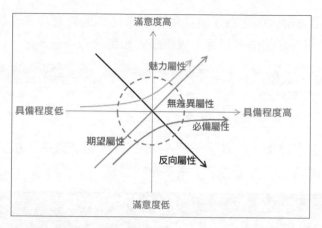

「舉個實例唄！這個圖太抽象啦。」

功能屬性	定義	有他時	沒他時	功能舉例
魅力屬性	使用者意想不到的超出期望的功能	滿意度大幅提升	沒啥影響	手機一分鐘充滿電
期望屬性	使用者已知的好功能，越多越好	滿意度會提升	滿意度會降低	手機電池容量越多越好 (續航)
必備屬性	一個產品最基本最核心的功能	無太大影響	滿意度大幅降低	手機能上網連 Wifi
無差異屬性	對使用者來說非常無關緊要的功能	無太大影響	無太大影響	手機有收音機功
反向屬性	與使用者需求相反的功能	滿意度降低	滿意度提升	手機發熱

趙敏拋出一個表。

「以手機為例。你看『一分鐘充滿電』這個功能，有它時滿意度大幅升，沒它時也沒什麼影響，因為你大不了充個把小時也充滿了。這個功能呢，基本就屬於使用者意想不到的超出預期的功能，一旦手機具備這個，那一定是超級吸引人的，這就是『魅力屬性』。」

「再看『手機 Wi-Fi 上網』，在現在的智慧機領域，沒有這個功能滿意度大幅降低，已經屬於手機的必備功能。但要是在 10 年前的功能機時代，這個功能就屬於魅力屬性啦！所以，功能的屬性會隨著時間不斷變化、遷移。同樣，『手機發熱』是誰都不喜歡的功能，就屬於『反向屬性』，這樣的功能絕對不能有。」

「哇！這個區分方式真的很有道理啊！可怎麼落地呢？不能就靠這麼分析吧。」

「在實際做使用者研究時，為了解使用者對某功能的滿意度，卡諾模型問卷中通常包含正向和反向的兩個題目，實際形式和選項以下表。」

	很喜歡	理所當然	無所謂	勉強接受	很討厭
具備此功能時，您如何評價？	●	●	●	●	●
不具備此功能時，您如何評價？	●	●	●	●	●

「待使用者做出選擇後，就有了一個 5×5 矩陣，根據查表，很容易就能判斷出一個功能到底屬於什麼屬性了，是不是很容易？」

(正向問題) 具備此功能時		(負向問題) 不具備此功能時				
		很喜歡	理所當然	無所謂	勉強接受	很討厭
	很喜歡	可疑結果	魅力屬性	魅力屬性	魅力屬性	期望屬性
	理所當然	反向屬性	無差別屬性	無差別屬性	無差別屬性	必備屬性
	無所謂	反向屬性	無差別屬性	無差別屬性	無差別屬性	必備屬性
	勉強接受	反向屬性	無差別屬性	無差別屬性	無差別屬性	必備屬性
	很討厭	反向屬性	反向屬性	反向屬性	反向屬性	可疑結果

「強！！！」阿捷興奮地伸出大拇指做了個按讚手勢。

趙敏假裝很不屑的樣子，瞟了一眼阿捷：「範圍層就簡單給你介紹這兩個工具吧。我們再來看看結構層，如何最佳化產品互動設計，合理組織功能，讓產品好用。這層可以使用『卡片分類』這個使用者體驗研究方法。」

「怎麼玩？」阿捷又來勁兒了。

「簡單講呢，就是產品設計人員先根據自己覺得合理的規則，把每個功能寫在單獨的卡片上，然後讓使用者進行主題分組，排定先後邏輯順序，界定幾級頁面。這個方法能找出目標受眾是如何了解產品設計的，產品描述是否容易了解，使用者將如何使用該產品。這樣，我們就可以利用使用者的領域知識來重新設計產品的資訊架構，進一步創造出滿足使用者預期的資訊組織形式。」

「嗯，這個回頭我們可以試試！那剩下的兩層呢？」

「架構層與表現層的落地，需要專業的人來做，你先應徵 UED 團隊，讓他們定義出 UX 互動設計的一些準則來，參照執行即可。」

「OK！」阿捷再次舉起剪刀手，做出勝利的姿勢，「把這些都落地，我們的使

用者體驗一定沒問題嘍！」

「停！停！」趙敏把阿捷的剪刀手摁住，「你呀！給點陽光就燦爛！這些都是最最基礎的工作，只做這些是不夠的！」

「哦？」

「體驗提升，一定要覆蓋體驗前、體驗中、體驗後的點對點的行程閉環，持續改進才行。所謂閉環，就是要根據使用者回饋，進行針對性的改進。」

趙敏向阿捷展示了下面這張圖。

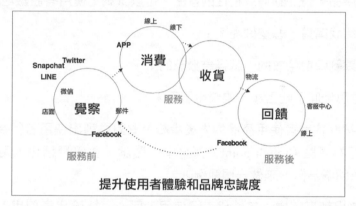

提升使用者體驗和品牌忠誠度

「學生這回全明白啦！感謝趙老師！」阿捷躬身做了一輯，轉身要走。

「先等會，別走。我問你，你知道使用者實際是哪個環節容易出問題？使用者端當機有什麼上下文？多少人使用了新功能？多少人沒有升級到新版本？使用者最常用的功能有哪些？使用者完成一個常見工作，回應時間是多久？……是不是都答不上來呀？！」

阿捷不好意思地抓了抓頭。

「體驗提升，一定要資料驅動。根據資料回饋做針對性的改進，改進是否成功要靠資料比較，進一步形成回饋閉環。所以你們應該在開發功能的時候，就要設計埋點方案，進行埋點；這樣一上線或灰階發佈的時候，就能根據資料獲得結果。當然，在正式上線之前，還要做一次『可用性測試』，把好是否上線發佈的最後一關；這個可用性測試一定要拿真實使用者來做，不需要很多使用者，典型使用者 8 ～ 12 人即可達到目的。」

「對！我們這次發佈前要是拿真實使用者做了可用性測試，或許可以避免這麼大的風波！」阿捷有些懊悔。

「世上沒有後悔藥，不用考慮已經發生的事情了！關鍵是要從中吸取教訓。對了，我還得再強調一點，體驗問題越早發現，修復成本越低。建議在原型的設計階段，就要做原型走查、評審。」

「這麼做基本就系統化啦！但有沒有什麼方式可以迅速發現體驗問題，找到改進點？畢竟我們系統化落地，還需要時間。」

「針對已有產品，偏互動偏流程性的產品，可以試試『使用者體驗地圖』」

「好啊！快給我講講，怎麼做呢？」

「你呀！一聽到短期見效的，就猴急猴急的！」

阿捷不好意思地吐了吐舌頭，趕緊坐了下來。

「第一步，按照使用者使用產品的先後步驟，點對點列出使用者行為流程；注意，每個行為觸點（touch point）都是中性動詞，要儘量細化，用詞精準乾淨。我們以網購為例，來做一個範例吧。

第二步，畫出情感座標；笑臉代表讓使用者開心，哭臉代表使用者傷心，中間是中性。」

「第三步，針對每一個步驟，分析對應步驟的問題點與驚喜點，把『問題』和『驚喜』放到對應觸點的情感座標上。」

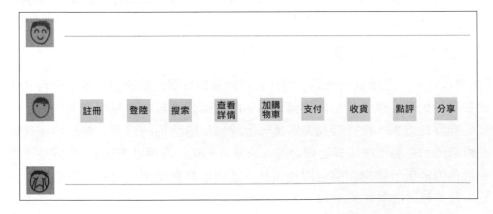

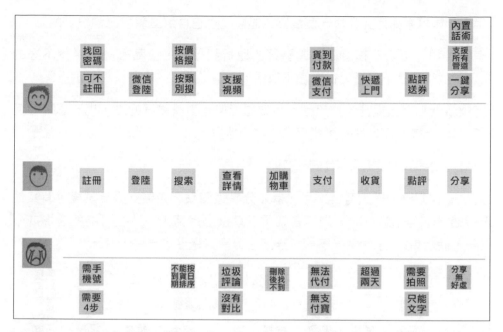

「第四步，根據『問題』和『驚喜』的數量和重要性，理性判斷每個觸點的情感高低，並連線形成情感曲線。」

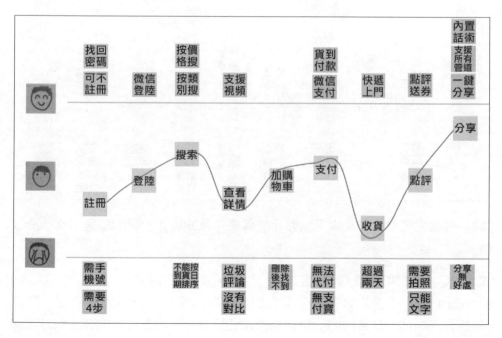

「第五步，思考如何提升每一個觸點的體驗，也包含那些體驗已經很好的點。」

「有點意思，還真不複雜！那體驗好的還折騰什麼，重點去提升體驗不好的點，不就得了？」阿捷覺得有點不對頭。

「將體驗低點有效提升，這只是應該做的！但是對體驗好的點，也要思考如何提升，因為這些點是最有可能打造爆點的地方。」

「有道理！那我們提升點寫在哪裡呢？」

「直接貼在對應的觸點旁邊即可。譬如分享這個點，如果支援分享後，有其他人透過分享連結購買呢，分享者就可以直接返還傭金，這裡可能就會形成引爆點，體驗更好。」趙敏一邊説，一邊在分享旁邊貼了一張卡片。

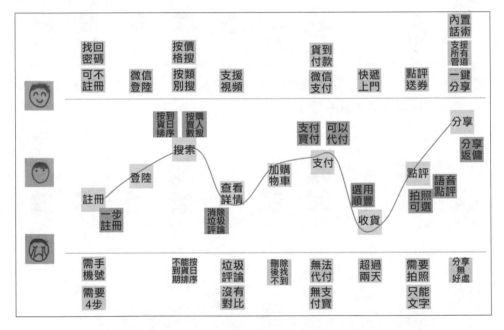

「嗯！這個方式倒是簡單實用！有什麼需要注意的嗎？」阿捷總是這樣小心謹慎。

「2002 年諾貝爾經濟學獎獲獎者，心理學家丹尼爾·卡納曼（Daniel Kahneman）經過深入研究，發現我們對體驗的記憶由兩個因素決定：高峰（無論是正向的還是負向的）時與結束時的感覺，這就是峰終定律（Peak-End

Rule）。這條定律以我們潛意識歸納體驗為基礎的特點：我們對一項事物的體驗之後，所能記住的就只是在峰與終時的體驗，而在過程中好與不好體驗的比例、好與不好體驗的時間長短，對記憶差不多沒有影響。高峰之後，終點出現得越迅速，這件事留給我們的印象越深刻。而這裡的『峰』與『終』其實就是所謂的『關鍵時刻 MOT』（Moment of Truth），所以，最簡單的體驗提升方式就是要設計一個使用者體驗流程，在終點時達到最高峰，而且要迅速結束，不要拖泥帶水。」

「說得有點繞啊！」阿捷不好意思地抓抓頭。

「舉個實例。你參加了一個旅行團，一路體驗都很好，但是，行程即將結束的時候在機場把行李給丟了，整個行程不管有多少亮點，給你帶來過多少快樂、你拍了多少照片、你對這趟旅行的體驗都會是非常糟糕的。這就是我們經常講的，在體驗產業裡，6-1 不是等於 5，6-1 的結果就是 0。這回能了解嗎？」

「這回了解啦！趙老師！」

「這是最簡單的體驗地圖製作方式，很容易了解，也很容易製作。其實，體驗地圖遠遠不止這些。還有更複雜的五線譜玩法，就先不給你講了。」

「好的。我下周就帶大家走一次使用者體驗地圖，先改善目前版本的體驗問題。另外，我再整理一下整體流程，把你講的，都納入整個產品發佈流程中去。回頭請老婆大人給過目一下！」

阿捷陪趙敏吃完飯，先安排趙敏去睡覺調整時差；然後迫不及待地拿起筆記型電腦，跑到樓下的麥當勞，系統地整理如何把使用者體驗納入整個產品發佈過程中，從根本上預防體驗問題。阿捷發現，使用者體驗這個知識領域，是被自己完全忽略的關鍵維度，這裡面的理論同樣博大精深。但無論如何，儘早發現問題，遵循精實原則，走精實使用者體驗提升之路，才是正途。

除了趙敏提到的關鍵舉措外，阿捷決定定期舉辦「不指責的 UX 問題歸納分享會」，建立使用者體驗案例函數庫；同時建立一個「內部產品使用者體驗牆」，讓大家把發現的任何體驗問題貼出來，樹立全員的使用者體驗意識；再定期搞搞「Fix It Friday」，即在每月最後一個週五，用一個下午的時間，以駭客馬拉松的方式，快速修復關鍵體驗問題。

三個月過後，阿捷先後透過獵頭挖來了一個專職美工、兩個前端開發、一個互動，外加一位使用者研究員，組建起來了完整的 UED 團隊，大幅提升產品的便利性和美觀性，完成了一次從土雞到鳳凰的蛻變。

11 月份，針對 OTA 系統，阿捷他們專門做了一次 NPS（淨推薦值）研究，這次居然獲得了 86 的高分。要知道，根據業界標準，一般 30 分屬於及格，50 分就是很好，達到 70 分就已經是優異。

耶誕節，美國總部快遞來了一件特殊的禮物：一件「三隻袖子的毛衣」，要求掛在戴烏奧普斯的辦公室內，恭喜阿捷他們「首戰告捷」。後來阿捷得知，艾瑞克非常讚賞阿捷團隊沒有被負面的回饋所影響，反而從失敗中吸取教訓，透過改進提升了產品品質，更大幅提升了使用者體驗度。為表彰這種打不死的小強精神，專門去 Etsy 搞來的！

本章重點

1. Mo-S-Co-W，是四個優先等級的字首的縮寫，再加上母音 O 以使單字能夠發音。
   - Must have：必須有；
   - Should have：應該有；
   - Could have：可以有；
   - Won't have：這次不會有。

2. MoSCoW 方法如何用？先列出所有的功能，然後按照一定的規則，分為必須有，應該有，可以有，這次不會有四種。

3. 卡諾模型可將產品品質屬性分為五種，其中必備屬性，期望屬性以及魅力屬性為研究使用者需求時的主要探討內容。我們通常需要在確保必備屬性的功能存在的基礎上，儘量增加期望屬性和魅力屬性的功能，減少無差別屬性的功能，杜絕反向屬性的功能。

4. 使用者體驗地圖是以使用者的角度來檢查體驗過程，照顧到使用者的情感需求，以視覺化的方式協助團隊精準鎖定產品引發強烈情緒反應的時刻，找到最適合重新設計與改進的地圖節點。

5. 卡片分類法使用者體驗研究的過程。
   - 選取一系列主題。其中應當包含 40 ～ 80 項代表網站 /APP 主要內容的事物。把每個主題寫在單獨的索引卡片上。
   - 讓使用者把主題分組。把卡片順序打亂並交給參與者，讓參與者每次只檢視一張卡片，並把它歸到一種的卡片放到卡堆裡。
   - 讓使用者給每個組命名。一旦參與者滿意地把所有卡片都分好組，就給她一張空白卡片並要她寫下她所產生的每個組的名字。這一步會揭示使用者對於主題範圍的思維模型。
   - 對使用者進行詢問。（這一步是可選的，但是我們強烈建議做這步。）讓使用者解釋自己產生這些組的原因。還可以問這些問題：
     - 有沒有什麼事項很容易或是難以分類？
     - 有沒有什麼事項似乎屬於兩個或更多個組？
     - 對那些沒法分類的事項有什麼想法嗎？等等。

- 如果有需要的話，讓使用者列出更具有實際意義的大小的組。
- 對於 15-20 使用者重複進行次測試。
- 分析資料。一旦你掌握了所有資料，那就去找詳細的種類，類別名稱或是主題，並且找出經常被分類到一起的事項。

6. 「不指責的 UX 問題歸納分享會」，指的是重大使用者體驗問題發生時，進行歸納分析，分析不是為了追責，而是讓團隊集體反思，避免二次犯錯。團隊內歸納分享完，可以把過程與結果分享給部門其他人員避免犯類似的錯誤，進一步轉化為整個組織的學習與改進。

7. 複雜的五線譜使用者體驗地圖，需要先分析使用者體驗流程的階段、觸點、使用者實際的行為、痛點，最後才是對應的改進機會。

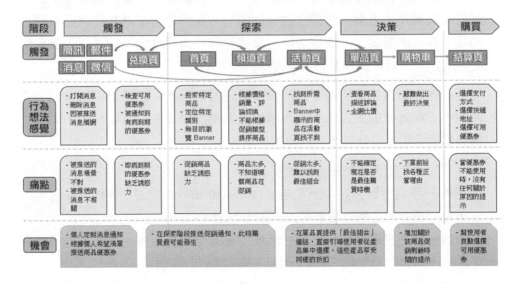

極限製造

阿捷團隊在車聯網 OTA 專案上獲得的成功，不僅在市場為客戶所認知，也使戴烏奧普斯公司在汽車企業和科技圈中聲名遠揚；更是讓作為大股東的 Sonar 公司刮目相看，Sonar 公司的 CEO 艾瑞克做出決定，全資收購戴烏奧普斯公司，作為優質資產放入 Sonar 在納斯達克的上市公司中。為了把 Agile 公司所佔有的股份完全買斷，收購的溢價談判進行得有些艱難，但好在最後還是達成了。

其實，對於艾瑞克而言，技術雖然重要，但他更看重的是戴烏奧普斯的「人」及「研發模式」。這些不是透過簡單的人才應徵就能迅速建立起來的，畢竟一個高績效團隊的架設是需要很長的磨合過程，能夠透過併購的方式，快速取得一個高戰鬥力的群眾，是企業最快速、經濟的擴張方式。

訊息傳來，阿捷和團隊成員歡呼雀躍，不僅是因為每個人都可以獲得一筆價格不菲的 Sonar 股票，更重要的是自己的努力獲得了最大的認可與尊重。Sonar 公司的創新精神，開放的文化，必將為戴烏奧普斯公司帶來更大的提升，而阿捷他們可以心無旁騖地專注於產品。

彼得・杜拉克說過，管理知識工作者，最重要的就是「釋放知識工作者的內在動機」，給他們尊重，為他們授權，聆聽他們的心聲，讓他們自由的創新，這才是企業發展的原動力。

很快，阿捷的團隊就收到了第一份挑戰，把敏捷和 DevOps 等實作引用到汽車硬體生產領域。參與到 Sonar 公司的下一代電動車的生產製造中。對很多敏捷團隊來說，最大的挑戰之一就是在每一個 Sprint 結束時，建立一個真正的潛

在可發佈的產品增量（PSPI），希望從中盡可能多的獲得回饋和學習。對於軟體產品而言，這已經不是什麼難題，阿捷他們已經能夠做到「按節奏開發，隨選要發佈」，發佈的節奏遠遠大於反覆運算的速度。但像汽車生產，這種在硬體設計的技術上非常複雜的專案，該怎麼辦？如何在一周或兩周的時間內發佈一個 PSPI？

針對軟體開發的工程實作，以極限程式設計和 DevOps 為代表，如測試驅動開發、結對程式設計、持續整合、自動化測試、持續部署、持續發佈、持續監控，再加上 Scrum、Kanban 等管理實作，這些軟體開發的範圍，阿捷他們統統不在話下，但面對硬體這些複雜的有形產品時，又該怎麼辦？如何調整？

阿捷真是頭大了。

阿捷晚上提前下班回家，親自下廚，做了四樣小菜：油燜大蝦、西芹百合、清蒸鱸魚、小土豆牛肉，還額外做了一份酸辣湯，這些都是趙敏最喜歡的，阿捷還特意開了一瓶紅酒。

趙敏看著一桌子的菜肴，先是每樣都嘗了幾口，稱讚了阿捷幾句，然後就把筷子放在桌子上，「老實交代，臭小子，今天又有什麼話題，你這是無利不起早呀。」

阿捷舉起酒杯，跟趙敏碰了一下：「哪裡哪裡，告訴你一個好消息，我們被 Sonar 私有化這事塵埃落定，我們的三居夢指日可待，來乾一杯！」

「嗯！這倒是一個好消息！祝賀你！！」阿敏看著身邊這個像個孩子一樣單純的男人。「那接下來，你們會做什麼呢？」

「我們要去做 Sonar 的下一代電動概念車！」阿捷滿臉的興奮，「不過，這次我們要用敏捷的方式，我正為這個事情發愁呢，軟體我是沒問題的，硬體敏捷我是聽都沒聽過啊，你給我支支招，聖賢老婆大人！」

「我就說嘛，你做飯一定是有什麼目的的。」趙敏抿了一口紅酒。「我給你講一個關於 WIKISPEED 的開放原始碼汽車的故事吧！」

2008 年，一個叫 Joe Justice 的軟體工程師，與社群裡的一些人應邀參加了一個叫「X 大獎賽」（X-Prize）的挑戰，製造一輛每加侖汽油能跑 100 英哩

的符合道路法的汽車。儘管時間很短，幾乎沒有預算，還是吸引了世界各地 100 多家的競爭者參與，面對獎項委員會不斷變化的要求，喬他們製造的 WIKISPEED 進入了主流等級的第 10 名。如今，WIKISPEED 正在銷售原型。Joe 不僅製造出一款偉大的汽車，他還開發了一種用敏捷創造實體產品的方法。

作為一名軟體開發人員，Joe 可謂一個「敏捷土著」（Agile Native），他使用過像 Scrum 和極限程式設計這樣的方法，他的工程實作快速地來自他的軟體經驗。WIKISPEED 製造方法正在全世界引起各公司的關注，如波音和約翰迪爾（John Deere）等公司的高管曾經如此評價他們：「我們的技術比你們的複雜，但是你們的文化領先我們一光年！」

Joe Justice 後來把他們在 WIKISPEED 專案中的工作過程，歸納為極限製造（Extreme Manufacturing），極限製造強調一種快速建立硬體產品並將改進快速整合到現有產品中的能力。他歸納了一套用於硬體敏捷的原則。瑞士蘇黎世的認證 Scrum 教育訓練師 Peter Stevens（彼得·史蒂文斯），在其 2013 年 6 月發表的文章「極限製造簡介」（Extreme Manufacturing Explained）中發佈了這些原則：

- 為改變而最佳化；
- 物件導向的模組化系統架構；
- 測試驅動開發；
- 契約優先設計；
- 反覆運算設計；
- 敏捷硬體設計模式；
- 持續整合；
- 持續部署；
- 規模化模式；
- 合作夥伴模式。

當然，這些原則和模式並不代表敏捷應用在硬體製造領域的最後智慧，這是一個還在進行中的工作，以此為基礎，可以幫助我們發現更好的製造方法。

1. 為改變而最佳化

對於傳統汽車製造商而言，如果工程師提出一個建立安全車門的方法會發生什麼？這個新車門能被立即部署實現嗎？不，生產這個門需要一個沖壓機和一個訂製的模具，它們的總花費超過 1000 萬美金。在新車門正式被允許裝配之前，這些花費必須被先行攤銷。鑑於高昂的成本，這款更好的車門可能需要 10 年甚至更長時間才能投入生產。你可以看到，因為需要攤銷巨額投資，對緩慢增量變化的汽車業而言，影響是長期的。

WIKISPEED 卻可以每 7 天更新一次他們的設計。他們使用了價值流圖等工具，不僅可以減少生產產品的差異，或最佳化生產流程，其首要目標是要降低變更的成本。他們使用一個新的設計時，並不比使用現有設計多花費多少，如果他們現在有方法去建造一個安全車門，他們下周就可以開始使用了。

擁抱和回應變化是敏捷製造的核心價值觀和原則（參見敏捷宣言和宣言後的原則）。透過採用這個「為改變而最佳化」的原則，你將朝著成為一個敏捷組織邁出一大步。

2. 物件導向的模組化系統架構

直到 20 世紀 80 年代，軟體企業中的程式開發還是以過程模型為基礎的，它導致了極其複雜、不可維護的解決方案。程式上一個小小的改動，通常需要改變整個程式。

這種「緊密耦合」在汽車的設計中仍然很普遍。改變懸吊需要更換底盤，甚至需要對其他部分進行更改，並最後影響到整車的設計。

今天，軟體開發者使用「資訊隱藏」和「物件導向設計」模式來建立鬆散耦合、高度模組化的解決方案，你可以更改登入過程，而無須修改系統中的其他部分。

對於 X-Prize 競賽，很多競爭者都放棄了，為什麼呢？由於報名參賽人數許多，競賽組織者最初計畫在城市街道上舉行一次比賽來確定總冠軍，後來改成東海岸到西海岸的汽車拉力賽，最後他們決定進行一場非常嚴格的封閉式賽道的競賽。每種驗收方案對懸吊提出了差別很大的要求，這些變化給那些無法迅速接受改變的團隊帶來了極大的挑戰。

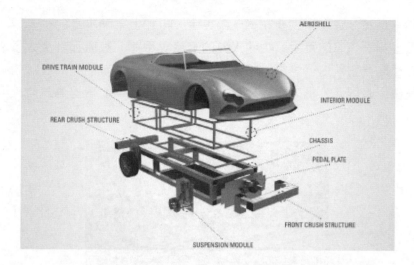

WIKISPEED 汽車被設計成 8 個模組,每個模組之間有簡單的介面。WIKISPEED 可以快速切換懸吊系統而不必對整車大動干戈。WIKISPEED 還可以應用其他相關模式,譬如繼承和程式重用,來形成自己獨特的優勢。

擁抱變化是敏捷價值觀的核心。迅速適應變化的能力,表示 WIKISPEED 在 X-Prize 競賽中比其他參賽者可以做得更好,這些參賽者在退出競賽前甚至都沒有製造出一輛汽車。

如何實現一個物件導向的模組化系統架構呢?接下來的兩個原則:「測試驅動開發」和「契約優先設計」將幫到你。

3. 測試驅動開發

Joe 開始製造汽車前,首先建立了一個用於預測燃油經濟性的模型。他定義了超過 100 個眾所皆知的隨時用到的參數,如重量、阻力係數、引擎功率和輪胎尺寸等。以這些參數,他可以在幾個百分點為基礎的誤差範圍內預測汽車的 EPA 燃油經濟性。

有了這個模型,他可以計算出 WIKISPEED 參賽者必須具備的特性,以實現不僅能每加侖跑 100 邁,而且還能達到高階跑車的效能。

WIKISPEED 團隊希望根據 NHTSA 和 IIHS 的標準,實現五星級的防撞特性。這些標準指定了多種條件下的影響,以評估汽車的防撞效能。這些防撞

測試非常昂貴，每次測試要花費一萬美金，再加上車輛本身的生產成本、運輸和處置測試汽車的費用、相關人員的差旅費用等，數值那就更大了。當每次變更都需要重新進行測試時，他們怎麼做到每週更新他們的設計的呢？第一步是使用有限元分析來模擬碰撞，當他們確信汽車能透過測試時，再進行真正的測試。

Wikispeed 側面碰撞測試

上圖中可以看出可以看出，顯然他們沒有成功測試，但這不是這次測試的目的，他們想透過測試獲得真實的碰撞資料，以便在他們的模擬測試中建立更好的碰撞模型。他們以實際為基礎的碰撞資料來更新模擬測試。經過多次反覆運算之後，他們的模擬模擬測試已經非常優秀了，現在權威機構已經接受他們的模擬測試結果來代替實際的測試。由於他們能做到幾乎完全自動化的測試，他們可以每週進行模擬碰撞測試。

如何落地的呢？他們每設計一個新的元件時。

1. 建立一個預期透過的測試，可以是非常進階別的測試，如排放測試或碰撞標準，當然，也可以是更多元件等級的。如果有可能就進行自動化測試（或為測試建立一個自動化的替代機制），因為這樣可以減少未來因為設計變更需要重複測試的成本。
2. 建立能使測試成功的最簡單設計。
3. 反覆運算設計，逐步改進，直到產品變得更有價值。

在軟體開發中，這個過程也被稱作「紅 - 綠 - 重構」。為了實現某個功能，首先建立一個立即失敗的測試（「變紅燈」），再執行功能使其透過測試（變綠燈），然後改善設計以獲得更好的可維護性等，這稱為「重構」。

4. 契約優先設計

WIKISPEED 汽車最初的設計方案是，它應該包含八個模組：車身、底盤、引擎、懸吊和內飾等。還沒有開始設計獨立的元件之前，WIKISPEED 團隊就已經設計了這些模組之間的介面。喬不知道他的汽車會用到什麼樣的懸吊，但是他可以定義出懸吊的外部參數和邊界條件。對懸吊研究後，喬發現如果懸吊裝置可以承受 8 個單位壓力，即使是用於一級方程式賽車，它也能滿足必要的需求。於是團隊確定了一個適當大小的可以承受這種負荷的鋁塊，可以連接在這種鋁塊上的任意懸吊，都可以用於 WIKISPEED 汽車而無須改變汽車的其他部分。

Wikispeed 懸吊

如何落地呢？每當設計一個解決方案時，都要考慮以下因素。

- 基於外部參數設計介面，例如：負載係數、通訊和功率要求。
- 只預先架構設計連接部分，而非單一元件。
- 預留成長空間，即過度設計這些介面，因為改變這些基礎的契約，未來可能會很昂貴。
- 採用包裝模式（Wrapper pattern），以確保設計與任何元件供應商設計之間的獨立性。

5. 反覆運算設計

對於準備採用 Scrum 的硬體或嵌入式專案，經常被問到的問題就是「我們怎樣才能在每一個 Sprint 中完成工作？因為做一塊硬體所花的時間比一次反覆運算時間還要長！」的確，與軟體開發相比，硬體開發需要採取不同的觀點來對待反覆運算和反覆運算執行。

當 WIKISPEED 的工程師第一次在車體內部工作時，他們意識到缺乏緊急制動器減緩了他們的進度。制動器搖桿在座椅中間，接近變速桿以及座椅和安全帶的接點上。因為沒有人知道緊急制動器搖桿是什麼樣的，他們不願意承諾這些相關元件的設計決策。

後來，緊急制動器 0.01 版本的解決方案是：一個卡板箱，上面寫著「緊急煞車搖桿將裝在這個盒子裡。」這個功能設計讓團隊在其他鄰近套件的開發上繼續前進了，當然沒有人幻想這個卡板箱真的能將車固定住。

當進行硬體開發時，我們應該反覆運算設計。

步驟 1. 建立一個未來能讓設計透過的測試。

步驟 2. 建立最簡單的設計，使測試成功。

步驟 3. 改進這個設計，使之更加實用或更加精美。

步驟 4. 重複這個「反覆運算設計」過程，不斷改進這個元件，直到改進不再是最有價值的工作。

在緊急制動器 v0.01 版本中，接受度測試是「工程師有信心設計周圍的套件嗎？」這個卡板箱是滿足這個測試要求的。其他套件的設計有更高的價值，因此他們會一直使用這個卡板箱，直到其他套件完成。

當敏捷方法應用到軟體開發上時，每一個反覆運算應產生潛在的發佈功能；當應用到硬體時，就不太可能實現了。在獲得一個滿意的設計之前，你可能需要多次反覆運算一個特定元件。從 WIKISPEED 建置者角度來看，那些後續的反覆運算包含「一個能將汽車固定合格的緊急制動器」和「一個在汽車行駛時不會產生阻力的緊急制動器」。

你可能還需要反覆運算接受度測試，尤其是當你努力實現測試自動化時。WIKISPEED 進行一個真實的碰撞測試前，他們完成了大量有限元模擬。這些模擬很便宜而且可重複，因為它們需要花費的只是電腦的時間。模擬之後，他們會進行一個真實的碰撞測試，如果碰撞產生的結果與他們模擬的不同，他們就反覆運算模擬測試，他們使用真實的碰撞資料來改進他們的模擬測試。最後，他們的模擬變得完全接近真實情況，他們就不再需要那些昂貴的實體測試了。

6. 敏捷硬體設計模式

模式是一個簡單的方式，能表示已知問題和解決方案的隱性知識。克里斯多夫·亞歷山大（Christopher Alexander）在建築領域開創了模式，軟體開發者後來採納了這一想法，在電腦領域用以溝通特定的解決方案。WIKISPEED 定義了許多模式來幫助更進一步地設計硬體，範例如下。

- Wrapper 封裝，使用封裝將協力廠商的元件調整到合約中。如果你把供應商的介面寫進合約，無論是產品還是供應商做出任何改變，都可能導致你重新設計介面，將會是一項昂貴的損耗。
- Facade 門面，使用門面，相當於引用了使用簡單介面的多個連接器，任何時候，多條電纜（譬如資料線或電源線）都需要裝配到同一位置。
- Singleton 單體，每一個元件都需要電源線、資料線和接地線。設計一個新元件時，每個工程師首先要建立的都是電源、資料和接地匯流排。單體模式，對每一個基礎元件而言，都有且僅有一個在用。如果你需要一個電源 - 資料 - 接地匯流排，那就使用我們的！

當然，有些時候，模式是有代價的。封裝模式替 WIKISPEED 汽車增加了 8 公斤的重量，舉例來説，在底盤和懸吊中間外加一個鋁板。

使用設計模式導致重量額外增加，值得嗎？值得！因為這些模式允許 WIKISPEED 團隊：透過持續最佳化，減少了汽車數百磅的重量，同時可以達到低成本地應對不斷變化的懸吊要求。

7. 持續整合

WIKISPEED 團隊成員來自 20 多個不同的國家。他們是如何生產了一個有凝聚力的、特點突出的產品呢？答案有兩個：一個是工程實作，另一個是規模化。

在工程層面，極限製造採用持續整合（CI）執行他們的測試套件（參見原則 3）；持續部署（參見原則 8）確保了產品建立和產品製造之間的緊密協作，因此可以實現一個產品改進不超過 7 天的目標。

持續整合（CI）確保了測試套件需要盡可能的自動化，因此團隊成員每次發佈一個設計更新時，一個覆蓋範圍更大的測試套件就會自動執行。

每次一個團隊成員上傳一個新的 3D 繪圖到 DropBox，Box.net 和 Windows SkyDrive 時，WIKISPEED 都會執行測試。WIKISPEED 可以使用 FEA（有限元分析）軟體套件（如 LS Dyna 或 AMPStech 等）來模擬碰撞測試和壓力測試。WIKISPEED 還可以使用電腦流體動力學（CFD）來模擬氣流、空氣動力學、流體流動、熱量交換和電傳播。

每當出現一個新的 CAD 時，這些測試就會自動執行，並形成一頁紙的紅燈和綠燈清單報告。綠燈代表測試版本與目前版本相同或比目前的更好，或通過了該部分或模組的顯性測試。

透過這種方式，來自世界各地的團隊成員就可以同時對每個模組進行改進，並提供與眾不同的想法。根據版本記錄，很容易知道哪一個是目前最好的，即通過了全部測試或有最多綠燈測試那個。

WIKISPEED 的測試包含促成簡化和達成低成本目標的測試，還有使用者的人體工程學，可維護性，可製造性和所屬模組的介面一致性。

8. 持續部署

極限製造需要在 7 天或更短的時間內，將想法變成可發佈的工作產品或服務。怎樣才能在這樣短的時限內，產生一個新的設計呢？

讓我們來看一下傳統公司是如何解決產品的創新問題的：傳統的汽車製造商設計一個新的變速器時，他們會建立一個新工廠。首先是與各政府機關協商獲得最佳的條件，如取得廠房建設許可道路、電力和稅收優惠條件等等。然後他們開始興建設施，就職並訓練員工，設定生產線。經過多年的準備後，他們的客戶才能訂購一個可發佈的產品。

如何將發佈週期從多年的發佈週期壓縮到一個星期呢？

這個原則有關到使大規模生產線具備靈活性，這樣就可以在 7 天的反覆運算週期內，生產不同的產品。這些產品可能是現有產品，改良產品或是全新的產品。

實現這種操作上的靈活性，需要對原型機做加法或減法，或兩者兼而有之，一些機器或精實細胞單元被放置在可鎖定的腳輪上，根據反覆運算目標推入

或推出工作主流程。團隊在每日晨會後重新設定機器。這就表示，測試裝置總是被連接到生產線各個階段的安燈拉繩上。（安燈拉繩的目的是當發生任何錯誤時，立刻會收到通知）

研發必須屬於第一線。如果新產品設計團隊在大規模生產線的「聽力」範圍內，就會發生雙向溝通；如果研發團隊能把每個 Sprint 都部署到生產線上，就需要雙方團隊一起工作，設定生產線來測試和製造新產品。隨著跨職能技能的增長，研發團隊和製造團隊之間的分隔都會消失，這樣就很容易產生跨職能的產品團隊。雖然每個人各具專業性，例如焊接認證等，但可以讓他們在產品生產流程的各方面協作，從創意到使用者發佈和支援，進行結對工作，進一步產生協作。

如果你只有 7 天時間去建立一個新產品，你準備如何創造一個真實的市場化的產品呢？參見極限製造原則 5：反覆運算設計。目標是在一周內建立第一個版本，然後反覆運算這個設計根據需要改進它。使用中間結果從客戶、使用者和其他利益相關人那裡獲得回饋。早期設計可能會很龐大和笨重，因為是使用現有的元件堆成的，但當多次反覆運算設計並從中取得回饋後，一定會實現最後的目標。

對於服務，故事完全類似。理想的服務提供者是一項新服務的進階行銷人員和創新者，在一個 Sprint 週期內，他們與客戶互動來改進服務，並且將改進的服務提供給客戶。

9. 規模化模式

增加團隊時，以 Scrum 的方式進行規模化。透過產品負責人（PO）、Scrum Master 或團隊成員進行協調，實際形式取決於所有關問題的範圍。

當多個團隊在同一模組上工作時，他們各自擁有自己的子模組，這需要更好的契約優先設計，在建立這些團隊前，先為子模組建立介面。舉例來說，在引擎模組內部有燃油系統模組、引擎電子模組和排氣系統模組。每一個模組都有一個鬆散耦合的介面，可以將其與其他模組連接起來，並能清晰地測試其價值和技術優勢。

WIKISPEED 增加團隊時，第一個設計決策是建立產品的基本架構。對他們而言，一輛汽車的主要模組有：引擎、車身、傳動系統、駕駛艙等，他們之間的介面是什麼呢？一旦定義了模組並建立了模組間的連接關係（參見 XM 原則 4：契約優先設計），就可以在介面的每一側建立子團隊來開發這個模組。

如果人力資源允許，從速度和品質指標來看，如果該模組增加更多的團隊將加強速度和品質，那麼就設定多個團隊在該模組中平行工作。

每個團隊都擁有自己的整合和測試，在團隊模組增量透過所有測試之前，團隊的工作就沒有真正「完成」（Done）。這些測試包含模組介面的一致性測試，以確保沒有引用其他的額外連接。

在極限製造的 Scrum of Scrums 架構中，每個團隊由 4 到 5 人組成，包含一個產品負責人（PO）和一個 ScrumMaster。每個產品負責人負責從投資組合產品待辦事項清單中拉取故事，必要的時候，為團隊澄清每個故事要發佈的客戶可見價值和淨現值。

這種澄清來自首席產品負責人（CPO），他負責對投資組合產品待辦事項清單進行不斷排序和細化。從薪酬或經驗方面講，CPO 可以不是一個進階角色，它只是一個簡單職務，只需為團隊準備好待辦事項列表，回答問題，對投資專案小組合產品待辦事項清單項目的客戶可見價值列出最清晰的解釋即可。理想情況下，CPO 也可以是客戶，即為代辦事項要產生的產品或服務付費的人。

在每個團隊，每一個 Scrum Master 負責提升團隊發佈速度，即每個 Sprint 中持續發佈的工作量。可持續性，表示團隊感到開心，並且所有已完成的工作都滿足「完成定義」（DoD）的品質要求。Scrum Master 在這裡還有另外一項工作，即與其他團隊的 Scrum Maser 合作，協調跨團隊的工作空間、生產工具和模組介面等共用資源。

透過這種方式，一個 5 人團隊就對如何解決最常見類型的阻礙有了明確的分工：缺乏清晰性由產品負責人處理，缺少待辦事項清單由產品負責人處理，缺乏對團隊發佈趨勢，品質等的可見性問題，自然由 Scrum Master 解決，還有資源約束和跨團隊協調也由 Scrum Master 解決。

10. 合作夥伴模式

發佈通常會依賴於協力廠商供應商，但他們通常不能在一個 Sprint 中發佈一個滿足我們新標準的新產品。那麼他們如何才能在不到 7 天的時間裡，將一個想法轉變成一個能交到客戶手裡的新產品或服務呢？

WIKISPEED 首先設計一個封裝（wrapper），通常是一塊鋁碟，上面有預先定義好的螺栓樣式，圍繞協力廠商供應商的部分建立一個已知的「介面」，即使協力廠商的套件改變了，該介面也不需要改變。您會看到這裡應用了物件導向模組化系統架構和原則和契約優先設計兩個原則，然後透過敏捷硬體設計模式原則實現加速。

一旦協力廠商套件被封裝在一個已知的介面中，你就能夠以非常低的成本在供應商、內部原型或批次套件之間反覆運算，唯一的邊際成本是更換封裝本身。

為了加快供應商的速度，要求他們發佈一組特定的效能特徵，而非工程標準。「你們有適合 100 馬力馬達的傳動裝置嗎？」，而非「這是我們的變速器設計，你能製造嗎？」你為什麼要等上幾個月，等供應商按照你的規格製造裝置，不一定他們在產品目錄或庫存中已經有裝置滿足了你的需求。

許多工程師能夠快速設計出他們自己的解決方案，當設計團隊也是批量生產團隊時，這種工作模式對整個組織有益。但是在一些生產被外套件的情況下，發送一個價值和測試清單給外包供應商，而非發送一個工程標準，將會給供應商提供最大的創新空間。這樣可以讓供應商做他們最擅長的部分，這也是為什麼你要先與他們建立合作夥伴關係的原因。WIKISPEED 團隊發現他們可以更快地獲得更高品質的套件，這通常是從供應商現有的庫存中獲得的。

「哇噢！」阿捷對喬的神奇故事豔羨不已，「太猛啦！！居然真的可以把 Scrum、XP、DevOps 擴充到硬體生產領域，而且也是造汽車！」

「是的！所謂極限，就是相比較傳統的做事方式，在每個實作、每個方法、每種理念，做到極限，做到最好。敏捷的重點就是要把事情做到極致，這其實也表示永無止境！」趙敏意味深長地歸納。

「一起加油！老婆大人，乾杯！」

Joe 的故事與勇敢嘗試的歷程，著實鼓舞了阿捷，再次觸發起了他的昂揚鬥志。是呀，人生難得幾回搏，此時不搏待何時！

本章重點

1. 管理知識工作者，最重要的是「釋放知識工作者的內在動機」，給他們尊重，為他們授權，聆聽他們的心聲，讓他們自由的創新，這才是企業發展的原動力。

2. 知識工作者的薪酬悖論。
   - 如果企業不能支付足額薪酬，員工就不能被激勵。低薪酬是員工動力下降的原因之一。
   - 如果達到了一個臨界點，薪酬就不是一個長期的激勵因素了，這個臨界點就是知識自由和自我價值的實現。

3. 驅動人們努力做好工作的三大驅動力：
   - Autonomy（自治），自我主導、自我驅動帶來的參與感；
   - Mastery（匠藝），追求極致；
   - Purpose（目的），願意做有價值、有意義的事情；

4. 極限製造（Extreme Manufacturing）的 10 大原則：
   - 為改變而最佳化；
   - 物件導向的模組化系統架構；
   - 測試驅動開發；
   - 契約優先設計；
   - 反覆運算設計；
   - 敏捷硬體設計模式；
   - 持續整合；
   - 持續部署；
   - 規模化模式；
   - 合作夥伴模式。

5. 極限（Extreme）相對傳統的做事方式，在每個實作、每個方法、每種理念，做到極限、都要做到最好。敏捷的重點就是要把事情做到極致。

冬哥有話說

低風險的試錯

純軟體的開發、測試環境相對容易建置，並且測試即使失敗，通常也不會造成過於嚴重的問題；而有關到硬體和嵌入式環境的開發，模擬模擬環境則常常會成為整個研發過程的瓶頸。

追溯人類的歷史，飛機的設計和實驗過程，危險係數與失敗的風險，要遠遠超過軟體的實驗環境，甚至是軟、硬體結合的環境。

我們都知道，美國萊特兄弟發明瞭世界上第一架試飛成功的飛機。可世界上第一個飛行器是誰發明的？是我們都熟知的藝術巨匠達文西。1483 年到 1486 年間，達文西繪製了一幅飛行器草圖。

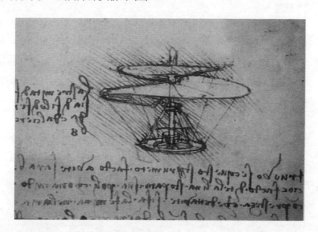

自達文西之後，有無數人嘗試製造飛行器，卻都與成功失之交臂。萊特兄弟之所以能夠成功，最大的原因是採用了風洞。世界上第一個風洞是由英國人 Frank H.Wenham（弗蘭克‧H. 溫漢姆）在 1861 年到 1971 年建成的，主要是為了測量物體與空氣的相對運動。而真正讓風洞名聲大噪的，便是萊特兄弟在 1901 年前後建造的，對飛機飛行測試服務的風洞。

1901 年萊特兄弟為了實驗和改進機翼，建造了風洞並在風洞中研究與比較了 200 多種的機翼形狀，到 1902 年秋，已經累積了上千次滑翔經驗，掌握了飛行的理論與技術。1903 年，萊特兄弟成功地實現了人類的第一次飛行，開闢了航空事業的新時代。

風洞已是當今空氣動力學研究和試驗中廣泛使用的工具，新型飛行器都必須經過風洞實驗。風洞可模擬不同的流速和不同的密度，甚至不同的溫度，測試各種飛行器在不同氣流條件中的真實飛行狀態。因為風洞的可控制性、可重複性，現今風洞也廣泛應用於汽車空氣動力學和風工程的測試。

可控性、低風險的實驗，在軟、硬體一體化的研發中也是必不可少的。實驗的目的，是為了取得回饋。我們都知道，回饋越快越早越好。WIKISPEED 的實例中，根據 NHTSA 和 IIHS 的標準實現五星級的防撞特性。這些標準設定了多種條件下的影響，以評估汽車的防撞效能。這些防撞測試非常昂貴，每次測試要花費一萬美金，再加上車輛本身的生產成本、運輸和處置測試汽車的費用、相關人員的差旅費用等，數值那就更大了。如果真的每次都進行防撞測試，不僅 WIKISPEED 無法接受，就算是財大氣粗如特斯拉，也無法承受。而 WIKISPEED 採用的模擬模擬測試，就是在低成本、可控的前提下，有效取得回饋的方式。

低風險的試錯，如同我們前面講過透過功能開關、藍、綠部署等，來提供低風險的發佈，都是透過技術的方式來有效支援業務的低風險試錯。

極限程式設計中的人性表現

所謂極限，就是將常識性的原理和實作用到極致。Kent Beck 在《解析極限程式設計》一書中，提到了極限程式設計實作。

- 如果程式評審是好的，那麼我們會始終評審程式。
- 如果測試是好的，那麼所有人都應該進行測試，甚至包含使用者。
- 如果設計是好的，那麼我們應該把它當作日常交易的一部分。
- 如果簡單是好的，那麼我們會始終將系統保持為支援目前功能的最簡單的設計。
- 如果系統結構重要，那麼所有人都將不斷進行定義和增強系統結構。
- 如果整合測試重要，那麼我們將在一天中多次整合並測試。
- 如果反覆運算短些好，那麼我們將使反覆運算時間縮短為秒、分鐘或小時，而非周、月或年。

Kent Beck 早在 1999 年提出的極限程式設計理念，直到現在依然擲地有聲，並且行之有效。技術圈總是喜歡追逐潮流，喜歡一窩蜂地追求最新的概念。請記住技術永遠不是第一位的，最新的未必是最合適的，永遠追逐最新的技術，常常喪失了自我的思考和技術的累積。前面也說過老馬（Martin Fowler）對 CI 的定義和建議，從 2006 年至今，居然未曾被修改過。即使到現在，又有幾個人敢拍著胸脯說，真正能把 CI 這些實作做到了。Jez Humble 在《持續發佈》一書中所描述的原則與實作，又有多少人真正能夠做到？與其去追逐最新的概念與技術，不如踏踏實實學習經典，扎紮實實地把手頭的事情做好。

當極限程式設計遇到硬體製造所碰撞出的火化，就是極限製造。極限製造，大量參考了極限程式設計的理念。有意思的是，軟體工程系統，從傳統製造汲取和參考了大量的實作，現今已開始了對製造業的反哺。軟體改變世界，如今已經沒有一個企業敢說可以脫離開軟體而獨立存在，製造業也早就是機械＋電子＋軟體的機電軟一體化模式。

極限程式設計的理念，人們常常詬病說太過極端，這裡面存在對它的誤解。極限程式設計事實上最強調符合人性，在富足心態下，創造出特有的效率，克服缺乏心理造成的浪費。如果你有足夠的時間，你將如何程式設計？你將

撰寫測試，你會在學到一些東西以後重構你的系統，你會與程式設計師同事或客戶進行大量討論。

極限程式設計是順從人類的本能，而非逆向。人們喜歡溝通，喜歡勝利，喜歡成為團隊的一部分，喜歡學習，喜歡掌控交易，喜歡受到信任，喜歡出色地完成工作，喜歡軟體發揮作用。極限程式設計將這些人性，發揮到了極致。

要程式設計，是因為如果你不程式設計，就什麼也沒做；要測試，是因為如果你不測試，就不知道程式設計何時完成；要傾聽，是因為如果你不傾聽，就不知道為什麼程式設計，要測試什麼；要設計，是為了能夠不斷地進行程式設計、測試和傾聽。這就是軟體開發中的人性表現。

44

無敵的戴烏奧普斯

慵懶的下午，後海「人來人往」酒吧的閣樓上，阿捷跟大鬍子 Gordon 博士正興高采烈地聊著。Gordon 這次從蘇格蘭到中國旅行，專門約了阿捷見面。

「我們公司是在 2013 年成立的，最初只有 10 個員工，目前差不多有 3000 人，一半以上都是產品研發人員，主營業務是車聯網。有 5 大產品線，12 個事業部，人員增長了幾十倍，業務以每年 150% 的增長率發展。但我們的發佈節奏卻越來越慢。去年這時候，平均還是 2～3 個月才能發一版，客戶在抱怨、供應商在抱怨，內部業務、產品、研發、運行維護、營運等各部門之間，各種會議輪車輪大戰，各種標記注重要、緊急的郵件滿天飛，每次快發版了，不斷地有 VP（副總裁）提出重要需求，打斷團隊的開發節奏，導致繼續延誤，所有人都在罵娘……」講到這裡，Gordon 博士一臉的痛苦！

「哦，聽起來真的令人同情！可你們又是如何做到現在平均每天發佈 100 多次的呢？快告訴我們發生了什麼？」阿捷回憶起 Gordon 博士之前的一條推文。

聽阿捷驚訝於 100 次的發佈，Gordon 一臉的興奮。「其實，我們先後引用了敏捷 Scrum、引用了看板，又引用了持續整合 CI、自動化測試、自動化部署。這些方法都有著很好的作用，但是依然沒有最後實現快速的、可持續的、穩定的、高品質的持續發佈目標。」

阿捷沒有插話，滿懷期待地看著 Gordon。

「後來，我算是想明白啦，最核心的還是目標設定與績效管理問題，我相信你們國內的 BATJ 都沒做到我這樣。」

「哦，你做了什麼？所有的敏捷方法與 DevOps 架構，在績效管理這塊，基本都還是空白。」

「目前，在我們戴烏奧普斯，所有人員都只能拿一半薪水，但是員工們依然熱情高昂，每天晚上都需要我趕他們下班，他們才不得不離開。有幾次，我把他們趕走後，居然有人又偷偷地摸了回來，繼續加班！害得我，只好用大鎖鎖住大門，才勉強遏制住了加班。要知道，在過去的幾年，戴烏奧普斯也有加班，而且還發加班費或換休，但大家都沒有現在這麼主動延長工作時間！」

「喔！這到底是怎麼回事？」阿捷一臉的迷惑。

「在戴烏奧普斯，我將發薪水的節奏與產品上線進行了綁定，每上線一次，就發一次薪水，如果一直不上線的，就一直不發薪水！」

看著阿捷張大的嘴巴，Gordon 一臉的得意。

「以前產品上線發佈，經常是 3 個月或半年的節奏，產品、開發、運行維護經常互相指責，互相拆台。自從上線與發薪水綁定後，他們很快就協作起來，打破了職能流水線豎井，將發佈日期縮減到了一個月，2 周，再到 1 周，再到 1 天，現在是幾乎每小時都有新功能上線。現在都是一鍵上線，即點一個按鈕，就完成了上線，上線後會自動驗證，一旦遇到問題會自動回復，上線成功後會有持續監控，即時展示各種業務資料。每一次上線成功，我們辦公室裡面的簡訊提示聲就會此起彼伏！知道是什麼嗎？那可是銀行卡薪水入帳的通知啊。」

「你夠狠！這都能想出來！居然就這樣輕鬆讓團隊具備了持續發佈能力。」阿捷已經被 Gordon 的做法震撼到了。「加強了頻次，又如何保障是有真實內容的上線？不是為了上線而上線。」

「我們引用了以費氏為基礎的相對故事點估算法，獎金的額度跟每次上線的故事點掛鉤！」

「可是這種估算，時間一長，團隊會不由自主地往大了估的，而且，每個團隊的估算標準也不一樣的！」對於這裡面的坑，阿捷還是很清楚的。

「嗯，是的，我是對故事點做了歸一化，即一個點相當於一個人一天的工量。

作雖然這麼做有些粗暴，但是真沒更好法子。」明顯看出，Gordon 對此耿耿於懷。「不過，我們把每個團隊都設定成特性團隊，一條產品線的多個特性團隊，每兩周找一天一起做故事估算，各個團隊先認領一批故事，進行拆解和估算。這時候大家是沒必要故意往大了估算的，一個是群眾壓力，另外就是每個團隊做的估算不一定該團隊自己能做，因為我們會在各個團隊做完估算後，由各個團隊輪流搶工作。」

「強！這麼做實際上非常巧妙地度量了發佈的吞吐量！」阿捷禁不住給 Gordon 點了個讚！「那加強了頻次，也能保障每次上線是真的有業務價值要發佈？但又該如何保障發佈品質呢？」

「為了確保品質，每發生一次線上事故，根據嚴重程度，就扣回對應額度的獎金。現在每個團隊的每個人，在上線前都在認真的測試，其實他們在需求分析、程式撰寫階段就已經在考慮如何測試了，不僅清晰定義了 DoR（就緒標準）、DoD（完成標準），那些 TDD（測試驅動開發）、BDD（行為驅動開發）、ATDD（接受度測試驅動）等實作，全都用了起來，很多公司強調的全面品質管制都只是儀在口號而已，但在我們戴烏奧普斯，內建品質不再是口號，已經真的落地嘍。我們也還會有工程效率改進人員，協助度量各個團隊的內部過程品質，譬如曼哈頓積分、缺陷密度、缺陷修復速度等。當然，我們在上線品質這塊度量的是上線失敗率（Fail Rate）、線上事故個數和事故的嚴重程度。」

「其實，我覺得出現事故是不可避免的，還要看團隊修復的速度吧。」阿捷覺得這麼簡單粗暴的度量，一定也有問題，一直不建議企業這麼做。

「你說的沒錯，所以我還考慮了 MTTR，也是故障平均恢復時間。」

「嗯！如何保障你們上線的內容就是客戶所需要的？」

「我們外向型的度量指標包含客戶上鉤指數、客戶上癮指數、客戶尖叫指數、NPS（淨推薦值）、客訴數量等，這裡千萬不要用內向型的指標，如程式行數、故事點數、內部發現的缺陷數量等。因為外向型的度量才是結果（Outcome），內向型的度量都是產出（Output），Output 不一定能帶來 Outcome。」

「這些概念很新潮，這麼度量也很客觀，真不錯。那你們現在對業務的回應速度一定也很快吧？」

「沒錯！我們的開發週期都是以天或小時來計算的，已經實現了 2-1-1。」

「2-1-1 ？這可是京東的快遞標準啊！」（註：在京東購物，上午 11 點之前下單，晚上 11 點前送達；晚上 11 點之前下單，第二天上午 11 點之前送達）

「我們有異曲同工之妙。我們的 2-1-1 是指：發佈週期 2 天，也就是從提出想法到上線不超過 2 天；需求整理週期是 1 天，即 1 天內要完成從提出待驗證假設、整理驗證資料到最小可行產品 MVP 定義的全部工作；開發週期是 1 天，即在一天內完成產品開發並發佈上線。」

「喔！好厲害的 2-1-1 啊，那實際做什麼是如何定的？」

「我們現在完全是去中心化的、扁平化的模式，每個小團隊都是自己決定每週要做什麼。他們覺得做什麼事情對使用者有益，對公司有益，就可以去嘗試，不需要任何審核。」

「這是真正的自我組織狀態啊。」阿捷佩服地説。

「嗯，這樣的管理成本最低，因為團隊真的是自動自發的狀態。」

「那接下來幾年，你們戴烏奧普斯公司的戰略重點是什麼？」

「偷偷告訴你，我們戴烏奧普斯被 Google 收購啦！我賣了 25 億美金。」Gordon 一臉的得意！「我準備拿錢在中國砸幾個初創專案玩玩。阿捷，你難道沒有想過要開發一個屬於自己的產品嗎？沒有想過要親自建立一家屬於自己的公司嗎？有什麼創業點子不？我先投你一億！」

聽到這阿捷著實被震撼了，可又覺得有什麼不對勁。

「25 億美金，戴烏奧普斯？戴烏奧普斯？……」阿捷突然想起來，「這不就是我現在的公司嗎？怎麼成了你的私人公司？你怎麼就能賣給 Google 呢？」

Gordon 笑了笑，開啟 iPad，示意阿捷自己看。

阿捷接過 iPad，還沒等看清楚，iPad 卻突然關機了。阿捷急得身子一顫，醒了。

這一切居然是南柯一夢！

阿捷悵然若失，看了下表，才早上 5 點 28 分。然而，阿捷已然沒有任何睡意，習慣性地劃開手機，才發現手機資訊狀態列提示他有 8 封未讀郵件，阿捷順手點開了郵件用戶端。

大多數郵件都是阿捷訂閱的 Quora、LinkedIn、InfoQ 等網站發送過來的，其中有一封郵件的寄信者居然就是 Gordon，郵件主題是「來！我們一起做一件有意義的事情」。

阿捷不假思索地點開了郵件：

親愛的阿捷，

好久沒聯繫了，你還好嗎？

經常從 Twitter 和 LinkedIn 上看到你的訊息，那些關於 Scrum、Kanban、XP、SAFe、DevOps、Lean、Agile、Coaching（教練）、Design Thinking（設計思維）、Lean Startup（精實創業）、GrowthHacker（增長駭客）等相關主題文章或實作心得，非常棒，受益良多。看得出，這些年來，你在這些領域耕耘很深，雖然也摔過很多跤，爬過很多坑，但最後取得的成就卻非常驚人，只能用 Incredible Amazing（難以置信）來形容。

在這個知識爆炸的時代，人們變得更加焦慮，因為有太多的『不知道不知道』，而你卻心無旁騖，專注於這個領域，不斷學習與實作。或許你還沒意識到，你持續累積的多年經驗已經是一筆極大的財富，你應該把這些經驗分享出來，幫助更多的組織實現轉型，加強產品研發與創新的效率。

我已經老了，除了開個小餐館，跟朋友們談談天，聊聊家常外，也想把經驗傳承下來。我期望你能勇敢地走出舒適區，我們一起開辦一個學院，把知識與經驗分享出去。名字我都想就叫 International DevOps Coach Federation（國際 DevOps 教練聯合會），簡稱 IDCF！

怎麼樣？這名字霸氣吧。我想你一定會喜歡的。你的朋友們、你的客戶也會喜歡的！

名字是我起的，我要先佔 IDCF 中國公司 5% 的股份。

不要回覆，除非你已經把 IDCF 在中國運作起來！我會把你介紹給我在中國的客戶，他們會騷擾你的。

加油！加油！！加油！！！

一直支持你的 Gordon

阿捷很小的時候，曾經夢想成為一名科學家，發明各種稀奇古怪的東西；也曾經夢想成為一名教育家，用知識幫助更多人改變命運；工作之後，每天忙忙碌碌，早出晚歸，日漸失去了昔日的夢想與激情。Gordon 的郵件，一下就觸發起來阿捷久違的雄心壯志。阿捷提起筆，在日曆上重重寫下「IDCF，國際 DevOps 教練聯合會」。

參考文獻

書籍

1. 杜瓦爾，馬加什，格洛弗．持續整合：軟體品質改進和風險降低之道．王海鵬，賈立群，譯．北京：機械工業出版社，2012.

2. 亨布林，法利．持續發佈：發佈可靠軟體的系統方法．喬梁，譯．北京：人民郵電出版社，2011.

3. 帕蒂．麥考德．網飛文化手冊．範珂，譯．杭州：浙江教育出版社．2018.

4. 吉恩．K 等．DevOps 實作指南．劉征，等譯．北京：人民郵電出版社，2018.

5. 貝克．K. 解析極限程式設計．雷劍文，譯．北京：機械工業出版社，2012.

6. 瑪麗．波彭迪克，等．精實軟體開發．王海鵬，譯．北京：機械工業出版社，2012.

7. 亨特．T. 程式設計師修煉之道：從小工到專家．馬維達，譯．北京：電子工業出版社，2011.

8. Jez Humble，等．2018 DevOps 全球狀態報告．

9. 傑克．韋爾奇．商業的本質．蔣宗強，譯．北京：中信出版社，2016.

10. 斯坦利．M. 等．賦能：打造應對不確定性的敏捷團隊．林爽喆，譯．北京：中信出版社，2017.

11. 拉茲洛・B. 重新定義團隊：Google 運行原理 . 宋偉，譯 . 北京：中信出版社，2015.

12. 尤爾根・阿佩羅 . 管理 3.0：培養和提升敏捷主管力 . 李忠利，任發科，徐毅，譯 . 北京：清華大學出版社，2012.

13. 勞倫斯・J. 彼得原理 . 閆佳，司茹，譯 . 北京：機械工業出版，2013.

14. 鄧尼斯・S. 系統思考 . 邱昭良，劉昕，譯 . 北京：機械工業出版社，2014.

15. 納西姆・塔布勒 . 反脆弱 . 雨珂，譯 . 北京：中信出版社，2014.

16. Gojko Adzic. 影響地圖 . 何勉，李忠利，譯 . 北京：人民郵電出版社，2014.

17. 何勉 . 精實產品開發：原則、方法與實施 . 北京：清華大學出版社，2017.

18. 傑夫・巴頓 . 使用者故事地圖 . 李濤，向振東，譯 . 北京：清華大學出版社，2016.

19. 艾瑞克・萊斯 . 精實創業：新創企業的成長思維 . 吳彤，譯 . 北京：中信出版社，2012.

20. Donald G. Reinertsen. Principles of Product Development Flow, Celeritas Publishing，2009/

21. 邁克・R. 豐田策略 . 張傑，譯 . 北京：機械工業出版社，2011.

22. 肯尼士・魯賓 .Scrum 精髓：敏捷轉型指南 . 姜信寶，左洪斌，米全喜，譯 . 北京：清華大學出版社，2014.

23. 詹姆斯 P. 等 . 精實思維 . 沈希瑾，張文傑，李京生，譯 . 北京：機械工業出版社，2011.

24. 理查 K. 等 . SAFe 4. 0 精粹：運用規模化敏捷架構實現精實軟體與系統工程 . 李建昊，等譯 . 北京：電子工業出版社，2018.

25. 龔焱 . 精實創業方法論：新創企業的成長模式 . 北京：機械工業出版社 ,2015.

26. 阿希・毛雅 . 精實創業實戰 . 張玳，譯 . 北京：人民郵電出版社 ,2013.

27. 史蒂文‧加里‧布蘭克. 四步創業法. 七印部落,譯. 武漢：華中科技大學,2012.

28. 克萊頓‧克里斯坦森. 創新者的窘境. 胡建橋,譯. 北京：中信出版社,2012.

29. 蒂姆‧布朗. IDEO,設計改變一切. 侯婷,譯. 北京：北方聯合出版傳媒,2011.

30. 格雷,布朗,馬可努夫. Gamestorming：創新、變革 & 非凡思維訓練. 方敏,等譯. 北京：清華大學出版社,2012.（新版本《遊戲風暴：矽谷創新思維啟動手冊》. 李龍喬,譯. 北京：清華大學出版社,2019）

31. 埃斯特‧德比. 專案回顧：團隊從優秀到卓越之道. 周全,譯. 北京：電子工業出版社,2012.

32. 克里斯平,葛列格里. 敏捷軟體測試測試人員與敏捷團隊的實作指南. 孫偉峰,崔康,譯. 北京：清華大學出版社,2010.

33. 納普,澤拉茨基,科維茨. 設計衝刺 Google 風投如何 5 天完成產品反覆運算. 魏瑞莉,塗岩珺,譯. 杭州：浙江大學出版社,2016.

34. 斯普爾‧賈瑞特. 使用者體驗要素：以使用者為中心的產品設計. 范曉燕. 北京：機械工業出版社,2011.

35. 邁克‧科恩. 使用者故事與敏捷方法. 石永超,張博超,譯. 北京：清華大學出版社,2010.（新版本《敏捷軟體開發：使用者故事實戰》. 王淩宇,譯. 北京：清華大學出版社,2019.）

36. 邁克‧科恩. Scrum 敏捷軟體開發. 廖靖斌,呂梁岳,陳爭雲,陽陸育,譯. 北京：清華大學出版社,2010.

37. 大衛‧安德森. 看板方法：科技企業漸進變革成功之道. 章顯洲,路寧. 武漢：華中科技大學出版社,2014.

38. 亨利克‧克里伯格. 硝煙中的 Scrum 和 XP：我們如何實施 Scrum. 李劍,譯. 北京：清華大學出版社,2008.（新版本將本書與作者另一本《相得益

彰的 Scrum 與 Kanban》合併為《走出硝煙的精實敏捷：我們如何實施 Scrum 和 Kanban》重新編輯出版. 北京：清華大學出版社，2019.)

39. Paolo Sammicheli. Scrum for Hardware. 2018.

40. 高德拉特，科克斯. 目標：簡單而有效的常識管理. 齊若蘭，譯. 北京：電子工業出版社，2006.

41. 伊斯梅爾，馬隆，吉斯特. 指數型組織：打造獨角獸公司的 11 個最強屬性. 蘇健，譯. 杭州：浙江人民出版社，2015.

42. 拜爾，鐘斯，佩特夫. SRE：Google 運行維護解密. 孫宇聰. 北京：電子工業出版社，2016.

43. 桑吉夫‧沙瑪. DevOps 實施手冊：在多級 IT 企業中使用 DevOps. 萬金，譯. 北京：清華大學出版社，2018.

44. 湯姆‧迪馬可. 最后期限. 熊節，譯. 北京：清華大學出版社，2002.

45. 卡羅爾‧德韋克. 終身成長. 楚褘楠，譯. 南昌：江西人民出版社,2017.

46. 彼得‧聖吉. 第五項修煉：學習型組織的藝術與實作. 張成林. 北京：中信出版社，2009.

47. 史蒂芬‧柯維. 高效能人士的七個習慣. 高新勇，王亦兵，葛雪蕾，譯. 北京：中國青年出版社，2011.

48. 吉羅德‧溫伯格. 諮詢的奧秘：成功提出和獲得建議的指南. 李彤，關山松，譯. 北京：清華大學出版社. 2004.

49. 瑞‧達利歐. 原則. 劉波，綦相，譯. 北京：中信出版社，2018.

50. 丹尼爾‧卡尼曼. 思考，快與慢. 胡曉姣，李愛民，何夢瑩，譯. 北京：中信出版社，2012.

51. 馬克‧舍恩. 你的生存本能正在殺死你：為什麼你容易焦慮、不安、恐慌和被激怒. 蔣宗強，譯. 北京：中信出版社，2014.

52. 派恩，吉爾摩. 體驗經濟. 畢崇毅，譯. 北京：機械工業出版社，2012. （珍藏版 2016 年出版）

53.薩博拉馬尼亞，亨特 . 高效高效程式設計師的 45 個習慣：敏捷開發修煉之
   道 . 錢安川，鄭柯，譯 . 北京：人民郵電出版社，2010.

54.安東尼 · 德 · 聖 - 埃克蘇佩里 . 小王子 . 馬振聘，譯 . 北京：人民文學出版
   社，2003.

網上資源

1. 關於 SAFe 流程中 PI Planning 的認知反覆運算

    https://zhuanlan.zhihu.com/p/28002721

2. 精實創業入門：八種 MVP 總有一款適合你

    https://mp.weixin.qq.com/s/V4-aUu1yFjdvEAx8-59GHg

3. Martin Fowler 的部落格

    http://martinfowler.com/articles/continuousIntegration.html

4. SAFe 官方網站

    www.scaleagileframework.com

5. 敏捷宣言網站

    http://agilemanifesto.org

6. InfoQ 官方網站

    https://www.infoq.cn/

7. Scrum 簡章網站

    http://scrumprimer.org

8. Scrum 聯盟官網

    https://www.scrumalliance.org

9. LcSS 官方網站

    https://less.works/zh-CN

10. 火星人陳勇的部落格

    https://blog.csdn.net/cheny_com

11. 淨推薦值（NPS）：使用者忠誠度測量的基本原理及方法

    http://www.woshipm.com/user-research/757893.html/comment-page-1

12. Planning as a social event –scaling agile at LEGO

    https://blog.crisp.se/2016/12/30/henrikkniberg/agile-lego

13. 史丹佛大學 Design School 所宣導設計思維的原則和步驟是什麼？

    http://daily.zhihu.com/story/4280050

14. Making sense of MVP

    https://blog.crisp.se/2016/01/25/henrikkniberg/making-sense-of-mvp

15. 偉大領袖如何激勵行動

    https://www.ted.com/talks/simon_sinek_how_great_leaders_inspire_action.html

16. 異地分散式敏捷軟體開發

    https://www.iteye.com/topic/90820

17. Hackathon

    https://baike.sogou.com/v69601933.htm

18. 測試驅動開發

    https://blog.csdn.net/xljtang/article/details/2598743?locationNum=7&fps=1

19. DevSecOps 的 5 大關鍵舉措

    https://opensource.com/article/18/9/devsecops-changes-security

20. 想要成為 DevSecOps 領航者？你還需要掌握這 7 大操作秘笈！

    https://mp.weixin.qq.com/s/-YkmPchetDOBsKYyn6BY8Q?

21. DevOps explained

    http://www.slideshare.net/JrmeKehrli/devops-explained-72091158

22. Puppet Labs.2015 年 DevOps 現狀報告

23. 服務拆分與架構演進

    http://insights.thoughtworkers.org/service-split-and-architecture-evolution/

24. 熵減──我們的活力之源

    https://mp.weixin.qq.com/s/q0mcGXRhqk2IujgVv3ftrg

25. Netflix 是怎樣的一家公司？

    https://www.zhihu.com/question/19552101/answer/114867581

26. 你看不懂的任正非熵理論，原來是這樣的

    http://www.sohu.com/a/123650197_460374

27. 模型──換個角度看問題

    https://mp.weixin.qq.com/s/2DgdmtNWiyRYpgXbpHTAwg KANO

28. 產生實體 DevOps 原則

    http://www.liuhaihua.cn/archives/486501.html

29. Netflix 和它的混世猴子

    https://zhuanlan.zhihu.com/p/19681894

30. Netflix 和 Chaos Monkey

    https://my.oschina.net/moooofly/blog/828545

31. 上半年網路安全大事件盤點

    http://special.ccidnet.com/180710/ 2018

    微信公眾號：敏捷一千零一夜、AgileRunner、JDTech、百度敏捷教練以及 LeanoneAngels

主要人物介紹

阿捷　　　全名徐捷，本書的核心人物，Agile 公司中國研發中心 TD-SCDMA 組開發人員，後接替袁朗成為 TD-SCDMA 組經理，在推行 Scrum 過程中承擔起 Scrum Master 的角色。後又加入戴烏奧普斯公司，領導 DevOps 轉型，男

敏捷聖賢　網路人物，對於敏捷軟體開發具有最高的領悟力

大民　　　5 年的資深開發人員，負責整體設計，後升為阿捷組的技術帶頭人，男

阿朱　　　阿捷組測試人員，後升為測試帶頭人，女

阿紫　　　阿捷組測試人員，女

小寶　　　阿捷組開發人員，男

章浩　　　從周曉曉組借調到阿捷組的開發人員，原周曉曉組的技術帶頭人，後來被周曉曉擠走，男

王燁　　　從周曉曉組借調到阿捷組的開發人員，擁有兩年 Agile 公司工作經驗，男

李沙　　　Agile 中國公司負責 OSS 產品的 Product Manager（產品經理），老闆在美國總部。後應阿捷之邀，擔當起阿捷組實施 Scrum 過程中的 Product Owner（產品負責人）角色，男

袁朗　　　最早的 TD-SCDMA 組專案經理，男

周曉曉	中介軟體組專案經理，男
Rob（羅伯）	協定組專案經理，來自美國，男
Charles （查理斯·李）	Agile 公司中國研發中心電信事業部部門經理，男
趙敏	阿捷的親密人生伴侶，女
Gordon（戈登）	阿捷在蘇格蘭偶遇的一位業界前輩，後成為阿捷忘年交，男
Dean（迪恩）	無敵 DevOps 創始人，為戴烏奧普斯公司匯入 SAFe，男
彪哥	OSS 通訊協定團隊的技術帶頭人，男
昶哥	阿捷讀者，某大廠技術學院院長，負責公司內部技術創新和 DevOps 實作推廣，男
韓旭	協定開發團隊的 Leader，男
Wayne（韋恩）	戴烏奧普斯公司運行維護團隊負責人，男
Jim（金）	戴烏奧普斯公司 CTO，男

大事記

第一篇　敏捷無敵：Agile 1001+

2005 年 6 月	6 月 18 日，阿捷在廣西陽朔旅行時收到了 Agile 公司的錄用通知書。
2005 年 8 月	8 月 18 日，阿捷正式加入自己心儀已久的 Agile 中國研發中心。
2007 年 5 月	5 月 7 日，當阿捷加入 Agile 公司將近兩年後，阿捷所在的 TD-SCDMA 專案小組原 PM 袁朗離職。部門老大 Charles 李找阿捷談話，讓其接替袁朗。
	5 月的第三個禮拜，阿捷到美國帕洛阿爾托總部履新。
	6 月 5 日，阿捷一直為如何才能帶領團隊按時完成開發計畫而發愁。偶然的一次機會，大學讀者猴子在 MSN 上建議阿捷採用敏捷軟體開發，並透露給阿捷一個敏捷開發神秘高手的 ID「敏捷聖賢」。
2007 年 6 月	6 月 13 日，阿捷抱著試試看的心態給敏捷聖賢發了郵件，後來又鬼使神差地被身在美國的敏捷聖賢加入 MSN，並開始了解到什麼是 Scrum。
	6 月 19 日，阿捷經過聖賢的指導，經過和 TD 組骨幹大民的討論後，鼓足勇氣在 TD 組裡開始了自己第一個 Sprint。
	7 月 3 日，在為期兩周的 Sprint1 結束之後，阿捷的第一次快跑出現了許多問題，大家對 Scrum 都不滿意。

2007 年 7 ～ 8 月	7 月 6 日，阿捷在網上第二次遇見敏捷聖賢，並與其接觸，討論阿捷在第一次快跑中遇到的種種問題，敏捷聖賢幫助阿捷解惑，並建議阿捷去找個合適的人擔任 Scrum 裡的 Product Owner，導致後來阿捷說服 Agile 資深產品經理李沙擔任 Product Owner 角色。

7 月 17 日，在阿捷第三次跟敏捷聖賢接觸，並討論如何開好站立會議等諸多事項之後，TD 專案小組第二個為期 3 周的 Sprint 2 紅紅火火地開始了。

為期 3 周的 Sprint 3 和 Sprint 4 勝利完成，大家都開始喜歡起敏捷開發，阿捷更是對 Scrum 充滿信心。在 Charles 李偶然旁聽阿捷召開的站立會議後，阿捷將燃盡圖等 Scrum 細節介紹給饒有興趣的 Charles。

9 月初，一個偶然的機會，身在 Agile 中國研發中心的阿捷被 Charles 李史無前例地派去與 Agile 中國公司的銷售合作，攻打中國移動奧運 TD 單子，阿捷提出了非常有進取心的計畫，讓競爭對手對 Agile 公司的快速反應大為詫異。

9 月 20 日，阿捷組的測試工程師阿朱提出持續整合概念，並透過艱苦的工作，做出了一個名叫 AutoVerify 的小工具，實現每天的持續整合與自動化部署及測試。

2007 年 9 月	9 月 22 日，阿捷在網路上與敏捷聖賢討論持續整合反模式和 XP 的各種實作，並最後將其用於自己的日常工作中。

9 月底的最後一個禮拜，Agile 公司艱苦地將中國移動奧運 TD 系統支援的大單拿下，要求以阿捷為主要開發力量 Agile 研發中心必須要在 2008 年的春節前完成軟體發佈，並在後面的好運北京測試賽中完成實測。

9 月 26—27 日，得知拿下奧運 TD 大單的阿捷第一時間想找敏捷聖賢討論自己的想法，可是當阿捷從 MSN 空間裡找到聖賢在美國的電話打過去時，居然發現是一個聲音甜美的女孩子。阿捷根據和敏捷聖賢的討論，決定了由 5 個長 Sprint 和 2 個短 Sprint 的專案發佈計畫。

透過兩個多月的努力，阿捷的團隊按照既定的開發計畫進行著。消失了兩個多月的敏捷聖賢重新出現在阿捷的生活中，並和阿捷討論了精實開發的諸多要點。

2007 年 12 月　　2007 年平安夜和耶誕節，一個巧合的機緣，敏捷聖賢回到北京，阿捷第一次見面後，才發現敏捷聖賢原來是個沉魚落雁閉月羞花的年輕女子。二人在滑雪的同時，討論了團隊生產力相關的公式。

2008 年 1 月　　1 月初，在專案開發接近尾聲的時候，TD 專案小組出現了許多問題，例如過度關注測試、Purify 記憶體洩漏問題和效能問題等。大家齊心協力消除了瓶頸。

1 月 21 日，阿捷帶領工程師將首套軟體在擁有鳥巢和水立方的奧運主場館區第一次安裝偵錯成功。

2008 年 2 月　　2 月 2 日，Agile OSS 5.0 奧運特別版在春節前正式發佈。在得知趙敏從北京轉機飛回四川老家看望父母時因大雪被困機場後，阿捷獨自一人駕車前往首都機場，看望疲憊不堪的趙敏。

2 月 18 日，阿捷被老闆 Charles 點名負責在 Agile 公司電信事業部內推廣 Scrum，阿捷建議啟用 SOS 模式。

2008 年 4 月　　4 月初，美國總部決定在中國成都新增一個開發團隊，交由 Charles 李主管。在與阿捷和 Agile 中國研發中心電信事業部的另外二個 PM 周曉曉和 Rob 討論後，Charles 決定讓阿捷負責用 Scrum 分散式開發方式籌建成都團隊。

2008 年 5 月	5 月 12 日，在成都籌建團隊的阿捷遭遇了百年一遇的汶川地震，阿捷跟趙敏一起施救被困青城山的學生，一下子成了英雄人物。
2008 年 12 月	在全球經濟的「冬天」裡，Charles 李的突然離開讓阿捷吃驚不小，而同部門專案經理周曉曉的所作所為居然還被公司高層認可，更讓阿捷對 Agile 中國研發中心產生了疑惑。作為曾經的老大，Charles 李選擇了離開 Agile 公司，阿捷遇到人生中又一次挑戰。
	7 月中，阿捷被派往蘇格蘭的 SQF 研發中心，協助把美國的一部分研發工作交付到 SQF，同時跟北京研發中心建立起異地協作。阿捷在餐館偶遇老闆 Gordon，從餐館排隊機制，阿捷獲得頓悟，找到了多專案管理的關鍵點。
2009 年 7—8 月	8 月下旬，阿捷再次從 Gordon 身上學了 Kanban 的視覺化管理與在製品（WIP）限制。
	8 月份最後一個週末，阿捷邀請趙敏來愛丁堡度假，在 Gordon 的小餐館裡向趙敏求婚成功。

第二篇　DevOps 征途：星辰大海

2016 年 11 月	11 月初，依靠 Agile 公司老字號的招牌和通訊領域深厚的技術累積，Agile 美國總部居然在這次強手如林的 Sonar 新一代車聯網解決方案中贏得了一次 PoC 機會，阿捷責無旁貸地承擔起重任。
	阿捷從趙敏那裡學到了黃金圈理論，並延伸到影響地圖，協作市場、銷售、研發等多個角色，一起制定出了「2 周內在 PoC 中勝出」的計畫，令大家刮目相看。

2016 年 12 月　　阿捷再次拜師趙敏，運用使用者故事地圖，整理出項目的全部需求並做出發佈規劃，第一次找到了「又見樹木，還見森林」的感覺。

12 月中旬，捷報傳來，超出 Sonar 公司的預估，本來大家都並不看好的 Agile 公司，居然在 PoC 階段的技術排名第一。這都是阿捷團隊參考精實創業思維，成功運用 MVP 理念的成果。

2017 年 1 月　　Agile 公司聘請趙敏所在的諮詢公司驅動整體轉型，安排多位業界資深的諮詢專家進駐到每個研發中心，帶領大家一起按照敏捷的方式工作。為了統一思維，在新加坡舉辦一期企業敏捷轉型研討會，邀請世界各地骨幹人員參加，阿捷第一次接觸到了規模化敏捷架構 SAFe，並經歷了第一次虛擬的多團隊規劃的 PI Planning。

1 月 16 日回到北京後，阿捷、大民他們都摩拳擦掌，準備大幹一場，畢竟實作才是關鍵，畢竟之前沒有這麼系統的架構，對於像 Sonar 車聯網這樣跨越多個國家、多個部門協作的專案，必須依靠系統化打法方能成功。

2017 年 2 月　　2 月 8 日，Agile 北京 Site 的 8 個敏捷團隊，再加上商務、市場、運行維護、營運等關鍵角色，齊聚在國家會議中心的亞洲廳，啟動了第一個敏捷發佈火車（ART）。

2017 年 4 月　　4 月的第 3 周，第一個敏捷發佈火車在歷經 10 周、5 個反覆運算和 8 個團隊的艱苦努力之後，終於如期通過了內部的接受度測試，部署到 Agile 公司帕洛阿爾托辦公地的伺服器上，開放給 Sonar 進行燈塔（Light House）試執行。

4 月 21 日，週五上午十點，程式賭場的第一場比賽準時開賽。

4 月 24 日，阿捷向技術學院院長昶哥取經後，在 Agile 公司內部成功舉辦了第一次駭客馬拉松。

2017 年 5 月	5 月 6 日，阿捷把放假前 Sonar 要求在一周內完成設計驗證的事情，一五一十地和趙敏講了，也提到了 Agile 公司高層也知道這是一件幾乎不可能完成的工作，但趙敏居然帶著阿捷的團隊透過一周的設計衝刺，運用設計思維成功完成了這個挑戰。
2018 年 6 月	6 月 6 日，Sonar 和 Agile 共同出資成立的戴烏奧普斯公司正式成立。按照合作協定，Agile 公司原有有關 Sonar 業務的研發部門和運行維護團隊從 Agile 公司剝離出來，與 Sonar 相關的業務運行維護團隊合併，成為新公司的技術研發與運行維護中心，阿捷帶領大民他們順其自然地加入到新成立的戴烏奧普斯公司。
	6 月下旬，在遷移 Oracle 資料庫時，阿捷開發團隊的小寶就和原來負責 Oracle 運行維護的 Sonar IT 運行維護團隊掐了起來，出現了第一次開發與運行維護的衝突事件，迫使阿捷開始研究 DevOps。
2018 年 7 月	7 月 10 日，透過趙敏的系統化教育訓練，對於敏捷與 DevOps 的概念與範圍，終於讓所有人從「傻傻分不清楚」的狀態走了出來。
2018 年 9 月	9 月 1 日 20 時，將 Oracle 生產環境資料庫一次性遷移到全新的 MySQL 資料庫的操作，出現了重大事故，研發團隊和運行維護團隊的第一次合作戰役遭遇滑鐵盧。
	中秋節前一天的上午 10 點，戴烏奧普斯公司成立之後，第一次在白天非停機狀態的系統升級發佈，由於借用了金絲雀發佈與 A/B 測試理念，大獲成功。
2018 年 10 月	國慶後，大學同宿舍的好友昶哥，國慶西藏自駕回來，約阿捷這幫老兄弟們聚會，觀看旅行中攝影片的時候，阿捷趁機向昶哥請教持續發佈管線，第一次了解到了 SRE 這個新角色。
2018 年 11 月	在 11 月第一個 CTO Staff Meeting 上，阿捷向公司的 CTO Jim 做了關於針對業務的持續發佈和針對運行維護可用性群組建 SRE 團隊的報告。

2018 年 12 月	趙敏無意間提到了華為的熵減，令阿捷茅塞頓開，延伸到了如何推進演進式架構，消除技術債。
2019 年 1 月	阿捷與趙敏連袂推出樸素的 DevOps 價值觀。
2019 年 2 月	阿捷與趙敏再接再厲，理論再次昇華，DevOps 的 10 大原則破空而出。 2 月底，拼少少與 Airbnb 等平台相繼出現漏洞，被使用者薅羊毛，警醒阿捷開始考慮 DevSecOps。
2019 年 3 月	Sonar 車聯網中最重要的 OTA V3.0 終於按時上線了，沒想到，一位 Sonar 車主駕車在長安街等紅燈間隙，點擊了螢幕中 OTA 升級按鍵，結果造成停車升級 1 個多小時，交警也束手無策。 趙敏連夜從國外趕回北京，安慰阿捷的同時，更幫阿捷打通了如何提升使用者體驗的關鍵通道。
2019 年 12 月	耶誕節前夕，美國總部快遞來了一件特殊的禮物：一件「三隻袖子的毛衣」，要求掛在戴烏奧普斯的辦公室內，恭喜阿捷他們「首戰告捷」。
2020 年 2 月	Sonar 公司的 CEO 艾瑞克做出決定，全資收購戴烏奧普斯公司。阿捷團隊面臨新的挑戰，即把敏捷和 DevOps 等實作引用到汽車硬體生產領域
2020 年 8 月	Gordon 從蘇格蘭到中國旅行，約阿捷在北京的後海酒吧見面，再次激勵阿捷走出舒適區。

Note

Note

Note